KB090578

Chef's Series 5 Limited Edition

음식과 치유를 위한 셰프 가이드

A Chef's Guide to Food and Healing

Culinary Medicine

치유의 **맛**

약식동원(藥食同源)에 바탕을 둔 셰프 조리철학 지침서

The intersection of food and healing from a chef's perspective

BAEKSAN

"치유의 맛"은 식품 선택이 우리 건강에 미치는 영향을 세심하게 탐색합니다. 이 책은 단순히 건강한 식사 추천을 넘어 음식과 치유의 근본적인 관계를 이해하는 데 필수적인 지침서입니다.

"치유의 맛"은 우리 몸과 음식 사이의 연관성을 섬세하게 드러내면서, 어떻게 우리의 식품 선택이 건강에 영향을 미치는지 알기 쉽게 설명합니다. 이 책은 건강한 식단의 중요성과 더불어 음식이 신체 건강에 미치는 영향에 대한 깊은 이해를 공유하고 있습니다.

이 책에서는 우리 몸의 다양한 시스템과 그 시스템에 도움이 되는 음식들에 대해 다양하게 다룹니다. 건강한 식단을 통해 전반적인 건강과 활력을 유지하는 방법을 제시하며, 실제 식사 준비 방법에 대한 자세한 지침과 건강상의 이점까지 포괄적으로 다룹니다.

특히, 저는 심장 전문의로서 Chapter 6에서 심혈관 건강을 유지하는 데 도움이 되는 음식에 대한 부분이 매우 독특하고 유익하다고 느꼈습니다. 이 부분은 심장과 혈관 건강에 대한 핵심적인 이해와 이를 지원하는 음식에 대한 통찰력을 제공합니다.

"치유의 맛"은 단순히 건강한 식사를 추천하는 책을 넘어, 우리가 섭취하는 음식이 우리 몸과 건강에 어떻게 작용하는지에 대한 깊은 이해를 돕습니다. 이 책은 음식과 치유의 관계, 그리고 이것이 우리 몸의 다양한 시스템에 어떻게 영향을 미치는지를 논리적으로 설명하고 있습니다.

이 책은 의학, 식사, 건강에 관심 있는 독자들에게 포괄적인 시각을 제공하며, 우리 건강을 개선하고 유지하는 데 필요한 지식과 통찰력을 선사합니다. 이 책을 통해 독자들이 건강에 대한 새로운 인식을 얻을 수 있을 것이라 생각합니다.

2023년 08월
강북 삼성병원 심장전문의 교수 **이종영**

"치유의 맛"은 음식과 건강의 깊은 연결성을 탐색하는 필독서입니다.
이 책은 당신의 요리 실력을 향상시키는 동시에, 건강한 삶을 위한 지식을
제공하여 음식을 통한 치유의 길을 열어줄 것입니다.

대한민국 조리기능장 이사장으로서, 제가 오늘 여러분에게 추천하고자 하는 책은 이종필 교수의 "치유의 맛"입니다. 이 책은 조리기능장, 조리사, 셰프, 그리고 건강에 관심 있는 모든 독자들에게 유익하게 읽힐 것이라 확신합니다.

이 책은 우리 몸을 이루는 다양한 시스템을 과학적으로 이해하고, 각 시스템이 우리 건강에 어떤 영향을 미치는지에 대해 자세하게 설명합니다. 또한 그에 따라 건강을 돕는 음식들을 상세히 소개하고 있습니다.

"치유의 맛"은 단순한 요리서적을 넘어 음식과 건강에 대한 근본적인 이해를 제공하는 전문서입니다. 이 책은 각각의 음식이 신체에 어떤 영향을 미치는지, 또한 그 영향을 활용하여 건강을 유지하고, 질병을 예방하며, 기존의 건강을 유지하는 데 어떻게 활용할 수 있는지를 보여줍니다.

요리사들에게는 우리가 먹는 음식이 우리 몸에 어떤 영향을 미치는지를 이해하는 데 매우 유용할 것입니다. 이 책은 요리사들이 고객의 건강을 더욱 잘 이해하고, 건강에 이롭도록 메뉴를 개발하고 제공하는 데 도움을 줄 것입니다.

이 책은 또한 다양한 식품이 우리의 건강에 어떤 영향을 미치는지, 그리고 어떻게 그 영향을 최적화하고, 건강을 향상시키는 데 어떻게 활용할 수 있는지에 대한 학문적인 이해를 제공합니다. 이로 인해 독자들은 자신의 건강을 더욱 적극적으로 관리하고, 개선하는 데 필요한 정보를 얻을 수 있을 것입니다.

제가 이 책을 추천하는 이유 중 하나는 이종필 교수가 음식과 건강에 대한 깊이 있는 이해를 바탕으로, 실제 요리 실무와 연결시키는 방법을 제시하고 있기 때문입니다. 이로 인해 이 책은 조리기능장, 조리사, 셰프들뿐만 아니라, 건강에 관심 있는 일반 독자들에게도 큰 가치를 제공할 것입니다.

이처럼 이종필 교수의 "치유의 맛"은 우리가 먹는 음식이 우리의 건강에 어떤 영향을 미치는지를 깊이 이해하고자 하는 모든 이들에게 필요한 책입니다. 이 책을 통해 건강에 이롭고, 맛있는 음식 만드는 방법을 배우실 수 있기를 기대합니다.

2023년 08월

(사)조리기능장협회 이사장 차 원

About the author

"셰프는 자신의 음식 철학을 갖고 요리해야 한다."

본인은 Culinary+medicine에 근거하여 요리해 왔고, 셰프 컨시어지 수사학을 기반으로 고객과 소통하였습니다.

이 책이 셰프가 약식동원의 철학을 갖고, 수사학을 배워 고객과 연결하고
강력한 브랜드 아이덴티티(brand identity)를 구축하는 데 도움이 되길 바랍니다.

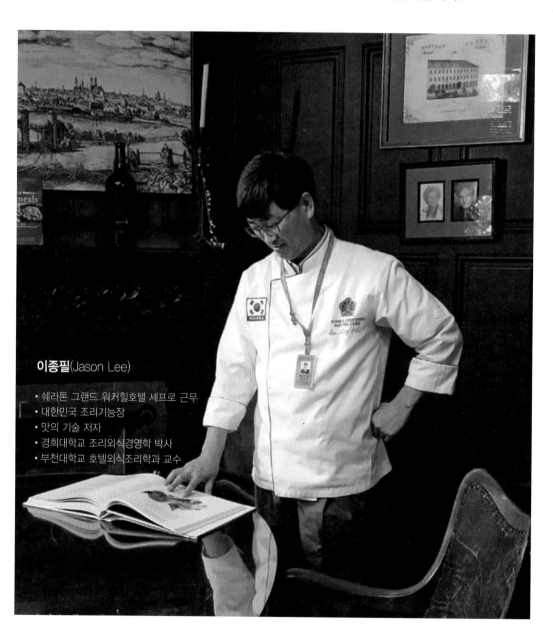

이종필(Jason Lee)

• 쉐라톤 그랜드 워커힐호텔 셰프로 근무
• 대한민국 조리기능장
• 맛의 기술 저자
• 경희대학교 조리외식경영학 박사
• 부천대학교 호텔외식조리학과 교수

Preface

"이 책의 건강한 식단 제안은…
우리 몸은 우리가 먹는 음식으로
구성되어 있다는 셰프의 믿음에
근거합니다."

Culinary Medicine 책은 음식과 치유에 대한 셰프의 철학을 담았습니다.

이 Culinary Medicine 책은 2021년부터 2023년 현재까지 산림기반 집중 심장 재활 프로그램의 조리분야에 참여하면서 음식과 치유에 대해 셰프 출신으로서의 고민과 경험을 풀어서 작성하였습니다.

Culinary Medicine이라는 용어는 만성질환을 예방하고 치료하는 데 있어 음식과 치유의 중요성을 강조하기 위해 대한민국에서 처음 두 단어를 결합해서 만들었습니다. Culinary Medicine은 우리의 몸 구조, 약식동원(藥食同源) 및 영양의 원리와 조리기술 및 과학적 접근을 결합한 개념입니다.

이 책의 건강한 식단 제안은 우리 몸은 우리가 먹는 음식으로 구성되어 있다는 셰프로서의 믿음에 근거합니다.
과일, 채소, 통곡물, 양질의 단백질, 건강한 지방을 포함한 자연식품으로 이루어진 식단은 전반적인 건강과 활력(vitality)을 지원하는 데 도움이 될 수 있습니다.

또한 성공적인 외식사업을 운영하기 위해 고객의 건강을 고려한 메뉴를 만들기 위한 기본 지식을 요리 전공 학생들에게 제공하는 것이 이 책의 또 다른 목적입니다. 따라서 음식과 치유의 관계 및 음식이 신체의 다양한 시스템에 미치는 영향을 논리적으로 기술하려 하였습니다.

■ 음식과 치유에 대한 셰프의 철학

저자는 음식이 단순한 생명 유지의 수단이 아니라 건강과 활력(vitality)을 증진하는 데 사용할 수 있는 강력한 도구라고 믿습니다.

셰프는 우리가 먹는 음식이 그 품질과 구성에 따라 우리 몸에 도움이 되거나 해를 끼칠 수 있다는 것을 이해해야 합니다. 그리고 음식과 치유의 관계를 이해하고 믿음으로써 강한 신념을 갖고 고객의 건강과 활력(vitality)을 우선시하는 메뉴를 만들어야 합니다.

■ 맞춤형 다이어트 플랜

각 Chapter마다 최적의 건강과 웰니스를 촉진하도록 설계된 신체의 각 주요 시스템에 대한 맞춤형 다이어트 계획이 포함되어 있습니다. 이러한 다이어트 계획은 다양한 음식이 신체의 다양한 시스템에 미치는 영향에 대한 셰프의 경험과 많은 자료에 기반하고 있습니다. 다이어트 계획은 포괄적이며 각 요일의 아침, 점심 및 저녁 식사에 대한 권장 메뉴를 포함했습니다. 이 책은 각 식사를 준비하는 방법에 대한 자세한 지침과 재료 목록 및 건강상의 이점을 제공합니다.

■ 셰프가 제안하는 건강한 식단

이 책에는 건강한 식단도 포함되어 있습니다. 저자는 건강한 몸은 건강한 음식으로 구성되어 있으며 전체 식품을 풍부하게 담은 식단이 전반적인 건강과 활력(vitality)을 지원하는 데 도움이 된다고 믿습니다. 권장 식단에는 다양한 과일, 채소, 통곡물, 양질의 단백질 및 건강한 지방이 포함됩니다. 이 책은 또한 가공 식품, 설탕 첨가 및 정제된 탄수화물 섭취 제한의 중요성을 강조합니다.

■ 건설적인 피드백을 요청

Culinary Medicine 책은 음식과 치유에 대한 셰프 출신 저자의 첫 도전입니다. 음식과 치유에 대한 셰프 가이드는 우리 몸이 우리가 섭취하는 음식으로 구성되어 있다는 셰프의 근본적인 믿음에 뿌리를 두고 있습니다. 이 첫 번째 시도는 완벽하지 않을 수 있지만 용기를 내어 도전해 보았습니다. 저는 시간이 지남에 따라 그 완성도를 높이기 위해 최선을 다하겠습니다. 부디 독자분들께서는 열린 마음으로 읽어주시고 도움이 되는 피드백을 제공해 주시기 바랍니다.

■ 이 책의 수준을 높여주신 분들께 진심으로 감사

부천대학교 호텔외식조리학과는 2024학년도 6월에 교육부 인허가 승인을 받고, 〈미래푸드산업조리 고숙련 마이스터 석사과정〉을 개설하게 되었습니다. 이 책은 푸드테크의 한 영역인 〈메디푸드〉 교과목 교재로 사용할 예정입니다.

산림기반 집중 심장 재활 프로그램의 조리교육담당으로서 2022년에 작성했던 원고에 주변 지인분들의 도움으로 좀 더 개선된 책을 출간할 수 있게 되었습니다.

이 책이 나올 수 있도록 도와주신 모든 분들께 진심으로 감사드립니다.

책 출간을 허락해 주신 백산출판사의 진욱상 대표님과 진성원 상무님, 책의 디자인 수준을 높여주신 오정은 실장님, 교정을 꼼꼼하게 보셔서 책을 세련되게 만들어주신 성인숙 과장님에게도 감사드립니다.

부천대학교 김형렬 · 조원길 · 김영신 · 유택용 · 박혜연 · 전상훈 교수님들과 전공심화 학사학위 4학년 박성환 학생에게 감사드립니다.

■ 모두의 건강을 바라는 진심 어린 마음

마지막으로 두 손 모아 건강을 기원하는 저자의 진심 어린 메시지로 머리말을 마무리하고자 합니다.

이 책은 음식을 건강과 웰니스를 증진하는 수단으로 사용하려는 저자의 열정을 담고 있습니다.

저는 이 책이 요리를 배우는 학생들과 셰프들이 자신의 기술을 이용하여 고객의 건강을 우선시하는 메뉴를 만드는 데 영감을 주기를 희망합니다.

- 두 손 모아 모두의 건강을 바라는

맛선생 Jason Lee 올림

A Chef's Guide to Food and Healing

Culinary Medicine

Table of Contents

Culinary Medicine

Healthy and Bad Foods

Key Point

- 건강한 음식은 건강에 해로운 영향을 주지 않으면서 신체에 필수 영양소, 비타민 및 미네랄을 제공하는 모든 음식으로 정의된다.
- 건강한 식품에는 통곡물, 양질의 단백질, 건강한 지방, 신선한 과일과 채소, 저지방 유제품이 포함된다.
- 건강한 음식은 영양이 풍부하고 건강에 해로운 지방, 첨가당 및 나트륨이 적으며 건강과 활력(vitality)을 증진한다.
- 건강한 식단은 건강한 생활 방식의 필수 구성 요소이며 심장병, 당뇨병 및 비만과 같은 만성질환을 예방할 수 있다.

Chapter 01

건강에 좋은 음식과 나쁜 음식

01 건강에 좋은 음식 Healthy Food

Part 1 건강에 좋은 음식이란?

1. 건강한 음식의 정의

건강한 음식은 건강에 좋지 않은 체중 증가나 건강에 해로운 영향을 주지 않으면서 신체에 필수 영양소, 비타민 및 미네랄을 제공하는 모든 음식으로 정의된다.

건강한 식품에는 신선한 과일과 채소, 통곡물, 양질의 단백질, 저지방 유제품 및 건강한 지방이 포함된다.

건강식품을 구성하는 요소를 이해하려면 각 식품 항목의 영양가를 조사하는 것이 중요하다. 건강에 좋은 음식은 섬유질, 단백질, 비타민, 미네랄이 많고 포화지방과 트랜스지방, 첨가당, 나트륨이 적은 것이다.

과일과 채소는 비타민, 미네랄, 섬유질이 풍부하여 건강한 식단의 필수 요소이다. 현미, 퀴노아, 귀리와 같은 통곡물은 복합 탄수화물, 섬유질, 중요한 비타민과 미네랄을 제공한다.

닭고기, 생선, 두부와 같은 기름기 없는 단백질은 지방이 적고 단백질의 구성 요소인 필수 아미노산을 제공한다.

우유, 치즈, 요구르트와 같은 저지방 유제품은 칼슘, 비타민 D 및 단백질의 좋은 공급원이다.

아보카도, 견과류 및 올리브오일에서 발견되는 건강한 지방은 신체에 필수 지방산을 제공하고 콜레스테롤 수치를 낮추는 데 도움이 될 수 있다.

건강한 식습관과 관련하여 적당한 크기와 양을 고려하는 것도 중요하다. 건강에 좋은 음식이라도 과도한 양을 섭취하면 체중 증가 및 기타 건강 문제가 발생할 수 있다.

요약하면 건강한 음식은 신체에 필수영양소, 비타민 및 미네랄을 제공하여 건강과 활력(vitality)을 증진한다.
건강한 식단은 건강한 생활 방식의 필수 구성 요소이며 심장병, 당뇨병 및 비만과 같은 만성질환을 예방할 수 있다.

2. 건강한 음식의 기준

건강한 음식을 구성하는 기준과 지침은 다양하지만 출처에 따라 다소 다를 수 있다. 그러나 건강한 식습관에 중요하다고 여겨지는 몇 가지 일반적인 주제와 원칙이 있다. 건강한 음식의 주요 기준은 다음과 같다.

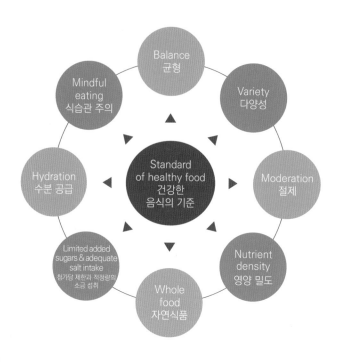

1. 균형(Balance)

건강한 식단에는 과일과 채소, 통곡물, 양질의 단백질, 건강한 지방을 포함한 다양한 유형의 음식이 균형 있게 포함되어야 한다. 건강한 체중을 유지하기 위해서는 칼로리 섭취와 에너지 소비의 균형을 맞추는 것도 중요하다.

2. 다양성(Variety)

다양한 종류의 음식을 먹으면 몸에 필요한 모든 영양소를 얻을 수 있다. 식품에 따라 비타민, 미네랄 및 기타 영양소가 다르므로 다양한 식품을 섭취하는 것이 중요하다.

3. 절제(Moderation)

다양한 음식을 먹는 것이 중요하지만 절제하고 과식을 피하는 것도 중요하다. 이것은 체중 증가 및 기타 건강 문제를 예방하는 데 도움이 될 수 있다.

4. 영양 밀도(Nutrient density)

영양 밀도가 높거나 비타민, 미네랄 및 기타 유익한 영양소가 풍부한 식품을 선택하면 식단에서 영양가를 최대한 얻을 수 있다.

5. 자연식품(Whole foods)

자연식품 또는 최소한으로 가공되고 첨가물과 방부제가 적은 식품은 일반적으로 고도로 가공된 식품보다 건강에 좋은 것으로 간주된다. 전체 식품의 예로는 신선한 과일과 채소, 통곡물, 양질의 단백질, 견과류와 씨앗이 있다.

6. 첨가당 제한과 적정량의 소금 섭취(Limited added sugars and adequate salt intake)

첨가당과 소금을 너무 많이 섭취하면 염증 발생 증가로 건강에 해로울 수 있다. 식단에 첨가된 설탕의 섭취를 제한하는 것이 좋다. 소금이 우리 몸의 염도 0.85%를 유지할 수 있도록 음식의 염도를 0.9%로 맞추어 간하면 무난하다.

7. 수분 공급(Hydration)

수분을 유지하는 것은 전반적인 건강에 중요하며 물은 일반적으로 수분 공급을 위한 최선의 선택이다. 하루에 적어도 8잔의 물을 마시는 것이 좋다.

8. 식습관에 주의(Mindful eating)

배고픔과 배부름의 신호에 주의를 기울이고 식사 중 방해 요소를 피하는 등 식습관에 주의를 기울이면 건강한 식습관을 촉진하고 과식을 예방할 수 있다.

이 내용들은 건강한 음식의 주요 표준 중 일부이다. 이러한 원칙을 따르고 건강한 음식을 섭취하면 최적의 건강과 활력(vitality)을 유지하는 데 필요한 영양소를 얻을 수 있다.

Part 2 몸에 나쁜 음식이란?

1. 건강에 해로운 음식의 정의와 내용

건강에 해로운 음식은 칼로리, 포화지방 및 트랜스지방, 소금, 설탕 및 과도하게 섭취할 경우 건강에 부정적 영향을 미칠 수 있는 기타 물질이 많은 음식이다. 다음은 건강에 좋지 않은 식품의 정의와 내용물이다.

1) 고칼로리 식품(High-calorie foods) : 고칼로리 식품은 칼로리가 높은 식품으로 1인분당 칼로리가 높다. 고칼로리 식품의 예로는 튀긴 음식, 페이스트리, 사탕, 탄산음료 등이 있다. 고칼로리 음식을 너무 많이 섭취하면 체중이 증가하고 당뇨병 및 심장병과 같은 만성질환의 위험이 높아질 수 있다.

2) 포화 및 트랜스지방(Saturated and trans fats) : 포화 및 트랜스지방은 건강에 좋지 않은 유형의 지방으로 심장 질환의 위험을 증가시킬 수 있다. 포화지방은 일반적으로 버터, 치즈, 지방이 많은 육류와 같은 식품에서 발견되는 반면 트랜스지방은 튀긴 음식, 구운 식품 및 스낵 식품과 같은 가공식품에서 종종 발견된다. 포화지방과 트랜스지방을 너무 많이 섭취하면 LDL 콜레스테롤 수치가 높아지고 심장병 발병 위험이 높아질 수 있다.

3) 나트륨(Sodium) : 나트륨은 신체에서 소량 필요한 필수 미네랄이다. 그러나 너무 많은 나트륨을 섭취하면 고혈압으로 이어질 수 있으며 이는 심장병과 뇌졸중의 위험을 증가시킨다는 것이 지금까지의 상식이었다. 그러나 최근(2023년도) 세브란스병원 연구진들은 한국인 성인 14만 3,050명을 대상으로 나트륨·칼륨 섭취와 사망률·심혈관계 사망률 간 관련성을 연구한 결과를 국제학술지 "프런티어스 인 뉴트리션(Frontiers in Nutrition)"에 게재했는데, 나트륨 섭취는 사망과 관련 없고 칼륨 섭취가 많으면 사망률·심혈관계 사망률이 최대 21%·32% 감소하는 것으로 나타났다. 연구에 참여했던 세브란스 병원 이지원 교수는 "이번 조사에서 한국인 칼륨 섭취가 권장량의 절반 정도인 것으로 나타났고 칼륨을 충분히 먹으면 사망률, 심혈관 관계 사망률을 낮추는 것으로 드러났다"며 "칼륨이 풍부한 과일, 채소, 전곡류의 섭취를 늘려야 한다"고 말했다.

4) 첨가당(Added sugars) : 첨가당은 가공 또는 준비 중에 식품에 첨가되는 당류이다. 첨가당 함량이 높은 식품의 예로는 사탕, 구운 식품 등이 있다. 당류를 너무 많이 섭취하면 체중이 증가하고 당뇨병 및 심장병과 같은 만성질환의 위험이 높아질 수 있다.

전반적으로 건강에 해로운 음식은 칼로리, 포화지방 및 트랜스지방, 첨가당 함량이 높은 음식이다. 건강에 해로운 음식을 너무 많이 섭취하면 체중이 증가하고 당뇨병 및 심장병과 같은 만성질환의 위험이 높아질 수 있다.

영양이 풍부한 전체 식품을 선택하고 가공식품 및 건강에 해로운 식품 섭취를 제한하여 건강하고 균형 잡힌 식단을 유지하는 것이 중요하다.

2. 건강에 해로운 음식 사례

건강에 해로운 음식은 종종 고도로 가공되고 섬유질, 비타민 및 미네랄과 같은 필수 영양소가 부족한 것들이다.

건강에 해로운 음식의 예로는 지방과 설탕이 많이 함유된 패스트푸드, 튀긴 음식, 단 음료, 사탕, 가공 스낵, 제과류 등이 있다.

건강에 해로운 음식을 대량으로 섭취하면 시간이 지남에 따라 비만, 제2형 당뇨병, 심장병 및 일부 유형의 암과 같은 만성질환의 발생 위험이 높아질 수 있다.

• 다음은 건강에 해로운 음식의 몇 가지 예이다.

1) 패스트푸드(Fast food) : 패스트푸드는 칼로리, 건강에 해로운 지방, 설탕 및 나트륨 함량이 높다. 방부제 및 인공 향료와 같이 건강에 해로운 첨가물이 포함되어 비만, 고혈압 및 심장병을 비롯한 다양한 질병을 일으킬 수 있다.

2) 가공식품(Processed foods) : 칩, 쿠키 같은 가공식품에는 종종 칼로리가 높고 건강에 해로운 지방, 설탕 및 나트륨이 많이 들어 있다. 게다가 섬유질, 비타민, 미네랄 등 우리 몸이 건강을 유지하는 데 필요한 영양소도 적다.

3) 단 음료(Sugary beverages) : 탄산음료, 과일 주스, 스포츠음료와 같이 단 음료는 설탕함량과 칼로리가 높다. 과도하게 섭취하면 비만, 제2형 당뇨병 및 기타 질병을 유발할 수 있다.

4) 튀긴 음식(Fried foods) : 프라이드 치킨, 프렌치 프라이, 도넛과 같이 튀긴 음식은 종종 건강에 해로운 지방이 들어 있고 칼로리가 높다. 이 음식들은 LDL콜레스테롤 수치를 높이고 심장 질환의 위험을 증가시킬 수 있다.

5) 가공육(Processed meats) : 핫도그, 베이컨, 델리 고기(deli meats)와 같은 가공육에는 나트륨과 건강에 해로운 지방이 많이 들어 있다. 또한 종종 암 및 기타 건강을 해칠 수 있는 질산염 및 아질산염과 같은 해로운 첨가제로 보존된다.

6) 고나트륨 식품(High-sodium foods) : 통조림 수프(canned soups), 칩(chips), 가공육(processed meats)과 같은 고나트륨 식품은 고혈압을 발생시키고 심장 질환의 위험을 증가시킬 수 있다. 하지만 소금을 너무 적게 먹어도 건강에 좋지 않다는 연구들이 나오면서 소금과 건강의 관계에 관한 논쟁이 이어지고 있다. 또 식생활 특성은 물론 섭취량 조사 방법은 나라마다 차이가 있으므로 한국인에 맞춘 조사가 필요하다. 세브란스병원 연구팀은 나트륨이 사망에 끼치는 영향은 없지만, 칼륨을 많이 섭취하면 사망률은 최대 21% 낮아진다고 2023년도에 국제학술지 "프런티어스 인 뉴트리션(Frontiers in Nutrition)"에 게재했다.

전반적으로 건강에 해로운 음식을 너무 많이 섭취하면 건강과 활력(vitality)에 부정적인 영향을 미칠 수 있다. 가공되지 않은 전체 식품으로 구성된 건강한 식단은 만성질환의 위험을 줄이고 건강한 체중을 유지하는 데 도움이 될 수 있다.

Part 3

일일 필요 영양소

1. 생애 주기별 건강에 좋은 음식

균형 잡히고 건강한 식단을 섭취하는 것은 모든 생애 단계에서 건강을 유지하는 데 필수적이다.

• 각 생애 주기별로 섭취해야 할 건강식품은 다음과 같다.

유아기
유아기 아이들은 단백질, 철분, 아연 등의
영양소가 많이 필요하다.

청소년기
청소년기 동안 10대들은 급속한 성장과 발달을 경험하고
그들의 필요를 지원하기 위해 균형 잡힌 식단이 필요하다.

고령자
노년기에 건강을 유지하고 만성질환을 예방하
려면 균형 잡히고 다양한 식단이 필수적이다.

생후 1년 Infancy : 0~12개월	유아기 Toddlerhood : 1~3세	어린 시절 Childhood : 4~11세	청소년기 Adolescence : 12~18세	성인기 Adulthood : 19~50세	중 · 장년기 Older adulthood : 50세 이상

생후 1년
• 생후 첫 6개월 동안 유아의 주요 영양 공급원
이어야 한다.
• 생후 6개월이 지나면 영아는 퓌레로 만든 과
일과 채소, 쌀 시리얼, 고기 퓌레와 같은 고형
음식을 먹기 시작할 수 있다.

어린 시절
• 어린 시절 아이들은 더 많은 단백질과 칼슘, 철분
등의 영양소가 필요하다.

성인기
• 성인기에는 건강을 유지하고 만성질환을 예방하기
위해 균형 잡히고 다양한 식단이 필수적이다.

1) 영아기(Infancy : 0~12개월)

모유 또는 유아용 조제분유는 생후 첫 6개월 동안 유아의 주요 영양 공급원이어야 한다. 모유는
아기의 건강한 성장과 발달에 필요한 모든 영양소를 제공한다.

생후 6개월이 지나면 영아는 퓌레로 만든 과일과 채소, 쌀 시리얼, 고기 퓌레와 같은 고형 음식을
먹을 수 있다. 이것은 건강한 성장에 필요한 필수 영양소를 제공하는 데 도움이 된다.

2) 유아기(Toddlerhood : 1~3세)

유아기 아이들은 단백질, 철분, 아연 등의 영양소가 많이 필요하다. 채소, 과일, 곡류, 육류, 생선, 달걀 외에도 우유, 치즈, 요구르트 등의 유제품도 좋은 선택이다. 유아를 위한 일부 건강식품 옵션은 다음과 같다.

- 과일 및 채소 : 이러한 식품에는 성장과 발달에 필수적인 비타민, 미네랄, 섬유질 및 항산화제가 풍부하다.
- 난류(달걀) : 콜레스테롤은 어린이의 성장을 돕기 때문에 유아를 위한 식품으로 추천한다.
- 통곡물 : 통곡물빵, 파스타, 시리얼과 같은 식품에는 섬유질, 비타민, 미네랄이 풍부하다.
- 유제품 : 우유, 치즈, 요구르트는 뼈와 치아를 튼튼하게 하는 데 필수적인 칼슘, 단백질, 비타민 D의 훌륭한 공급원이다.
- 저지방 단백질 공급원 : 생선, 가금류, 살코기 및 콩은 신체 조직을 만들고 복구하는 데 도움이 되는 훌륭한 단백질 공급원이다.

3) 아동기(Childhood : 4~11세)

어린 시절 아이들은 더 많은 단백질과 칼슘, 철분 등의 영양소가 필요하다. 어린이를 위한 일부 건강식품 옵션은 다음과 같다.

- 통곡물 : 현미, 퀴노아, 통밀빵 또는 파스타 등
- 과일 및 채소 : 중요한 비타민, 미네랄 및 섬유질을 제공한다.
- 저지방 단백질 : 닭고기, 칠면조 고기, 생선, 콩류 등은 신체 조직을 만들고 복구하는 데 도움이 되는 훌륭한 단백질 공급원이다.
- 유제품 : 우유, 치즈, 요구르트는 칼슘, 비타민 D 및 단백질의 좋은 공급원이다.
- 건강한 지방 : 견과류, 씨앗, 아보카도와 같은 식품은 두뇌 발달에 중요한 필수 지방산을 제공한다.

4) 청소년기(Adolescence : 12~18세)

청소년기에 10대들은 신체의 급속한 성장과 발달을 경험하고 이를 지원하기 위해 균형 잡힌 식단이 필요하다. 2020 한국인영양소 섭취기준에 의하면 철분이 가장 많이 필요한 시기는 12~18세, 그 이후에는 권장섭취량이 오히려 감소한다. 10대를 위한 일부 건강식품 옵션은 다음과 같다.

- 통곡물 : 현미, 퀴노아, 통밀빵 또는 파스타 등
- 과일 및 채소 : 중요한 비타민, 미네랄 및 섬유질을 제공한다.
- 저지방 단백질 : 닭고기, 칠면조 고기, 생선, 콩 등
- 유제품 : 우유, 치즈, 요구르트는 칼슘, 비타민 D 및 단백질의 좋은 공급원이다.
- 건강한 지방 : 견과류, 씨앗, 아보카도와 같은 식품은 두뇌 발달에 중요한 필수 지방산을 제공한다.

5) 성인기(Adulthood : 19~39세) ~ 중년기(Middle Age : 40~64세)

성인기와 중년기에는 건강을 유지하고 만성질환을 예방하기 위해 균형 잡히고 다양한 식단이 필수적이다. 이 시기에는 고지방, 고열량 음식은 피하고, 식이섬유, 비타민, 미네랄 등의 영양소가 풍부한 채소, 과일, 곡류, 생선, 달걀, 유제품, 콩류, 견과류, 두류 등을 적극적으로 선택하는 것이 좋다. 성인을 위한 일부 건강식품 옵션은 다음과 같다.
- 통곡물 : 현미, 퀴노아, 통밀빵 또는 파스타 등
- 과일 및 채소 : 중요한 비타민, 미네랄 및 섬유질을 제공한다.
- 저지방 단백질 : 닭고기, 칠면조 고기, 생선, 콩, 렌틸콩 등
- 유제품 : 우유, 치즈, 요구르트는 칼슘, 비타민 D 및 단백질의 좋은 공급원이다.
- 건강한 지방 : 견과류, 씨앗, 아보카도와 같은 식품은 뇌 건강에 중요하고 만성질환의 위험을 줄이는 필수 지방산을 제공한다.

6) 노년기(Older adulthood : 65세 이상)

노년기에 건강을 유지하고 대사성질환을 예방하려면 균형 잡히고 다양한 식단이 필수적이다. 칼슘, 비타민 D 등의 영양소 보충이 중요하다. 고령자를 위한 몇 가지 건강식품 옵션은 다음과 같다.
- 통곡물 : 현미, 퀴노아, 통밀빵 또는 파스타 등
- 과일 및 채소 : 중요한 비타민, 미네랄 및 섬유질을 제공한다.
- 저지방 단백질 : 닭고기, 칠면조 고기, 생선, 콩
- 유제품 : 우유, 치즈 및 요구르트는 뼈 건강을 유지하고 골다공증을 예방하는 데 중요한 칼슘, 비타민 D 및 단백질의 좋은 공급원이다.
- 건강한 지방 : 견과류, 씨앗, 아보카도와 같은 식품은 뇌 건강에 중요하고 만성질환의 위험을 줄이는 필수 지방산을 제공한다.

- 섬유질 : 고령자는 건강한 소화를 유지하고 심장병 및 당뇨병과 같은 만성질환의 위험을 줄이기 위해 통곡물, 과일 및 채소와 같은 섬유질이 풍부한 식품을 더 많이 섭취하는 것을 목표로 해야 한다.
- 생선, 고기, 달걀, 단백질 강화 시리얼과 같이 비타민 B_{12}가 풍부한 음식을 더 많이 섭취해야 할 수 있다.
- 칼슘 및 비타민 D : 노인은 뼈 건강을 유지하기 위해 더 많은 칼슘과 비타민 D가 필요하므로 우유, 치즈, 요구르트 및 강화 시리얼과 같은 영양소가 풍부한 식품을 섭취하는 것이 중요하다.
- 물 : 나이가 들어감에 따라 체내수분이 부족해도, 갈증 호소가 줄어들 수 있으므로 노인의 탈수를 예방하고 건강한 소화를 위해 물과 기타 액체를 충분히 섭취하는 것이 중요하다.

전반적으로 과일, 채소, 통곡물, 기름기 없는 단백질, 유제품, 건강한 지방, 물을 많이 포함한 균형 잡히고 다양한 식단은 모든 삶의 단계에서 건강을 유지하는 데 필수적이다. 또한 대사성질환의 위험을 줄이기 위해 가공식품 및 고지방 식품, 단 음료, 과도한 양의 알코올 섭취를 제한하는 것이 중요하다.

2. 영양소의 일일 요구량

비타민과 미네랄은 신체가 제대로 기능하는 데 필요한 필수 영양소이다. 다음은 가장 중요한 영양소의 일일 요구량이다. 개인의 요구 사항은 연령, 성별, 활동 수준 및 건강 상태와 같은 요인에 따라 다를 수 있다는 점에 유의해야 한다. 개인화된 권장 사항을 위해 의료 전문가 또는 공인 영양사와 상담하는 것이 가장 좋다.

탄수화물 [Carbohydrate]	• 성인은 일일 칼로리 섭취량의 55~65%를 탄수화물에서 섭취 • 예를 들어 성인의 경우 남녀 모두 탄수화물은 평균필요량에 의해 100g, 권장섭취량에 의해 130g이 요구됨	• 신체의 중요한 에너지원
식이섬유 [Dietary Fiber]	• 충분섭취량에 의해 남성 30g, 여성 20g	• 소화 건강에 중요하며 만성질환의 위험을 줄이는 데 도움을 줌
단백질 [Protein]	• 단백질은 총열량의 7~20%를 권장함. 필수 아미노산의 섭취를 위해 동물성 단백질을 1/3 이상으로 계획	• 조직을 만들고 복구하고, 효소와 호르몬을 만들고, 면역체계를 지원
지방 [Fat]	• 총열량의 15~30%를 권장함 • n-6지방산은 총열량의 4~10%, n-3계 지방산은 1% 내외 섭취	• 에너지, 절연 및 장기 보호에 중요 • 다가 불포화지방산(PUFA), 단일 불포화지방산(MUFA)과 포화지방산 섭취 비율은 1 : 1~1.5 : 1이 바람직함 • 예를 들어 2000kcal의 식단을 이용한다면 하루에 대략 60g 정도의 지방 섭취
포화지방 [Saturated Fat]	• 성인은 포화지방 섭취를 일일 칼로리 섭취량의 10% 미만으로 제한	• 콜레스테롤 수치를 높이고 심장 질환의 위험을 증가시킬 수 있음 • 포화지방산 : 체내 합성이 가능하며 적정섭취량 설정 근거의 부족으로 섭취기준을 산정하지 않음. 향후 심혈관질환의 위험감소를 위해 포화지방산 제한연구가 필요함 〈출처 : 2020 한국인영양소섭취기준〉
콜레스테롤 [Cholesterol]	• 성인은 콜레스테롤 섭취를 하루 300mg 미만으로 제한	• 동물성 제품에서 발견되며 심장 질환의 위험을 높일 수 있음
나트륨 [Sodium]	• 만성질환 위험 감소를 위한 섭취기준(Chronic Disease Risk Reduction Intake, CDRR)을 고려하여 2300mg	• 체액 균형과 신경 기능에 중요하지만 너무 많은 나트륨은 혈압을 높이고 심장 질환의 위험을 증가시킬 수 있음 • 2022년 세브란스 병원 연구팀은 국제학술지 '프런티어스 인 뉴트리션(Frontiers in Nutrition)'에 게재한 연구에서 다음과 같이 발표 : 나트륨 섭취, 사망과 관련 없고 대신 칼륨 섭취 많으면 사망률·심혈관계 사망률 최대 21%·32% ↓
비타민 A [Vitamin A]	• 상한섭취량에 의해 남녀 모두 약 3000μgRAE/일	• 건강한 시력, 피부 및 면역체계 기능을 유지하는 데 중요 • RAE : "Retinol Activity Equivalents(레티놀 액티비티 이퀴벌런츠)"의 약자로, 비타민 A의 활성화된 양을 나타내는 단위
비타민 C [Vitamin C]	• 상한섭취량에 의해 남녀 모두 2000mg	• 건강한 피부, 뼈 및 연골에 중요한 콜라겐 생성을 도움. 또한 면역체계를 지원
비타민 D [Vitamin D]	• 상한섭취량으로 남녀 모두 100μg/일	• 뼈 건강과 면역체계 기능에 중요
비타민 E [Vitamin E]	• 상한섭취량으로 540mg α-TE/일	• 손상으로부터 세포를 보호하고 건강한 피부와 면역체계 기능에 중요한 항산화제 • "α-TE"는 알파-토코페롤 등의 비타민 E 유사체의 활성화된 양을 나타내는 단위이며, "mg"은 "밀리그램"을 나타내는 단위 • 알파-토코페롤은 강한 항산화 효과를 가지고 있으며, 특히 식물성 오일과 견과류, 씨앗 등에 많이 함유
비타민 K [Vitamin K]	• 충분섭취량에 의해 남성 75μg/일, 여성 65μg/일(65micrograms)	• 강한 뼈와 치아, 근육 기능 및 신경 전달에 중요
칼슘 [Calcium]	• 상한섭취량 2000~2500mg/일(2000~2500milligrams)	• 마그네슘과 함께 뼈의 생성 및 골다공증 예방에 도움

칼륨 [Potassium]	• 충분섭취량으로 3500mg/ 일 (3500milligrams)	• 근육과 신경 기능에 중요하며 심장 기능과, 혈압 조절에 도움
철분[Iron]	• 상한섭취량에 의해 45mg(45milligrams)	• 적혈구 생성과 신체의 산소 수송에 중요
비타민 B₁(티아민) [Vitamin B₁(Thiamin)]	• 평균필요량에 의해 남자 1.2mg, 여자 1.1mg	• 신경 기능과 탄수화물 대사에 중요
비타민 B₂(리보플라빈) [Vitamin B₂(Riboflavin)]	• 권장섭취량에 의해 남자 1.5mg, 여자 1.2mg	• 에너지 생산, 건강한 피부 및 눈 기능에 중요
니아신[Niacin]	• 상한섭취량에 의해 1000μg	• 에너지 생산, 건강한 피부 및 신경 기능에 중요
비타민 B₆(피리독신) [Vitamin B₆(Pyridoxine)]	• 상한섭취량에 의해 100mg	• 단백질 대사, 적혈구 생성 및 면역체계 기능에 중요
엽산 [Folic acid(Folate)]	• 상한섭취량에 의해 1000μgDFE	• 엽산은 DNA 합성과 적혈구 생산에 중요하며 임신 중 선천적 결함을 예방하는 데 도움 • "DFE"는 "Dietary Folate Equivalents"의 약어로, 식이 엽산의 유효성을 나타내는 단위
비타민 B₁₂(코발아민) [Vitamin B₁₂(Cobalamin)]	• 권장섭취량에 의해 2.4μg	• 신경 기능, DNA 합성 및 적혈구 생산에 중요
비오틴 [Biotin]	• 충분섭취량에 의해 30μg	• 에너지 대사, 건강한 피부 및 모발에 중요
판토텐산 [Pantothenic acid]	• 충분섭취량에 의해 5mg	• 비타민 B₅로도 알려진 판토텐산은 에너지 생산을 포함하여 신체의 다양한 대사과정에 관여하는 코엔자임 A의 합성에 필요
인[Phosphorus]	• 권장섭취량에 의해 700mg	• 뼈와 치아 형성, 에너지 생산 및 DNA 합성에 중요한 역할을 하는 필수 미네랄 • 다양한 효소의 조절과 신체의 pH 균형에도 관여
요오드[Iodine]	• 권장섭취량에 의해 150μg	• 신체의 신진대사를 조절하는 데 중요한 역할을 하는 갑상선호르몬의 합성 에 필요한 미네랄 • 뇌와 신경계의 발달과 기능에도 중요
마그네슘[Magnesium]	• 상한섭취량에 의해 남녀 모두 350mg	• 에너지 생성, 근육 및 신경 기능, 단백질 합성 등 신체의 많은 과정에 관여 하는 미네랄 • 건강한 뼈와 치아를 유지하는 데도 중요
아연[Zinc]	• 상한섭취량에 의해 남녀 모두 35mg	• 면역 기능, 단백질 합성, 상처 치유, DNA 합성 등 신체의 수많은 과정에 관여하는 필수 미네랄 • 건강한 피부, 모발 및 손톱을 유지하는 데 중요
셀레늄[Selenium]	• 권장섭취량에 의해 60μg	• 항산화 방어 및 면역 기능에 중요한 셀레노단백질 합성에 필요한 미네랄 • 갑상선 기능과 남성 생식력에도 중요
구리[Copper]	• 권장섭취량에 의해 남자 850μg, 여자 650μg	• 결합조직 형성, 에너지 생산 및 철 대사 조절에 관여하는 광물 • 면역 기능과 적혈구 형성에도 중요
망간[Manganese]	• 상한섭취량에 의해 11mg	• 뼈 형성, 상처 치유 및 탄수화물 대사를 포함하여 신체의 많은 과정에 관여 하는 미네랄 • 항산화 방어와 아미노산, 콜레스테롤 및 탄수화물의 대사에도 중요
크롬 [Chromium]	• 충분섭취량에 의해 남자 30μg, 여자 20μg	• 탄수화물 및 지질 대사와 인슐린 감수성 조절에 관여하는 광물 • 건강한 혈당 수치를 유지하는 데도 중요
몰리브덴 [Molybdenum]	• 권장섭취량에 의해 남자 30μg, 여자 25μg	• 황 함유 아미노산의 대사에 관여하는 여러 효소의 활동에 필요한 미네랄 • DNA와 RNA의 구성 요소인 퓨린과 피리미딘의 대사에도 중요

3. 건강에 좋은 비타민과 미네랄 조합(Nutrition Pairing) 및 이유

특정 비타민과 미네랄을 함께 사용하면 개별 효과를 향상시키고 전반적인 건강을 증진할 수 있다. 다음 페어링(Pairing)이 좋은 구성을 만드는 이유는 다음과 같다.

	Good Pairing 두 가지 영양소를 모두 포함하는 식품	건강에 좋은 이유
1	• Vitamin A + Zinc[비타민 A + 아연] 소고기, 호박씨, 당근	• 비타민 A는 시력, 피부 건강, 면역체계 등에 필요하며, 아연은 면역체계 강화, 성장 및 발달에 필요 • 비타민 A를 흡수하고 이용하는 데 아연이 필요하므로 두 영양소는 서로 보완적 역할을 함
2	• Vitamin B₁(thiamin) + magnesium [비타민 B₁(티아민) + 마그네슘] 구운 아몬드, 대두, 통곡물, 녹색잎채소, 콩류, 건조 과일	• 비타민 B₁(티아민)과 마그네슘 : 비타민 B₁은 탄수화물 대사 및 신경 기능에 필요 • 마그네슘은 신경, 근육, 심장 건강에 중요 • 두 영양소를 함께 섭취하면 비타민 B₁을 신경 기능에 활용
3	• Vitamin B₁(thiamin) + Vitamin B₂ [비타민 B₁(티아민) + 비타민 B₂] 통곡물, 유제품 및 잎이 많은 채소	• 두 비타민 B 모두 에너지 생산과 적절한 신경계 기능에 중요
4	• Vitamin B₂(riboflavin) + iron [비타민 B₂(리보플라빈) + 철분] 붉은 고기, 내장, 가금류, 생선, 조개, 달걀, 시금치, 콩류	• 비타민 B₂는 에너지 생산 및 셀 대사에 필요한 영양소 • 철분은 혈액 산소 공급에 필요한 영양소 • 두 영양소를 함께 섭취하면 혈액 산소 공급 및 에너지 생산에 도움
5	• Vitamin A + Vitamin E[비타민 A + 비타민 E] 당근, 아몬드 및 고구마	• 두 비타민 모두 건강한 피부와 면역 기능에 중요하다. 함께 작용하여 세포를 손상으로부터 보호
6	• Vitamin B₃(Niacin) + Chromium [비타민 B₃(니아신) + 크롬] 닭, 칠면조, 생선, 통곡물, 견과류, 콩류, 브로콜리, 버섯	• 니아신은 에너지 생산에 관여하며 건강한 피부, 신경계, 소화계를 지원 • 크롬은 혈당 수치를 조절하고 인슐린 감수성을 개선하는 데 도움이 되는 필수 미네랄 • 두 영양소를 함께 섭취하면 포도당 대사를 향상시키고 심혈관 건강을 촉진
7	• Vitamin B₅(Pantothenic acid) + Calcium [비타민 B₅(판토텐산) + 칼슘] 유제품, 잎이 많은 채소, 브로콜리, 생선, 견과류, 씨앗, 단백질 강화 시리얼, 콩류, 과일	• 판토텐산은 에너지 대사에 중요하며 건강한 피부, 모발, 손톱을 지원 • 칼슘은 강한 뼈와 치아에 필수적이며 근육 수축과 신경 기능에도 중요한 역할 • 두 영양소를 함께 섭취하면 뼈 건강과 전반적인 에너지 생산을 촉진
8	• Vitamin B₆(pyridoxine) + manganese [비타민 B₆(피리독신) + 망간] 통곡물, 견과류, 콩류, 시금치, 고구마, 생선, 두부, 바나나	• 피리독신은 아미노산 대사에 관여하며 건강한 뇌 기능과 기분 유지에 도움 • 망간은 뼈 발달, 상처 치유, 탄수화물, 단백질 및 콜레스테롤의 대사에 중요 • 두 영양소를 함께 섭취하면 뇌 기능과 전반적인 신진대사를 촉진
9	• Vitamin B₇(Biotin) + Zinc [비타민 B₇(비오틴) + 아연] 통곡물, 견과류, 콩류, 달걀, 유제품, 육류, 해산물	• 비오틴은 건강한 모발, 피부, 손톱에 중요하며 에너지 생산과 포도당 대사를 지원 • 아연은 면역 기능, 상처 치유 및 호르몬 조절에 필수적 • 두 영양소를 함께 섭취하면 피부와 모발 건강을 촉진하고 면역 및 신진대사 건강을 지원
10	• Vitamin B₉(folic acid) + iron[비타민 B₉(엽산) + 철분] 시금치, 렌즈콩, 병아리콩, 검은 눈 완두콩, 방울양배추, 아스파라거스, 소간, 굴, 칠면조, 퀴노아	• 엽산은 DNA 합성과 건강한 적혈구 생산에 중요 • 철분은 산소 수송에 필수적이며 에너지 대사에도 관여 • 두 영양소를 함께 섭취하면 적혈구 생산을 촉진하고 에너지 생산을 향상시킴

11	• Vitamin B₁₂(Cobalamin) + Zinc [비타민 B₁₂(코발라민) + 아연] 잎이 많은 채소, 콩류, 강화곡물, 쇠고기 간, 가금류, 조개류, 견과류 및 씨앗류	• 코발아민은 DNA 합성에 관여하며 신경계와 뇌 기능을 지원 • 아연은 면역 기능, 상처 치유 및 호르몬 조절에 중요 • 두 영양소를 함께 섭취하면 뇌와 면역 기능을 촉진시킴
12	• Vitamin C + Iron[비타민 C + 철분] 붉은 고기, 잎이 많은 채소 및 감귤류	• 비타민 C는 적혈구 형성과 전신 산소 수송에 중요한 철분의 흡수를 도움 • 이것은 비타민 C가 잘 흡수되지 않는 피로인산 제2철 형태의 철을 보다 쉽게 흡수 되는 제2철 형태로 전환할 수 있기 때문
13	• Vitamin E + Selenium[비타민 E + 셀레늄] 브라질 너트, 해바라기씨, 해산물, 밀 배아, 시금치, 아보카도, 달걀	• 비타민 E와 셀레늄은 항산화 특성을 가지고 있으며 함께 작용하여 자유 라디칼로 인한 손상으로부터 세포를 보호 • 비타민 E는 산화 손상으로부터 세포막을 보호하는 데 도움이 되며 셀레늄은 항 산화 효소의 필수 구성 요소
14	• Vitamin K + Calcium[비타민 K + 칼슘] 유제품, 잎이 많은 채소 및 지방이 많은 생선	• 비타민 K는 혈액 응고 및 뼈 대사에 관여하는 단백질의 활성화에 필수적 • 칼슘은 뼈 건강에 필요하며 두 가지가 함께 작용하여 강한 뼈를 유지
15	• Vitamin K + Vitamin D[비타민 K + 비타민 D] 잎이 많은 채소, 지방이 많은 생선 및 달걀 노른자	• 비타민 K는 신체가 칼슘을 흡수하도록 돕고 비타민 D는 신체가 칼슘을 사용하여 뼈를 만들고 유지하도록 도움 • 비타민 K는 신체가 칼슘을 흡수하도록 돕고 비타민 D는 신체가 칼슘을 사용하여 뼈를 만들고 유지하도록 도움
16	• calcium + magnesium[칼슘 + 마그네슘] 바나나, 아보카도 및 다크 초콜릿	• 칼슘과 마그네슘은 함께 작용하여 건강한 뼈와 치아, 신경 및 근육 기능, 심혈관 건강을 지원 • 칼슘은 근육 수축에 필요하고 마그네슘은 근육 이완에 필요
17	• calcium + phosphorus[칼슘 + 인] 유제품, 견과류 및 씨앗	• 칼슘과 인은 모두 건강한 뼈와 치아에 필수적인 미네랄 • 신체의 적절한 pH 균형을 유지 • 칼슘은 뼈 형성에 필요하고 인은 뼈의 구조적 무결성에 필요
18	• iron + copper[철분 + 구리] 내장육(간, 신장, 심장), 갑각류, 견과류 및 씨앗, 콩류, 다크 초콜릿, 잎이 많은 채소(시금치, 케일)	• 철과 구리는 적혈구 형성에 함께 작용 • 구리는 철분을 세포로 쉽게 운반하는 데 도움이 되며 적혈구에서 산소를 운반하는 단백질인 헤모글로빈 형성에 필요.
19	• iron + manganese[철분 + 망간] 아몬드가 대표 식품, 녹색 잎채소, 곡물, 콩, 견과류, 씨앗 및 육류	• 철과 망간은 모두 적혈구 형성에 필수적인 미네랄 • 망간은 헤모글로빈 생성에 관여하는 효소의 활성화에 필요
20	• iron + zinc[철분 + 아연] 파슬리, 녹색 잎채소, 콩, 견과류, 씨앗 및 곡물 제품, 육류, 생선, 해산물	• 철분과 아연은 적혈구 형성에 함께 작용 • 아연은 헤모글로빈의 철 함유 성분인 헴 합성에 관여하는 효소 생산에 필요
21	• magnesium + zinc[마그네슘 + 아연] 콩류(병아리콩, 렌즈콩, 콩), 견과류, 통곡물, 해산물(굴, 게, 바닷가재 등), 시금치, 호박씨	• 마그네슘과 아연은 둘 다 신체의 수많은 생화학적 과정을 조절하는 필수 미네랄 • 마그네슘은 에너지 대사에 관여하는 효소의 활성화에 필요한 반면, 아연은 수많 은 효소와 단백질의 기능에 필요
22	• manganese + zinc[망간 + 아연] 아몬드, 귀리, 콩, 쌀, 견과류, 씨앗 및 곡물 제품, 우유, 치즈 및 육류	• 망간과 아연은 둘 다 신체의 수많은 효소 기능에 필수적인 미네랄 • 망간은 탄수화물 대사에 관여하는 효소의 활성화에 필요하고 아연은 수많은 효소와 단백질 생산에 필요.
23	• potassium + sodium[칼륨 + 나트륨] 바나나, 아보카도, 고구마, 토마토, 시금치, 요구르트	• 칼륨과 나트륨은 모두 신경계와 심혈관계의 적절한 기능에 필요한 필수 전해질 • 칼륨은 근육 수축과 신경 자극(nerve impulse) 전달에 필요하고 나트륨은 체액 균형과 혈압 조절에 필요

24	• Selenium + Zinc[셀레늄 + 아연] 해산물(굴, 새우, 게 등), 견과류와 씨앗, 쇠고기, 콩, 통곡물, 달걀	• 아연과 셀레늄은 신체의 면역 기능을 지원하고 염증을 줄이기 위해 함께 작용하는 두 가지 필수 미량 미네랄 • 아연은 면역체계의 적절한 기능, 상처 치유 및 DNA 합성에 필요하다. 반면에 셀레늄은 산화 스트레스, 염증을 줄이고 갑상선 기능을 지원 • 두 미네랄 모두 건강한 피부, 모발 및 손톱 유지에 중요. 함께 섭취하면 신체에서 서로의 생체 이용률과 효율성을 향상시킬 수 있음
25	• zinc + copper[아연 + 구리] 씨앗 및 견과류, 고기, 해산물, 초콜릿, 콩류	• 아연과 구리는 신체의 수많은 효소와 단백질 합성에 함께 작용 • 구리는 아연을 세포로 수송하는 데 필요하며 철 대사에 관여하는 여러 효소의 형성에 필요
26	• zinc + manganese[아연 + 망간] 견과류(특히 아몬드), 귀리, 콩, 쌀, 씨앗 및 곡물 제품, 우유, 치즈 및 육류	• 아연과 망간은 모두 신체의 수많은 효소 기능에 필수적인 미네랄 • 아연은 DNA와 RNA 합성에 관여하는 효소 생산에 필요하고, 망간은 아미노산 대사에 관여하는 효소 활성화에 필요
27	• Calcium + Vitamin D[칼슘 + 비타민 D] 유제품, 잎이 많은 채소 및 지방이 많은 생선	• 칼슘과 비타민 D는 함께 작용하여 뼈와 치아를 튼튼하게 함 • 칼슘은 뼈 건강에 필수적인 미네랄이며, 비타민 D는 신체가 칼슘을 흡수하고 뼈의 광물화를 지원하는 데 도움을 줌 • 비타민 D는 또한 근육 기능, 면역체계 기능 및 심혈관 건강에 중요한 역할. 두 영양소의 적절한 섭취는 특히 골다공증 위험이 있는 노인의 뼈 건강을 유지하는 데 중요
28	• Magnesium + Vitamin D[마그네슘 + 비타민 D] 기름진 생선, 시금치, 아몬드, 두유, 버섯, 통곡물	• 마그네슘과 비타민 D는 함께 작용하여 뼈 건강, 근육 기능 및 심혈관 건강을 지원 • 마그네슘은 근육 및 신경 기능, 단백질 합성 및 에너지 생산을 포함하여 신체 300개 이상의 효소 반응에서 역할을 하는 미네랄 • 비타민 D는 신체가 뼈 건강에 필수적인 칼슘과 마그네슘을 흡수하도록 도움 • 또한 마그네슘은 염증을 줄이고 인슐린 민감성을 개선하는 데 도움이 될 수 있으며, 비타민 D는 면역 기능과 만성질환의 위험을 줄이는 역할
29	• Vitamin B6(pyridoxine) + magnesium [비타민 B6(피리독신) + 마그네슘] 시금치, 연어 및 해바라기 씨	• 비타민 B6와 마그네슘은 함께 작용하여 신경계 기능을 지원하고 염증을 줄이며 건강한 혈압을 촉진 • 비타민 B6는 세로토닌 및 도파민과 같은 신경 전달물질의 합성에 관여하며 신체의 염증을 줄이는 데 도움을 줌 • 반면에 마그네슘은 근육과 신경 기능에 관여하며 혈압 조절을 도움 • 비타민 B6를 함께 섭취하면 체내 마그네슘의 흡수와 생체이용률을 높일 수 있음
30	• Vitamin B9(folic acid) + vitamin B12(cobalamin) [비타민 B9(엽산) + 비타민 B12(코발아민)] 쇠고기 간, 잎이 많은 채소 및 콩류	• 비타민 B9(엽산)과 비타민 B12(코발아민)는 함께 작용하여 신경계 기능을 지원하고 건강한 혈액세포를 촉진하며 선천적 결함의 위험을 줄임 • 비타민 B9은 DNA와 적혈구의 합성에 관여하고, 비타민 B12는 신경 기능과 적혈구 생성에 중요한 역할을 함 • 두 영양소 모두 건강한 뇌 기능에 필수적이며 나이가 들면서 인지 기능 저하 위험을 줄이는 데 도움 • 함께 섭취하면 신체에서 서로의 효과를 높일 수 있음
31	• Vitamin E + Vitamin C[비타민 E + 비타민 C] 시금치, 아몬드, 아보카도	• 비타민 E와 비타민 C는 활성산소로 인한 손상으로부터 세포를 보호하기 위해 함께 작용하는 항산화제 • 비타민 E는 지용성 비타민으로 신체의 지방조직에 저장되어 산화 손상으로부터 세포막을 보호하는 데 도움을 줌 • 반면에 비타민 C는 수용성 비타민으로 피부에서 고농도로 발견되며 UV 손상으로부터 피부를 보호하는 데 도움을 줌 • 모두 염증을 줄이고 피부 건강을 개선하며 면역체계를 강화하는 데 도움을 줌

4. 복합 영양소가 들어 있는 식재료

우리 주변의 식재료인 잎이 많은 채소, 과일, 저지방 고기, 몸에 좋은 지방에는 비타민과 미네랄 등의 풍부한 영양이 들어 있다. 특히, 영양성분을 복합적으로 가지고 있다. 다음은 한 가지 식재료가 복합 비타민과 미네랄을 가지고 있는 예이다.

복합 영양소가 들어 있는 식재료	
1	**Vitamin A + Zinc[비타민 A ✚ 아연]** **※ 비타민 A와 아연의 좋은 공급원인 식품** • 굴 – 아연의 훌륭한 공급원이며 약간의 비타민 A도 함유. 중간 크기의 굴 6개에는 아연 76mg과 비타민 A 일일 권장량의 4%가 들어 있음 • 쇠고기 – 조리된 쇠고기 85g에는 아연 5.2mg과 비타민 A 일일 권장량의 2%가 들어 있음 • 호박씨 – 아연이 풍부하고 약간의 비타민 A도 함유하고 있음. 구운 호박씨 28g에는 아연 2.2mg과 비타민 A 일일 권장량의 1%가 들어 있음 • 시금치 – 비타민 A의 좋은 공급원이며 약간의 아연도 함유하고 있음. 익힌 시금치 한 컵에는 943μg의 비타민 A와 0.2mg의 아연이 들어 있음 • 당근 – 비타민 A의 좋은 공급원이며 약간의 아연도 함유하고 있음. 중간 크기의 생당근에는 509μg의 비타민 A와 0.2mg의 아연이 들어 있음 • 요구르트 – 아연의 좋은 공급원이며 일부 비타민 A도 함유하고 있음. 플레인 요구르트 170g에는 아연 2.2mg과 비타민 A 일일 권장량의 3%가 들어 있음 • 캐슈넛 – 아연의 좋은 공급원이며 일부 비타민 A도 함유하고 있음. 구운 캐슈넛 28g에는 아연 1.6mg과 비타민 A 일일 권장량의 1%가 들어 있음 • 달걀 노른자 – 비타민 A의 좋은 공급원이며 약간의 아연도 함유하고 있음. 큰 달걀 노른자 하나에는 245IU의 비타민 A와 0.4mg의 아연이 들어 있음 • 붉은 고기 – 조리된 쇠고기 85g에는 아연 5.2mg과 비타민 A 일일 권장량의 2%가 들어 있음 • 치즈 – 아연의 좋은 공급원이며 일부 비타민 A도 함유하고 있음. 체다 치즈 28g에는 아연 0.9mg과 비타민 A 일일 권장량의 2%가 들어 있음
2	**Vitamin B₁(thiamin) + magnesium[비타민 B₁(티아민) + 마그네슘]** **※ 비타민 B₁(티아민)과 마그네슘의 좋은 공급원인 식품** • 아몬드 – 아몬드 28g에는 80mg의 마그네슘과 0.2mg의 비타민 B₁이 들어 있음 • 해바라기 씨 – 해바라기 씨 28g에는 91mg의 마그네슘과 0.1mg의 비타민 B₁이 들어 있음 • 시금치 – 마그네슘의 좋은 공급원이며 일부 비타민 B₁도 함유하고 있음. 익힌 시금치 한 컵에는 157mg의 마그네슘과 0.1mg의 비타민 B₁이 들어 있음 • 현미 – 조리된 현미 한 컵에는 84mg의 마그네슘과 0.2mg의 비타민 B₁이 들어 있음 • 캐슈넛 – 캐슈넛 28g에는 82mg의 마그네슘과 0.1mg의 비타민 B₁이 들어 있음 • 퀴노아 – 익힌 퀴노아 한 컵에는 118mg의 마그네슘과 0.2mg의 비타민 B₁이 들어 있음 • 검은콩 – 익힌 검은콩 한 컵에는 120mg의 마그네슘과 0.2mg의 비타민 B₁이 들어 있음 • 넙치 – 익힌 가자미 85g에는 90mg의 마그네슘과 0.2mg의 비타민 B₁이 들어 있음 • 오트밀 – 익힌 오트밀 한 컵에는 58mg의 마그네슘과 0.2mg의 비타민 B₁이 들어 있음 • 참치 – 조리된 참치 85g에는 48mg의 마그네슘과 0.3mg의 비타민 B₁이 들어 있음
3	**Vitamin B₉(folic acid) + iron[비타민 B9(엽산) + 철분]** **※ 비타민 B₉(엽산)과 철분의 좋은 공급원인 식품** • 시금치 – 익힌 시금치 한 컵에는 262μg의 엽산과 6.4mg의 철분이 들어 있음 • 렌즈콩 – 조리된 렌즈콩 한 컵에는 358μg의 엽산과 6.6mg의 철분이 들어 있음 • 병아리콩 – 익힌 병아리콩 한 컵에는 282μg의 엽산과 4.7mg의 철분이 들어 있음 • 검은 눈 완두콩 – 익힌 검은 눈 완두콩 한 컵에는 358μg의 엽산과 4.3mg의 철분이 들어 있음 • 방울양배추 – 익힌 방울양배추 한 컵에는 78μg의 엽산과 1.2mg의 철분이 들어 있음 • 아스파라거스 – 익힌 아스파라거스 한 컵에는 134μg의 엽산과 2.9mg의 철분이 들어 있음 • 소간 – 소간 85g에는 215μg의 엽산과 5.8mg의 철분이 들어 있음 • 굴 – 중간 크기의 굴 6개에는 32μg의 엽산과 4.5mg의 철분이 들어 있음 • 칠면조 – 칠면조 85g에는 3.4μg의 엽산과 1.3mg의 철분이 들어 있음 • 퀴노아 – 익힌 퀴노아 한 컵에는 78μg의 엽산과 2.8mg의 철분이 들어 있음

4	calcium + magnesium[칼슘 + 마그네슘]
	※ 칼슘과 마그네슘의 좋은 공급원인 식품 • 시금치 – 익힌 시금치 한 컵에는 245mg의 칼슘과 157mg의 마그네슘이 들어 있음 • 두부 – 두부 85g에는 브랜드에 따라 약 130~200mg의 칼슘과 40~60mg의 마그네슘이 들어 있음 • 요구르트 – 플레인 요구르트 한 컵에는 브랜드에 따라 약 300~400mg의 칼슘과 20~30mg의 마그네슘이 들어 있음 • 참깨 – 참깨 한 스푼에는 칼슘 88mg과 마그네슘 32mg이 들어 있음 • 정어리 – 뼈가 있는 정어리 통조림 85g에는 브랜드에 따라 약 325~370mg의 칼슘과 40~50mg의 마그네슘이 들어 있음 • 케일 – 익힌 케일 한 컵에는 94mg의 칼슘과 24mg의 마그네슘이 들어 있음 • 검은콩 – 익힌 검은콩 한 컵에는 46mg의 칼슘과 120mg의 마그네슘이 들어 있음

5. 건강과 맛이 어울리는 식품 재료의 조합(Food Pairing)

일반적으로 과일, 채소, 통곡물, 양질의 단백질 및 건강한 지방을 포함한 모든 식품군의 다양한 식품을 포함하는 균형 잡힌 식단을 목표로 하는 것이 중요하다. 다양한 음식을 사려 깊은 방식으로 조합하면 몸을 건강하고 튼튼하게 유지하는 데 필요한 모든 비타민과 미네랄을 섭취할 수 있다. 이러한 페어링이 잘 작동하는 이유는 다양할 수 있지만 종종 각 음식의 보완 영양소 또는 신체에서 소화 및 흡수되는 방식과 관련된다.

1) 음식 재료 간의 좋은 페어링 유형과 어울리는 이유

	Good Food Pairing	조합이 어울리는 이유
1	토마토 + 올리브 오일	• 토마토의 리코펜은 지용성이므로 올리브 오일에서 발견되는 것과 같은 건강한 지방과 함께 섭취할 때 신체에 더 잘 흡수
2	토마토 + 모차렐라 치즈 [비타민 C, 항산화제 + 단백질, 칼슘]	• 토마토는 비타민 C와 기타 항산화제가 풍부하고 모차렐라 치즈는 단백질과 칼슘의 좋은 공급원이다. 이 페어링은 맛있고 건강한 샐러드 또는 스낵을 만듦
3	코티지 치즈 + 파인애플 [칼슘 + 비타민 C]	• 파인애플의 비타민 C는 신체가 코티지 치즈의 칼슘을 보다 효율적으로 흡수하도록 도움
4	달걀 + 치즈 [단백질, 지방 + 단백질, 지방]	• 달걀과 치즈의 단백질과 지방 조합은 지속적인 에너지와 포만감을 제공
5	시금치 + 오렌지 [철분 + 비타민 C]	• 시금치는 철분이 많고 오렌지 주스는 비타민 C가 많기 때문임 • 비타민 C는 몸이 시금치에서 철분을 더 잘 흡수하도록 도와 시금치를 보다 효과적인 공급원으로 만듦
6	시금치 + 레몬 [철분 + 비타민 C]	• 레몬 주스의 비타민 C는 신체가 시금치의 철분을 더욱 효율적으로 흡수하도록 도와줌
7	녹차 + 레몬 [항산화제 + 비타민 C]	• 레몬 주스의 비타민 C는 신체가 녹차의 항산화제를 더욱 효율적으로 흡수하도록 도와줌
8	시금치 + 딸기 [철분 + 비타민 C, 항산화제]	• 시금치는 철분과 기타 영양소가 풍부하고 딸기는 비타민 C와 기타 항산화제가 풍부하다. 둘 다 영양이 풍부하고 풍미 가득한 샐러드를 만듦

8	시금치 + 달걀 [철분 + 단백질]	• 시금치는 철분과 기타 영양소가 풍부하고 달걀은 좋은 단백질 공급원 • 이 페어링은 영양가 있고 만족스러운 아침 식사로 하루를 시작하는 좋은 방법
9	콩 + 쌀 [라이신 + 메티오닌]	• 콩과 쌀을 결합하여 완전한 단백질을 만듦 • 콩에는 쌀에 적은 아미노산인 라이신이 많고, 쌀에는 콩에 적은 아미노산인 메티오닌이 많음 • 이 두 가지 식품을 결합하면 신체에 필요한 모든 필수 아미노산을 포함하는 완전한 단백질을 만들 수 있음
10	현미 + 렌틸콩 [미네랄 + 아미노산 메티오닌]	• 현미에는 아미노산 메티오닌이 적고 렌틸콩에는 풍부하기 때문에 이 조합은 완전한 단백질을 제공
11	다크 초콜릿 + 라즈베리 [철분, 마그네슘 + 비타민 C]	• 다크 초콜릿은 심장 건강과 인지 기능을 지원하는 철분, 마그네슘과 같은 미네랄과 산화 방지제가 풍부 • 라즈베리는 면역 기능과 소화 건강을 지원하는 비타민 C와 섬유질이 풍부
12	아보카도 + 토마토 [건강한 지방 + 리코펜]	• 아보카도는 건강한 지방이 많고 토마토는 강력한 항산화제인 리코펜이 많기 때문에 아보카도와 토마토를 결합하면 좋은 조합이 될 수 있음 • 이 두 가지 음식을 함께 먹으면 몸이 리코펜을 더 잘 흡수하여 자유 라디칼과 싸우고 세포를 손상으로부터 보호하는 데 더욱 효과적임
13	아보카도 + 퀴노아 [건강한 지방, 칼륨 + 단백질, 마그네슘]	• 아보카도는 건강한 지방, 섬유질, 칼륨이 풍부하여 심장 건강과 소화 기능을 지원. 퀴노아는 건강한 근육과 뼈를 지원하는 단백질, 섬유질 및 마그네슘이 풍부
14	아보카도 + 통곡물빵 [건강한 지방 + 섬유질]	• 아보카도는 건강한 지방이 많고 통곡물 토스트는 좋은 섬유질 공급원 • 두 개를 함께 요리하면 맛있고 영양가 있는 아침 식사 또는 간식이 됨
15	검은콩 + 퀴노아 [아미노산 라이신 + 단백질, 마그네슘]	• 퀴노아는 아미노산, 라이신이 적고 검은콩은 풍부하기 때문에 이 조합은 완전한 단백질을 제공
16	오트밀 + 베리류 [섬유질 + 항산화제]	• 오트밀과 베리류의 섬유질은 탄수화물의 흡수를 늦추어 혈당 수치를 조절하고 급격한 혈당 상승을 예방
17	연어 + 아스파라거스 [오메가-3지방산 + 비타민, 무기질]	• 연어는 오메가-3지방산이 많고 아스파라거스는 비타민과 미네랄이 풍부 • 아스파라거스의 비타민 C는 신체가 연어의 철분을 더욱 효율적으로 흡수하도록 도와줌
18	연어 + 케일 [오메가-3지방산 + 비타민 A, C, K]	• 연어는 심장 건강과 면역 기능을 지원하는 오메가-3지방산과 비타민 D가 풍부 • 케일은 비타민 A, C, K뿐만 아니라 칼슘과 철분이 풍부
19	당근 + 후무스 [비타민, 미네랄 + 단백질, 건강한 지방]	• hummus(후무스) : 병아리콩과 참깨, 올리브 오일, 레몬, 마늘을 갈아서 만든 걸쭉한 페이스트 또는 스프레드로 원래 중동에서 만듦 • 당근은 비타민과 미네랄이 풍부하고 후무스는 단백질과 건강한 지방의 좋은 공급원이다. 이 페어링은 훌륭한 간식이나 애피타이저가 됨
20	그릭 요구르트 + 베리류 [단백질, 칼슘 + 항산화제]	• 그릭 요구르트는 단백질과 칼슘이 많고 베리류는 항산화제가 풍부 • 함께 조리하면 영양이 풍부하고 만족스러운 아침 식사 또는 간식을 만듦
21	고구마 + 검은콩 [섬유질, 비타민 + 단백질, 미네랄]	• 고구마는 섬유질과 비타민이 풍부하고 검은콩은 단백질과 미네랄의 좋은 공급원이다. 이 페어링은 영양가 있고 풍미 가득한 채식 식사를 만듦
22	고구마 + 요구르트 [탄수화물 + 단백질]	• 고구마와 요구르트의 탄수화물과 단백질 조합은 혈당 수치의 균형을 유지하고 지속적인 에너지를 제공하는 데 도움을 줌
23	브로콜리 + 아몬드 [항산화 + 비타민 E]	• 아몬드와 비타민 E는 신체가 베타카로틴과 비타민 C를 포함하여 브로콜리의 항산화 영양소를 흡수하도록 도움
24	브로콜리 + 퀴노아[섬유질, 비타민 + 단백질, 미네랄]	• 브로콜리는 섬유질과 비타민이 풍부하고 퀴노아는 단백질과 미네랄의 좋은 공급원임. 함께 요리하면 영양가 있고 풍미 가득한 채식 식사를 만듦

25	현미 + 렌즈콩 [섬유질, 미네랄 + 단백질]	• 현미는 섬유질과 미네랄이 풍부하고 렌즈콩은 단백질과 기타 영양소의 좋은 공급원임. 함께 요리하면 영양가 있고 만족스러운 채식 식사를 만듦
26	블루베리 + 호두 [항산화제 + 단백질, 건강한 지방]	• 블루베리는 항산화제가 풍부하고 호두는 단백질과 건강한 지방의 좋은 공급원임. 이 페어링은 영양가 있고 만족스러운 간식을 만듦
27	참치 + 현미 [단백질 + 오메가-3지방산]	• 참치는 심장 건강과 인지 기능을 지원하는 단백질과 오메가-3지방산이 풍부. 현미는 건강한 소화와 면역 기능을 지원하는 마그네슘과 셀레늄과 같은 미네랄과 섬유질이 풍부
28	참치 + 토마토 [철분 + 비타민 C]	• 토마토의 비타민 C는 신체가 참치의 철분을 보다 효율적으로 흡수하도록 도와줌
29	새우 + 현미 [단백질 + 섬유질, 미네랄]	• 새우는 단백질과 기타 영양소가 풍부하고 현미는 섬유질과 미네랄이 풍부. 이 페어링은 영양가 있고 만족스러운 식사를 만듦
30	쇠고기 + 브로콜리 [단백질 + 비타민 C]	• 브로콜리의 비타민 C는 신체가 쇠고기의 철분을 더욱 효율적으로 흡수하도록 도와줌
31	닭고기 + 고구마 [단백질 + 섬유질, 비타민]	• 닭고기의 양질의 단백질과 고구마의 복합 탄수화물의 조합은 지속적인 에너지를 제공하고 혈당 수치 를 조절하는 데 도움이 될 수 있음

2) 궁합이 좋은 음식 페어링 카프레제

카프레제는 일반적으로 신선한 모차렐라 치즈, 잘 익은 토마토, 신선한 바질 잎의 세 가지 주요 재료로 구성된 고전적인 이탈리아 요리이다. 카프레제 샐러드는 영양가 있고 건강한 요리이기 때문에 몸에 좋다.

토마토는 비타민 A, C, K뿐만 아니라 항산화제와 리코펜이 풍부하여 수많은 건강상의 이점이 있는 것으로 나타났다. 신선한 모차렐라 치즈는 단백질과 칼슘의 좋은 공급원이며, 바질 잎에는 플라보노이드가 들어 있어 항염 및 항산화 특성이 있다. 레시피에 사용된 엑스트라 버진 올리브 오일은 단일불포화지방산이 풍부한 건강한 지방으로, 심장 질환 및 뇌졸중 위험 감소를 비롯한 수많은 건강상의 이점과 관련이 있다.

• 카프레제 샐러드(Caprese salad)

Ingredients

- 3 Fresh mozzarella cheese, sliced into rounds
- 1 Ripe tomatoes, sliced into rounds
- 3 Fresh basil leaves
- 1 tbsp Extra-virgin olive oil
- salt and pepper, to taste

Instructions

1. 모차렐라 치즈와 토마토 슬라이스를 큰 접시 또는 개별 접시에 번갈아 가며 배열한다.
2. 각 토마토 조각 위에 신선한 바질 잎을 놓는다.
3. 샐러드 위에 엑스트라 버진 올리브 오일을 뿌린다.
4. 소금과 후추로 간을 한다.

6. 맛과 영양 측면에서 나쁜 식품 재료의 조합(Bad Food Pairing)

신체에 악영향을 미칠 수 있는 성분의 조합이 무수히 많고, 개인의 건강 상태, 연령 및 기타 요인과 같은 상황에 따라 그 효과가 다를 수 있기 때문에 두 가지 성분을 동시에 섭취했을 때 몸에 해를 끼치는 성분의 조합에 대해 설명하기는 어렵다. 그러나 좋은 식품 배합을 소개하였기에 궁합이 맞지 않고, 불쾌하면서 신체에 해로울 수 있는 성분 조합의 몇 가지 예를 소개하고자 한다.

	Bad Food Pairing	조합이 나쁜 이유
1	Calcium + iron [칼슘 및 철분 보충제]	• 칼슘은 적혈구의 헤모글로빈 형성에 필수적인 철분의 흡수를 방해. 함께 섭취하면 칼슘 보충제는 신체가 흡수하는 철분의 양을 감소시켜 철분 결핍을 유발할 수 있음
2	Grapefruit + medication [자몽과 약물]	• 자몽은 간에서 특정 약물을 분해하는 효소를 방해하여 약물이 체내에 잠재적으로 위험한 수준으로 축적됨. 이것이 부작용이나 심지어 독성으로 이어질 수 있음
3	Alcohol + acetaminophen [알코올과 아세트아미노펜]	• 알코올과 아세트아미노펜(타이레놀과 같은 많은 진통제에서 발견됨)은 함께 복용하면 특히 대량으로 또는 장기간 복용할 경우 간 손상을 일으킬 수 있음
4	Dairy + antibiotics [유제품 및 항생제]	• 일부 항생제는 유제품의 칼슘과 결합하여 항생제의 효과를 떨어뜨릴 수 있음. 항생제 복용 전후 몇 시간 이내에는 유제품 섭취를 피하는 게 좋음
5	High-carbohydrate foods + high-fat foods [고탄수화물 식품과 고지방 식품]	• 고탄수화물 식품과 고지방 식품을 함께 먹으면 신체가 두 유형의 영양소를 분해하기 위해 더 열심히 일해야 하기 때문에 소화불량, 팽만감, 불편함을 유발할 수 있음
6	Spinach + calcium supplements [시금치 및 칼슘 보충제]	• 시금치는 옥살산염이 풍부하여 체내 칼슘과 결합하여 칼슘 옥살산염이 신장 결석을 형성. 많은 양의 시금치를 섭취하면서 칼슘 보충제를 섭취하면 신장 결석 형성 위험이 높아질 수 있음
7	Citrus fruits + medication [감귤류 및 약물]	• 자몽과 마찬가지로 오렌지, 레몬, 라임과 같은 감귤류는 간에서 특정 약물의 흡수를 방해하여 효과가 감소하거나 잠재적인 독성을 유발할 수 있음
8	Red wine + cheese [적포도주와 치즈]	• 적포도주와 치즈를 함께 섭취하면 두통을 유발. 오래된 치즈와 적포도주에서 발견되는 화합물인 티라민의 존재로 인해 일부 개인에게 편두통을 유발할 수 있음
9	High-sugar foods + acidic foods [설탕이 많은 음식과 산성 음식]	• 당분이 많은 음식과 산성 음식을 함께 먹으면 충치와 법랑질 부식의 위험이 높아질 수 있음. 설탕은 입안의 박테리아 성장을 촉진하고 산도는 치아 법랑질을 약화시킬 수 있기 때문임
10	Kimchi + seafood [김치와 해산물]	• 한국 요리의 주요 음식이자 발효 배추요리인 김치에는 히스타민이 많이 함유. 해산물에도 히스타민이 많기 때문에 이 두 가지를 함께 섭취하면 몸에 히스타민이 과도하게 생성되어 두통, 홍조, 발한 등의 증상을 유발할 수 있음
11	Soybean paste soup + squid [된장국과 오징어]	• 한국에서 된장찌개로 알려진 된장국은 발효된 콩으로 만든 인기 있는 전통 수프. 오징어는 한국 요리에서도 흔한 재료이다. 된장국과 오징어를 함께 먹으면 오징어의 히스타민 수치가 높아 소화불량과 배탈을 유발할 수 있음
12	Spicy foods + alcohol [매운 음식과 술]	• 한국 요리는 김치찌개나 매운 갈비찜과 같은 매운 요리로 유명. 매운 음식을 술과 함께 먹으면 위장 자극과 염증을 일으켜 잠재적으로 위염이나 궤양을 유발할 수 있음
13	Ginseng + coffee [인삼과 커피]	• 인삼은 한국에서 인기 있는 약초 요법이며 종종 건강상의 이점을 위해 차나 캡슐 형태로 섭취. 인삼을 커피와 함께 섭취하면 혈압과 심박수를 증가시켜 잠재적인 심혈관 질환을 유발할 수 있음
14	Soy milk + antibiotics [두유와 항생제]	• 두유는 한국에서 우유의 인기 있는 대안이지만 높은 수준의 식물성 에스트로겐을 함유. 이러한 화합물은 테트라사이클린 및 독시사이클린과 같은 특정 항생제의 효과를 방해할 수 있음

15	Radish + sesame oil [무와 참기름]	• 무는 한국의 국과 찌개에서 흔히 볼 수 있는 재료이지만 갑상선 기능을 방해할 수 있는 갑상선종 유발 물질을 함유 • 참기름도 갑상선종 유발 물질이 많아 무와 참기름을 함께 섭취하면 이 증상이 악화될 수 있음
16	Meat + alcohol [고기와 술]	• 한국식 바비큐는 종종 고기를 구워 술과 함께 마시는 인기 있는 식사. 그러나 많은 양의 고기와 술을 함께 섭취하면 간 손상 및 기타 건강에 손상을 줄 수 있음
17	Fish + milk [생선과 우유]	• 생선과 우유를 함께 섭취하면 음식마다 단백질을 분해하는 데 필요한 소화 효소가 다르기 때문에 소화 장애가 발생할 수 있음. 생선은 분해되기 위해 산성 환경이 필요하지만 우유는 알칼리성 환경이 필요하기 때문임 • 이 두 가지를 함께 섭취하면 소화 불량, 팽만감 및 가스가 발생할 수 있음
18	Fruit after a meal [식후 과일]	• 과일의 당분과 산이 다른 음식의 소화를 방해할 수 있으므로 식사 직후에 과일을 자제. 식후 30분 이상 기다렸다가 과일을 섭취하는 것이 좋음
19	Meat + cheese [고기와 치즈]	• 둘 다 단백질과 지방이 많아 소화 시스템에 부담을 줄 수 있기 때문임. 이 두 가지를 함께 섭취하면 소화 불량, 위산 역류 및 기타 소화에 문제가 발생할 수 있음
20	calcium + Caffeine [칼슘과 카페인]	• 카페인이 칼슘의 흡수를 방해할 수 있으므로 카페인과 칼슘을 함께 섭취하지 않는 것이 좋음. 칼슘을 섭취하기 전에 카페인을 섭취한 후 최소 2시간을 기다리는 것이 좋음
21	Sweet + savory [달콤하고 짭짤한 것]	• 각각의 달콤한 요리와 짭짤한 요리는 맛있을 수 있지만, 어떤 달콤하고 짭짤한 맛을 결합하면 나쁜 조합이 될 수 있음. 예를 들어 스테이크에 꿀을 넣거나 달콤한 디저트에 짠 간장을 넣으면 불쾌한 맛이 날 수 있음
22	Acidic + dairy [산성 및 유제품]	• 토마토 또는 감귤류 과일과 같은 산성 성분을 우유 또는 크림과 같은 유제품과 혼합하면 유제품이 응고되어 울퉁불퉁한 질감과 불쾌한 맛이 날 수 있음
23	Starchy + sugary [전분 및 설탕]	• 감자 또는 파스타와 같은 전분 성분과 캐러멜 또는 꿀과 같은 설탕 성분을 결합하면 지나치게 달고 무거운 요리가 될 수 있으므로 주의
24	High-fat + high-sugar [고지방 및 고당]	• 버터 및 설탕과 같은 고지방 및 고당 성분을 결합하면 지나치게 진하고 무거운 요리가 될 수 있으며 비만 및 심장병과 같은 건강에 위해를 가할 수 있음

이것은 단지 몇 가지 예일 뿐이며 신체에 해를 끼칠 수 있는 다른 성분 조합이 있을 수 있다는 점에 유의하는 것이 중요하다. 식이 요법에 대해 우려 사항이 있는 경우 의료 전문가 또는 공인 영양사와 상담하여 맞춤형 조언을 받는 것이 좋다.

The Art of Taste and Chef's Rhetoric

Key Point

• 음식의 맛(Flavor)을 내는 기술은 우리의 미뢰를 만족시킬 뿐만 아니라 우리 몸에 필요한 영양소를 제공하는 방식으로 풍미, 질감 및 향을 결합하는 능력이다.

• 숙련된 셰프는 건강한 재료를 놀라운 맛으로 만드는 방법을 알고 있다.

Chapter 02

맛의 기술과 셰프의 수사학

01 맛의 기술 The Art of Flavor

Part 1 몸에 좋은 음식을 만드는 맛의 기술

음식의 맛(Flavor)을 내는 기술은 우리의 미뢰를 만족시킬 뿐만 아니라 우리 몸에 필요한 영양소를 제공하는 방식으로 풍미, 질감 및 향을 결합하는 능력이다. 건강한 음식은 맛있고 숙련된 셰프와 조리사는 건강한 재료를 놀라운 맛으로 만드는 방법을 알고 있다.

몸에 좋은 음식 구성 요소들

• 1. 풍미(Flavor)

음식의 풍미는 맛, 향 및 질감의 조합이다. 여섯 가지 기본 맛은 단맛, 짠맛, 신맛, 쓴맛, 감칠맛(감칠맛), 지방맛이다. 음식의 맛은 혀의 미뢰에서 감지되고 향은 코의 후각 수용체에서 감지된다. 음식의 질감은 입안의 촉각 수용체에 의해 감지된다.

• 2. 균형(Balance)

좋은 음식에는 맛, 질감 및 향이 균형을 이루고 있다. 각 성분은 다른 성분을 보완해야 하며 압도해서는 안 된다. 예를 들어, 너무 단 요리는 신맛이나 쓴맛 재료를 추가하여 균형을 잡을 수 있다.

1) 맛(Taste)의 균형 : 균형이 잘 잡힌 요리는 서로를 보완하는 풍미가 조합되어 있다. 단맛, 짠맛, 신맛, 쓴맛, 감칠맛, 지방은 맛있는 요리를 만들기 위해 균형을 이루어야 하는 기본 맛이다.

2) 질감(Texture)의 균형 : 음식의 질감은 맛을 인지하는 방식에 영향을 미치기 때문에 중요하다. 잘 준비된 요리는 바삭함과 부드러움, 쫄깃함과 부드러움이 서로를 보완하는 식감의 조합을 가지고 있다.

3) 풍미층의 균형 : 복잡한 요리에는 조화로운 맛을 만들기 위해 함께 작용하는 여러 층의 풍미가 있다. 풍미는 뚜렷하면서도 상호 보완적이어야 하며 요리는 깊이와 복잡성(Complexity)이 있어야 한다.

3. 신선도(Freshness)

신선한 음식은 좋은 맛과 건강을 위해 필수적이다. 신선한 재료는 오래되거나 가공된 식품보다 풍미와 영양분이 더 많다. 사용하는 재료의 품질은 요리의 맛을 좌우한다.

4. 제철성(Seasonality)

제철 식재료가 신선하고 풍부해 맛이 더 좋다. 제철 음식을 섭취하면 신체가 특정 계절에 필요한 영양소를 얻을 수 있다.

5. 요리 기술(Cooking technique)

사용된 요리 기술은 음식의 맛과 질감에 영향을 미친다. 굽고, 튀기고, 볶고, 찌는 것과 같은 다양한 요리 방법은 다양한 맛과 질감을 만들어낸다.

6. 향신료와 허브(Spices and herbs)

향신료와 허브는 음식에 풍미, 향 및 색을 더한다. 그들은 또한 신체에 도움이 되는 의학적 특성을 가지고 있다. 향신료와 허브의 적절한 양과 조합은 요리의 맛을 높일 수 있다.

7. 프레젠테이션(Presentation)

음식의 프레젠테이션은 미각 경험을 향상시킬 수 있으므로 중요하다. 잘 차려진 요리는 보기에도 좋고 더 즐겁게 먹을 수 있다. 셰프는 종종 다채로운 채소, 과일 및 곡물을 사용하여 아름답고 식욕을 돋우는 요리를 만든다.

요약하면 맛의 기술은 균형 잡히고 신선한 제철 식재료를 이용하며 올바른 기술을 사용하여 조리된 풍미, 질감 및 향의 조합을 포함한다. 향신료와 허브를 사용하고 요리를 표현하는 것도 미각 경험에 기여할 수 있다. 몸에 좋은 음식을 먹는다는 것은 신선한 제철 재료를 사용하여 영양소를 보존하고 맛을 향상시키는 방식으로 요리하는 것이다. 음식의 맛 기술은 창의성과 기술을 사용하여 건강할 뿐만 아니라 맛있고 즐겁게 먹을 수 있는 요리를 만드는 것이다.

Part 2 맛 알고리즘의 이해

인간에게 완벽한 미각의 기준은 주관적이며 사람마다 다르다. 그러나 맛이 좋은 것과 그렇지 않은 것을 결정하는 데 사용할 수 있는 몇 가지 일반적인 지침이 있다. 인간에게 딱 맞는 맛의 기준을 체계적이고 자세하게 설명하면 다음과 같다.

1. 음식의 풍미 구성

음식은 음식의 맛을 담는 그릇인 탄수화물, 단백질, 지방, 채소, 물을 기본으로 한다. 여기에 맛의 중심인 기본맛 6가지, 보조맛 4가지 총 10가지의 맛을 넣을 수 있다. 음식의 냄새는 신맛에서 나는 냄새, 지방에서 나는 냄새, 향기로운(Aromatic) 냄새, 훈연에서 나는 냄새 등 총 4그룹의 냄새를 가감하여 음식에 변화를 줄 수 있다. 이 모든 것을 종합하여 맛있는 음식을 만들 수 있다.

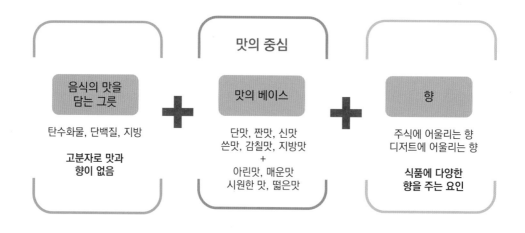

2. 음식의 맛을 담는 그릇인 탄수화물, 단백질, 지방

음식의 맛을 담는 그릇은 탄수화물, 단백질, 지방이며 이들 자체는 거대 분자인 폴리머(Polymer)로써 맛과 향은 없지만 맛을 포용할 수 있다. 원래 식품 성분의 98%는 무미, 무취, 무색이며 2%를 차지하는 아주 적은 양의 분자에 의해 수만 가지 맛과 향, 색을 느낀다.

우리는 음식의 맛과 향을 음식에 담긴 모든 성분이 어우러져서 느껴지는 것이라고 생각한다. 하지만 식품의 모든 구성물질은 무미, 무취, 무색의 고분자(폴리머)물질이라는 것을 알 필요가 있다.

식재료는 대부분 탄수화물, 단백질, 지방, 물이고 이들은 고분자물질이다.
탄수화물은 포도당이 수천 개 연결된 고분자(폴리머)이며 셀룰로오스, 식이섬유, 전분 형태이다.

단백질은 아미노산이 수백에서 수천 개 이상 연결된 고분자(폴리머)이다. 우리 몸속의 DNA는 4종 핵산이 30억 개 연결된 고분자이며, RNA도 핵산이 결합한 고분자이다.

지방도 고분자이다. 그렇기에 지방 자체는 맛이 없고 느끼하지만 오히려, 지방이 많은 음식은 고소하다, 부드럽다, 풍부하다고 판단하는 것이 사실이다. 지방맛은 혀에서도 느끼지만 위나 소장 등 내장에서 더 민감하게 느낀다. 내장의 감각수용체는 뇌의 감각피질과 아주 가깝게 연결되어 있고 지방맛을 잘 감지한다.

물은 한 분자 한 분자 따로 움직이는 분자이기보다는 주변의 물질과 새로운 관계를 형성하여 200~1,000개 정도의 분자가 덩어리져 움직이는 클러스터로 동작한다. 물은 단일한 분자보다는 주변 물질과 덩어리로 움직인다고 이해하는 것이 적당하다.

3. 셰프의 맛 기준 10가지

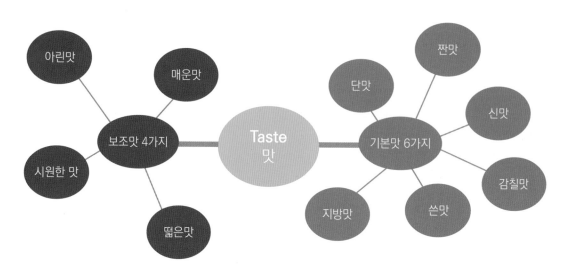

• 기본맛 '6가지'

1) 짠맛(saltiness)

가장 간단명료한 맛이며 생존에 꼭 필요한 맛이다.

짠맛은 다른 맛보다 1순위로 맛에 큰 영향을 주고, 짠맛은 소금(Nacl)에서 온다. 0.6~1%의 염도가 음식에서는 가장 무난하며 영양사들이 음식의 염도를 체크하는 기준은 0.9~1.1 범위이다. 이러한 소금의 짠맛은 맛과 향에 많은 영향을 미친다.

소금은 소금 '자체의 맛'이 음식에 더해지는 동시에 식재료에 꽁꽁 묶여 있는 맛을 열 수 있는 "맛의 열쇠"이다. 또한 맛과 향을 높이는 것은 양념이지만, 가장 강력한 맛 강화제 및 개량제는 소금이다. 음식을 만들 때 소금을 한 꼬집 넣으면 맛이 폭발적으로 증폭된다.

2) 단맛(Sweetness)

영양이 풍부한 맛으로 우리가 가장 선호하고 갈망하는 맛이 단맛이다. 대표적인 단맛 물질은 설탕이다. 단맛은 개인의 취향과 건강상태에 따라 음식에서 당도의 범위는 0~15%의 넓은 기호범위를 보인다. 일반적으로 주식은 0~10% 미만, 디저트류는 10~15%이다.

3) 감칠맛[(Umami(savoriness)]

고르곤졸라 치즈 혹은 이탈리아 북쪽 파르마 지방에서 생산된 프로슈토와 같이 오랫동안 단백질을 숙성시키면 단백질이 잘게 부서져 깊은 맛을 내는 것이 감칠맛이다. 그래서 단백질이 숙성되면서 잘게 부서졌다는 의미로 아미노산으로 쪼개진 맛이라고도 표현한다.

4) 지방맛(Fat taste)

미국 퍼듀대 리처드 매티스(Richard Matters) 영양학 교수 연구팀은 지방이 6번째 기본맛일 수 있다고 분류했으며, 미국 워싱턴대 의과대학의 마르타 페피노(Marta Y. Pepino) 교수팀도 사람의 혀에 분포하는 'CD36'유전자가 지방맛을 감지하는 것을 밝혀냈다. 미쉐린(미슐랭) 가이드에 소개된 조리장들은 지방맛을 제6의 맛으로 인정하고 요리에 적극적으로 응용해서 사용하고 있다. 과거부터 감자수프 혹은 피시 차우더 수프, 미네스트로네 수프 등에는 베이컨이 기본 레시피로 들어갔으며, 이탈리아의 프로슈토와 판체타 등을 스파게티에 첨가하거나 지방을 음식에 첨가함으로써 음식을 더 맛있게 만들었다. 지방맛은 뇌신경 전달물질인 도파민을 활성화시키는 강력한 맛이다.

지방이 기본 맛으로 간주될 수 있는지 여부에 대해 과학자와 셰프 사이에 지속적인 논쟁이 있는 동안 일부 미슐랭 스타 셰프는 지방맛으로 간주되어야 한다고 말했다.

예를 들어, 프랑스 요리사 알랭 뒤카스(Alain Ducasse)는 지방이 단맛, 신맛, 짠맛, 쓴맛, 감칠맛과 함께 여섯 번째 기본 맛이라고 믿고 있다. 그는 음식에 지방이 있으면 다른 풍미를 향상시키고 독특한 맛 경험을 만들 수 있다고 믿는다.

마찬가지로, 스페인 셰프 안도니 루이스 아두리스(Andoni Luis Aduriz)는 지방의 맛이 음식에서 균형 잡히고 만족스러운 맛 프로필을 만드는 데 필수적이라고 언급했다. 그는 지방이 많은 요리의 맛과 질감에 결정적인 역할을 하기 때문에 기본 맛으로 간주되어야 한다고 믿는다.

그러나 지방이 기본 맛으로 간주될 수 있는지에 대해서는 다른 셰프들의 의견이 다를 수 있다. 궁극적으로 과학계는 아직 이 문제에 대한 합의에 이르지 못했으며 인간의 미각 시스템에서 지방의 역할에 대한 연구가 진행 중이다. 그럼에도 불구하고, 부천대학교 호텔외식조리학과의 제이슨 리 교수는 조리를 전공하는 학생들의 맛 인식 속에 지방맛 개념이 꼭 있어야 한다고 믿는다. 그래야 맛과 멋 전문가로서 창의적인 요리와 맛있는 요리를 할 수 있는 능력을 갖출 수 있을 것이라고 말한다.

5) 신맛(Sourness)

감귤류 과일 등에서 나는 산미이다. 휘발성이 강한 맛으로 산뜻한 청량감은 수소이온(H^+)에 의해 전달된다. 기호범위는 0.1~0.3%이다.

6) 쓴맛(Bitterness)

옛날부터 쓴맛은 독이 있는 맛으로 인식하였다. 맥주와 커피의 쓴맛은 희석되어 기호식품으로 이용되기도 한다. 알칼로이드(Alkaloid), 케톤(Ketone)성분이 쓴맛을 낸다. 맥주, 커피, 토닉워터, 카카오에서 쓴맛이 난다.

• 기본 맛에 도움을 주는 '4가지 맛'

1) 매운맛(Spiciness taste)

피부에 느껴지는 통증과 온도 감각이 결합된 맛이다. 맛을 인지하는 뇌피질에서 반응하지 않기에 맛으로 포함시키지 않았다.

2) 떫은맛(Puckery taste)

떫은맛 유발물질인 폴리페놀(Polyphenol)류가 혀에 닿으면 점막이 수축되면서 느껴지는 맛이다. 감의 떫은맛은 디오스피린(diospyrin)에서 나온다.

3) 아린맛(Pungent taste)

마늘을 생으로 씹었을 때 느끼는 맛으로 매운맛, 떫은맛, 쓴맛이 복합적으로 느껴지는 맛이다.

4) 시원한 맛(Coolness taste)

박하사탕을 먹으면 시원한 느낌이 나는데 이는 박하성분인 당알코올이 침에 녹아 용해열을 흡수함으로써 일시적으로 혀에서 느껴지는 맛이다. 한국에서는 무의 시원한 맛이 있다.

4. 주식의 맛과 간식(디저트)의 맛

맛의 중심은 단맛, 짠맛, 쓴맛, 신맛, 감칠맛, 지방맛이고 음식의 맛은 크게 주식의 맛과 간식의 맛으로 구분된다.

• 주식의 맛

> ## 주식(요리)의 맛 = 짠맛 + 감칠맛 + 세이버리향

주식(요리) 맛의 최상위 우선순위는 소금이다. 소금은 조리과정과 최종요리에서 맛을 내는 가장 중요하고 기본적인 조미료이다.

다음으로 2순위는 감칠맛이다. 감칠맛은 짠맛과 잘 어울린다. 그래서 스테이크도 숙성(Wet aging/Dry aging)하여 치즈맛이 나도록 하는 것이다. 소스가 잘 만든 육수의 감칠맛을 농축시킴으로써 완성되는 것처럼 감칠맛이 나야 제맛이다. 짠맛과 감칠맛이 주식에 맛을 내는 기본이다.

마지막으로 주식의 맛을 매력적게 만드는 것이 세이버리향이다. 세이버리(Savoury)향은 상쾌하면서 고소하고 짜거나 매콤한 향으로 생각하면 된다. 향신료 식물인 세이버리는 유럽이 원산지이며 차조기과의 식물이다. 식전, 식후의 짭짤한 맛이 나는 요리로도 불린다. 조리과정 마지막에 첨가되는 세이버리향은 주식(요리)에 매력적인 표정을 만들고 맛의 층위를 풍성하게 한다.

• 간식(디저트)의 맛

> ## 디저트의 소스 맛 = 단맛 + 신맛 + 스위트향

프랑스와 이탈리아의 디저트는 무척 달다. 그도 그럴 것이 애피타이저부터 메인 디시까지 단맛이 거의 첨가되지 않기 때문이다. 코스 마지막에 단맛에 대한 욕구를 한꺼번에 해소시키기라도 하듯이 디저트는 매우 달다. 과일이 맛있느냐 맛없느냐는 단맛의 강도에 달려 있다. 마찬가지로 디저트도 단맛이 우선순위이고, 여기에 2순위의 신맛이 첨가되어 단맛과 신맛이 조화를 이루고, 다시 스위트향이 첨가되어 디저트 맛이 완성된다.

• 단맛의 기준

0%   주식 소스의 단맛   10%   디저트 소스의 단맛   15%

　사람이 생리적으로 단맛을 느끼는 범위는 10% 이상으로 이때 기분 좋은 단맛을 느끼게 된다. 음식은 주식과 디저트(간식)로 나눈다. 주식의 단맛 기준을 0~10%로 하면 음식에 첨가되는 설탕은 조미료 용도가 된다. 10% 이상이 되면 기분 좋은 단맛을 강하게 느끼게 되고 디저트 요리가 된다.

5. 요리 냄새

　냄새는 음식의 0.1%의 성분으로 음식 맛의 90%에 영향을 주는 중요한 요소이다. 그 음식의 국적까지 결정하는 중요한 요리 요소이다. 냄새는 신맛의 냄새, 지방의 냄새, 아로마틱 냄새(허브 & 스파이스), 훈연 냄새의 총 4가지 그룹으로 구분할 수 있다.

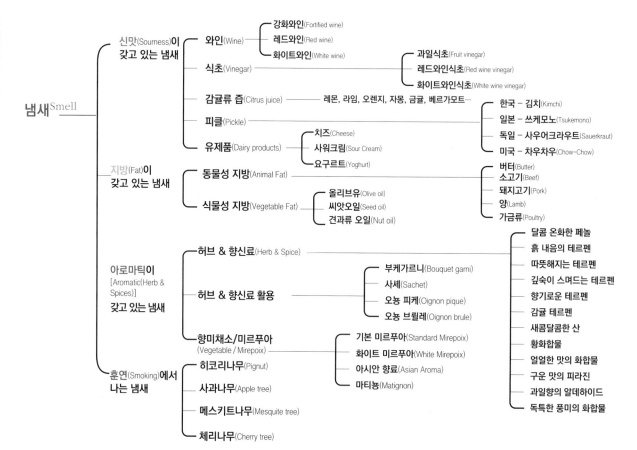

1) 신맛 냄새 그룹

와인, 식초, 감귤류의 즙, 피클, 유제품 등 총 5종류로 구분할 수 있다. 각각의 신맛 나는 그룹의 냄새 테르펜은 수용성으로 액체 상태로 녹아 있다. 신맛 냄새는 휘발성이 있으므로 사용 후에는 용기를 닫아 냉장보관해야 한다.

꿀은 pH가 산성으로 신맛 냄새 그룹에 소속되어 있다. 단맛도 신맛 냄새 그룹 속에 포함시킬 수 있다. 꿀, 메이플 시럽, 아가베 등도 고유의 냄새를 가지고 있다.

2) 지방 냄새 그룹

동물성과 식물성으로 구분하였고, 소스에 많이 사용하는 지방으로 동물성 지방에는 버터가 있고, 식물성 지방에는 올리브유가 있다.

지방의 냄새는 황함유단백질+지방(쇠고기, 돼지고기, 닭고기 등)+열(Heat)의 결합으로 형성된다.

지방의 냄새를 육향이라고도 하는데 살코기에 냄새성분이 있는 것이 아니라 지방에 냄새성분이 있다. 식물성 식용유에 채소를 튀기면 채소튀김에서는 육향이 나지 않는다. 과거 영국의 피시 앤 칩스는 우지 지방으로 감자와 생선을 튀겼다. 현재도 과거 우지에 튀긴 피시 앤 칩스의 육향을 그리워하는 분들이 많다. 감자튀김을 식물성 기름에 튀길 때 베이컨 한 조각을 마지막에 넣어주면 육향의 감자튀김을 맛볼 수 있다.

버터는 따뜻한 소스에 많이 사용하고, 정제버터와 비정제버터로 구분하여 용도에 맞게 사용해야 한다. 이 밖에도 쇠고기, 돼지고기, 양고기, 가금류 등의 지방이 있다.

올리브유는 주로 차가운 소스에 사용하는데, 올리브유도 다양하므로 목적에 맞게 사용해야 한다.

조리용으로 사용하는 퓨어 올리브유와 냄새를 첨가하는 목적으로 하는 엑스트라 버진 올리브 오일을 잘 구분해서 사용해야 한다. 이 밖에 씨앗오일, 건과일 오일의 지방이 있다.

3) 아로마틱 냄새 그룹

허브(Herb) & 향신료(Spice)는 고유의 냄새를 가지고 있다.

또한 향신채로 사용되는 채소(Vegetable)도 각 종류마다 독특한 냄새를 가지고 있다.

한국의 향신채로는 파 · 마늘 · 생강 · 깻잎 등이 있고, 유럽에서는 미르푸아로 사용되는 당근 · 셀러리 · 양파가 향신채가 될 수 있다. 아로마틱 베지터블 식재료를 흙냄새, 풀냄새, 숲냄새, 짜릿한 냄새로 구분하기도 한다.

4) 훈연 냄새 그룹

중식당에 가면 짬뽕에서 불냄새가 나고, 매운 주꾸미 요리에서도 불냄새가 난다. 하물며 마트에서 판매하는 과자에서도 불냄새가 난다. 지금은 요리에서 불냄새가 나는 것이 대세인가 보다.

불냄새는 훈연 냄새라고도 한다. 과거 원시시대에 번개에 맞아 산불이 나고, 미처 피하지 못한 짐승들이 불에 타서 자연 바비큐가 된 것을 먹었고, 지금은 미국 캐롤라이나주에서 바비큐 전통이 이어지고 있다. 훈연의 냄새는 원시시대부터 지금까지 인류가 좋아하는 냄새이다.

훈연에 사용하는 대표적인 나무로는 히코리 나무, 사과나무, 메스키트 나무, 체리 나무 등이 있고, 뜨거운 연기로 훈연하는 방법과 차가운 연기로 훈연하는 방법이 있다.

오늘날에는 조리기술이 발달되어서 훈연하는 기구[스모킹 건(Smoking gun)]로 음식의 온도와 관계 없이, 완성된 음식에 훈연의 냄새를 첨가할 수 있다.

6. 향신료 그룹

1) 향신료 12그룹

많은 요리사들이 향신료 사용에 대한 두려움을 가지고 있다. 이는 향신료가 너무 많고 맛을 모두 기억하지 못하기 때문이다. 이러한 어려움을 알고 스튜어트 페리몬드(Stuart Farrimond)는 그의 책 "The Science of Spice"에서 향신료를 향미 특성에 따라 12개의 그룹으로 분류하였다. 향신료 그룹으로 나누면 향신료에 대한 이해가 높아지고 원하는 풍미를 풍미그룹에서 스파이스를 선택하여 편하게 풍미를 음식에 넣을 수 있게 된다.

테르펜(terpene)은 생명체가 만들어내는 유기화학물질 중 하나이다. 향신료마다 각각의 풍미를 갖게 되는 것은 이 테르펜이 있기 때문이다. 식물은 식물 간 또는 동물을 유인하는 휘발성 신호 분자로 만들거나, 미생물 및 초식동물에 대한 방어 및 공격 물질로 사용한다.

풍미그룹	그룹 설명	향신료
달콤 온화한 페놀 Sweet Warming Phenols 정향 : 유제놀 회향 : 아네톨	**달콤하고 따스한 맛이 나는 향신료 그룹** 1. 특징 : 따뜻하고 달콤한 향기 2. 주성분 : – 페놀계의 방향족 유기 화합물 – 계피, 정향, 바닐라와 같은 향신료에서 발견되는 달콤한 온난화 페놀은 종종 요리에 따뜻하고 달콤하며 약간 매운맛을 더함 – 정향에서 발견되는 유게놀과 회향의 아네톨과 같은 화합물이 이 풍미에 기여	**Stuart Farrimond** 시나몬(cinnamon), 카시아(cinnamon), 클로브(clove), 올스파이스(allspice), 아니스(anise), 팔각(star anise), 펜넬(fennel), 감초(licorice), 마할레브(mahleb), 바닐라(vanilla) **Jason Lee 추가** 마조람(marjoram) : 상당량의 페놀 화합물인 카르바크롤과 티몰을 함유 오레가노(oregano) : 카르바크롤 및 티몰과 같은 페놀 화합물이 풍부 세이지(sage) : 페놀 화합물인 투존을 함유 바질(basil) : 유게놀 화합물이 많음 백리향(thyme) : 티몰과 같은 페놀 화합물이 많음
흙 내음의 테르펜 Earthy Terpenes 커민 : 알데하이드 니겔라 : 시멘	**풍부하고 흙 같은 향을 발산하는 테르펜 그룹** 1. 특징 : 퀴퀴하고 축축하며 흙과 같은 풍미가 특징이며 일부 뿌리 채소와 균류에서 특히 흔함. 이들은 갓 뒤집힌 흙이나 숲 바닥의 특징적인 "흙 냄새" 테르펜이 풍부함	**Stuart Farrimond** 커민(cumin), 니겔라(nigella) **Jason Lee 추가** 코리앤더(Coriander) : 고수풀은 주로 리날룰 함량으로 인해 향기로운 테르펜으로 분류되지만 약간의 흙 같은 뉘앙스를 제공하는 미량의 사이멘도 포함되어 있음 백리향(thyme) : 시멘과 캄펜을 함유하여 흙내음이 나는 나무 향을 냄
따뜻해지는 테르펜 Warming Terpenes 너트맥 : 사비넨 안나토 : 제르마크렌	**종종 강한 향을 가지고 있으며 요리에 편안함과 따뜻한 느낌을 주는 테르펜 그룹** 1. 특징 : 요리에 따뜻한 풍미를 더함 2. 주성분 : 가장 광범위하고 흔한 풍미 화합물 너트맥의 사비넨과 안나토의 제르마크렌은 육두구, 메이스(mace), 캐러웨이에서 발견되는 이 그룹의 대표적인 화합물	**Stuart Farrimond** 너트맥(육두구 nutmeg), 메이스(mace), 캐러웨이(caraway), 딜(dill), 안나토(annatto) **Jason Lee 추가** 백리향(thyme), 오레가노(oregano)와 세이버리(savory)는 따뜻한 테르펜인 티몰을 함유하고 있음 마조람(marjoram) : 또한 테르피넨과 같은 다른 따뜻한 테르펜과 함께 티몰을 함유
깊숙이 스며드는 테르펜 Penetrating Terpenes 펜촌성분 카다멈 : 시네올	이 향신료는 날카롭고 관통하는 풍미가 있으며 풍미 있는 요리에 깊이를 더하는 데 자주 사용. 이들은 방(room)을 빠르게 채울 수 있는 강하고 대담하며 종종 예리한 향으로 유명함 1. 특징 : 셀림 곡물의 펜촌, 카다멈의 시네올은 이 그룹의 주요 화합물	**Stuart Farrimond** 그레인즈 오브 셀림(grains of selim), 블랙 카다멈(black cardamom), 카다멈(cardamom), 월계수 잎(bay leaf), 갈랑갈(galangal) **Jason Lee 추가** 유칼립투스(eucalyptus) : 깊숙이 스며드는 상쾌한 아로마를 제공하는 지배적인 시네올 함량이 풍부 로즈마리(rosemary) : 시네올과 피넨을 함유하여 강하고 독특한 향을 가짐 민트(mint) : 멘톨을 함유하여 깊숙이 침투해서 시원한 느낌을 줌

맛의 기술과 셰프의 수사학

		Stuart Farrimond / Jason Lee 추가
향기로운 테르펜 Fragrant Terpenes 주니퍼 : 피넨 코리앤더 : 리날로올	향기로운 테르펜은 강하고 기분 좋은 향을 제공하여 요리의 전체적인 감각 프로필을 향상시킴 1. 특징 : 이 테르펜은 맛보다 향에 더 가까움 　향료의 향기로운 냄새에 기여 2. 주니퍼의 피넨이나 코리앤더의 리날룰은 접시에 향긋한 숲과 같은 향을 제공	**Stuart Farrimond** 매스틱(mastic), 주니퍼(juniper), 장미(rose), 코리앤더(coriander) **Jason Lee 추가** 로즈마리(rosemary) : 피넨과 캄펜을 포함한 여러 테르펜을 함유 라벤더(lavender) : 테르펜의 일종인 리날로올이 고농축되어 있는 것으로 알려져 있음 러바지(lovage) : 주요 화합물인 피넨이 포함 바질(basil) : 리날로올은 꽃향과 매운향을 제공하는 테르펜 포함
시트러스 테르펜 Citrus Terpenes 레몬머틀 : 시트로넬랄 레몬그라스 : 시트랄	시트러스 테르펜은 강한 시트러스 향과 풍미를 요리에 제공 1. 특징 : 약간의 꽃, 허브향, 레몬 같은 풍미 2. 향신료뿐만 아니라 잘 익은 과일에서도 잘 나타나는 테르펜성분 3. 레몬 머틀의 시트로넬랄과 레몬그라스의 시트랄과 같은 이 화합물은 요리에 시트러스 향을 더함	**Stuart Farrimond** 레몬 머틀(lemon myrtle), 레몬그라스(lemongrass) **Jason Lee 추가** 레몬(lemon)과 라임(lime) : 주요 화합물인 시트랄을 함유
새콤달콤한 산 Sweet-Sour Acids 캐럽 : 헥사노익산 펜타노익산 암추르 : 구연산	새콤달콤한 산 성분이 지배적이어서 요리에 달콤하거나 신맛을 내는 향신료 1. 특징 : 새콤달콤한 맛 프로필에 기여 　과일 기반 향과 신맛과 단맛 2. 캐럽의 헥산산과 펜탄산, 암초르의 구연산은 주요 화합물	**Stuart Farrimond** 암초르(amchur), 아나르다나(anardana), 수막(sumak), 타마린드(tamarind), 캐럽(carob) **Jason Lee 추가** 소렐(sorrel) : 톡 쏘거나 신맛을 내는 옥살산을 함유 레몬(lemon) : 신맛이 나는 구연산 함량이 높음 라임(lime) : 구연산 함량이 높음
황화합물 Sulfurous Compounds 머스터드 : 이소티오시아네이트 마늘 : 이황화디알릴	황화합물 그룹은 황을 포함하는 화합물 1. 특징 : 종종 날카롭거나 매운 매우 독특한 향과 맛을 가지고 있음 2. 겨자의 이소티오시아네이트, 마늘-겨자의 디알릴 디설파이드는 화합물	**Stuart Farrimond** 마늘(garlic), 아사푀티다(asafoetida), 커리잎(curry leaves), 머스터드(mustard) **Jason Lee 추가** 샬롯(shallot) : 마늘과 양파와 유사한 유황 화합물을 함유
얼얼한 맛의 화합물 Pungent Compounds 고추 : 캡사이신 흑후추 : 피페린	얼얼한 맛의 화합물은 강하고, 맵거나, 매운 향과 풍미를 제공 1. 특징 : 뜨겁고 매운맛을 내는 역할 2. 고추의 캡사이신과 후추의 피페린	**Stuart Farrimond** 그레이스 오브 파라다이스(grace of paradise), 흑후추(black pepper), 쓰촨 후추(Sichuan Pepper), 생강(ginger), 고추(chili peppers) **Jason Lee 추가** 호스래디시(horseradish), 와사비(wasabi) : 이 범주의 주요 화합물인 매운 이소티오시아네이트가 있음 카옌 페퍼(cayenne pepper) : 매운맛을 주는 화합물인 캡사이신을 함유
구운 맛의 피라진 Toasty Pyrazines 토스트, 견과류 향	피라진은 구운 향과 풍미를 제공하는 화합물 1. 특징 – 구운맛의 피라진은 아미노산과 환원당 사이의 조리 중에 발생하는 화학 반응인 메일라드 반응에서 생성됨 – 향신료를 가공하는 과정에서 생긴 고소한 풍미, 구운 풍미, 캐러멜 풍미, 그을린 고기향, 갓 구운 빵향 2. 피라진은 핵심 구성 요소 3. 파프리카와 같은 향신료는 피라진 화합물로 인해 요리에 토스트 향을 제공할 수 있음	**Stuart Farrimond** 파프리카(paprika), 와틀(wattle), 참깨(sesame) **Jason Lee 추가** 커피(coffee) : 로스팅된 풍미에 기여하는 다양한 피라진을 함유 볶은 땅콩(roasted peanuts) : 볶는 과정에서 피라진이 형성되어 특유의 고소하고 구운 향이 남

과일향의 알데하이드 Fruity Aldenydes 수막 : 노나날 바베리 : 헥산알	알데하이드는 다양한 과일 맛과 냄새를 전달할 수 있는 유기 화합물 1. 특징 : 이 그룹은 요리에 과일 향을 더함 과일향, 맥아향, 상쾌한 풀향 2. 수막의 노나날과 바베리의 헥산알은 대표적인 화합물	**Stuart Farrimond** 바베리(barberry), 카카오(cacao) **Jason Lee 추가** 사과(apple) : 향신료는 아니지만 과일 알데하이드인 헥사날을 함유 오렌지 껍질(orange peel) : 리모넨(주성분), 미르센(2차 화합물), 리날로올(2차 화합물) 레몬 껍질(lemon peel) : 리모넨(주성분), 베타-피넨(2차 화합물), 감마-테르피넨(2차 화합물)
독특한 풍미의 화합물 Unique Compounds 사프란 : 사프라날 피크로크로신 터메릭 : 터메론	이들은 다른 범주에 속하지 않고 독특하고 뚜렷한 풍미를 지닌 향신료 1. 특징 : 다른 향신료에서 찾아보기 힘든 매우 특이한 특성을 가지고 있음 2. 이들은 특정 향신료에 고유한 화합물 그룹이며 독특한 풍미 프로파일을 담당 3. 사프란에는 피크로크로신과 사프라날, 터메릭에는 터메론이 주요 화합물임	**Stuart Farrimond** 사프란(saffron), 양귀비(poppy), 아즈와인(azwine), 셀러리시드(celery seed), 터메릭(turmeric), 페누그릭(fenugreek) **Jason Lee 추가** 타라곤(tarragon) : 독특한 화합물인 에스트라골을 함유 파슬리(parsley) : 범주에 속할 수 있는 독특한 화합물인 아피올을 함유

※ 특정 허브&스파이스가 여러 그룹에 중복해서 속할 수 있는 것은 풍미 및 화학성분의 다양성을 갖고 있기 때문임

허브&스파이스의 테르펜 성분은 다양한 종류와 변형이 있으며, 성분의 함량은 원산지, 성장환경, 수확시기, 저장조건 등에 따라 다를 수 있으므로 위 분류는 참고용으로만 권함

• **출처** • 스튜어트 페리몬드 지음/배재환 · 이영래 옮김(2019), SPICE 향신료, 북드림 등을 참고하여 저자 정리

2) 파이토케미컬 풍미화합물 분석에 의한 허브 & 스파이스 12그룹

"Science Of Spice"의 저자인 Dr. Stuart Farrimond는 풍미화합물을 분석하여 12개의 그룹으로 구분하였다.

이런 분류방법은 셰프들이 특정 요리에서 어떤 향이나 맛을 낼 것인지, 어떤 음식에 어떤 영향을 줄 것인지를 결정하는 데 도움이 될 것이다.

식물은 주로 테르펜, 페놀 등의 화학물질을 생산하며, 테르펜(Terpenes)은 식물이 생산하는 가장 일반적인 유형의 화학물질로, 대부분의 식물 향기의 기반이다. 따라서 테르펜이 풍부한 허브와 향신료는 종종 "향기로운"으로 분류된다.

페놀은 그들의 화학 구조 때문에 종종 "달콤하고 온화한" 느낌을 주는 향을 가지게 된다.

하지만 한 허브나 향신료에는 다양한 화학물질들이 혼합되어 있을 수 있으며, 이런 화학물질들의 상호작용이 그 향과 맛의 전반적인 특성을 결정하게 된다. 따라서 허브나 향신료가 어떤 분류에 속할지는 그것의 가장 독특한 향이나 맛에 따라 달라질 수 있다.

예를 들어, 주니퍼는 "향기로운 테르펜"으로 분류되었는데, 이는 주니퍼가 테르펜을 많이 포함하고, 이것이 주된 향을 결정하기 때문이다. 또한, 백리향, 세이지, 타라곤, 러바지와 같은 허브와 향신

료도 비슷한 방식으로 분류된다. 이들은 페놀이나 다른 화합물을 함유할 수 있지만, 그 특성이 그 허브나 향신료의 주된 특징이 되는지, 아니면 다른 화합물에 의해 그 특성이 줄어드는지에 따라 분류된다.

따라서 Dr. Stuart Farrimond가 설명한 대로 향신료의 12가지 그룹은 화학적 분류를 나타낸 것이다. 각 향신료 그룹은 특정 풍미와 향에 기여하는 지배적인 유형의 유기 화합물로 정의된다. 다음은 Dr. Stuart Farrimond가 풍미화합물의 주요 화합물과 2차 화합물에 근거하여 분류한 12가지 그룹이다.

(1) 달콤 온화한 페놀 Sweet Warming Phenols (해당 화합물: 정향의 유제놀, 회향의 아네톨)

① 시나몬(실론계피) - 캐리오필렌(2차 화합물), **시남알데하이드(주요 화합물)**, 유제놀(2차 화합물), 리날로올(2차 화합물), 미르센(2차 화합물)

② 정향 - 캐리오필렌(2차 화합물), 유제놀(주요 화합물), 리날로올(2차 화합물), 메틸 살리실레이트(2차 화합물), 테르피네올(2차 화합물)

③ 카시아 - 캄퍼(2차 화합물), 시네올(2차 화합물), 시남알데하이드(주요 화합물), 쿠마린(2차 화합물), 헵타논(2차 화합물), 탄닌 화합물(2차 화합물)

④ 올스파이스 - **시네올, 유제놀(주요 화합물)**, 리날로올(2차 화합물), 미르센(2차 화합물), 펠란드렌(2차 화합물), 피넨(2차 화합물)

⑤ 아니스 - **아네톨(주요 화합물)**, **아니스알데하이드**, **아니실 알코올(주요 화합물)**, 에스트라골(2차 화합물), 리모넨(2차 화합물), 미르센(2차 화합물), 피넨(2차 화합물)

⑥ 팔각(스타아니스) - **아네톨(주요 화합물)**, 시네올(2차 화합물), 리날로올(2차 화합물), 펠란드렌(2차 화합물), 사프롤(2차 화합물)

⑦ 회향(펜넬) - **아네톨(주요 화합물)**, 에스트라골(2차 화합물), 펜촌(2차 화합물), 리몬넨(2차 화합물), 피넨(2차 화합물)

⑧ 감초 - 아네톨(2차 화합물), 시네올(2차 화합물), 에스트라골(2차 화합물), 유제놀(2차 화합물), **글리시리진(주요 화합물)**, 리날로올(2차 화합물), 페놀화합물(2차 화합물)

⑨ 마할레브 - 아줄렌(2차 화합물), **쿠마린(주요 화합물)**, 다이옥솔란(2차 화합물), 메톡시에틸-신나메이트(2차 화합물), 펜타놀(2차 화합물)

⑩ 바닐라 - 아니스알데하이드(2차 화합물), 4-하이드록시벤즈알데하이드(2차 화합물), 피페로날(2차 화합물), **바닐린(주요 화합물)**

(2) 따뜻해지는 테르펜 Warming Terpenes(너트맥이나 메이스에 들어 있는 사비넨, 안나토에 들어 있는
제르마크넨)

① 너트맥 - 시네올(2차 화합물), 유제놀(2차 화합물), 제나니올(2차 화합물), **미리스티신
(주요 화합물)**, 피넨(2차 화합물), 사비넨(2차 화합물), 사프롤(2차 화합물)

② 메이스 - 엘레미신(2차 화합물), 유제놀(2차 화합물), 미리스티신(주요 화합물), 피넨(2차 화합
물), 사비넨(2차 화합물), 사프롤(2차 화합물), 테르피넨(2차 화합물), 테르피네올(2차 화합물)

③ 캐러웨이 - 카르베올(2차 화합물), 리모넨(2차 화합물), 피넨(2차 화합물), 사비넨(2차 화합물),
S-카르본(주요 화합물)

④ 딜 - 카르베올(2차 화합물), **D-카르본(주요 화합물)**, 알파-펜칠 아세테이트(2차 화합물), 리모
넨(2차 화합물), 펠란드렌(2차 화합물), 테르피넨(2차 화합물)

⑤ 안나토 - 캐리오필렌(2차 화합물), 코파인(2차 화합물), 엘레멘(2차 화합물), **제르마크렌(주요
화합물)**

(3) 향기로운 테르펜 Fragrant Terpenes(주니퍼의 피넨, 코리앤더의 리날로올)

① 매스틱 - 캄펜(2차 화합물), 캐리오필렌(2차 화합물), 리날로올(2차 화합물), 미르센(2차
화합물), **피넨(주요 화합물)**

② 주니퍼 - 제라니올(2차 화합물), 리몬넨(2차 화합물), 미르센(2차 화합물), **피넨(주요 화합물)**,
테르피네올(2차 화합물)

③ 장미 - 스트로넬올(2차 화합물), 유제놀(2차 화합물), **제라니올(주요 화합물)**, 리날로올(2차
화합물), 네롤(2차 화합물), 로즈 케톤(2차 화합물)

④ 코리앤더 - 시멘(2차 화합물), 리몬넨(2차 화합물), **리날로올(주요 화합물)**, 피넨(2차 화합물),
테르피넨(2차 화합물)

(4) 새콤달콤한 산 Sweet-Sour Acids(캐럽에 들어 있는 헥사노익산과 펜타노익산, 암추르에 들어 있는
구연산)

① 암추르 - 카디넨(2차 화합물), 구연산(2차 화합물), 쿠베벤(2차 화합물), 리몬넨(2차 화합
물), **오시멘(주요 화합물)**, 셀리넨(2차 화합물)

② 아나르다나 - 카렌(2차 화합물), **구연산(주요 화합물)**, 헥산알(2차 화합물), 리몬넨(2차 화합물),
말산(주요 화합물), 미르센(2차 화합물), 탄닌 화합물(2차 화합물)

③ 수막(과일처럼 새콤한 맛이 특징인 새빨간 향신료)-캐리오펠렌(2차 화합물), 구연산(2차 화합물), **말산(주요 화합물)**, 노나날(2차 화합물), 피넨(2차 화합물), 탄닌 화합물(2차 화합물), 주석산(2차 화합물)

④ 타마린드 - 푸르푸랄(주요 화합물), 제라니올(2차 화합물), 리모넨(2차 화합물), 2-페닐아세 **트알데하이드(주요 화합물)**, 주석산(2차 화합물)

⑤ 캐럽- 시남알데하이드(2차 화합물), 파르네신(2차 화합물), 퓨라네올(2차 화합물) **헥산산 (주요 화합물), 발레르산(주요 화합물)**, 피라진 화합물(2차 화합물)

(5) 과일 향의 알데하이드 Fruity Aldehydes(수막 안에 들어 있는 노나랄, 바베리 안에 들어 있는 헥산알)

① 바베리 - 아니스알데하이드(2차 화합물), 구연산(2차 화합물), **헥산알(주요 화합물)**, 리날로올 (2차 화합물), 말산(2차 화합물), 노나날(2차 화합물), 주석산(2차 화합물)

② 카카오 - 디메톨시피라진(2차 화합물), 에스테르 혼합물(2차 화합물), 퓨라네올(2차 화합물), 이소발레르알데하이드(주요 화합물), 페놀 화합물(2차 화합물), 페닐아세트알데하이드(2차 화합물)

(6) 구운 맛의 피리진 Toasty Pyrazines(각각의 향신료는 수십 개의 피라진으로 이루어진 독특한 조합을 만들어낸다.)

① 파프리카 - 아세톤(2차 화합물), 캡사이신(2차 화합물), 구연산(2차 화합물), 에틸아세테 이트(2차 화합물), 이소발레르알데하이드(2차 화합물), 말산(2차 화합물), **피라진 화합물 (주요 화합물)**

② 와틀 - 시트랄(2차 화합물), 페놀 화합물(2차 화합물), **피라진 화합물(주요 화합물)**

③ 참깨 - 2-퓨릴메틸메르캅탄(2차 화합물), 헥산알(2차 화합물), 피라진화합물(주요 화합물), 세사몰(2차 화합물)

(7) 흙내음의 테르펜 Earthy Terpenes(커민의 알데하이드, 니겔라의 시멘)

① 커민 - **커민알데하이드(주요 화합물)**, 시멘(2차 화합물), 미르센(2차 화합물), 피넨(2차 화합물), 테르피넨(2차 화합물)

② 니겔라 - 카바크롤(2차 화합물), D-카르본(2차 화합물), 시멘(2차 화합물), 피넨(2차 화합물), 리모넨(2차 화합물), 타이모퀴논(2차 화합물)

(8) 깊숙이 스며드는 테르펜 Penetrating Terpenes(그레인스 오브 셀림에 들어 있는 펜촌, 카다멈에 들어 있는 시네올)

① 그레인스 오브 셀림 - 시네올(2차 화합물), **펜촌(주요 화합물)**, 제라니올(2차 화합물), 제르마크렌(2차 화합물), 리날로올(2차 화합물), 피넨(2차 화합물), 바닐린(2차 화합물)

② 블랙 카다멈 - 디메톡시페놀(2차 화합물), 유제놀(2차 화합물), 리모넨(2차 화합물), 페놀화합물(2차 화합물), 피넨(2차 화합물), 사비넨(2차 화합물), 테르피닐 아세테이트(2차 화합물), **시네올(주요 화합물)**

③ 카다멈 - **시네올(주요 화합물)**, 알파-펜칠 아세테이트(2차 화합물), 리모넨(2차 화합물), 리날로올(2차 화합물)

④ 월계수잎 - **시네올(주요 화합물)**, 유제놀(2차 화합물), 제라니올(2차 화합물), 리날로올(2차 화합물), 펠란드렌(2차 화합물), 피넨(2차 화합물), 테르피네올(2차 화합물)

⑤ 갈랑갈 - 캄퍼(2차 화합물), **시네올(주요 화합물)**, 알파-펜칠 아세테이트(2차 화합물), 갈랑갈 아세테이트(2차 화합물), 메틸 신나메이트(2차 화합물)

(9) 감귤 테르펜 Citrus Terpenes(레몬 머틀에 들어 있는 시트로넬랄, 레몬 그라스에 들어 있는 시트랄)

① 말린 라임 - **시트랄(주요 화합물)**, 펜촌(2차 화합물), 후물렌(2차 화합물), 리모넨(2차 화합물), 리날로올(2차 화합물), 메톡시쿠마린(2차 화합물)

② 레몬 머틀 - **시트랄(주요 화합물)**, 시트로넬랄(2차 화합물), 사이클로시트랄(2차 화합물), 헵타논(2차 화합물), 리날로올(2차 화합물), 미르센(2차 화합물), 피넨(2차 화합물), 설카톤(2차 화합물)

③ 레몬 그라스 - **시트랄(주요 화합물)**, 제라니올(2차 화합물), 리날로올(2차 화합물), 미르센(2차 화합물), 네롤(2차 화합물)

10. 황화합물 Sulfurous Compounds[머스터드에 들어 있는 이소티오시아네이트, 마늘에 들어 있는 이황화디알릴-머스터드(겨자)]

① 마늘 - 카렌(2차 화합물), 리모넨(2차 화합물), 사비넨(2차 화합물), **디알릴 디설파이드(알리신) (주요 화합물)**, **디알릴 트리설파이드(주요 화합물)**

② 아시푀타다 - 오이데스몰(2차 화합물), 페눌산(2차 화합물), 오시멘(2차 화합물), 펠란드렌(2차 화합물), 피넨(2차 화합물), 황화합물(2차 화합물)

③ 커리 잎 - 시네올(2차 화합물), 헥산알(2차 화합물), 리모넨(2차 화합물), 리날로올(2차 화합물), 미르센(2차 화합물), **1 - 페닐에틸머캅탄(주요 화합물)**, 피넨(2차 화합물)

④ 머스터드 - 2 - 아세틸 - 1 - 피롤린(2차 화합물), 퓨란메틸메르캅탄(2차 화합물), **이소티오시아네이트(주요 화합물)**, 이소발레르알데하이드(2차 화합물), 3 - 메틸부탄알(2차 화합물), 피넨(2차 화합물)

11. 얼얼한 맛의 화합물 Pungent Compounds(고추의 캡사이신, 흑후추의 피페린)

① 그레인스 오브 파라다이스 - 캐리오필렌(2차 화합물), 진저롤(2차 화합물), 휴물론(2차 화합물), **파라돌(주요 화합물)**

② 흑후추 - 리모넨(2차 화합물), 리날로올(2차 화합물), 미르센(2차 화합물), 펠란드렌(2차 화합물), 피넨(2차 화합물), **피페린(주요 화합물)**, 로턴딘(2차 화합물)

③ 쓰촨 후추 - 시네올(2차 화합물), 제라니올(2차 화합물), 리모넨(2차 화합물), 리날로올(2차 화합물), 미르센(2차 화합물), **산쇼올(주요 화합물)**, 테르피네올(2차 화합물)

④ 생강 - 시네올(2차 화합물), 시트랄(2차 화합물), 쿠르쿠멘(2차 화합물), 제라니올(2차 화합물), **진저롤(주요 화합물)**, 리날로올(2차 화합물), **쇼가올(주요 화합물)**, **진기베렌(주요 화합물)**

⑤ 칠리 - **캡사이신(주요 화합물)**, 캡사이시노이드(2차 화합물), 에스테르 혼합물(2차 화합물), 푸르푸랄(2차 화합물), 헥산알(2차 화합물), 리모넨(2차 화합물), 피라진 화합물(2차 화합물)

12. 독특한 풍미의 화합물 Unique Compounds(사프란 안에 들어 있는 피크로크로신과 사프라날, 터메릭 안에 들어 있는 터메론)

① 사프란 - 시네올(2차 화합물), 라니에론(2차 화합물), **피크로크로신(주요 화합물)**, 피넨(2차 화합물), 사프라날(2차 화합물)

② 양귀비 - 캄퍼유(2차 화합물), 유제놀(2차 화합물), 글리코시드 화합물(2차 화합물), 헥산알(2차 화합물), 리모넨(2차 화합물), **2-펜틸퓨란(주요 화합물)**, 페놀화합물(2차 화합물), 피라진 화합물(2차 화합물), 비닐 아밀 케톤(2차 화합물)

③ 아즈와인 - 시멘(2차 화합물), 미르센(2차 화합물), 피넨(2차 화합물), 테르피넨(2차 화합물), **티몰(주 요화합물)**

④ 셀러리 씨앗 - 후물렌(2차 화합물), 리모넨(2차 화합물), **세다놀리드(프탈라이드)(주요 화합물)**, 셀리넨(2차 화합물)

⑤ 터메릭 - 시네올(2차 화합물), 시트랄(2차 화합물), **AR-테메론(주요 화합물)**, 진기베렌(2차 화합물)

⑥ 페누그릭 - 캐리오필렌(2차 화합물), 유제놀(2차 화합물), **소톨론(주요 화합물)**, 비닐 아밀 케톤 (2차 화합물)

7. 맛의 기준

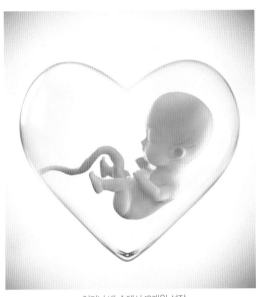

• 어머니 배 속에서 10개월 성장

• 맛의 기준

인간 미각의 기준은 단맛, 신맛, 짠맛, 쓴맛, 감칠맛의 다섯 가지 기본 맛을 기준으로 한다. 부천대학교 제이슨 리 교수는 여기에 지방맛을 추가하였다. 이러한 미각은 혀의 미뢰에 의해 감지되며 각 미각은 다른 유형의 음식과 연관된다. 예를 들어, 단맛은 당분과 탄수화물, 신맛은 산성 식품, 짠맛은 염분 및 기타 미네랄, 쓴맛은 알칼로이드, 감칠맛은 글루타메이트를 함유한 감칠맛 식품과 관련이 있다.

셰프로서 균형 잡히고 즐거운 요리를 만들기 위해 이러한 맛이 어떻게 함께 작용하는지 이해하는 것이 중요하다. 이상적으로 셰프는 한 가지 맛이 다른 맛을 압도하지 않고 여섯 가지 맛이 모두 균형을 이룬 요리를 만드는 것을 목표로 해야 한다. 이것은 "맛의 균형"으로 알려져 있으며 좋은 요리의 핵심 요소이다.

우리 몸이 느끼는 맛있는 맛은 우리 몸이 필요한 에너지와 영양가 있는 음식을 구분하기 위해 뇌가 판단한 맛이다. 우리의 미각에서 오미를 느끼면, 전기적 신호로 뇌에 전달되고, 뇌는 맛을 느끼게 되고, 우리 몸은 필요한 영양성분을 흡수할 수 있다.

모든 인류는 엄마 배 속에서 10개월간 성장한 후 세상에 태어난다. 그때 양수의 염도는 약 0.85%이고, 제이슨 리 교수는 소금 간과 음식 염분 수준 간의 연관성에 대한 설명을 이것으로 설명한다. 사실, 양수의 염도와 음식의 이상적인 염분 수준 사이에 직접적인 연관성이 없을 수 있지만 요리를 배우는 학생들이 요리에서 소금의 역할을 이해하고 요리에 소금을 효과적으로 사용하는 방법을 익히는 데는 효과적인 학습법이다.

부천대학교 제이슨 리 교수는 다음과 같이 조리를 배우는 학생에게 말한다.

우리 몸은 어머니 배 속에 있을 때부터 필요한 맛의 기준을 가지고 있으며, 필요한 맛을 뇌에서 맛있게 느낀다. 짠맛의 염도는 0.9%, 감칠맛은 단백질의 쪼개진 맛 혹은 MSG 0.4%, 신맛은 0.1%, 단맛은 10%를 넘어야 적당히 달다고 한다.

짠맛은 우리가 태아일 때 어머니 양수의 염도 0.85%를 10개월간 맛보던 맛이고, 우리 생체활동에 필요한 맛으로 음식의 간은 소금으로 맞춰주고 염도는 0.9%로 우리의 몸속 체액 염도와 비슷하게 맞춰주면 맛있는 음식이 된다. 감칠맛은 어린아이가 크기 위한 단백질 공급원으로 육수 안에 MSG 기준으로 0.4%면 만족감을 준다. 신맛은 우리 몸의 생리적 작용에 도움이 되며, 식초나 구연산 같은 산미료를 0.1% 넣어주면 우리의 신체가 요구하는 맛을 해결할 수 있다. 단맛은 우리 몸에 에너지원으로 사용되며, 영양이 풍부한 맛으로 설탕 등 감미료를 적당량 넣어주면 된다. 주식은 0~10% 범위를 갖고, 디저트는 10~15%의 사용범위를 갖는다.

8. 맛있는 음식 제조 알고리즘

위의 지식을 바탕으로 음식의 맛은 기본맛 6가지, 보조맛 4가지 총 10가지의 맛과 신맛에서 나는 냄새, 지방에서 나는 냄새, 향기로운(Aromatic) 냄새, 훈연에서 나는 냄새 등 총 4그룹의 냄새를 종합하여 맛의 균형과 목적에 맞게 주식과 디저트 음식을 제조할 수 있다.

• Flavor Algorithm

음식의 맛

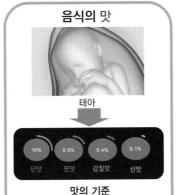

태아

10%	0.9%	0.4%	0.1%
단맛	짠맛	감칠맛	신맛

맛의 기준
양수는 단맛 10%, 짠맛 0.9%, 감칠맛 0.4%, 신맛 0.1%의 성분으로 구성되어 있어서, 우리는 태아 때부터 자연스럽게 맛의 기준점을 형성하게 되었다.

+

음식의 냄새

지역 또는 나라의 고유 냄새

와인, 식초, 감귤류 즙, 피클, 유제품	동물성 지방 식물성 지방	• 허브 • 12그룹의 향신료 • 채소	히코리나무 사과나무 메스키트나무
신맛 에서 나는 냄새	**지방** 에서 나는 냄새	**아로마틱** 에서 나는 냄새	**훈연** 에서 나는 냄새

4가지 그룹의 냄새
지역 또는 나라마다 고유의 냄새를 가진 재료를 소스에 첨가하여, 특색 있는 소스를 만들 수 있다.
*냄새는 0.1%의 함량만으로 소스 맛에 90% 정도에 영향을 준다.

주식
짠맛(0.9%)
+
감칠맛(0.4%)
+
Savoury 냄새(0.1%)

&

디저트
단맛(10% 이상)
+
신맛(0.1%)
+
Sweet 냄새(0.1%)

맛의 층 쌓기

• 짠맛 층 쌓기
발효하지 않은 재료의 짠맛
+
발효된 재료의 짠맛
Ex) 파마산치즈와 소금을 같이 사용

• 단맛 층 쌓기
다양한 단맛 공급원의 재료 사용
Ex) 설탕과 꿀을 같이 사용

• 신맛 층 쌓기
발효하지 않은 재료의 신맛
+
발효된 재료의 신맛
Ex) 식초 · 시트러스를 함께 사용

• 감칠맛 층 쌓기
글루탐산 · 구아닐산 · 이노신산을 모두 사용
Ex) 다시마, 표고버섯, 멸치와 함께 사용

*하나의 재료만으로 맛을 첨가하는 것보다, 다양한 재료를 첨가하여 맛의 층을 만들어 풍부한 맛을 표현할 수 있다.

EX. 시저드레싱

• 짠맛 층 쌓기
소금, 파마산 치즈

• 단맛 층 쌓기
설탕, 꿀

• 감칠맛 층 쌓기
파마산 치즈, 앤초비, 케이퍼, 우스터 소스

• 신맛 층 쌓기
레몬, 머스터드

9. 건강한 요리와 계량 도구 사용하기

건강한 요리를 위해 측정 도구를 사용하는 것은 다음과 같은 몇 가지 이유로 중요하다.

1) 정확성(Accuracy)

측정 도구는 재료의 정확한 양을 사용하도록 보장하며 이는 맛과 영양 모두에 매우 중요하다. 너무 많거나 적은 재료는 요리의 전반적인 맛과 질감에 영향을 미칠 수 있다.

2) 부분 조절(Portion control)

측정 도구는 건강한 식단을 유지하는 데 중요한 양을 조절하는 데 도움이 된다. 과식은 체중 증가 및 기타 건강 문제로 이어질 수 있다.

3) 일관성(Consistency)

측정 도구를 사용하면 요리의 일관성을 유지할 수 있다. 이는 레시피를 재현하거나 시그니처 요리 (signature dish)를 만들 때 중요하다.

4) 영양 정보(Nutritional information)

측정 도구를 사용하면 요리의 영양 정보를 정확하게 계산할 수 있으며 이는 건강한 식단을 유지하려는 경우에는 더욱 중요하다. 식사의 칼로리, 지방 및 단백질 함량을 알면 무엇을 먹을지에 대해 정보에 입각한 결정을 내리는 데 도움이 될 수 있다.

전반적으로 건강한 요리를 위해 측정 도구를 사용하는 것은 건강한 식단을 유지하고 음식의 양을 조절하며 일관되고 맛있는 요리를 만드는 데 도움이 되는 중요한 관행이다. 일반적으로 사용되는 몇 가지 측정 도구와 사용 방법은 다음과 같다.

 ① **액체 측정 컵(Liquid Measuring Cup)** : 액체 측정 컵은 물, 우유 또는 기름과 같은 액체를 정확하게 측정하도록 설계되었다. 일반적으로 쉽게 따를 수 있도록 주둥이가 있고 mL 및 컵 단위로 측정값이 표시되어 있다.

액체를 잴 때는 반드시 계량컵을 평평한 곳에 놓고 원하는 양에 따라 액체를 부은 후 눈높이에서 잰다. 1컵은 우리나라에서는 200mL(13.3큰술)로 간장, 우유, 육수 등 많은 분량의 액체를 잴 때 사용한다. 계량컵이 없는 경우 200mL짜리 종이컵을 사용하거나 평소 자주 쓰는 컵으로 200mL 분량이 어느 정도 되는지 미리 파악해 두면 편리하다.

② **계량 스푼(Measuring Spoons)** : 계량 스푼은 소금, 베이킹 파우더 또는 바닐라 추출물과 같은 소량의 건조 또는 액체 성분을 측정하는 데 사용된다. 계량 스푼은 일반적으로 4개 또는 5개 세트로 제공되며 각 스푼에는 해당 측정값이 표시되어 있다(예 : 1/4티스푼, 1/2티스푼 등). 숟가락으로 계량할 때는 재료의 윗부분을 곧게 펴서 평평하게 해서 사용한다. 보통 1큰술(T)은 15mL, 1작은술(t)은 5mL이며, 1큰술(T), 1/2큰술(T), 1작은술(t), 1/2작은술(t) 등 4개의 스푼이 달린 것, 스푼 양쪽 끝에 큰술과 작은술이 함께 붙어 있는 것 등이 있다. 1큰술은 3작은술에 해당한다.

③ **주방 저울(Kitchen Scales)** : 주방 저울은 고기, 채소 또는 밀가루와 같은 재료의 무게를 정확하게 측정하는 데 사용된다. 정확한 측정이 레시피 결과에 영향을 미칠 수 있기 때문에 베이킹할 때 재료의 무게를 재는 것이 특히 중요하다. 주방 저울은 디지털 또는 기계식이 될 수 있으며 다양한 크기와 중량으로 판매되고 있다.

고기, 채소, 두부 등 고체류나 내용물이 균일하지 않은 경우에는 저울을 사용하는 것이 좋다. 가정용 주방 저울은 눈금의 단위가 1~5g 정도이고, 1~2kg까지 잴 수 있는 저울이 많이 사용된다. 소량의 재료를 계량할 때는 0.1g 단위에서 200~500g까지 잴 수 있는 저울을 사용하는 것이 좋다.

④ **온도계(Thermometers)** : 온도계는 고기, 사탕, 구운 식품과 같은 음식과 액체의 온도를 측정하는 데 사용된다. 온도계에는 디지털, 아날로그 등 다양한 종류가 있으며 고기의 내부 온도를 측정하는 고기 온도계와 같이 특정 목적을 위해 설계된 것도 있다. 온도계를 사용할 때는 측정 중인 음식이나 액체의 가장 두꺼운 부분에 프로브를 삽입하고 온도 표시를 읽는다.

02 셰프의 컨시어지 수사학 Chef's Concierge Rhetoric

Part 1 셰프 컨시어지와 수사학의 연관성

Rhetoric은 '웅변술'을 뜻하는 것으로 어떤 생각과 감정을 특별한 방식으로 전달하는 기술이다. 이것을 바탕으로 셰프가 만든 음식을 고객에게 스토리텔링할 수 있도록 응용한 논리적인 설명방법이다.

레스토랑 오너와 셰프는 수사학을 기반으로 한 스토리텔링이 필요하다. 고객과 연결하고 강력한 브랜드 아이덴티티(brand identity)를 구축하는 데 도움이 될 수 있기 때문이다. 셰프가 제공하는 요리에 대해 설득력 있는 이야기를 들려줌으로써 고객과 감정적으로 연결하고 레스토랑을 더 자주 방문하고 싶게 만들 수 있다. 수사학에 기반한 스토리텔링이 레스토랑 오너와 셰프에게 중요한 몇 가지 이유는 다음과 같다.

• 맛의 기준 적용하여 요리   • 셰프가 직접 음식 서빙   • 셰프의 스토리텔링

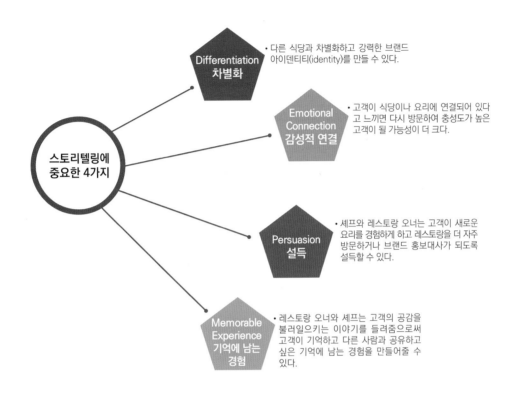

1. 차별화(Differentiation)

무한 경쟁 시장에서 나의 레스토랑이 경쟁에서 눈에 띄는 것은 어려울 수 있다. 식당이나 요리에 대한 독특하고 매력적인 이야기를 들려줌으로써 다른 식당과 차별화하고 강력한 브랜드 아이덴티티 (identity)를 만들 수 있다.

2. 감정적 연결(Emotional Connection)

수사학에 기반한 스토리텔링은 레스토랑이 고객과 감정적인 연결을 만드는 데 도움이 될 수 있다. 고객이 식당이나 요리에 연결되어 있다고 느끼면 다시 방문하여 충성도가 높은 고객이 될 가능성이 더 커진다.

3. 설득(Persuasion)

효과적인 스토리텔링은 설득을 위한 강력한 도구가 될 수 있다. 식당이나 요리에 대한 설득력 있는 이야기를 만들기 위해 수사학을 사용함으로써 셰프와 레스토랑 오너는 고객이 새로운 요리를 경험하게 하고 레스토랑을 더 자주 방문하거나 브랜드 홍보대사가 되도록 설득할 수 있다.

4. 기억에 남는 경험(Memorable Experience)

기억에 남는 경험은 모든 레스토랑에서 매우 중요하다. 레스토랑 오너와 셰프는 고객의 공감을 불러일으키는 이야기를 들려줌으로써 고객이 기억하고 다른 사람과 공유하고 싶은 기억에 남는 경험을 만들어줄 수 있다. 예를 들어, 화이트데이, 발렌타인데이, 크리스마스이브, 각종 모임에서 기억에 남는 경험을 만들어줄 수 있다.

전반적으로 수사학에 기반한 스토리텔링은 레스토랑 소유주와 셰프가 브랜드를 구축하고 고객과 연결하며 기억에 남을 식사 경험을 만드는 데 강력한 도구로 활용할 수 있다.

Part 2 건강한 음식을 찾는 고객에게 셰프가 수사학적으로 설명하는 4가지 방법

건강한 음식을 찾는 고객에게 음식을 제공하는 셰프의 수사학적 역할은 매우 중요하다. 요리사의 수사학은 고객에게 자신의 요리를 설명하고 홍보하기 위해 언어를 사용하는 것을 말한다. 다음은 셰프의 수사가 건강식을 찾는 고객에게 어떤 영향을 미칠 수 있는지에 대한 체계적이고 자세한 설명이다.

1. 재료 및 준비 방법에 대한 명확성 제공(Providing Clarity on Ingredients and Preparation Methods)

요리사의 수사학은 요리에 사용된 재료와 사용된 준비 방법을 명확히 하는 데 도움이 될 수 있다. 예를 들어, 글루텐 프리 또는 완전 채식 옵션(option)을 찾는 고객은 이름만으로 요리의 재료를 결정하지 못할 수도 있다. 따라서 셰프의 수사법은 사용된 재료에 대한 자세한 설명과 고객이 정보에 입각한 결정을 내릴 수 있도록 요리 준비 방법을 제공할 수 있다. 명확하고 간결하며 유익한 언어를 사용함으로써 셰프는 건강한 옵션(option)을 찾는 고객에게 어필할 수 있다.

2. 영양 정보 강조(Highlighting Nutritional Information)

요리사는 수사법을 사용하여 칼로리, 단백질 함량 및 지방 함량과 같은 요리의 영양 정보를 강조할 수 있다. 이 정보를 제공함으로써 고객은 식품을 선택할 때 정보에 입각한 결정을 내리고 건강한 라이프스타일을 유지하는 데 필요한 영양소를 얻을 수 있다. 수사를 통해 이 정보를 제공하는 셰프는 영양을 우선시하는 건강에 민감한 고객을 끌어들일 수 있다.

3. 신뢰 구축(Building Trust)

셰프의 수사법은 고객의 지식, 경험, 건강한 음식에 대한 헌신을 보여줌으로써 고객과 신뢰를 구축하는 데 도움이 될 수 있다. 정확하고 설명적이며 유익한 언어를 사용하는 셰프는 건강한 식사 준비에 대한 전문성을 입증할 수 있으며 이는 고객과의 신뢰를 구축할 수 있다. 이는 고객 충성도 증가와 긍정적인 리뷰로 이어져 신규 고객을 유치할 수 있게 한다.

4. 경쟁사와의 차별화(Differentiating from Competitors)

건강을 중시하는 분위기에 맞춰 많은 레스토랑에서는 건강에 좋은 옵션(Option)을 제공하고 있다. 셰프는 자신의 수사학을 사용하여 레스토랑의 제품을 경쟁업체와 차별화할 수 있다. 셰프는 설명적이고 매력적인 언어를 사용하여 독특하고 건강한 식사 경험을 찾는 고객에게 어필하여 자신의 요리를 돋보이게 만들 수 있다. 경쟁업체와 차별화할 수 있는 셰프는 더 넓은 고객 기반을 확보하여 수익성을 높일 수 있다.

요컨대, 셰프의 수사학은 건강한 음식을 찾는 고객에게 음식을 제공하는 데 중요한 역할을 한다. 재료 및 준비 방법에 대한 명확성을 제공하고, 영양 정보를 강조하고, 신뢰를 구축하고, 경쟁업체와 차별화할 수 있다. 정확하고 설명적이며 유익한 언어를 사용함으로써 셰프는 건강에 민감한 고객에게 어필하고 충성도 높은 고객 기반을 만들 수 있다.

Part 3 푸드 컨시어지의 수사학 역사

1. 고대 그리스

수사학은 2500년 전 고대 그리스에서 시작되었다.

변호사라는 개념이 없던 시대에 사건 사고에 대하여 스스로 자신을 변호하던 시대였다.

수사법 체계를 가르친 사람은 시라큐스의 기업인 코락스였다. 그리고 그의 제자들이 여러 지역으로 이주하면서 아테네에 전달되었으며 기원전 3세기에는 그리스 전역으로 퍼졌다.

이후 로마제국에서는 수사학이 고등교육의 중요한 일부분이 되었다.

이후 중세와 르네상스시대가 되면서 아리스토텔레스와 카이사르(또는 시저)는 수사학을 계승하게 되었고, 수사학은 점차 확대 발전하여 작문 구성 및 문학적 분석과 비평까지 하게 되었다. 다음은 수사학의 다섯 가지 구성 요소에 대한 설명이다.

1) 수사학의 다섯 가지 구성

(1) 논쟁의 핵심 : 나의 사고작용의 법칙과 형식을 분명히 하여 내 논리를 개발하며 상대방과의 다툼이 되는 내용을 명확하고 분명하게 규정한다.

(2) 배치 : 상대방과 다툼이 되는 내용을 효과적으로 주장하기 위한 순서로 배치한다.

(3) 스타일 : 전체적인 상황을 파악하고 소송 상대방과 다투는 중심이 되는 내용을 내 스타일에 맞게 실제적인 단어, 문장 구조로 만든다.

(4) 기억 : 나의 주장 논리를 잊지 않고 쉽게 기억하는 데 도움이 되는 기억방법을 만든다.

(5) 전달 : 정확하게 핵심을 말하고 감정적으로 말하지 않는다.

2. 레오나르드 코렌의 『배치의 미학』

레오나르드 코렌(Leonard Coren)은 2003년 『배치의 미학(Arranging Things : A Rhetoric of Object Placement)』이라는 책을 통해 미술품과 예술작품을 설명하는 방법을 수사학에 도입했다. 레오나르드 코렌은 말로써 남을 설득할 수 있다면 예술작품 같은 디자인의 시각적 언어를 가진 것에도 적용할 수 있다고 하였다.

사물을 배치하는 많은 사람들이 어떤 사물을 어디에 놓아야 되는지를 자신의 경험을 바탕으로 본능적으로 알고 '느낌'대로 놓는다. 배치가 잘 되었는지 아닌지는 감각적으로 안다.

그러나 많은 사람들이 수사학적 논리로 작업하는 것이 아니기 때문에 배치의 의미를 거의 알지 못하고 설명하기를 어려워한다.

레오나르드 코렌은 "배치의 영역은 아직까지 아이디어와 언어가 매우 부족한 상태이며 상업적 영역에서 눈길을 끌고, 세련되게 보이는 분위기를 연출하기 위한 의도로 행해진다"고 하였다.

레오나르드 코렌은 회화요소인 '구성적인 선', '비례', '균형', '조화', '통일감'을 갖고 물건을 배치하는 데 효과적으로 배치할 수 없음과 논리적 설명이 어려움을 깨닫고, '수사학적' 방법을 통해 폭넓게 통용될 수 있는 원칙을 제시하였으며 이를 바탕으로 효과적인 배치를 하고 제시된 원칙을 바탕으로 쉽게 설명하고자 하였다.

사물의 배치는 시각적 의사전달 수단이며 수사학은 사물의 배치에 원칙을 제공함과 동시에 논리적인 설명이 가능하게 해준다.

3. 셰프 컨시어지의 수사적 설명

부천대학교 제이슨 리 교수는 2018년 『푸드 플레이팅 플러스』 책에서 레오나르드 코렌이 수사학으로 푼 디자인의 조형원리를 '셰프 컨시어지'에 적용하여 음식의 우선순위, 음식 배치와 설명 논리 방법에 적용하였다. 미술작품이나 조형물과 마찬가지로 음식 또한 예술작품으로서 디자인이라는 시각적 언어를 가지고 있기에 레오나르드 코렌의 『배치의 미학』의 설명 방법을 셰프의 컨시어지 수사적 설명 방법에 적용하였다. 레오나르드의 물리적 특성, 추상적 특성, 통합적 특성에 음식의 특수성으로 영양적 특성을 추가하였다.

셰프 컨시어지는 셰프가 자신의 요리를 고객에게 설명하는 종합적인 접근 방식으로 물리적, 영양적, 추상적, 통합적 속성을 포괄한다. 이러한 특성을 셰프 컨시어지라 하고 내용은 다음과 같다.

1. 물리적 특성(Physical Characteristics)

물리적 측면은 접시에 담긴 재료의 우선순위를 정하고 배열하는 것뿐만 아니라 맛, 냄새, 온도, 질감과 같은 감각적 요소를 고려하는 것이다. 초점 음식에 우선순위가 부여되며 다른 재료는 중요한 순서대로 순위가 매겨진다. 배치는 공간 방향, 물리적 동시성 및 공간 패턴을 고려하여 음식이 제공되는 방식을 의미한다. 감각적 요인은 주요 식품의 특성과 감각에 전달되어 감정에 직접적인 영향을 미치는 보조적 요소와 관련이 있다.

• **다음은 우선순위, 배치, 감각요인에 대해 알아보자.**

1) 우선순위

(1) 우선순위는 식재료와 음식마다 가중치를 두어 순위를 정하는 것이다. 최우선순위는 중심이 되는 음식(Focus food)으로 단백질 음식이고, 2순위는 탄수화물, 채소, 소스, 가니쉬가 될 수 있다. 접시에 가장 중요하고 메인이 되는 음식이 1순위로 배치되고 사이드 음식이 다음의 중요한 위치에 배치되어야 한다. 포커스푸드는 배경(Backdrop)을 이루는 소스 및 사이드 디시와 조화를 이루거나 강조되어야 한다.

(2) 강조되거나 중심이 되는 음식(Focus food)을 확인하고, 다음 우선순위로 곁들임 음식(Side dish), 소스(Sauce), 가니쉬(Garnish) 중 식재료 가중치를 두어 선정한다.

(3) 우선순위가 되는 식재료와 음식은 고객이 식사하는 자리에 놓인 접시 안에 고객과 더 가까이에 놓여야 하고, 더 중앙에 있고, 더 크고, 더 눈에 띄게 하는 것이 중요하다.

2) 배치

음식을 담는 방식으로 해석할 수 있다. 레스토랑에서는 담기 프레젠테이션이 되고, HMR은 포장용기에 담는 방식이 될 것이다.

(1) 정렬방식은 중심이 되는 음식과 보조음식과 소스, 가니쉬 요소들 간의 상대적인 공간 방향과 배치에 관한 것이다.
(2) 수직, 수평, 평행, 선형, 원형, 대칭, 비대칭과 같은 물리적 동시성과 상대적 관계를 갖고 있다.
(3) 표면의 점, 선, 면, 질감, 입체 부분이 조화롭고 균형 있게 담겨 있는지의 정도이다.
(4) 주재료와 부재료 간의 간격, 부재료들 간의 간격, 식재료와 음식의 반복과 같은 공간 패턴이다.

3) 감각요인

신체의 오감과 위(내장기관)에서 느끼는 감각과 미각에서 느끼는 6가지 기본맛과 4가지 보조맛, 냄새와 온도, 질감 같은 기타 감각에서의 느낌이다.

(1) 감각요인은 감각으로 전달되어 감성에 직접적으로 영향을 주는 주요 음식과 보조 요소들의 특성에 대한 것이다.
(2) 맛, 향, 색채, 질감, 패턴, 촉감, 형태, 온도와 10가지 맛과 냄새 등이 포함된다.
(3) 6가지 기본맛은 단맛, 짠맛, 단맛, 신맛, 쓴맛이고, 최근 기본맛으로 인정받기 시작하는 지방맛이 있다. 4가지 보조맛은 아린맛, 매운맛, 시원한 맛, 떫은맛이다.
(4) 냄새는 신맛 냄새그룹, 아로마틱스 냄새그룹, 지방 냄새그룹, 불향 냄새그룹이 있다.

2. 영양 특성(Nutritional Properties)

영양적 특성도 중요하며 요리사는 5가지 기본 식품군(단백질/탄수화물/지방/칼슘 식품/무기질과 비타민 식품)을 이해하고 고객의 요구에 맞는 요리 만드는 방법을 이해해야 한다. 요리사는 다량 및 미량 영양소, 식이 요구사항 및 제한사항에 대해 잘 알고 있어야 하며 건강하고 균형이 잘 잡혀 있으며 시각적으로 매력적인 요리를 만들 수 있어야 한다.

3. 추상적인 특성(Abstract Characteristics)

음식에 가치를 부여하는 특성이며, 마케팅 요소이고, 비즈니스 셰프로서 성공할 수 있게 하는 요소이다. 고객과의 감정 교류를 통해 콘셉트와 전달하고자 하는 메시지를 정하고, 전체 행사의 주제에 맞게 가치를 부여하는 것이다. 셰프가 전달하고자 하는 메시지나 표현하고자 하는 대상을 은유와 수수께끼로 표현한다. 스토리텔링은 우선순위+정렬방식+감각요인+은유+수수께끼를 종합하여 음식이 전달하고자 하는 것을 전체적으로 설명하는 것이다.

셰프 수사학이 추구하고자 하는 것은 손님과의 소통이다. 셰프는 호텔 컨시어지(hotel concierge)처럼 고객과 대화할 수 있어야 하며 고객이 원하는 테마와 이벤트 특성을 반영하면서도 자신만의 스타일과 개성을 담은 메뉴를 만들 수 있어야 한다. 여기에는 고객의 경험을 향상시키기 위해 은유, 수수께끼 또는 스토리텔링의 사용이 포함될 수 있다. 셰프는 감정을 불러일으키고 호기심을 불러일으키기 위해 은유와 수수께끼를 사용하여 요리를 통해 이야기를 전달할 수 있어야 한다.

• 은유, 수수께끼, 스토리텔링에 대해 알아보자.

1) 은유

(1) 조리사와 조리장이 고객에게 전달하고자 하는 메시지이거나, 행사의 주관자가 전달하고자 하는 메시지를 셰프가 소통하여 음식에 의미를 부여해서 만드는 것이다.

(2) 중심이 되는 음식(Focus food)과 보조 요소들과의 배치의 의미가 본래의 사전적 의미에서 어떤 다른 메시지로 전이되거나 변형되어 사용된다. 예를 들어 흰 접시에 문어와 검은 먹물로 만든 카스텔라 가루, 해초무침은 '바다'를 대신하는 상징적 동의어로 변형된다.

(3) 암시, 직유, 제유

• **암시** - 뜻하는 바를 간접적으로 나타내는 것

일본이 독도 영유권을 한창 주장할 때 미국의 트럼프 대통령 국빈 만찬에 사용된 '독도 새우'는 독도가 우리의 실제 영토임을 의미함

• **직유** - 유사한 성질이나 모양을 가진 두 사물을 '같이', '처럼', '듯이'와 같은 연결어로 결합해서 직접 비유하는 것

"구름에 달 가듯이 가는 나그네"

- **제유** - 사물의 한 부분으로 그 사물의 전체를 나타내는 것
  '외할아버지께서 약주를 많이 하셨다'의 약주는 술을 의미한다.

2) 수수께끼

지금 당장은 아니라도 시간이 지나면 깨달을 수 있도록 숨겨진 의미라고 할 수 있다. 예능 드라마인 '전지적 참견시점'에서 이영자의 충청도식 돌려말하기 화법은 송성호 팀장에게는 수수께끼였을 것이다. 이영자는 '고구마 케이크'를 먹어보았는지 물어보았고 송 매니저는 나중에 촉촉하고 부드럽고 달달한 소백산 숯불구이 고구마의 맛을 본 뒤 이영자가 말했던 고구마 케이크의 의미를 깨달았다.

(1) 수수께끼는 모호함과 의문을 불러일으킬 의도적인 목적으로 활용되기도 한다.

(2) 표현 부족의 결과물이나 배치하는 조리사의 혼란스럽고 불명확한 사고의 결과로 나타나기도 한다.

3) 스토리텔링

셰프가 주방에서 음식만 제조하는 것이 아니라 고객에게 음식을 딜리버리 서비스(delivery service)하고 나아가 자신의 음식을 설명하거나 이야기하는 셰프 컨시어지 역할을 하는 것을 말한다.

(1) 고객에게 단순히 음식을 설명하는 것이 가장 좁은 의미의 스토리텔링이다.

(2) 우선순위+정렬방식+감각요인+은유+수수께끼를 종합하여 음식이 전달하고자 하는 의미를 전체적으로 설명하는 것이다.

(3) 특별히 전달하고자 하는 의미를 이야기로 풀어내는 것을 말한다. 예를 들어 특별한 모임, 발렌타인데이, 화이트데이, 생신, 감사하는 모임과 같은 자리를 더욱 빛나게 하는 요소이다.

4. 통합 특성(Integrative Characteristics)

물리적 특성, 영양적 특성, 추상적 특성이 통합되어 메뉴가 구성되어야 하고, 최종 이용 고객이 감동을 느꼈는지를 자체 평가하는 것이다.

• **다음은 통합적 특성에 대한 설명이다.**

통합적 특성은 접시의 모든 요소를 응집력 있는 전체로 결합하는 능력을 말한다. 여기에는 기술적인 능력뿐만 아니라 창의성, 직관력, 감성 지능도 필요하다. 셰프는 식당 룸(room)의 분위기를 읽고 고객의 분위기와 에너지에 맞게 접근방식을 조정할 수 있어야 한다. 매끄럽고 즐거운 식사 경험을 만들기 위해 주방의 다른 구성원 및 서비스 직원과 협력할 수 있어야 한다. 그리고 구성원들은 요리 예술에 대한 깊은 열정과 그들이 하는 모든 일에서 탁월함을 위해 헌신하면서 통합적 고려사항의 균형을 맞출 수 있어야 한다.

1) 연결성

(1) 하나의 콘셉트에 의해 물리적 특성과 추상적 특성이 잘 어우러져야 한다.

(2) 음식의 코스 혹은 그릇에 담긴 음식은 통일감이 있어야 한다.

(3) 플레이팅 요소인 점·선·면·질감·색상·입체감·배치 요소가 조화를 이루어야 한다.

2) 여운

(1) 고객은 음식을 먹은 후에 느끼는 여운으로 -100점부터 +100점까지 다양한 감정기복을 느끼게 된다. 조리사와 조리장은 고객이 +100점의 긍정적인 만족을 느끼도록 최선을 다해야 한다.

(2) 고객은 식사를 마치고 만족해야 하며, 감동하여 재방문하고 타인에게 레스토랑을 추천할 수 있어야 한다.

(3) 셰프는 고객이 음식의 맛과 표현을 즐길 뿐만 아니라 기억에 남는 즐거운 경험을 할 수 있도록 해야 한다.

Part 5 셰프의 컨시어지 수사학 예시

• **셰프 컨시어지 예시** : 노부부는 60세로 결혼기념일을 자축하고자 'Feel Restaurant'을 예약 방문하였다. Feel chef는 고객과 소통하면서 결혼 35주년임을 알게 되었고, 남편분이 심혈관 건강에 대하여 걱정하고 있다는 사실을 인지하게 되었다.

- **셰프가 준비한 요리는 다음과 같다.**
  - **요리** : Grilled salmon salad with mixed greens, tomatoes, mozzarella cheese, avocado, and a lemon vinaigrette(혼합 채소, 토마토, 모차렐라 치즈, 아보카도, 레몬 비네그레트를 곁들인 구운 연어 샐러드)
  - **음료(Pairing wine)** : Sauvignon Blanc from Marlborough include Cloudy Bay in New Zealand (뉴질랜드 말버러 지역의 클라우디 베이에서 만든 소비뇽 블랑)

1. 물리적 특성(Physical Characteristics)

1) 우선순위

두 분이 60세로 건강에 관심이 많음을 알게 되었다. 건강에 좋은 생선을 1순위로 하였고, 비타민과 무기질이 많은 채소를 곁들임으로 선정하여 2순위로 우선순위를 두고 식단을 구성하였다.

2) 배치

음식 배치는 뜨거운 생선과 차가운 채소로 구성되어 따로 담았고, 채소는 원형접시에 수북하게 쌓아서 넉넉함을 강조하였다. 연어구이는 나무판 가운데 담았으며, 로즈마리향을 착향하였다는 것을 알리기 위해 옆에 담아놓았다.

3) 감각요인

두 분이 60세이기 때문에 생선은 겉은 바삭하지만 속은 부드럽게 조리하였고, 향은 로즈마리향과 마늘향을 착향하였다. 채소는 당일 구매한 싱싱한 녹색채소를 준비하였다.

2. 영양 특성(Nutritional Properties)

심혈관 건강에 좋은 식재료를 준비하였다. 연어에는 염증을 줄이고 혈관 기능을 개선하는 데 도움이 되는 오메가-3지방산이 풍부하고, 혼합 채소, 토마토, 아보카도는 심혈관 건강에 좋은 비타민과 미네랄이 풍부하다.

3. 추상적인 특성(Abstract Characteristics)

결혼 35주년이기에 남편분에게 아내분이 좋아하는 와인 이름과 첫 만남의 추억에 대하여 미리 소통하여 와인과 함께 첫사랑의 추억을 카드에 새겨드림으로써 의미 있는 시간이 되도록 하였다.

※뉴질랜드 말버러 지역의 클라우디 베이에서 만든 소비뇽 블랑(Sauvignon Blanc from Marlborough include Cloudy Bay in New Zealand) : 뉴질랜드는 세계적 수준의 소비뇽 블랑으로 유명하다. 이 소비뇽 블랑은 강한 산미와 열대 과일, 시트러스, 잔디향의 밝은 풍미가 특징이다. 또한, 진한 향이 입속에 오래 남아 있다. 남섬 최북단에 위치한 말버러는 뉴질랜드 소비뇽 블랑으로 가장 유명한 와인 산지다. 말버러(Marlborough)의 유명 소비뇽 블랑 생산업체로는 Cloudy Bay, Kim Crawford 및 Brancott Estate가 있다.

4. 통합 특성(Integrative Characteristics)

노부부의 결혼 35주년과 현재 60세가 되신 것과 현재 한 분이 심혈관 질환이 있는 것을 Feel chef가 알고 물리적 특성, 영양적 특성, 추상적 특성을 모두 통합하여 음식을 준비하였다. 특히, 소통을 통해 두 분의 욕구와 필요를 음식과 음료에 모두 반영함으로써, 두 분이 행복한 시간을 보낼 수 있었다.

Culinary   Medicine

Human
Body

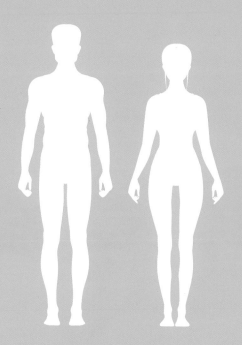

Key Point

- 인간의 몸은 10개의 시스템으로 구성됨
- 우리 몸은 10가지로 구성된 복잡한 유기체

Chapter 03

인간의 몸

골격계, 근육계, 심혈관계, 호흡계, 소화계
신경계, 내분비계, 면역체계,
외피 시스템, 생식계에 대한 개괄적인 설명

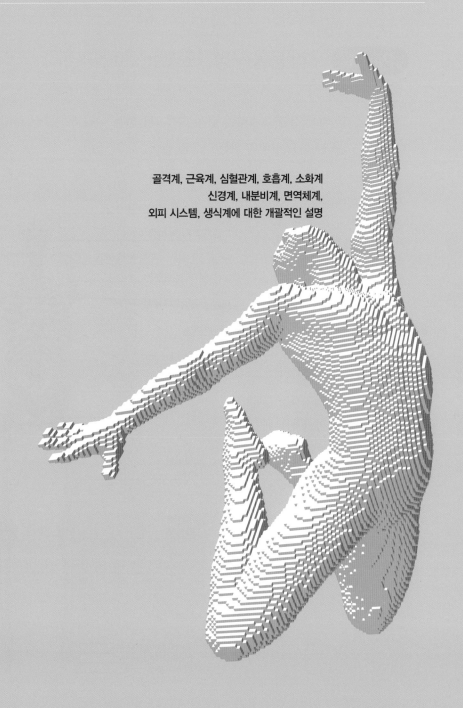

01 우리 몸의 구성요소인 신체 부위
Body Parts that Are the Components of Our Body

Part 1 우리 몸을 구성하고 있는 신체 부위

인체는 기능과 건강을 유지하기 위해 함께 작동하는 여러 부분으로 구성된 복잡한 유기체이다. 우리 몸을 구성하는 주요 신체 부위는 다음과 같다.

1. 골격계(Skeletal System)

골격계는 뼈와 관절로
구성되어 있으며,
인체에는 206개의
뼈가 있다.
뼈는 신체를 지지하고
내부 장기를 보호한다.
또한 우리가 움직일 수 있는
근육에 붙어 있기 때문에
움직임에도 도움이 된다.

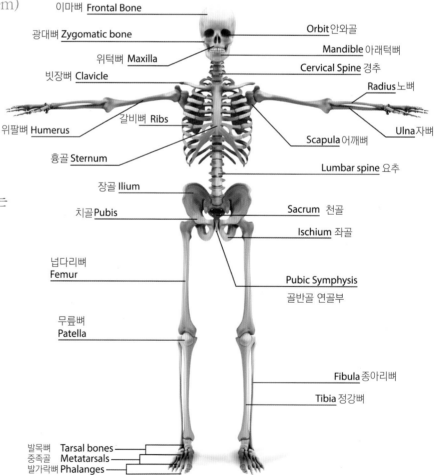

이마뼈 Frontal Bone
광대뼈 Zygomatic bone
위턱뼈 Maxilla
빗장뼈 Clavicle
위팔뼈 Humerus
갈비뼈 Ribs
흉골 Sternum
장골 Ilium
치골 Pubis
넙다리뼈 Femur
무릎뼈 Patella

Orbit 안와골
Mandible 아래턱뼈
Cervical Spine 경추
Radius 노뼈
Ulna 자뼈
Scapula 어깨뼈
Lumbar spine 요추
Sacrum 천골
Ischium 좌골
Pubic Symphysis
골반골 연골부
Fibula 종아리뼈
Tibia 정강뼈

발목뼈 Tarsal bones
중족골 Metatarsals
발가락뼈 Phalanges

치유의 맛 | Culinary Medicine

2. 근육계(Muscular System)

근육계는 신체의 움직임을 담당하는 근육으로 구성된다. 근육은 힘줄에 의해 뼈에 부착되어 쌍으로 작용하여 움직임을 생성한다.

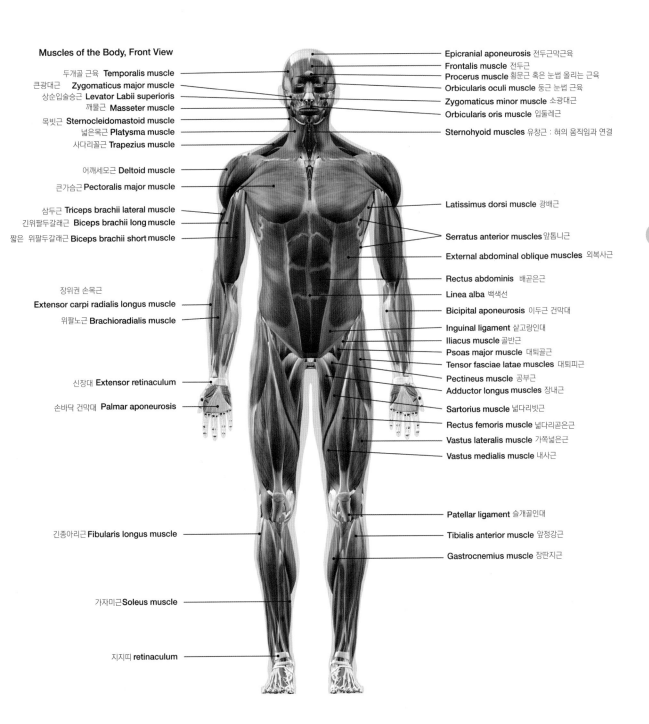

Muscles of the Body, Front View

두개골 근육 **Temporalis muscle**
큰광대근 **Zygomaticus major muscle**
상순입술승근 **Levator Labii superioris**
깨물근 **Masseter muscle**
목빗근 **Sternocleidomastoid muscle**
넓은목근 **Platysma muscle**
사다리꼴근 **Trapezius muscle**

어깨세모근 **Deltoid muscle**

큰가슴근 **Pectoralis major muscle**

삼두근 **Triceps brachii lateral muscle**
긴위팔두갈래근 **Biceps brachii long muscle**
짧은 위팔두갈래근 **Biceps brachii short muscle**

장위권 손목근
Extensor carpi radialis longus muscle
위팔노근 **Brachioradialis muscle**

신장대 **Extensor retinaculum**

손바닥 건막대 **Palmar aponeurosis**

긴종아리근 **Fibularis longus muscle**

가자미근 **Soleus muscle**

지지띠 **retinaculum**

Epicranial aponeurosis 전두근막근육
Frontalis muscle 전두근
Procerus muscle 횡문근 혹은 눈썹 올리는 근육
Orbicularis oculi muscle 둥근 눈썹 근육
Zygomaticus minor muscle 소광대근
Orbicularis oris muscle 입둘레근

Sternohyoid muscles 유창근 : 혀의 움직임과 연결

Latissimus dorsi muscle 광배근

Serratus anterior muscles 앞톱니근
External abdominal oblique muscles 외복사근
Rectus abdominis 배곧은근
Linea alba 백색선
Bicipital aponeurosis 이두근 건막대
Inguinal ligament 샅고랑인대
Iliacus muscle 골반근
Psoas major muscle 대퇴골근
Tensor fasciae latae muscles 대퇴피근
Pectineus muscle 공부근
Adductor longus muscles 장내근
Sartorius muscle 넓다리빗근
Rectus femoris muscle 넓다리곧은근
Vastus lateralis muscle 가쪽넓은근
Vastus medialis muscle 내사근

Patellar ligament 슬개골인대
Tibialis anterior muscle 앞정강근
Gastrocnemius muscle 장딴지근

3. 심혈관 시스템(Cardiovascular System)

강북삼성병원 이종영 교수는 심혈관을 다음과 같이 설명한다.

심혈관 시스템은 심장과 혈관으로 구성된다. 심장은 혈액을 몸의 모든 부분으로 내보내고 혈관은 혈액을 운반한다. 심장은 흉강의 약간 왼쪽에 위치한 근육질 기관이다. 그것은 신체의 모든 부분에 혈액을 공급한다. 심장은 우심방, 좌심방, 우심실, 좌심실의 네 개의 방으로 나뉜다. 심방은 정맥에서 혈액을 받아 심실로 보낸다. 그러면 심실은 동맥을 통해 혈액을 심장 밖으로 내보낸다. 심장은 1년에 31,536,000번 박동한다. 60~80번/분당×60분/24시간/365일로 계산한 것이다. 우리가 80년을 산다고 하면 2,522,880,000번 박동하는 셈이 된다. 혈관의 길이는 12만km이고 이는 지구 두 바퀴를 감싼 것과 같다.

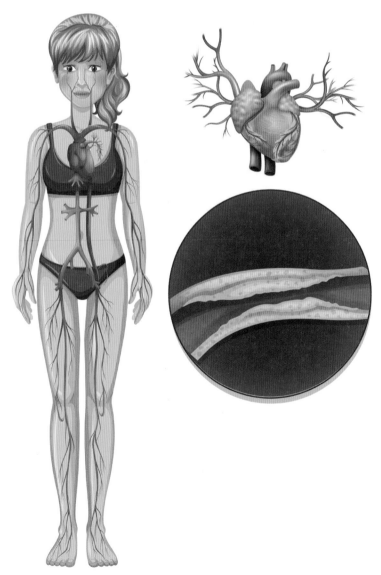

4. 호흡기 시스템(Respiratory System)

호흡기 시스템은 호흡을 담당하는 폐와 기도로 구성된다. 호흡을 통해 산소는 폐로 흡입되고, 이산화탄소는 몸 밖으로 배출된다.

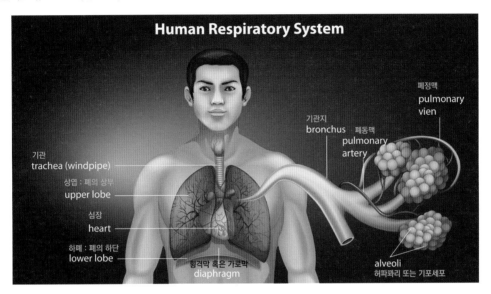

5. 소화계(Digestive System)

소화계는 입, 식도, 위, 소장, 대장, 직장 및 항문으로 구성된다. 음식을 분해하고, 영양분을 흡수하고, 폐기물을 제거하는 역할을 한다.

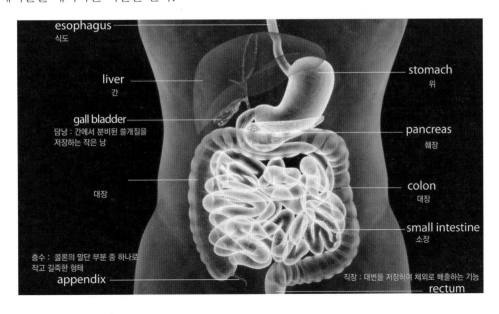

6. 신경계(Nervous System)

신경계는 뇌, 척수 및 신경으로 구성된다. 그것은 움직임, 감각 및 사고를 포함하여 신체의 모든 기능을 제어하고 조정하는 역할을 한다.

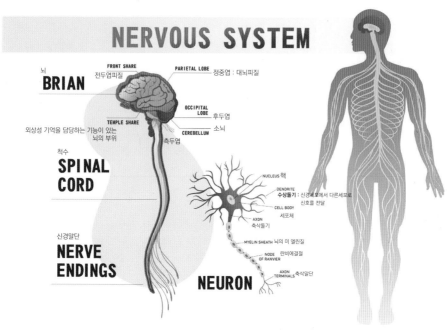

7. 내분비계(Endocrine System)

내분비계는 호르몬을 생성하는 갑상선 및 부신과 같은 샘으로 구성된다. 이 호르몬은 성장과 발달, 신진대사, 생식을 포함한 많은 신체 기능을 조절한다.

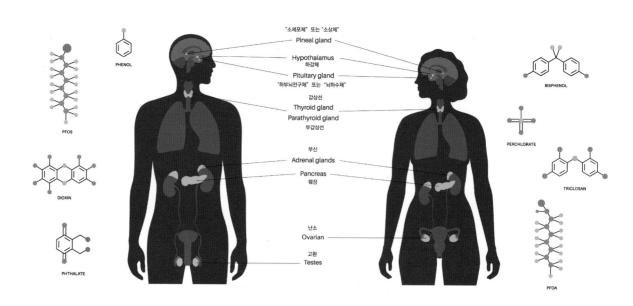

8. 면역체계(Immune System)

면역체계는 감염과 질병으로부터 신체를 보호하기 위해 함께 작동하는 세포, 조직 및 기관으로 구성된다.

9. 외피 시스템(Integumentary System)

외피 시스템은 피부, 모발 및 손톱으로 구성된다. 이것은 환경으로부터 몸을 보호하고 체온 조절을 돕는다.

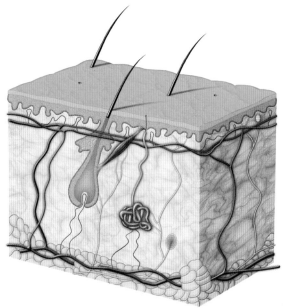

10. 생식계(Reproductive System)

생식계는 수컷의 정자와 암컷의 난자를 생산 및 전달하고 자손의 수정 및 발달을 가능하게 하는 역할을 한다.

HORMONES

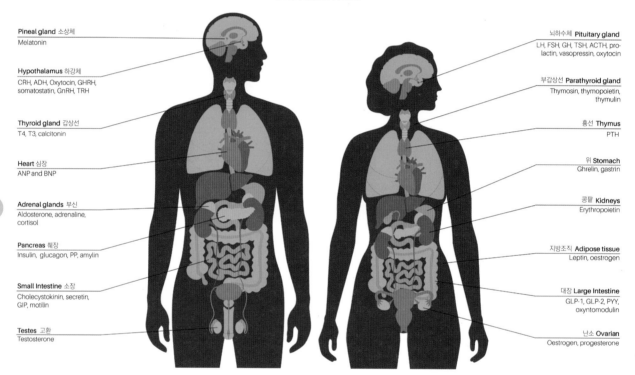

Pineal gland 송과체
Melatonin

Hypothalamus 시상하부
CRH, ADH, Oxytocin, GHRH, somatostatin, GnRH, TRH

Thyroid gland 갑상선
T4, T3, calcitonin

Heart 심장
ANP and BNP

Adrenal glands 부신
Aldosterone, adrenaline, cortisol

Pancreas 췌장
Insulin, glucagon, PP, amylin

Small Intestine 소장
Cholecystokinin, secretin, GIP, motilin

Testes 고환
Testosterone

뇌하수체 **Pituitary gland**
LH, FSH, GH, TSH, ACTH, prolactin, vasopressin, oxytocin

부갑상선 **Parathyroid gland**
Thymosin, thymopoietin, thymulin

흉선 **Thymus**
PTH

위 **Stomach**
Ghrelin, gastrin

콩팥 **Kidneys**
Erythropoietin

지방조직 **Adipose tissue**
Leptin, oestrogen

대장 **Large Intestine**
GLP-1, GLP-2, PYY, oxyntomodulin

난소 **Ovarian**
Oestrogen, progesterone

인간의 몸

Foods that Support Skeletal System and Skeletal Health

Key Point

- 뼈는 신체를 지지하고 보호하며 움직임을 제공하므로 뼈의 건강은 전반적인 건강과 삶의 질에 상당한 영향을 미칠 수 있어 중요함
- 평생 뼈 건강을 유지하는 것은 전반적인 건강과 활력(vitality)에 중요함
- 골격계는 뼈와 관절로 구성되어 신체를 지지하고 내부 장기를 보호함
- 뼈는 우리가 움직일 수 있는 근육에 붙어 있기 때문에 움직임에도 도움을 줌
- 인체는 206개의 뼈로 구성되었음
- 뼈는 살아 있는 조직으로 지속적인 세포분열이 이루어지고 있음

Chapter 04

골격계와 골격계 건강에 도움을 주는 음식

- 골격계에 대하여
- 골격계 질병의 역사
- 골격계 질병 예방에 좋은 영양성분
- 골격계 건강에 좋은 음식

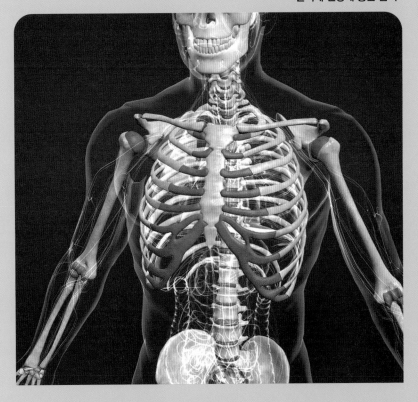

01 골격계 Skeletal System

Part 1 골격계

1. 인간의 삶과 뼈 건강의 관계

골격계는 뼈와 관절로 이루어져 있다. 인체는 206개의 뼈로 신체를 지지하고 보호하며 움직임을 제공한다. 뼈의 건강은 전반적인 건강과 삶의 질에 상당한 영향을 미칠 수 있기 때문에 뼈 건강은 매우 중요하다.

신체는 평생토록 파골세포(osteoclast)라고 하는 특수세포에 의해 오래된 뼈 조직이 분해되고 조골세포(osteoblast)라고 하는 다른 특수세포에 의해 새로운 뼈 조직이 형성되는 뼈 리모델링 과정이 지속적으로 이루어진다. 이 과정은 뼈의 강도(strength)와 밀도(density)를 유지하는 데 도움이 되며 유전학(genetics), 영양(nutrition), 신체활동(physical activity) 및 호르몬 변화(hormonal changes)를 포함한 다양한 요인의 영향을 받는다.

어린 시절과 청소년기에는 뼈의 성장과 발달이 특히 중요하다. 뼈의 크기와 강도가 최대치에 도달하는 시기이기 때문이다. 칼슘, 비타민 D 및 기타 영양소의 적절한 섭취는 이 기간 동안 최적의 뼈 건강을 위해 필수적이며, 규칙적인 체중 부하 운동(regular weight-bearing exercise)은 뼈 성장 및 재형성(remodeling)을 자극하는 데 도움이 된다.

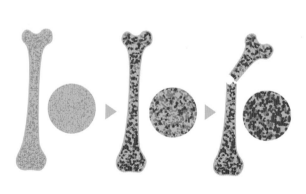

• 골다공증(Osteoporosis)

나이가 들어감에 따라 자연적으로 골밀도가 감소하기 시작하여 골다공증(osteoporosis) 및 골절(fracture) 위험이 증가할 수 있다. 특히 여성은 폐경기에 발생하는 호르몬 변화로 인해 뼈 손실이 가속화될 수 있어 골다공증 위험이 더 높다.

뼈 건강을 평생 유지하는 것은 전반적인 건강과 활력(vitality)을 위해 중요하다. 뼈 건강을 증진하기 위한 몇 가지 주요 전략은 다음과 같다.

- 칼슘, 비타민 D 외에 뼈 건강에 도움을 주는 기타 영양소가 풍부한 균형 잡힌 영양을 섭취한다.
- 걷기, 조깅 또는 역도와 같은 규칙적인 체중 부하 운동(regular weight-bearing exercise)에 참여한다.
- 뼈를 손상시킬 수 있는 흡연과 과도한 음주를 피한다.
- 특히 이러한 상태의 가족력이 있는 경우 골다공증 및 기타 뼈 건강 문제에 대한 선별검사 및 관리를 위해 의료 서비스 제공자와 상담한다.

전반적으로 건강한 삶과 뼈 건강 사이의 관계는 복잡하고 다원적이다. 최적의 뼈 건강을 보장하고 뼈 관련 건강 문제의 위험을 줄이기 위해 다양한 생활 방식 요인에 주의를 기울여야 한다.

2. 뼈의 구성 성분

뼈는 30%의 살아 있는 유기질 조직과 70%의 수분 및 무기질로 구성된다. 무기질은 칼슘과 인이다. 뼈는 세포(cell), 섬유질(fiber), 광물화된 기질(mineralized matrix) 등 다양한 구성 요소로 이루어진 복잡한 구조이다. 뼈는 크게 나누어 살아 있는 유기질 조직성분과 무기성분(organic and inorganic component)으로 구성되어 있다.

1) 살아 있는 유기질 조직(Organic component)

(1) 세포(Cell) : 뼈에는 세 가지 유형의 세포가 있다.
- 조골세포(Osteoblast) : 새로운 뼈 조직을 생성하는 특화된 세포
- 골세포(Osteocyte) : 뼈 조직을 유지하고 신체의 미네랄 균형을 조절하는 데 도움이 되는 성숙한 뼈세포

• 파골세포(Osteoclast) : 오래된 뼈 조직을 분해하고 재흡수하는 세포(resorb old bone tissue)

(2) 세포외 기질(ECM: Extracellular Matrix) - 이것은 콜라겐 섬유(collagen fiber), 프로테오글리칸(proteoglycan), 당단백질(glycoprotein) 및 기타 단백질의 복잡한 혼합물이다. ECM은 뼈 조직에 필요한 구조에 관여 및 지원을 하며 미네랄 균형을 조절하고 세포 간의 통신을 용이하게 한다.

2) 무기성분(Inorganic component)

(1) 하이드록시아파타이트(Hydroxyapatite) - 인산칼슘(calcium phosphate) 결정형태의 무기화합물로 뼈나 치아의 기질 중 대부분을 구성하여, 구조를 견고하게 한다. 하이드록시아파타이트(Hydroxyapatite)는 뼈 조직에 강도(strength)와 강성(rigidity)을 제공하고 신체의 미네랄 균형을 조절하는 데 중요한 역할을 한다.

(2) 기타 미네랄(Other mineral) - 인산칼슘 외에도 뼈 조직에는 탄산칼슘(calcium carbonate), 마그네슘(magnesium) 및 불소(fluoride)와 같은 기타 미네랄도 포함되어 있다.

뼈의 구성은 연령, 성별 및 전반적인 개인의 건강상태에 따라 달라질 수 있다. 예를 들어, 뼈는 일반적으로 여성보다 남성이 더 조밀하고 미네랄 함량이 더 높으며 골밀도는 남녀 모두 나이가 들면서 감소하는 경향이 있다.

전반적으로 뼈의 복잡한 구성은 구조적 지지체(structural support)이자 칼슘 및 인산염과 같은 필수 미네랄의 저장고로서 신체에서 중요한 역할을 한다.

3. 뼈 종류와 4가지 기능

인체에는 다섯 가지 주요 유형의 뼈가 있으며 각각 고유한 모양과 기능을 가지고 있다. 여기에는 다음이 포함된다.

1) 긴 뼈(Long bone)

긴 뼈는 신체에서 가장 흔한 유형의 뼈이며 끝이 확장된 긴 원통형 모양이 특징이다. 긴 뼈의 예로는 대퇴골(허벅지뼈), 경골 및 비골(하부 다리뼈), 상완골(위팔뼈)이 있다. 긴 뼈는 몸의 무게를 지탱하고 움직임을 촉진하는 역할을 한다.

2) 짧은 뼈(Short bone)

짧은 뼈는 길이, 너비 및 높이가 거의 같고 작으며 정육면체 모양이다. 짧은 뼈의 예로는 손목뼈 (carpal)와 발목뼈(tarsal)가 있다. 짧은 뼈는 신체에 안정성과 지지력을 제공뿐만 아니라 관절이 넓은 범위로 움직일 수 있도록 한다.

3) 편평한 뼈(Flat bone)

편평골은 가늘고 편평하며 휘어져 있고 표면적이 넓다. 편평한 뼈의 예로는 두개골(skull), 갈비뼈 (rib) 및 흉골(가슴뼈sternum : breastbone)이 있다. 편평한 뼈는 내부 장기를 보호하고 근육 부착 지점을 제공하며 혈액세포 생성에 중요한 역할을 한다.

4) 불규칙한 뼈(Irregular bone)

불규칙한 뼈는 불규칙한 모양이며 다른 범주에 속하지 않는다. 불규칙한 뼈의 예로는 척추뼈(spine), 골반뼈 및 얼굴의 일부 뼈가 있다. 불규칙한 뼈는 근육의 지지, 보호 및 부착을 포함하여 다양한 기능을 수행한다.

5) 종자골(Sesamoid bone)

종자골은 힘줄이나 근육에 박혀 있는 작고 둥근 뼈이다. 슬개골(patella : knee cap)은 신체에서 가장 큰 종자골이다. 종자골은 무릎 연골이 손상을 입었을 때 힘줄을 보호하고, 당기는 각도를 변경하여 근육의 기계적 이점을 개선하는 데 도움이 될 수 있다.

구조적 역할 외에도 뼈는 신체에서 다음과 같은 몇 가지 중요한 기능을 수행한다.

- 지지(Support) : 뼈는 신체와 장기를 구조적으로 지지할 뿐만 아니라 근육 부착을 위한 틀을 제공한다.
- 보호(Protection) : 많은 뼈, 특히 편평하고 불규칙한 뼈는 뇌, 심장 및 폐와 같은 중요한 기관을 손상으로부터 보호한다.
- 움직임(Movement) : 뼈는 근육 및 관절과 함께 신체의 움직임과 이동성을 촉진한다.
- 미네랄 저장(Mineral storage) : 뼈는 필요에 따라 혈류로 방출될 수 있는 칼슘(calcium) 및 인 (phosphorus)과 같은 필수 미네랄의 저장소(reservoir) 역할을 한다.

• 혈구 생성(Blood cell production) : 뼈에는 적혈구(red blood cell), 백혈구(white blood cell) 및 혈소판(platelet)을 생성하는 연조직인 골수가 포함되어 있다.

4. 뼈 질병과 증상

뼈 질환은 뼈, 관절 및 결합 조직을 포함하여 골격계(skeletal system)에 영향을 줄 수 있는 광범위한 의학적 상태를 말한다. 골질환의 가장 일반적인 유형에는 골다공증(osteoporosis), 골관절염(osteoarthritis), 류마티스관절염(rheumatoid arthritis), 골 파젯병(Paget's disease of bone), 골암(bone cancer) 등이 있다.

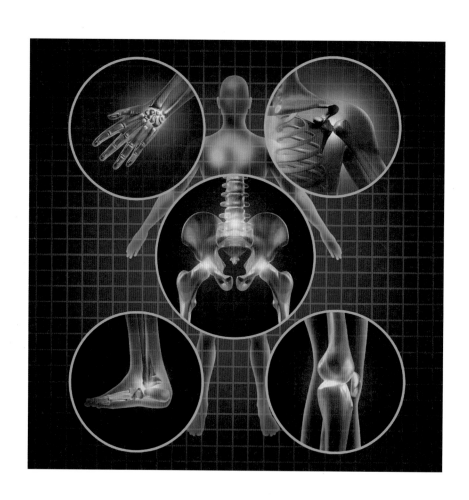

뼈 질환의 증상은 상태의 유형과 중증도에 따라 다를 수 있다. 몇 가지 일반적인 증상은 다음과 같다.

1) 통증(Pain) : 뼈 통증은 많은 뼈 질환의 일반적인 증상이다. 통증은 경미하거나 심할 수 있으며 신체의 한 부위 또는 여러 부위에서 발생할 수 있다.

2) 붓기(Swelling) : 영향을 받는 부위의 붓기는 뼈 질환의 또 다른 일반적인 증상이다. 붓기는 압통(tenderness)과 발적(redness)을 동반할 수 있다.

3) 뻣뻣함(Stiffnes) : 관절의 뻣뻣함은 많은 뼈 질환의 일반적인 증상이다. 뻣뻣함은 기상직후나 오랫동안 앉아 있을 때 더 심해질 수 있다.

4) 골절(Fracture) : 뼈 질환은 뼈를 약화시키고 골절의 위험을 증가시킬 수 있다. 골절은 최소한의 외상 또는 명백한 원인 없이도 발생할 수 있다.

5) 기형(Deformitie) : 뼈 질환은 다리가 구부러지거나(bowing of leg bone) 척추가 만곡되는 것(curvature of spine)과 같은 뼈의 기형을 유발할 수 있다.

6) 제한된 이동성(Limited mobility) : 뼈 질환은 이동성을 제한하고 일상 활동을 수행하는 능력에 영향을 미칠 수 있다.

7) 피로(Fatigue) : 피로는 많은 뼈 질환의 일반적인 증상이다. 통증(pain), 염증(inflammation) 또는 질병에 대한 신체의 반응으로 인해 발생할 수 있다.

이러한 증상이 나타나면, 특히 시간이 지남에 따라 지속되거나 악화되는 경우 의사를 만나는 것이 중요하다.

조기 진단 및 치료는 증상을 관리하고 추가 합병증을 예방하는 데 도움이 될 수 있다.

02 뼈 질병의 역사 History of Bone Disease

Part 1 뼈 질병의 역사

뼈 질환의 역사는 길고 복잡하며 고대로 거슬러 올라간다. 과거에 뼈 질환은 종종 오해받아 미신과 비효율적인 치료법으로 치료되었다. 뼈 질환의 원인과 치료법에 대하여 더욱 잘 이해하게 된 것은 현대 의학에 이르러서이다.

1. 선사 시대(Prehistoric Era) : 뼈 질환의 증거는 선사 시대 유물에서 찾을 수 있다. 예를 들어, 연구원들은 40000여 년 전에 살았던 네안데르탈인의 골격에서 골관절염의 증거를 발견했다. 마찬가지로 골수염과 같은 뼈 감염의 증거가 고대 이집트인의 유해에서 발견되었다.

2. 고대 시대(Ancient Era) : 고대에는 뼈의 질병이 초자연적인 원인에서 기인했다고 믿었다. 많은 문화권에서 사람들은 뼈의 질병이 악령이나 신성한 형벌의 결과라고 믿었다. 일부 고대 문서에는 약초 요법과 마법 주문을 포함하여 뼈 질환 치료에 대한 설명이 있다.

3. 중세 시대(Medieval Era) : 중세에는 뼈 질환에 대한 의학 지식이 발전하기 시작했다. 의사들은 해부학을 연구하고 비타민 D 결핍으로 인해 발생하는 구루병과 같은 뼈 질환의 원인을 이해하기 시작했다. 외과 의사는 또한 골절 치료 기술을 개발하기 시작했다.

4. 르네상스 시대(Renaissance Era) : 르네상스 시대는 의학이 크게 발전한 시기였다. 안드레아스 베살리우스(Andreas Vesalius)와 같은 해부학자는 인체를 더 자세히 연구하기 시작했고, 앙브루아즈 파레(Ambroise Paré)와 같은 의사는 뼈 질환 치료를 위한 새로운 수술 기술을 개발했다. 이 시대는 또한 잃어버린 팔다리를 대체하는 데 사용되는 인공 팔다리를 개발하였다.

5. 현대(Modern Era) : 현대는 골질환에 대한 의학 지식이 눈부시게 발전했다. X-ray 및 기타 영상 기술을 통해 의사는 뼈 질환을 보다 효과적으로 진단하고 치료할 수 있게 되었다. 전 세계 수백만 명의 사람들에게 영향을 미치는 골다공증과 같은 증상에 대한 새로운 치료법이 개발되었다.

오늘날 뼈 질환은 특히 인구가 고령화됨에 따라 중요한 건강 문제로 남아 있다. 골다공증 및 골관절염과 같은 상태는 일반적이며 연구자들은 계속해서 새로운 치료법을 찾고 있다. 인공 관절(artificial joint) 및 뼈 이식 기술(bone grafting technique)의 개발과 같은 기술의 발전으로 뼈 질환 환자의 치료 옵션도 향상되었다.

Part 2 식습관과 뼈 질병의 상관관계

식습관은 뼈 건강을 유지하는 데 중요한 역할을 하며 영양 부족은 골다공증(osteoporosis) 및 골연화증(osteomalacia)과 같은 뼈 질환 발병 위험을 증가시킬 수 있다.

칼슘과 비타민 D는 건강한 뼈에 필요한 두 가지 필수 영양소이다. 칼슘은 강한 뼈를 만들고 유지하는 데 필요하며, 비타민 D는 신체가 음식에서 칼슘을 흡수하도록 도와준다. 따라서 충분한 칼슘과 비타민 D를 섭취하지 않으면 뼈가 약해지고 골절 위험이 높아질 수 있다.

칼슘과 비타민 D의 부적절한 섭취는 약하고 연약한 뼈를 특징으로 하는 골다공증 발병의 중요한 원인이 된다. 골다공증은 최소한의 외상으로도 골절을 유발할 수 있으며, 노인, 특히 폐경 이후 여성에게 더 흔하다. 성인의 칼슘 일일 권장 섭취량은 1000~1200mg이며, 비타민 D 요구량은 연령과 성별에 따라 다르다.

뼈 건강을 위한 또 다른 필수 영양소는 단백질이다. 단백질은 뼈 조직의 성장과 복구에 필요하다. 부적절한 단백질 섭취는 뼈 형성을 손상시키고 골절 위험을 증가시킬 수 있다. 그러나 과도한 단백질 섭취는 특히 칼슘 섭취가 적은 사람들의 경우 칼슘 배설을 증가시켜 뼈를 약화시킬 수 있다.

위에서 언급한 영양소 외에 다른 식이 요인도 뼈 건강에 영향을 줄 수 있다. 나트륨과 카페인을 과도하게 섭취하면 소변을 통한 칼슘 배설이 증가하여 뼈가 약해질 수 있다. 과도한 알코올 섭취 또한 뼈 형성을 손상시키고 골절 위험을 증가시킬 수 있다.

과일, 채소 및 통곡물이 풍부한 식단은 칼슘, 비타민 D 및 기타 비타민과 미네랄을 포함하여 뼈 건강에 필수적인 다양한 영양소를 제공할 수 있다. 우유, 치즈, 요구르트와 같은 유제품을 섭취하는 것도 칼슘과 단백질의 훌륭한 공급원이 될 수 있다. 식단을 통해 충분한 칼슘과 비타민 D를 섭취할 수 없는 분들에게는 보충제가 권장될 수 있다.

요약하면 식습관은 뼈 건강에 중요한 역할을 하며 영양 부족은 뼈 질환 발병 위험을 증가시킬 수 있다. 필수 영양소, 특히 칼슘, 비타민 D 및 단백질이 풍부한 균형 잡힌 식단은 건강한 뼈를 유지하고 뼈 질환을 예방하는 데 도움이 될 수 있다.

03 뼈와 영양 Bone and Nutrition

Part 1 뼈와 영양

뼈는 성장, 발달 및 유지를 위해 다양한 영양소가 필요한 복잡한 구조이다. 다음 영양소는 건강한 뼈를 유지하는 데 특히 중요하다.

• 뼈 건강에 좋은 식품들

1. **칼슘(Calcium)** : 칼슘은 뼈의 주요 미네랄로 총미네랄 함량의 약 99%를 차지하므로 강하고 건강한 뼈의 발달과 유지에 필수적이다. 칼슘은 또한 근육 기능, 신경 전달 및 혈액 응고에 중요한 역할을 한다. 좋은 칼슘 공급원에는 유제품(우유, 치즈, 요구르트 등), 잎이 많은 녹색 채소(시금치, 케일, 콜라드 그린 등), 두부, 칼슘 강화식품(오렌지 주스, 시리얼, 빵) 같은 식품이 포함된다.

2. 비타민 D(Vitamin D) : 비타민 D는 장에서 칼슘을 흡수하고 혈중 칼슘 수치를 조절하는 데 필요하다. 뼈의 성장과 리모델링에도 중요하다. 비타민 D는 햇빛 노출, 강화식품(예 : 우유, 오렌지 주스, 시리얼) 및 보충제를 통해 얻을 수 있다. 자연적으로 비타민 D를 함유한 일부 식품에는 지방이 많은 생선(예 : 연어 및 참치), 달걀 노른자 및 버섯이 포함된다.

3. 비타민 K(Vitamin K) : 비타민 K는 뼈 대사를 조절하는 데 도움이 되는 단백질 생산에 관여한다. 또한 혈액 응고에 중요한 역할을 한다. 비타민 K의 좋은 식이 공급원에는 잎이 많은 녹색 채소(예 : 케일, 시금치, 콜라드 그린), 브로콜리, 방울양배추 및 발효 식품(예 : 소금에 절인 양배추)이 있다.

4. 마그네슘(Magnesium) : 마그네슘은 뼈의 구조적 발달과 칼슘의 흡수 및 대사에 중요하다. 마그네슘의 좋은 식이 공급원에는 잎이 많은 녹색 채소(예 : 시금치 및 케일), 견과류(예 : 아몬드 및 캐슈넛), 통곡물(예 : 현미 및 퀴노아) 및 콩(예 : 검은콩 및 강낭콩)이 포함된다.

5. 인(Phosphorus) : 인은 뼈 건강에 중요한 또 다른 미네랄이다. 뼈와 치아의 구조적 틀을 형성하는 데 도움을 주고 에너지 대사에도 역할을 한다. 인의 좋은 식이 공급원에는 유제품(예 : 우유, 치즈, 요구르트), 육류(예 : 쇠고기 및 돼지고기), 생선(예 : 연어 및 참치), 가금류(예 : 닭고기 및 칠면조) 및 통곡물(현미, 통밀빵 등)이 포함된다.

6. 단백질(Protein) : 단백질은 뼈 조직의 성장과 복구에 필요하다. 또한 전반적인 뼈 건강에 중요한 근육량과 힘을 유지하는 데 도움이 된다. 단백질의 좋은 식이 공급원에는 살코기(닭고기 및 생선 등), 콩(검은콩 및 렌즈콩 등), 견과류(아몬드 및 캐슈넛 등) 및 유제품(우유, 치즈 및 요구르트 등)이 포함된다.

뼈 건강에 역할을 할 수 있는 다른 성분 및 식품에는 아연, 구리, 비타민 C, 비타민 A 및 오메가-3지방산이 포함된다. 영양이 풍부한 다양한 식품을 포함한 균형 잡힌 식품을 섭취하는 것이 뼈 건강을 지원하는 가장 좋은 방법이다.

식사 계획에는 칼슘, 비타민 D, 비타민 K, 마그네슘, 인 및 단백질이 풍부한 다양한 음식이 포함된다. 이러한 영양소를 정기적으로 식단에 포함시키면 뼈의 건강과 힘을 유지할 수 있다. 또한 수분을 유지하고 규칙적인 신체 활동에 참여하여 뼈 건강을 더욱 지원해야 한다.

요일	일일	메뉴명	뼈에 좋은 이유
Day 1	아침	• Greek yogurt with mixed berries and chopped nuts • 혼합 베리와 다진 견과류를 곁들인 그릭 요구르트	• 그릭 요구르트는 칼슘과 비타민 D의 훌륭한 공급원이며 둘 다 튼튼한 뼈에 중요 • 딸기는 뼈 조직을 구성하는 단백질인 콜라겐 생성에 필수적인 비타민 C의 좋은 공급원 • 견과류는 골밀도를 높이는 데 도움이 되는 마그네슘을 제공
	점심	• Grilled chicken salad with avocado and kale • 아보카도와 케일을 곁들인 구운 치킨 샐러드	• 닭고기는 뼈를 만들고 유지하는 데 중요한 훌륭한 단백질 공급원 • 아보카도는 뼈 대사에 중요한 역할을 하는 비타민 K의 좋은 공급원 • 케일은 비타민 C와 마그네슘을 포함한 칼슘과 기타 영양소가 풍부
	저녁	• Baked salmon with roasted vegetables • 구운 채소를 곁들인 구운 연어	• 연어는 뼈 건강에 중요한 비타민 D와 오메가-3지방산의 훌륭한 공급원 • 브로콜리, 당근과 같은 구운 채소는 비타민 C가 풍부하여 콜라겐을 생성하고 뼈의 강도를 유지하는 데 도움을 줌
Day 2	아침	• Oatmeal with sliced banana and almond butter • 얇게 썬 바나나와 아몬드 버터를 곁들인 오트밀	• 오트밀은 뼈 건강에 중요한 칼슘 및 기타 미네랄이 풍부 • 바나나는 뼈 손실을 줄이는 데 도움이 되는 칼륨의 좋은 공급원 • 아몬드 버터는 골밀도를 높이는 데 도움이 되는 마그네슘의 좋은 공급원
	점심	• Lentil soup with mixed vegetables • 혼합 채소를 곁들인 렌즈콩 수프	• 렌즈콩은 뼈 건강에 중요한 단백질, 철분 및 기타 미네랄의 좋은 공급원 • 당근, 셀러리와 같은 혼합 채소에는 비타민 C가 풍부하여 콜라겐을 생성하고 뼈의 강도를 유지하는 데 도움을 줌
	저녁	• Grilled steak with roasted sweet potato and asparagus • 구운 고구마와 아스파라거스를 곁들인 구운 스테이크	• 스테이크는 단백질 함량이 높고 뼈 건강에 중요한 아연 및 철과 같은 미네랄을 함유 • 고구마는 뼈 성장에 중요한 비타민 A가 풍부 • 아스파라거스는 뼈 대사에 중요한 역할을 하는 비타민 K가 풍부
Day 3	아침	• Scrambled eggs with spinach and whole wheat toast • 시금치와 통밀 토스트를 곁들인 스크램블드에그	• 달걀은 단백질, 비타민 D 및 뼈 건강에 중요한 기타 미네랄의 좋은 공급원 • 시금치는 뼈 건강에 중요한 칼슘과 기타 영양소가 풍부 • 통밀 토스트는 골밀도를 높이는 데 도움이 되는 마그네슘의 좋은 공급원
	점심	• Tuna salad with mixed greens and cherry tomatoes • 혼합 채소와 체리 토마토를 곁들인 참치 샐러드	• 참치는 뼈 건강에 중요한 비타민 D와 오메가-3지방산의 훌륭한 공급원 • 혼합 채소는 칼슘과 뼈 건강에 중요한 기타 미네랄이 풍부 • 방울토마토는 콜라겐을 생성하고 뼈의 강도를 유지하는 데 도움이 되는 비타민 C의 좋은 공급원
	저녁	• Grilled chicken with quinoa and roasted broccoli • 퀴노아와 구운 브로콜리를 곁들인 구운 닭고기	• 닭고기는 뼈를 만들고 유지하는 데 중요한 훌륭한 단백질 공급원 • 퀴노아는 골밀도를 높이는 데 도움이 되는 마그네슘의 좋은 공급원 • 브로콜리는 칼슘과 비타민 C, 비타민 K를 포함한 기타 영양소가 풍부

Day 4	아침	• Greek yogurt with sliced peaches and granola • 얇게 썬 복숭아와 그래놀라를 곁들인 그릭 요구르트	• 그릭 요구르트는 칼슘과 비타민 D의 훌륭한 공급원이며 둘 다 튼튼한 뼈에 중요 • 복숭아는 콜라겐을 생성하고 뼈의 강도를 유지하는 데 도움이 되는 비타민 C의 좋은 공급원 • 그래놀라는 골밀도를 높이는 데 도움이 되는 마그네슘을 제공
	점심	• Tuna salad with mixed greens • 혼합 채소를 곁들인 참치 샐러드	• 참치는 뼈 건강에 중요한 비타민 D와 오메가-3지방산의 좋은 공급원 • 혼합 채소에는 비타민 K가 풍부
	저녁	• Vegetarian chili with brown rice • 현미를 곁들인 채식 칠리	• 콩은 단백질과 마그네슘의 좋은 공급원이며 현미에는 마그네슘이 풍부
Day 5	아침	• Whole-grain toast with avocado and sliced tomatoes • 아보카도와 얇게 썬 토마토를 곁들인 통곡물 토스트	• 통곡물빵은 마그네슘의 좋은 공급원이며, 아보카도에는 비타민 K와 비타민 C가 풍부 • 토마토에는 산화 스트레스로부터 뼈를 보호하는 항산화제인 리코펜이 풍부
	점심	• Turkey and hummus wrap with baby carrots • 아기 당근을 곁들인 칠면조와 후무스 랩	• 칠면조는 좋은 단백질 공급원이며, 후무스에는 칼슘과 마그네슘이 풍부 • 어린 당근은 뼈의 성장과 유지에 중요한 비타민 A의 좋은 공급원
	저녁	• Grilled chicken skewers with grilled zucchini and yellow squash • 구운 호박과 노란 스쿼시를 곁들인 구운 닭꼬치	• 닭고기는 단백질의 좋은 공급원이며, 애호박과 노란 호박에는 비타민 C와 비타민 K가 풍부
Day 6	아침	• Greek yogurt with strawberries and chia seeds • 딸기와 치아시드를 곁들인 그릭 요구르트	• 그릭 요구르트는 칼슘의 좋은 공급원이며 딸기에는 뼈 건강의 필수 구성 요소인 콜라겐 합성을 돕는 비타민 C가 풍부 • 치아시드는 오메가-3지방산의 좋은 공급원
	점심	• Lentil soup with mixed greens salad. • 렌즈콩 수프와 혼합 채소 샐러드	• 렌즈콩은 뼈 건강에 중요한 단백질, 철분 및 마그네슘의 훌륭한 공급원 • 혼합 채소는 비타민 K가 풍부하고 샐러드에 얇게 썬 아몬드를 추가하면 칼슘 공급원
	저녁	• Beef stir-fry with brown rice and mixed vegetables • 현미와 혼합 채소를 곁들인 쇠고기볶음	• 쇠고기는 뼈를 만들고 유지하는 데 필수적인 단백질과 철분의 좋은 공급원 • 현미에는 마그네슘이 풍부하고 피망, 브로콜리 등의 혼합 채소에는 비타민 C와 비타민 K가 풍부
Day 7	아침	• Oatmeal with almond milk, blueberries, and walnuts • 아몬드 우유, 블루베리, 호두를 곁들인 오트밀	• 오트밀은 뼈 건강에 중요한 미네랄인 섬유질, 마그네슘, 인의 훌륭한 공급원 • 아몬드 우유에는 칼슘이 강화되어 있고, 블루베리에는 산화 스트레스로부터 뼈를 보호하는 항산화제가 풍부 • 호두는 뼈 건강을 지원하는 오메가-3지방산의 좋은 공급원
	점심	• Grilled chicken breast with roasted sweet potatoes and broccoli • 구운 고구마와 브로콜리를 곁들인 구운 닭가슴살	• 닭고기는 뼈를 만들고 유지하는 데 필수적인 단백질의 좋은 공급원 • 고구마에는 뼈의 성장과 유지를 돕는 비타민 A가 풍부 • 브로콜리는 뼈의 광물화에 필요한 비타민 K의 좋은 공급원
	저녁	• Baked salmon with quinoa and roasted asparagus • 퀴노아와 구운 아스파라거스를 곁들인 구운 연어	• 연어는 오메가-3지방산뿐만 아니라 뼈 건강에 필수적인 비타민 D의 훌륭한 공급원 • 퀴노아는 단백질과 마그네슘의 훌륭한 공급원이며 아스파라거스는 비타민 K가 풍부

강하고 건강한 뼈를 유지하는 것은 전반적인 활력(vitality)에 매우 중요하다. 뼈 건강을 지원하는 한 가지 방법은 영양이 풍부한 음식을 포함한 균형 잡힌 식단이다. 다음은 뼈에 좋은 5가지 요리와 조리법이다.

• Spinach and Mushroom Omelette – 시금치 버섯 오믈렛

시금치와 버섯은 뼈 건강을 지원하는 칼슘, 비타민 D, 칼륨의 훌륭한 공급원이다. 오믈렛은 이러한 재료를 식단에 포함시키는 좋은 방법이다. 주철 팬에서 요리한 버섯과 시금치를 넣은 오믈렛은 온기가 오래가서 기분 좋게 식사할 수 있다.

Ingredients

- 2 eggs
- 1/2 cup spinach, chopped
- 1/4 cup mushrooms, sliced
- 1/4 cup shredded cheese
- salt and pepper, to taste
- 1 tsp olive oil

Instructions

1. 작은 그릇에 달걀, 소금과 후추를 넣고 휘젓는다.
2. 중불로 올린 프라이팬에 올리브 오일을 넣고 시금치와 버섯을 부드러워질 때까지 볶는다.
3. 달걀 혼합물을 프라이팬에 붓고 1~2분 정도 익힌다.
4. 그 위에 슈레드 치즈를 뿌린다.
5. 치즈가 녹을 때까지 1분쯤 더 익혀준다.

• Salmon with Roasted Vegetables – 구운 채소를 곁들인 연어

연어는 뼈 건강에 필수적인 비타민 D와 오메가-3지방산의 훌륭한 공급원이다. 브로콜리, 고구마와 같은 구운 채소와 함께 먹으면 칼슘과 칼륨이 더해진다.

Ingredients

- 4 salmon fillet
- 1/2 cup broccoli florets
- 1/2 cup sweet potato, cubed
- 1 tbsp olive oil
- salt and pepper to taste

Instructions

1. 오븐을 200℃로 예열한다.
2. 브로콜리와 고구마를 올리브 오일, 소금, 후추에 버무려 베이킹 시트에 펼친다.
3. 채소 위에 연어 필렛을 놓고 소금과 후추로 간을 한다.
4. 오븐에서 12~15분 동안 또는 연어가 완전히 익고 채소가 부드러워질 때까지 굽는다.

Quinoa and Black Bean Salad – 퀴노아와 검은콩 샐러드

퀴노아는 칼슘과 단백질의 훌륭한 공급원이며 검은콩은 마그네슘과 칼륨이 풍부하다. 이 샐러드는 만들기 쉽고 메인 요리나 사이드 디시로 제공될 수 있다.

Ingredients

- 1 cup cooked quinoa
- 1 can black beans, drained and rinsed
- 1/2 cup cherry tomatoes, halved
- 1/4 cup red onion, diced
- 1/4 cup cilantro, chopped
- 2 tbsp lime juice
- 1 tbsp olive oil
- salt and pepper to taste

Instructions

1. 큰 그릇에 익힌 퀴노아, 검은콩, 방울토마토, 적양파, 실란트로를 넣고 섞는다.
2. 작은 그릇에 라임 주스, 올리브 오일, 소금, 후추를 넣고 함께 휘젓는다.
3. 드레싱을 샐러드 위에 붓고 버무려 섞는다.

Greek Yogurt with Berries and Nuts – 딸기와 견과류를 곁들인 그릭 요구르트

그릭 요구르트는 칼슘과 단백질의 훌륭한 공급원이다. 블루베리나 딸기 같은 장과(berries)와 아몬드나 호두 같은 견과류를 추가하면 영양소를 갖출 수 있고 풍미가 증가한다.

Ingredients

- 1 cup Greek yogurt
- 1/2 cup mixed berries
- 1/4 cup chopped nuts

Instructions

1. 그릇에 그릭 요구르트를 숟가락으로 떠서 넣는다.
2. 혼합 베리와 다진 견과류를 얹는다.

• Bone Broth Soup – 뼈 국물 수프

뼈 국물은 칼슘, 마그네슘 및 뼈 건강을 지원하는 기타 미네랄이 풍부하다. 당근, 셀러리, 양파와 같은 채소를 추가하면 수프의 풍미와 영양소 함량이 향상된다.

Ingredients

- 4 cups bone broth
- 1/2 cup carrots, chopped
- 1/2 cup celery, chopped

Instructions

1. 냄비에 육수와 채소를 넣어 함께 끓인다.
2. 뜨거울 때 먹는다.

04 뼈 건강에 유익한 활동 Activities that Benefit Bone Health

Part 1 뼈 건강에 좋은 활동

뼈 건강은 전반적인 건강과 활력(vitality)을 유지하는 데 중요하다. 뼈를 강하고 건강하게 유지하기 위해서는 함께 작동하는 활동의 조합이 필요하다. 다음은 뼈 건강을 개선하는 데 도움이 되는 몇 가지 활동이다.

1. 운동(Exercise) : 신체 활동은 건강한 뼈를 유지하는 데 필수적이다. 걷기, 조깅, 역도와 같은 체중부하 운동은 뼈 성장을 자극하고 뼈 손실을 예방하는 데 도움이 된다. 운동은 또한 균형과 유연성을 향상시켜 낙상과 골절의 위험을 줄이는 데 도움이 된다.

2. 영양(Nutrition) : 칼슘, 비타민 D 및 기타 필수 영양소가 풍부한 균형 잡힌 식단은 건강한 뼈에 매우 중요하다. 칼슘은 강한 뼈를 만들고 유지하는 데 필수적이며 비타민 D는 신체가 칼슘을 흡수하는 데 도움이 된다. 뼈 건강에 중요한 다른 영양소로는 마그네슘, 칼륨, 비타민 K가 있다.

3. 햇빛 노출(Sunlight exposure) : 햇빛은 건강한 뼈에 필수적인 비타민 D의 훌륭한 공급원이다. 특히 이른 아침이나 늦은 오후에 야외에서 시간을 보내는 것은 피부의 비타민 D 생성을 증가시키는 데 도움이 될 수 있다.

4. 금연(Quit smoking) : 흡연은 뼈 손실에 기여하고 골절 위험을 증가시키는 것으로 알려져 있다. 건강한 뼈를 유지하고 뼈와 관련된 건강 문제를 예방하려면 금연이 필수적이다.

5. 알코올 섭취 제한(Limit alcohol consumption) : 과도한 알코올 섭취는 골밀도 감소와 골절 위험 증가로 이어질 수 있다. 알코올 섭취의 제한은 건강한 뼈 유지에 필수적이다.

6. 충분한 휴식(Get enough rest) : 충분한 휴식을 취하는 것은 뼈 건강에 필수적이다. 수면 부족은 골밀도 감소와 골절 위험 증가로 이어질 수 있다.

7. 골밀도 검사(Bone density testing) : 정기적인 골밀도 검사는 뼈와 관련된 건강 문제를 조기에 식별하는 데 필수적이다. 65세 이상의 여성과 70세 이상의 남성은 정기적으로 골밀도 검사를 받는 것이 좋다.

요약하면, 규칙적인 운동, 균형 잡힌 식사, 충분한 햇빛 노출, 금연, 음주 제한, 충분한 휴식, 규칙적인 골밀도 검사는 모두 뼈 건강 증진에 도움이 되는 활동이다. 이러한 활동을 일상에서 실천하면 평생 강하고 건강한 뼈를 유지할 수 있다.

Part 2 뼈 건강에 좋은 운동

운동은 건강한 뼈를 촉진하는 데 중요한 요소이다. 특정 유형의 운동은 뼈 성장을 자극하고 뼈를 강화하며 뼈 관련 건강 문제의 위험을 줄이는 데 도움이 될 수 있다. 다음은 뼈 건강에 좋은 운동 유형이다.

1. 체중 부하 운동(Weight-bearing exercises) : 걷기, 조깅, 춤, 계단 오르기와 같이 자신의 체중을 지탱해야 하는 운동이다. 체중 부하 운동은 뼈에 스트레스를 가하여 뼈 성장을 자극하여 뼈가 더 강하게 자라도록 한다.

2. 저항 운동(Resistance exercises) : 근력 운동 또는 역도라고도 하는 저항 운동은 역기를 들거나 저항 밴드를 사용하는 운동이다. 이러한 운동은 근육을 만드는 데 도움이 되며, 이는 다시 뼈를 만들고 강화하는 데 도움이 된다.

3. 균형 운동(Balance exercises) : 태극권이나 요가와 같은 균형 운동은 균형과 협응력(balance and coordination)을 향상시켜 낙상과 골절의 위험을 줄이는 데 도움이 된다. 그들은 또한 제어된 방식으로 뼈에 스트레스를 가함으로써 뼈의 강도를 높이는 데 도움을 준다.

4. 고강도 운동(High-impact exercises) : 점프, 달리기, 플라이오메트릭(plyometrics)과 같은 고강도 운동은 뼈에 상당한 스트레스를 주어 뼈의 성장을 자극한다. 이러한 유형의 운동은 모든 사람, 특히 골다공증이나 기타 뼈 관련 건강 문제가 있는 사람에게 권장되지 않는다.

건강한 뼈를 증진하기 위해 일상생활에서 다양한 운동을 통합하는 것이 필수적이다. 천천히 시작하여 운동의 강도와 지속 시간을 점진적으로 늘리는 것도 중요하다. 뼈 건강에 대한 우려가 있거나 뼈 관련 건강 문제의 위험이 있는 경우 운동 프로그램을 시작하기 전에 의사와 상담하는 것이 가장 좋다.

Foods that Support Muscular System and Muscular Health

Key Point

- 근육은 힘줄에 의해 뼈에 부착되어 쌍으로 작용하여 움직임을 생성
- 근육은 걷기 및 물건 들기와 같은 일상적인 작업에서부터 달리기나 역도와 같은
보다 강도 높은 활동에 이르기까지 신체 활동을 수행하고
이동할 때 중요한 역할을 함

Chapter 05

근육계와 근육계 건강에 도움을 주는 음식

· 삶과 근육 건강 · 근육 질병의 역사
· 근육과 영양
· 근육 건강에 좋은 음식

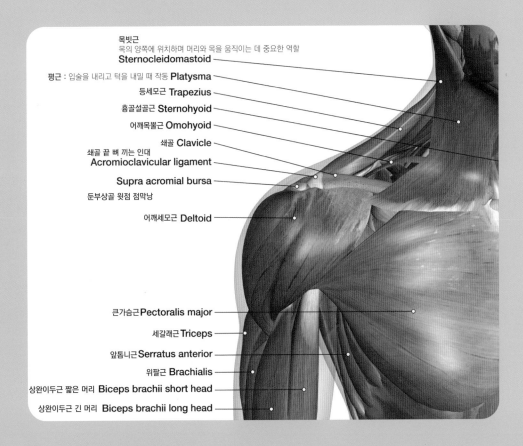

목빗근
목의 양쪽에 위치하며 머리와 목을 움직이는 데 중요한 역할
Sternocleidomastoid

평근 : 입술을 내리고 턱을 내밀 때 작동 Platysma

등세모근 Trapezius

흉골설골근 Sternohyoid

어깨목뿔근 Omohyoid

쇄골 Clavicle

쇄골 끝 뼈 끼는 인대
Acromioclavicular ligament

Supra acromial bursa

둔부상골 윗점 점막낭

어깨세모근 Deltoid

큰가슴근 Pectoralis major

세갈래근 Triceps

앞톱니근 Serratus anterior

위팔근 Brachialis

상완이두근 짧은 머리 Biceps brachii short head

상완이두근 긴 머리 Biceps brachii long head

01 근육계 Muscular System

114

Part 1 근육계

1. 삶과 근육 건강의 관계

근육 건강은 전반적인 건강과 활력(vitality)을 위해 중요하다. 뼈, 관절 및 근육을 포함하는 근골격계는 움직임, 자세 및 안정성을 담당한다. 특히 근육은 걷기나 물건 들기와 같은 일상적인 작업에서부터 달리기나 역도와 같은 보다 강도 높은 활동에 이르기까지 신체 활동을 수행하고 이동할 때 중요한 역할을 한다.

생명 또는 삶의 질은 유전학, 환경, 생활방식 및 전반적인 건강을 포함한 광범위한 요인에 따라 달라진다. 근육 건강은 전반적인 건강과 활력의 핵심 구성 요소 중 하나이며 신체 기능, 정신 건강 및 장수를 포함하여 삶의 여러 측면과 밀접하게 연결되어 있다.

예를 들어 강한 근육을 유지하면 균형과 협응력이 향상되어 낙상 및 부상의 위험을 줄일 수 있다. 강한 근육은 또한 관절 건강을 지원하여 관절염과 같은 상태의 발병을 예방할 수 있다. 규칙적인 운동과 근력 운동은 또한 심혈관 건강을 개선하여 심장 질환 및 기타 만성질환의 위험을 줄일 수 있다.

근육 건강은 또한 정신 건강과 활력(vitality)에 중요한 역할을 한다. 운동과 신체 활동은 불안과 우울증의 증상을 줄이고 근력 운동은 인지 기능과 전반적인 뇌 건강을 개선하는 것으로 나타났다.

마지막으로, 근육 건강은 장수 및 전체 수명과 밀접한 관련이 있다. 강한 근육을 유지하면 노화와 관련된 신체 기능 저하를 예방하여 장애 위험을 줄이고 노인의 전반적인 삶의 질을 향상시킬 수 있다.

전반적으로 삶과 근육 건강의 관계는 복잡하고 다면적이며 서로 영향을 미치는 다양한 요인이 있다. 그러나 규칙적인 운동과 근력 운동을 통해 근육 건강을 유지하는 것이 전반적인 건강과 활력(vitality)의 중요한 구성 요소이며 신체 기능, 정신 건강 및 장수에 상당한 영향을 미칠 수 있음은 분명하다.

2. 근육의 구성 성분

근육은 근섬유(muscle fiber), 결합 조직(connective tissue), 신경(nerve) 및 혈관(blood vessel)을 포함하여 여러 유형의 조직으로 구성된 복잡한 구조이다. 이 조직들은 함께 작용하여 근육의 수축과 이완을 가능하게 하여 움직임과 신체 활동을 가능하게 한다.

근육 조직의 주요 구성 요소는 특수 단백질을 포함하는 길고 가느다란 세포인 근섬유이다.

근섬유(Myofilaments)는 근육의 수축을 담당하며 액틴(actin)과 미오신(myosin)의 두 가지 유형의 단백질로 구성된다. 액틴과 미오신 필라멘트(filaments)는 상호작용하여 근육을 수축시키는 슬라이딩 운동(sliding movement)을 만든다.

근섬유는 다발(bundle)이라고 하는 신경섬유의 작은 다발(fascicles)로 구성되어 있으며 근육다발막(perimysium)이라고 하는 결합 조직층으로 둘러싸여 있다. 근주막(perimysium)은 근섬유에 산소와 영양분을 공급하고 근육과 신경계의 작용을 허용하는 혈관과 신경을 포함한다.

근섬유는 근육 수축의 기본 단위인 근절(sarcomeres)이라고 하는 단위로 구성된다. 근절[근육원섬유마디(sarcomere)]에는 액틴 및 미오신 필라멘트뿐만 아니라 근육 수축을 조절하는 데 도움이 되는 트로포미오신(tropomyosin) 및 트로포닌(troponin)과 같은 다른 단백질이 포함되어 있다.

근섬유 및 결합 조직 외에도 근육에는 근육 조직에 산소와 영양분을 공급하는 혈관과 근육 수축 및 운동을 제어하는 신경이 포함되어 있다.

전반적으로 근육은 움직임과 신체 활동을 위해 함께 작동하는 여러 유형의 조직으로 구성된 복잡한 구조이다. 근육 조직의 주요 구성 요소는 근섬유(muscle fiber)로, 다발(bundle)이라고 하는 묶음으로 구성되고 결합 조직(fascicle)과 혈관으로 둘러싸여 있다. 신경(Nerve)은 근육 수축과 움직임을 조절하는 데 중요한 역할을 하며 근육 조직의 필수 구성 요소이다.

3. 근육의 종류와 기능

인체에는 골격근(skeletal muscle), 평활근(smooth muscle), 심장근(cardiac muscle)의 세 가지 주요 유형의 근육이 있다. 각 유형의 근육에는 고유한 구조와 기능이 있어 신체에서 특정 작업을 수행할 수 있다.

1) 골격근(Skeletal muscle) : 뼈에 부착되어 걷기, 달리기, 웨이트 리프팅(weight lifting)과 같은 자발적인 움직임을 담당하는 근육이다. 골격근은 평행 다발(parallel bundle)로 배열된 긴 원통형 근섬유로 구성되며, 힘줄에 의해 뼈에 부착되고 체세포 신경계(somatic nervous system)에 의해 자발적인 움직임과 제어가 이루어진다. 골격근은 또한 자세를 유지하고 관절을 안정시키는 역할을 한다.

2) 평활근(Smooth muscle) : 내부 장기(internal organ)와 혈관의 벽에서 발견되며 연동 운동(peristalsis : 소화관을 통한 음식의 움직임) 및 혈압 조절과 같은 불수의 운동(involuntary movement)을 담당한다. 평활근은 방추 모양의 세포(spindle-shaped cell)로 구성되며 비자발적 움직임(involuntary movement)을 조절하는 자율 신경계에 의해 제어된다.

3) 심장 근육(Cardiac muscle) : 심장의 벽을 구성하고 전신에 혈액을 공급하는 역할을 한다. 심장 근육은 구조상 골격근과 유사하지만 평활근과 같이 불수의 근이다. 또한 연결된 세포는 고도로 전문화되어 전신에 원활한 혈액공급을 위해 의지와 상관없이 수축과 이완이 가능하다.

전반적으로 근육의 기능은 신체에서 힘과 움직임을 생성하는 것이다. 골격근은 자발적인 움직임을 담당하고 의식적으로 제어되는 반면, 평활근과 심장근은 비자발적이며 자율 신경계에 의해 제어된다. 각 유형의 근육은 신체의 특정 작업을 수행할 수 있게 하는 고유한 구조와 기능을 가지고 있으며 세 가지 유형은 모두 함께 작동해서 효율적인 움직임, 장기 기능 및 전반적인 건강을 보장한다.

4. 근육 질병과 증상

신경근 질환(neuromuscular disorder)으로도 알려진 근육 질환(Muscle disease)은 근육 및 관련 신경 세포에 영향을 미쳐 쇠약(weakness), 소모(wasting), 때로는 마비(paralysis)를 초래한다. 근육 질환에는 다양한 유형이 있으며 각각 고유한 증상, 원인 및 치료법이 있다.

근육 질환의 증상은 질병 유형과 영향을 받는 근육에 따라 다르지만 몇 가지 일반적인 증상은 다음과 같다.

1) 근육 쇠약(Muscle weakness) : 쇠약은 근육 질환의 일반적인 증상이며 신체의 모든 근육에 영향을 미칠 수 있다. 쇠약은 경미하거나 심할 수 있으며 하나 이상의 근육에 영향을 미칠 수 있다.

2) 근육 소모(Muscle wasting) : 근육 조직이 손실되면 근육의 크기와 강도가 감소한다. 이것은 근육 질환의 일반적인 증상이며 신체의 모든 근육에 영향을 줄 수 있다.

3) 급격한 복통 및 경련(Cramp and spasm) : 근육 경련은 고통스럽고, 쇠약해질 수 있는 근육의 비자발적 수축이며 일부 근육 질환의 일반적인 증상이다.

4) 호흡 곤란(Dyspnea) : 일부 근육 질환은 호흡과 관련된 근육에 영향을 미쳐 호흡 곤란(difficulty breathing), 숨가쁨(shortness of breath) 및 호흡 부전(insufficiency)을 유발할 수 있다.

5) 피로(Fatigue) : 피로는 근육 질환의 흔한 증상으로 근력 약화로 인해 정상적인 활동을 하는 데 지장을 받음으로써 발생할 수 있다.

6) 관절 통증(Joint pain) : 일부 유형의 근육 질환에서 흔하며 염증(inflammation)이나 관절 손상(damage of joint)으로 인해 발생할 수 있다.

7) 삼키기 어려움(Difficulty swallowing) : 일부 근육 질환은 삼킴과 관련된 근육에 영향을 미쳐 삼킴 곤란[연하곤란(dysphagia)] 및 질식(respiratory obstrucion)을 유발할 수 있다.

8) 연축(근육이 씰룩씰룩 움직임 : Twitching) : 근육이 씰룩씰룩 움직이는 경련은 근육 질환의 일반적인 증상이며 근육 조절 상실(the loss of muscle control)로 인해 발생할 수 있다.

근육 질환의 가장 일반적인 유형은 다음과 같다.

① **근이영양증(Muscular dystrophy)** : 점진적인 근육 약화와 소모를 유발하는 유전 질환(genetic disease) 그룹이다.
② **중증 근무력증(Myasthenia gravis)** : 특히 눈, 얼굴, 목 및 팔다리에서 근육 약화 및 피로를 유발하는 신경근 장애이다.
③ **다발근염(Polymyositis)** : 특히 목, 어깨, 엉덩이, 등에서 근육 약화와 소모를 유발하는 염증성 근육 질환(inflammatory muscle disease)이다.
④ **피부근염(Dermatomyositis)** : 근육 약화와 피부 발진(skin rash)을 일으키는 염증성 근육 질환이다.
⑤ **근위축성 측삭 경화증(ALS : Amyotrophic Lateral Sclerosis)** : 근육 운동을 제어하는 신경 세포에 영향을 미치는 신경퇴행성 질환으로, 점진적인 근육 약화 및 소모로 이어진다.
⑥ **척수성 근위축(Spinal muscular atrophy)** : 근육 운동을 제어하는 신경 세포에 영향을 미치는 유전 병으로 점진적인 근육 약화와 소모를 유발한다.

근육 질환의 치료는 질병의 유형과 중증도에 따라 다르지만 약물, 물리 치료, 수술 및 버팀대나 휠체어와 같은 보조 장치가 포함될 수 있다. 조기 진단 및 치료는 근육 질환이 있는 사람들의 질병 개선과 삶의 질을 개선하는 데 도움이 될 수 있다.

02 근육질병의 역사 History of Muscle Disease

Part 1 근육질병의 시대별 역사

근육 질환의 역사는 근쇠약과 소모에 대한 설명이 초기 의학 문헌에 기록되었던 고대로 거슬러 올라 간다.

1. 기원전 1600년경: 근육 질환에 대한 최초의 기록 중 하나는 기원전 1600년경으로 거슬러 올라가 는 고대 이집트 의학 문헌인 에드윈 스미스 파피루스에서 발견되며, 근이영양증(근육영양실조 : muscular dystrophy)일 수 있는 상태에 대한 설명이 있다.

2. 고대 그리스: 고대 그리스에서 의사 히포크라테스는 근육 약화와 소모가 특징인 "척추 질환(spinal disease)"이라는 상태를 설명했다. 그는 그 상태가 고대 그리스 의학의 네 가지 체액 중 하나인 흑 담즙(검은 담즙 : black bile)의 과다로 인해 발생한다고 했다.

1) 고대 그리스 의학의 네 가지 체액

고대 그리스 의학의 네 가지 체액은 인체의 기능과 질병의 원인을 설명하는 데 사용되는 이론적 틀이 었다. 이 시스템에 따르면 신체는 네 가지 기본 체액 또는 체액으로 구성되어 있으며 각각 고유한 특성 이 있고 다른 요소와 연관되어 있다.

(1) 혈액Blood(혈액 : Sanguine) : 이 체액은 공기 요소와 관련이 있으며 간에서 생성되는 것으로 여겨졌 다. 피는 뜨겁고 축축한 것으로 생각되었으며 명랑함, 용기, 다혈질 기질과 관련이 있었다.

(2) 점액질Phlegm(가래 : Phlegmatic) : 이 체액은 물 요소와 관련이 있으며 뇌에서 생성되는 것으로 여겨졌다. 가래는 차갑고 축축한 것으로 생각되었으며 침착함, 게으름, 점액 기질과

관련이 있었다.

(3) 황담즙Yellow bile(콜레릭 : Choleric) : 이 체액은 불의 요소와 관련이 있으며 비장에서 생성되는 것으로 여겨졌다. 황담즙은 뜨겁고 건조한 것으로 생각되었으며 분노, 과민성 및 담즙 기질과 관련이 있다.

(4) 흑담즙Black bile(우울증 : Melancholic) : 이 체액은 흙 요소와 관련이 있으며 신장에서 생성되는 것으로 여겨졌다. 흑담즙은 차갑고 건조한 것으로 생각되었으며 슬픔, 우울증, 우울한 기질과 관련이 있었다.

이 체계에 따르면 건강은 네 가지 체액이 균형을 이룰 때 유지되고, 질병은 하나 이상의 체액이 과하거나 부족할 때 발생한다. 치료에는 식이 변화, 운동, 약초 요법, 방혈 또는 기타 개입을 통해 체액의 균형을 회복하는 것이 포함되었다.

네 가지 체액 이론은 더이상 과학적으로 유효하지 않은 것으로 간주되지만, 수세기 동안 서양 의학에서 영향력 있는 개념이었으며 고대 그리스와 그 이후의 의학 이론과 실천의 발전에 중요한 영향을 미쳤다.

3. 중세시대 : 이 시대에 근육 질환은 종종 초자연적인 원인에 기인했으며 치료에는 기도, 부적 및 기타 미신적 치료법이 포함되었다. 그러나 일부 의사들은 근육 질환의 물리적 특성을 인식하기 시작했고 마사지 및 운동과 같은 치료법을 개발했다.

4. 19세기 : 이 시기에는 의학의 발전으로 근육 질환에 대한 더 많은 이해가 이루어졌다. 프랑스 신경학자 기욤 뒤센(Guillaume Duchenne)은 주로 남아에게 영향을 미치는 유전성 근육 질환인 뒤센 근이영양증(Duchenne muscular dystrophy)을 발견한 공로를 인정받았다. 뒤센(Duchenne)의 작업은 신경근 질환 연구의 토대를 마련했으며 이는 새로운 진단기술과 치료법의 개발로 이어졌다.

5. 20세기 초 : 미국의 신경학자인 찰스 F. 발로(Charles F. Barlow)는 수축 후 근육의 지연된 이완을 특징으로 하는 "선천성 근긴장증(myotonia congenita)"이라는 드문 형태의 근육 질환을 설명했다.

6. 20세기 후반 : 아세틸콜린 수용체(acetylcholine receptor)의 발견으로 근육 약화와 피로를 유발하는 신경근 질환인 중증 근무력증 치료제가 개발되었다. 유전학 및 분자생물학의 발전으로 근이영양증(muscular dystrophy), 척수성 근위축증(spinal muscular atrophy) 및 근긴장성 이영양증(myotonic dystrophy)을 비롯한 근육 질환의 원인이 되는 많은 유전자가 발견되었다. 이의 발견으로 관련된 질병에 대한 새로운 진단 테스트 및 치료법이 개발되었다.

7. 21세기 오늘날 : 근육 질환에 대한 연구는 새로운 치료법을 개발하고 이러한 질환을 앓고 있는 사람들의 삶의 질을 향상시키기 위한 지속적인 노력과 함께 계속해서 활발한 연구 분야가 되고 있다.

Part 2 식습관과 근육질병의 상관관계

식습관은 특정 유형의 근육 질환의 발생 및 진행에 중요한 역할을 할 수 있다. 다음은 서로 다른 식습관이 근육 건강에 어떤 영향을 미칠 수 있는지에 대한 몇 가지 예이다.

1. 영양실조(Malnutrition) : 영양실조는 근육 소모 및 약화로 이어질 수 있으며, 이는 근이영양증(근육질의 영양실조 : muscular dystrophy) 및 근병증(근육조직의 질병 : myopathy)과 같은 근육 질환을 일으킬 수 있다. 단백질, 비타민 및 미네랄의 부적절한 섭취는 근육 기능을 손상시키고 근육 파괴로 이어질 수 있다.

2. 고지방식이(High-fat diet) : 포화지방(saturated fat)과 트랜스지방(trans fat)이 많은 식품을 섭취하면 근세포 지질(IMCL : IntraMyoCellular Lipid) 침착(deposition)으로 알려진 근육 조직에 지방이 축적될 수 있다. 이는 근육 기능을 손상시키고 인슐린 저항성과 근육 건강에도 영향을 미치는 제2형 당뇨병의 발병으로 이어질 수 있다.

3. 고탄수화물 식단(High-carbohydrate diet) : 정제된 탄수화물(refined carbohydrate)과 설탕이 많이 포함된 식품을 섭취하면 인슐린 저항성(insulin resistance)을 유발할 수 있으며, 이는 근육 기

능을 손상시키고 제2형 당뇨병 및 기타 대사 장애의 발병으로 이어질 수 있다. 만성 고인슐린혈증 (Chronic hyperinsulinemia : 인슐린 수치 상승)은 또한 근육 조직에 지방 침착을 유발하고 근육 기능을 손상시킬 수 있다.

4. 단백질 보충제(Protein supplements) : 단백질은 근육 건강에 중요하지만 단백질 보충제의 과도한 섭취는 해로울 수 있다. 많은 양의 단백질을 섭취하면 간과 신장에 부담을 줄 수 있으며, 과잉 단백질은 지방으로 전환되어 근육 조직에 저장되어 근세포지질(IMCL)을 침착시키고 근육 기능을 손상시킬 수 있다.

5. 알코올 섭취(Alcohol consumption) : 과도한 알코올 섭취는 근육 소모 및 약화뿐만 아니라 간 손상으로 이어져 영양소 대사를 손상시키고 영양실조로 이어질 수 있다. 알코올은 또한 근육 성장 및 복구에 중요한 호르몬 생성을 방해할 수 있다.

요약하면, 식습관은 근육 건강과 특정 유형 근육 질환의 발달 및 진행에 상당한 영향을 미칠 수 있다. 적절한 양의 단백질, 탄수화물 및 건강한 지방을 포함하는 균형 잡힌 식품을 섭취하는 것은 근육 건강을 유지하고 근육 소모 및 약화를 예방하는 데 중요하다. 알코올 섭취를 제한하고 단백질 보충제, 포화지방 및 트랜스지방, 정제된 탄수화물 및 설탕의 과도한 섭취를 피하는 것도 중요하다.

03 근육과 영양 Muscle and Nutrition

Part 1 근육 건강에 좋은 영양과 식재료

영양은 근육 건강에 중요한 역할을 하므로 적절한 양의 단백질, 탄수화물, 건강한 지방 및 필수 영양소를 제공하는 균형 잡힌 식품을 섭취함으로써 근육량을 유지하고 구축해야 한다. 다음은 근육 건강에 특히 중요한 영양소의 몇 가지 예이다.

1. 단백질(Protein) : 단백질은 근육 조직을 만들고 복구하는 데 필수적이며 적절한 양의 고품질 단백질을 섭취하는 것은 근육량 유지에 중요하다. 좋은 단백질 공급원에는 살코기, 가금류, 생선, 달걀, 유제품, 콩류가 있다.

2. 탄수화물(Carbohydrate) : 탄수화물은 운동 중 근육 수축에 연료를 공급하는 데 필요한 에너지를 제공하며 적절한 양의 복합 탄수화물을 섭취하면 에너지 수준을 유지하고 근육 기능을 지원하는 데 도움이 될 수 있다. 좋은 탄수화물 공급원에는 통곡물, 과일, 채소 및 콩류가 있다.

3. 건강한 지방(Healthy fats) : 건강한 지방은 최적의 호르몬 수치를 유지하고 세포 기능을 지원하는 데 중요하다. 건강한 지방의 좋은 공급원에는 견과류, 씨앗, 아보카도, 올리브 오일, 연어와 같은 지방이 많은 생선이 있다.

1) **오메가-3지방산(Omega-3 fatty acid)** : 오메가-3지방산은 염증을 줄이고 근육 회복을 촉진하는 데 중요한 역할을 한다. 오메가-3의 좋은 공급원에는 연어, 고등어, 정어리와 같이 지방이 많은 생선과 아마씨, 치아씨, 호두가 있다.

4. 비타민과 미네랄(Vitamin and mineral) : 비타민과 미네랄은 근육 건강에 중요한 역할을 하며 특정 영양소의 결핍은 근육 기능을 손상시키고 근육을 약화 및 소모시킬 수 있다. 비타민과 미네랄의 좋은 공급원에는 과일, 채소, 통곡물 및 양질의 단백질 공급원이 있다.

비타민과 미네랄은 근육 건강을 유지하고 구축하는 데 중요한 역할을 하는 필수 영양소이다. 다음은 근육 건강에 특히 중요한 비타민과 미네랄의 몇 가지 예이다.

1) **비타민 D(Vitamin D)** : 비타민 D는 최적의 뼈 건강 유지 및 근육 기능에도 중요한 역할을 한다. 또한 근육량을 늘리고 노인의 낙상 위험을 줄이는 데도 도움이 된다. 비타민 D는 근육 수축에 중요한 신체의 칼슘 수치를 조절하는 데 도움이 된다. 또한 근육 조직을 만들고 복구하는 데 필수적인 근육 단백질 합성에 중요한 역할을 한다. 비타민 D의 좋은 공급원에는 지방이 많은 생선, 달걀 노른자, 우유 및 시리얼과 같은 강화식품이 있다.

2) **칼슘(Calcium)** : 칼슘은 최적의 뼈 건강을 유지하는 데 필수적이지만 근육 기능에도 중요한 역할을 한다. 칼슘은 근육 수축에 필요하며 근육 긴장과 근육 이완을 조절하는 데도 도움이 된다.

3) **마그네슘(Magnesium)** : 마그네슘은 근육 기능에 중요하며 근육 수축 및 이완에 중요한 역할을 한다. 또한 에너지 생산에 중요하며 근육 피로를 줄이는 데 도움이 될 수 있다. 마그네슘의 좋은 공급원에는 잎이 많은 녹색 채소, 견과류, 씨앗 및 통곡물이 있다.

4) **칼륨(Potassium)** : 칼륨은 신체에 최적의 체액 균형을 유지하고 근육 기능에 중요한 역할을 한다. 또한 근육 수축을 조절하는 데 도움이 되며 최적의 근육 긴장도를 유지하는 데도 중요하다.

5) **비타민 B군(B vitamin)** : 티아민(thiamin), 리보플라빈(riboflavin), 니아신(niacin), 비타민 B$_6$(vitamin B$_6$), 비타민 B$_{12}$(vitamin B$_{12}$)를 포함한 비타민 B군은 에너지 생성에 중요하며 근육 피로를 줄이는 데 도움이 될 수 있다. 또한 근육 조직을 만들고 복구하는 데 중요한 근육 단백질을 합성한다.

6) **철분(Iron)** : 철분은 근육 기능에 중요하며 근육 산소 공급에 중요한 역할을 한다. 철분은 근육 수축과 에너지 생산에 중요한 산소를 근육으로 운반하는 데 도움이 된다.

7) **아연(Zinc)** : 아연은 근육 기능에 중요하며 근육 단백질 합성에 중요한 역할을 한다. 근육 염증을 줄이는 데 도움이 될 수 있는 최적의 면역 기능을 유지하는 데도 중요하다.

8) **비타민 C(Vitamin C)** : 비타민 C는 건강한 근육, 힘줄 및 인대를 유지하는 데 중요한 콜라겐을 합성할 때 중요하다. 비타민 C의 좋은 공급원에는 감귤류, 딸기(berries), 키위, 고추(peppers)가 있다.

이러한 필수 비타민과 미네랄을 제공하는 균형 잡힌 식품을 섭취하는 것 외에도 근육을 만들고 유지하기 위해 규칙적인 운동과 저항 훈련을 하는 것도 중요하다. 또한 적절한 휴식과 회복 시간도 중요하다. 운동 후에 근육이 복구되고 재건될 수 있기 때문이다. 가공식품, 단 음료, 건강에 해로운 지방의 과도한 섭취를 피하는 것도 중요하다. 염증을 일으키고 근육 기능을 손상시킬 수 있기 때문이다.

5. **수분 공급(Hydration)** : 탈수(dehydration)는 근육을 수축시키고 피로를 유발할 수 있으므로 수분은 최적의 근육 기능을 유지하는 데 중요하다. 식수 및 허브차 또는 코코넛 물과 같은 수분 공급 음료는 근육 기능을 최상의 상태로 유지하는 데 도움이 될 수 있다.

6. **크레아틴(Creatine)** : 크레아틴은 운동 중 근육에 에너지를 공급하는 데 도움을 주는 자연 발생 화합물이다. 또한 근육량과 힘을 증가시키는 데 도움이 될 수 있다. 크레아틴의 좋은 공급원에는 붉은 고기와 생선이 포함된다.

이러한 필수 영양소를 제공하는 균형 잡힌 식품을 섭취하는 것 외에도 규칙적인 운동과 저항 운동은 근육을 만들고 유지하는 데 도움이 될 수 있다. 식물성 단백질과 동물성 단백질을 포함한 다양한 단백질 공급원을 함께 섭취하면 최적의 근육 건강에 필요한 필수 아미노산을 섭취하는 데 도움이 될 수 있다.

가공식품, 단 음료, 건강에 해로운 지방의 과도한 섭취를 피하는 것도 중요하다. 염증을 일으키고 근육 기능을 손상시킬 수 있기 때문이다.

Part 2 근육 건강에 좋은 1주일 식단

이 모든 식사에는 근육 건강에 중요한 단백질, 건강한 지방 및 복합 탄수화물이 균형 있게 포함되어 있다. 또한 이러한 식사에는 근육 기능과 회복을 지원하는 다양한 비타민과 미네랄을 제공하는 잎이 많은 채소, 통곡물, 다채로운 과일 및 채소와 같은 다양한 영양식품이 포함된다. 운동에 연료를 공급하고 근육 성장을 지원하기에 충분한 칼로리를 섭취하는 것도 중요하지만 과도한 체지방이 생길 정도로 많이 섭취하지 않는 것이 좋다.

다음은 각 음식이 근육에 좋은 이유에 대한 설명과 함께 아침, 점심, 저녁 식사를 포함하는 1주 다이어트 계획의 예이다.

날짜	일일	메뉴명	근육 건강에 좋은 이유
Day 1	아침	• Oatmeal with berries and almonds • 딸기와 아몬드를 곁들인 오트밀	• 오트밀은 운동을 위한 지속적인 에너지를 제공하는 복합 탄수화물의 좋은 공급원이다. • 딸기에는 염증과 근육통을 줄일 수 있는 항산화제가 풍부하다. • 아몬드는 건강한 지방과 단백질의 좋은 공급원이다.
	점심	• Grilled chicken breast with sweet potato and broccoli • 고구마와 브로콜리를 곁들인 구운 닭가슴살	• 닭가슴살은 근육 성장과 회복에 필수적인 양질의 단백질 공급원이다. • 고구마는 탄수화물과 비타민의 좋은 공급원이며 브로콜리는 섬유질과 항산화제의 좋은 공급원이다.
	저녁	• Baked salmon with quinoa and asparagus • 퀴노아와 아스파라거스를 곁들인 구운 연어	• 연어는 염증을 줄이고 근육 회복을 개선할 수 있는 오메가-3지방산의 좋은 공급원이다. • 퀴노아는 탄수화물과 단백질의 좋은 공급원이고 아스파라거스는 섬유질과 비타민의 좋은 공급원이다.
Day 2	아침	• Greek yogurt with mixed nuts and fruit • 혼합 견과류와 과일을 곁들인 그릭 요구르트	• 그릭 요구르트는 장 건강을 개선할 수 있는 단백질과 프로바이오틱스의 좋은 공급원이다. • 혼합 견과류는 건강한 지방의 좋은 공급원이며 과일은 비타민과 항산화제의 좋은 공급원이다.
	점심	• Tuna salad with whole wheat bread and vegetables • 통밀빵과 채소를 곁들인 참치 샐러드	• 참치는 단백질과 오메가-3지방산의 좋은 공급원이다. • 통밀빵은 복합 탄수화물의 좋은 공급원이며 채소는 섬유질과 비타민의 좋은 공급원이다.
	저녁	• Beef stir-fry with brown rice and mixed vegetables • 현미와 혼합 채소를 곁들인 쇠고기볶음	• 쇠고기는 근육 성장과 산소 수송에 중요한 단백질이고 철분의 좋은 공급원이다. • 현미는 복합 탄수화물의 좋은 공급원이며 혼합 채소는 섬유질과 비타민의 좋은 공급원이다.

Day 3	아침	• Scrambled eggs with spinach and whole grain toast • 시금치와 통곡물 토스트를 곁들인 스크램블드에그	• 달걀은 근육 기능을 향상시킬 수 있는 단백질과 비타민 D의 좋은 공급원이다. • 시금치는 철분과 항산화제의 좋은 공급원이며 통곡물 토스트는 복합 탄수화물의 좋은 공급원이다.
	점심	• Lentil soup with whole grain crackers and vegetables • 통곡물 크래커와 채소를 곁들인 렌즈콩 수프	• 렌즈콩은 단백질과 탄수화물의 좋은 공급원이며 섬유질과 항산화 물질이 풍부하다. • 통곡물 크래커는 복합 탄수화물의 좋은 공급원이며 채소는 섬유질과 비타민의 좋은 공급원이다.
	저녁	• Grilled chicken kebabs with quinoa and mixed vegetables • 퀴노아와 혼합 채소를 곁들인 구운 치킨 케밥	• 닭고기는 좋은 단백질 공급원이며 케밥은 식사에 다양성을 더할 수 있는 맛있는 방법이다. • 퀴노아는 탄수화물과 단백질의 좋은 공급원이며 혼합 채소는 섬유질과 비타민의 좋은 공급원이다.
Day 4	아침	• Cottage cheese with fruit and whole grain toast • 과일과 통곡물 토스트를 곁들인 코티지 치즈	• 코티지 치즈는 근육 기능과 뼈 건강을 개선할 수 있는 단백질과 칼슘의 좋은 공급원이다. • 과일은 비타민과 항산화제의 좋은 공급원이며 통곡물 토스트는 복합 탄수화물의 좋은 공급원이다.
	점심	• Turkey sandwich with avocado and vegetables • 아보카도와 채소를 곁들인 칠면조 샌드위치	• 칠면조는 단백질의 좋은 공급원이며 아보카도는 건강한 지방과 섬유질의 좋은 공급원이다. • 채소는 섬유질과 비타민의 좋은 공급원이다.
	저녁	• Grilled salmon, sweet potato wedges, steamed asparagus, and a side of mixed greens • 구운 연어, 웨지 고구마, 찐 아스파라거스, 혼합 채소 곁들임	• 구운 연어에는 근육 염증과 통증을 줄이는 오메가-3지방산이 풍부하다. • 웨지 고구마는 에너지를 내는 복합 탄수화물을 제공하고, 아스파라거스는 근육 손상을 방지하는 항산화제가 풍부하다.
Day 5	아침	• Oatmeal, mixed berries, mixed nuts, and a drizzle of honey • 오트밀, 혼합 베리, 혼합 견과류, 꿀 약간	• 오트밀은 운동을 위한 지속적인 에너지를 제공하는 복합 탄수화물과 섬유질이 풍부하다. • 혼합 베리는 근육 염증을 줄이는 항산화제를 제공한다. • 혼합 견과류는 포만감을 주고 에너지를 내는 건강한 지방과 단백질을 제공한다.
	점심	• Baked chicken breast, sweet potato, green beans, and a side of mixed greens • 구운 닭가슴살, 고구마, 껍질콩, 혼합 채소 곁들임	• 구운 닭가슴살은 단백질이 많고 지방이 적으며 고구마는 에너지원으로 복합 탄수화물을 제공한다. • 녹색 콩은 근육 건강을 증진시키는 섬유질과 항산화 물질이 풍부하다.
	저녁	• Grilled shrimp skewers, quinoa, roasted vegetables, and a side of mixed greens • 구운 새우 꼬치, 퀴노아, 구운 채소, 혼합 채소 곁들임	• 구운 새우 꼬치는 근육 성장과 갑상선 기능을 지원하는 단백질과 요오드가 풍부하다. • 퀴노아는 에너지를 천천히 방출하는 탄수화물을 제공하고 구운 채소는 근육 기능을 지원하는 다양한 비타민과 미네랄을 제공한다.
Day 6	아침	• Greek yogurt, mixed nuts, 1 banana, and a drizzle of honey • 그릭 요구르트, 견과류 믹스, 바나나 1개, 꿀 약간	• 그릭 요구르트는 근육 성장과 회복을 지원하는 단백질, 칼슘, 프로바이오틱스가 풍부하다. • 혼합 견과류는 포만감과 에너지를 내는 건강한 지방, 단백질 및 섬유질을 제공한다. • 바나나는 에너지를 빠르게 방출하는 탄수화물을 제공한다.
	점심	• Tuna salad, brown rice, and a side of mixed greens • 참치 샐러드, 현미밥, 혼합 채소 곁들임	• 참치 샐러드는 단백질과 건강한 지방이 풍부하고 현미는 에너지를 내는 복합 탄수화물을 제공한다. • 혼합 채소는 근육 기능을 지원하는 비타민과 미네랄을 제공한다.
	저녁	• Lean beef stir-fry, brown rice, broccoli, and a side of mixed greens • 소고기 살코기 볶음, 현미밥, 브로콜리, 채소 곁들임	• 살코기 볶음은 근육 성장과 회복을 지원하는 단백질과 철분이 풍부하다. • 브로콜리는 근육 건강을 증진시키는 항산화제와 섬유질이 풍부하다.

Day 7	아침	•2 scrambled eggs, 1 slice of whole-grain toast, 1 small avocado, and a side of berries •스크램블드에그 2개, 통곡물 토스트 1조각, 작은 아보카도 1개, 베리류 곁들임	•달걀은 단백질, 건강한 지방, 근육 생성에 도움이 되는 필수 아미노산의 좋은 공급원이다. 통곡물 토스트는 에너지를 내는 복합 탄수화물을 제공한다. •아보카도는 근육 회복과 성장을 촉진하는 건강한 지방이 풍부하다. •딸기는 근육 염증을 줄이는 데 도움이 되는 항산화제의 좋은 공급원이다.
	점심	•Grilled chicken breast, quinoa, roasted vegetables, and a side of mixed greens •구운 닭가슴살, 퀴노아, 구운 채소, 혼합 채소 곁들임	•구운 닭가슴살은 단백질 함량이 높고 퀴노아는 천천히 방출되는 에너지를 내는 탄수화물을 제공한다. •구운 채소는 근육 기능을 지원하는 다양한 비타민과 미네랄을 제공한다.
	저녁	•Grilled salmon, sweet potato wedges, steamed asparagus, and a side of mixed greens •구운 연어, 웨지 고구마, 찐 아스파라거스, 혼합 채소 곁들임	•구운 연어에는 근육 염증과 통증을 줄이는 오메가-3지방산이 풍부하다. •웨지 고구마는 에너지를 내는 복합 탄수화물을 제공하고, 아스파라거스는 근육 손상을 방지하는 항산화제가 풍부하다.

Part 3 근육 건강에 좋은 조리법과 요리

1. 근육 건강에 좋은 요리

• **Chicken and Vegetable Stir-Fry, which Is Good for Muscle Health**
근육 건강에 좋은 닭고기 채소볶음

이 요리는 단백질, 복합 탄수화물 및 섬유질이 균형 있게 포함되어 있어 근육 건강에 좋다. 닭고기는 고품질 단백질을, 혼합 채소는 근육 건강을 지원하는 다양한 비타민과 미네랄을 제공한다. 또한 현미는 소화 속도가 느린 복합 탄수화물을 제공하여 근육 성장 및 회복을 촉진하는 지속적인 에너지를 제공한다.

Ingredients

- 1 pound boneless, skinless chicken breast, sliced
- 2 cups mixed vegetables(such as broccoli, bell peppers, and onions)
- 1 tbsp olive oil
- 2 cloves garlic, minced
- 1 tbsp ginger, minced
- 1 tbsp soy sauce
- salt and pepper to taste
- Cooked brown rice, for serving

Instructions

1. 큰 프라이팬이나 웍을 센 불로 가열한다.
2. 올리브 오일을 넣고 소용돌이치며 팬을 코팅한다.
3. 닭고기를 넣고 모든 면이 갈색이 될 때까지 요리한다.
4. 프라이팬에서 닭고기를 꺼내 따로 보관한다.
5. 혼합 채소, 마늘, 생강을 프라이팬에 넣고 부드러워질 때까지 볶는다.
6. 닭고기를 프라이팬에 다시 넣고 간장을 넣는다. 1~2분 동안 요리하여 맛이 섞이도록 한다.
7. 볶은 현미밥과 함께 볶는다.

• Grilled Chicken with Sweet Potato Wedges and Steamed Asparagus
웨지 고구마와 아스파라거스를 곁들여 구운 치킨

이 요리는 닭고기의 단백질과 고구마의 복합 탄수화물이 풍부하다. 아스파라거스는 근육 건강을 지원하는 다양한 비타민과 미네랄을 제공한다.

Ingredients

- 1 boneless, skinless chicken breast
- 1 large sweet potatoes, cut into wedges(optional)
- 1 cups Asparagus
- 1 tbsp olive oil
- salt and pepper to taste

Instructions

1. 그릴을 중불로 예열한다.
2. 닭가슴살에 소금과 후추로 간을 한다.
3. 웨지 고구마에 올리브 오일을 바르고 소금과 후추로 간을 한다.
4. 닭고기를 한 면당 6~8분 동안 또는 완전히 익을 때까지 굽는다.
5. 웨지 고구마를 한 면당 3~4분 동안 또는 부드러워질 때까지 굽는다.
6. 아스파라거스에 소금, 후추로 양념해서 굽는다.
7. 고구마 웨지와 아스파라거스를 닭고기와 함께 제공한다.

Quinoa and Black Bean Bowl with Grilled Chicken and Roasted Vegetables
구운 닭고기와 구운 채소를 곁들인 퀴노아 검은콩 덮밥

이 요리는 단백질, 복합 탄수화물, 퀴노아와 검은콩의 섬유소가 균형 있게 함유된 완벽한 식사이다.
구운 닭고기는 더 많은 단백질을 제공하고 구운 채소는 다양한 비타민과 미네랄을 제공한다.

Ingredients

- 1/2 cup quinoa, cooked
- 1/2 can black beans, rinsed and drained
- 1 red bell pepper, sliced
- 1 yellow bell pepper, sliced
- 1/2 cup Sweet corn
- 5 ea Cherry tomatoes, sliced
- 3 leaf Green vegetable, rinsed and drained
- 1 red onion, sliced
- 1 boneless, skinless chicken breasts, grilled and sliced
- 2 tbsp Extra olive oil
- 1/4 Lime, sliced
- salt and pepper to taste

Instructions

1. 오븐을 250℃로 예열한다.
2. 얇게 썬 고추와 적양파를 올리브 오일에 버무린 뒤 소금과 후추로 간을 한다.
3. 채소를 20~25분 동안 또는 부드러워질 때까지 굽는다.
4. 익힌 퀴노아와 삶은 검은콩을 섞는다.
5. 구운 닭고기와 구운 채소를 얹은 그릇에 퀴노아와 검은콩 혼합물, 토마토, 옥수수, 그린 채소를 담아 제공한다.
6. 엑스트라 올리브 오일과 레몬을 채소에 뿌린 후 소금과 후추로 간한다.

• 슈퍼푸드인 블랙, 레드 그리고 화이트 퀴노아

퀴노아는 슈퍼푸드로 남아메리카에서 재배되며, 철, 마그네슘, 칼륨, 아연, 비타민 B와 E가 들어 있어 비타민과 미네랄을 공급한다.

특히, 퀴노아는 혈당지수가 낮은 탄수화물로 구성되어 있어 천천히 소화되어 지속적인 에너지를 제공하는 복합 탄수화물의 좋은 공급원이다.

퀴노아는 우리 몸에서 생산할 수 없는 9가지 필수 아미노산을 모두 포함하는 몇 안 되는 식물성 완전 단백질 공급원이다.

• Baked Salmon with Roasted Vegetables and Brown Rice
구운 채소와 현미를 곁들인 구운 연어

이 요리는 연어의 단백질과 현미의 복합 탄수화물이 풍부하다. 혼합 채소는 근육 건강을 지원하는 다양한 비타민과 미네랄을 제공한다.

현미는 가공된 쌀인 백미와 비교할 때 많은 건강상의 이점이 있는 통곡물 쌀이다. 현미가 몸에 좋은 몇 가지 이유는 다음과 같다.

1. 풍부한 섬유질: 현미는 식이섬유의 좋은 공급원으로 포만감이 오래가고 소화기 건강에 좋다.
2. 비타민과 미네랄이 풍부 : 현미에는 망간, 마그네슘, 인, 비타민 B와 같은 비타민과 미네랄이 풍부하여 전반적인 건강과 웰빙에 도움이 된다.

3. 체중 관리에 도움 : 현미는 칼로리가 낮고 섬유질이 많아 오랫동안 포만감을 유지하는 데 도움이 되기 때문에 체중 관리를 원하는 사람들에게 훌륭한 식재료이다.

4. 제2형 당뇨병 위험 감소 : 현미와 같은 통곡물을 섭취하면 섬유질 함량과 탄수화물의 느린 방출로 인해 제2형 당뇨병 발병 위험이 낮아지는 것으로 나타났다.

5. 글루텐 프리 : 현미는 자연적으로 글루텐이 없기 때문에 글루텐에 민감하거나 셀리악병이 있는 사람들에게 훌륭한 식품이다. 전반적으로 현미는 균형 잡힌 식단에 포함될 수 있는 영양가 있고 건강한 식품이다.

Ingredients

- 2 salmon fillets
- 1 cups mixed vegetables(such as Broccoli, Asparagus, and cherry garlic)
- 1/4 ea Lemon, sliced
- 2 tbsp olive oil
- salt and pepper to taste
- 1 cups cooked brown rice

Instructions

1. 오븐을 250℃로 예열한다.
2. 연어 필렛을 베이킹 접시에 담고 소금과 후추로 간을 한다.
3. 혼합 채소를 올리브 오일에 버무리고 소금과 후추로 간을 한다.
4. 베이킹 접시에 있는 연어 필렛 주위에 채소를 배열한다.
5. 12~15분 동안 또는 연어가 완전히 익을 때까지 굽는다.
6. 익힌 현미밥과 함께 구운 연어와 채소를 제공한다.

Beef Stir-Fry with Broccoli and Brown Rice
브로콜리 현미 쇠고기볶음

이 요리는 단백질, 복합 탄수화물 및 섬유질이 균형 있게 포함되어 있어 근육 건강에 좋다.

Ingredients

- 200 gram beef sirloin, sliced
- 1 cups broccoli florets
- 1/2 red bell pepper, sliced
- 1/5 ea Carrot, sliced
- 1 cloves garlic, minced
- 2 tbsp olive oil
- salt and pepper to taste
- 1 cups cooked brown rice

Instructions

1. 큰 프라이팬이나 웍을 센 불로 가열한다.
2. 쇠고기 등심을 넣고 모든 면이 갈색이 될 때까지 굽는다.
3. 프라이팬에서 쇠고기를 꺼내 따로 보관한다.
4. 프라이팬에 올리브 오일을 두르고 브로콜리, 붉은 피망, 마늘을 볶는다.
5. 밥을 그릇에 담고 위에 쇠고기 등심, 채소를 함께 세팅하여 먹는다.

04 근육 건강에 유익한 활동
Activities Beneficial to Muscle Health

Part 1 근육 건강에 좋은 활동

다음을 포함하여 근육에 유익한 다양한 활동이 있다.

1. 저항 훈련(Resistance training) : 저항 훈련에는 웨이트, 저항 밴드 또는 체중 운동을 통하여 근육을 작동시키는 것이 포함된다. 이러한 유형의 운동은 근력 및 지구력을 향상시키는 것으로 나타났다.

2. 고강도 인터벌 트레이닝(HIIT : High-Intensity Interval Training) : HIIT에는 단기간의 격렬한 운동과 휴식 기간이 포함된다. 이러한 유형의 운동은 근력과 지구력뿐만 아니라 심혈관 건강을 향상시키는 데 도움이 될 수 있다.

3. 심혈관 운동(Cardiovascular exercise) : 달리기, 자전거 타기 또는 수영과 같은 심혈관 운동도 근육에 유익하다. 이러한 유형의 운동은 근지구력과 심혈관 건강 개선에 도움이 될 수 있다.

Fitness for Health

Be an Inspiration

Commit to be Fit

Enjoy Sport. Get fit

4. 요가(Yoga) : 요가는 다양한 자세를 유지하고 움직이는 운동의 한 형태이다. 이러한 유형의 운동은 유연성, 균형 및 힘을 향상시키는 데 도움이 될 수 있다.

5. 필라테스(Pilates) : 필라테스는 코어의 힘과 안정성에 중점을 둔 운동의 한 형태이다. 이러한 유형의 운동은 자세, 균형 및 근지구력을 향상시키는 데 도움이 될 수 있다.

6. 스포츠(Sports) : 축구, 농구 또는 테니스와 같은 스포츠에 참여하는 것도 근육에 도움이 될 수 있다. 이러한 유형의 활동에는 근력(muscle strength), 지구력(endurance) 및 협응력(coordination)을 향상시키는 데 도움이 될 수 있는 저항 훈련, 심혈관 운동 및 기술 기반 움직임의 조합이 포함된다.

7. 야외 활동(Outdoor activities) : 하이킹, 암벽 등반 또는 카약과 같은 야외 활동도 근육에 도움이 될 수 있다. 이러한 유형의 활동에는 근력, 지구력 및 균형을 개선하는 데 도움이 될 수 있는 저항 훈련, 심혈관 운동 및 조정의 조합이 포함된다.

일반적으로 운동 루틴에 다양한 활동을 통합하면 전반적인 근육 건강을 개선하는 데 도움이 될 수 있다. 새로운 운동 프로그램을 시작하기 전에 특히 기저 질환이나 부상이 있는 경우 의료 전문가와 상담하는 것도 중요하다.

Foods that Support Cardiovascular and Cardiovascular Health

Key Point

• 순환계라고도 하는 심혈관계는 혈액, 영양분, 산소 및 노폐물을 몸 전체로 운반하기 위해

함께 작용하는 장기, 혈관 및 조직의 복잡한 네트워크

• 심혈관 시스템은 심장, 혈관 및 혈액으로 구성

Chapter 06

심혈관과 심혈관 건강에 도움을 주는 음식

- 심혈관의 이해
- 심혈관 질병의 역사
- 심혈관과 영양
- 심혈관 건강에 좋은 음식

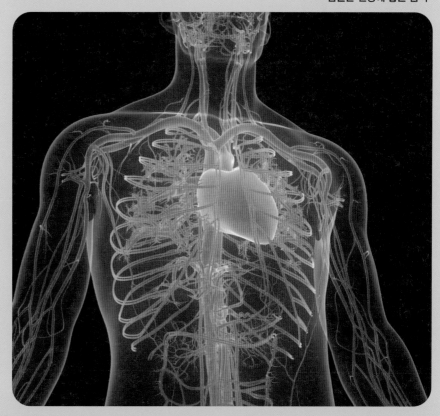

01 심혈관 Cardiovascular

순환계라고도 하는 심혈관계는 혈액, 영양분, 산소 및 노폐물을 몸 전체로 운반하기 위해 함께 작용하는 장기, 혈관 및 조직의 복잡한 네트워크이다. 심혈관 시스템은 심장, 혈관 및 혈액으로 구성된다.

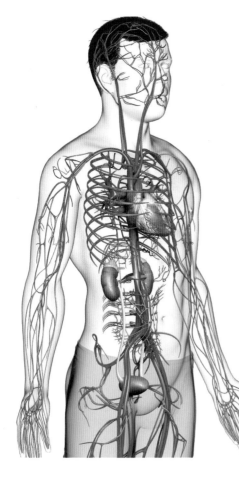

1. 심장(Heart)

강북삼성병원 이종영교수는 심장에 대해 다음과 같이 말한다.

심장은 흉강의 약간 왼쪽에 위치한 근육질 기관으로, 신체의 모든 부분에 혈액을 공급한다. 심장은 우심방, 좌심방, 우심실 및 좌심실의 네 개의 방으로 나뉜다. 심방은 정맥에서 혈액을 받아 심실로 보낸다. 그러면 심실은 동맥을 통해 혈액을 심장 밖으로 내보낸다. 심장은 1년에 31,536,000번 박동한다. 60~80번/분당×60분/24시간/365일로 계산한 것이다. 우리가 80년 산다고 하면 2,522,880,000번 박동한 것이 된다. 혈관의 길이는 12만km이고 이는 지구 두 바퀴를 감싼 것과 같다.

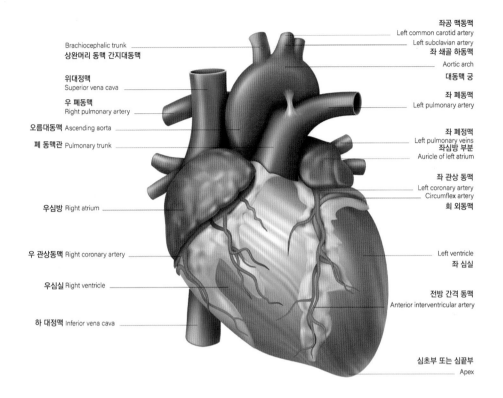

Brachiocephalic trunk
상완머리 동맥 간지대동맥

위대정맥
Superior vena cava

우 폐동맥
Right pulmonary artery

오름대동맥 Ascending aorta

폐 동맥관 Pulmonary trunk

우심방 Right atrium

우 관상동맥 Right coronary artery

우심실 Right ventricle

하 대정맥 Inferior vena cava

좌공 맥동맥
Left common carotid artery
Left subclavian artery
좌 쇄골 하동맥
Aortic arch
대동맥 궁
좌 폐동맥
Left pulmonary artery
좌 폐정맥
Left pulmonary veins
좌심방 부분
Auricle of left atrium
좌 관상 동맥
Left coronary artery
Circumflex artery
회 외동맥

Left ventricle
좌 심실

전방 간격 동맥
Anterior interventricular artery

심초부 또는 심끝부
Apex

2. 혈관(Blood Vessel)

혈관은 혈액을 심장으로 또는 심장에서 내보내는 튜브 네트워크(network of tube)이며, 세 가지 유형의 혈관이 있다.

3. 동맥(Arterie)

동맥은 혈액을 심장에서 신체의 나머지 부분으로 운반한다. 동맥은 혈류의 높은 압력을 견딜 수 있도록 두꺼우며 근육질이다. 심장 혈관 중 관상동맥은 임금의 관 모양과 비슷하다고 해서 관상(冠狀)동맥이라는 이름이 붙었다.

4. 정맥(Vein)

정맥은 혈액을 몸에서 심장으로 다시 운반한다. 혈액이 역류하는 것을 막는 판막이 있다.

5. 모세혈관(Capillaries)

모세혈관은 동맥과 정맥을 연결하는 작은 혈관으로, 혈액과 신체 조직 사이의 산소, 영양분 및 노폐물의 교환을 담당한다.

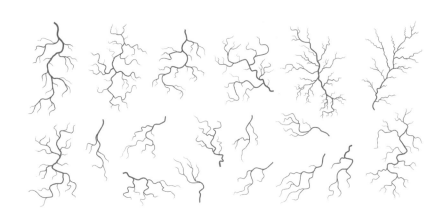

6. 피(Blood)

혈액은 몸 전체를 순환하는 액체이며, 여러 요소로 구성된다.

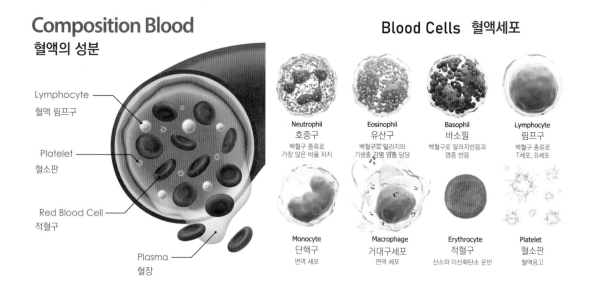

Composition Blood
혈액의 성분

Lymphocyte
혈액 림프구

Platelet
혈소판

Red Blood Cell
적혈구

Plasma
혈장

Blood Cells 혈액세포

Neutrophil
호중구
백혈구 종류로
가장 많은 비율 차지

Eosinophil
유산구
백혈구로 알러지와
기생충 감염 염증 담당

Basophil
바소필
백혈구로 알러지반응과
염증 반응

Lymphocyte
림프구
백혈구 종류로
T세포, B세포

Monocyte
단핵구
면역 세포

Macrophage
거대구세포
면역 세포

Erythrocyte
적혈구
산소와 이산화탄소 운반

Platelet
혈소판
혈액응고

1) **혈장(Plasma)** : 혈장은 혈구, 영양분, 호르몬 및 노폐물을 운반하는 황색 액체(yellowish liquid)이다.

2) **적혈구(Red blood cell, erythrocyte)** : 적혈구는 폐에서 신체 조직으로 산소를 운반한다.

3) **백혈구(White blood cell, leukocyte)** : 백혈구는 면역계의 세포이며 감염과 질병으로부터 신체를 보호한다.

4) **혈소판(Platelet)** : 혈소판은 혈액 응고(blood clotting)를 담당하고 과도한 출혈을 예방한다.

심혈관계는 신체의 조직에 영양분과 산소를 공급하고 노폐물을 제거하기 때문에 신체의 생존에 필수적이다. 심혈관 시스템의 적절한 기능은 전반적인 건강을 유지하고 심장병, 뇌졸중 및 고혈압과 같은 질병을 예방하는 데 중요하다.

Part 2 혈관(Blood Vessels)

1. 삶과 혈관 건강의 관계

혈관은 우리 몸의 장기와 조직의 건강을 유지하는 데 중요한 역할을 한다. 산소와 영양분을 운반하고 노폐물과 이산화탄소를 제거하는 역할을 한다.

혈관은 자연적으로 마모되며 흡연, 잘못된 식습관, 운동 부족 및 스트레스와 같은 생활 방식 요인의 영향을 받을 수도 있다. 시간이 지남에 따라 이러한 요인은 혈관 내벽을 손상시켜 혈관의 탄력성을 떨어뜨리고 염증(inflammation), 플라크 축적(plaque buildup) 및 혈전 형성(clot formation)에 더 취약하게 만든다.

이것은 심장 질환(heart disease), 뇌졸중(stroke), 신장 질환(kidney disease) 및 말초 동맥 질환(peripheral artery disease)을 포함한 다양한 건강 문제의 위험을 증가시킬 수 있다. 따라서 혈관 건강을 평생토록 관리하는 것은 이러한 상태를 예방하고 전반적인 건강과 장수를 위해 중요하다. 건강한 혈관을 유지하는 몇 가지 방법에는 균형 잡힌 식사, 규칙적인 운동, 금연, 스트레스 관리, 의료 제공자에게 정기적인 검진 받기 등이 있다.

2. 혈관의 구성

혈관은 tunica intima, tunica media 및 tunica externa의 세 층으로 구성된다.

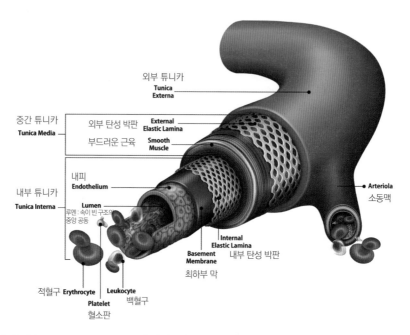

Artery structure
동맥 구조

1) **내부 튜니카(Tunica intema)** : 혈액과 접촉하는 혈관의 가장 안쪽 층으로, 혈액이 쉽게 흐를 수 있도록 매끄럽고 붙지 않는 표면을 형성하는 단일층의 내피세포로 구성된다. 이 층은 또한 결합 조직의 얇은 층(thin layer of connective tissue)과 혈류와 혈압을 조절하는 평활근 세포층(layer of smooth muscle cell)을 포함한다.

2) **중간 튜니카(Tunica media)** : 평활근 세포(smooth muscle cell)와 탄성 섬유(elastic fiber)로 구성된 혈관의 중간층이다. 혈관의 직경을 조절하고 혈류와 혈압을 조절하는 역할을 한다.

3) **외부 튜니카(Tunica externa)** : 결합 조직과 콜라겐 섬유(collagen fiber)로 구성된 혈관의 가장 바깥층(outermost layer)으로, 혈관에 구조적 지원을 하고 주변 조직(surrounding tissue)을 고정하는 데 도움을 준다.

이 세 개의 층 외에도 큰 혈관에는 신경(nerve), 림프관(lymphatic vessel), 그리고 혈관의 바깥층에 영양분과 산소를 공급하는 혈관벽(blood wall)이라고 하는 작은 혈관의 네트워크 맥관혈관(vasa vasorum)이 있다.

3. 혈관의 유형과 기능

인체에는 동맥, 정맥 및 모세혈관의 세 가지 주요 혈관이 있다. 각 유형의 혈관은 순환계에서 특정한 역할을 수행할 수 있도록 고유한 구조와 기능을 가지고 있다.

1) 동맥(Artery) : 동맥은 산소가 함유된 혈액을 심장에서 전신에 운반하는 벽이 두꺼운 혈관이다. 혈액이 심장에서 펌핑될 때 고혈압(high blood pressure)을 견딜 수 있는 강한 근육층을 가지고 있다. 대동맥(aorta)과 같은 가장 큰 동맥(largest artery)은 신축성이 있어 혈압을 유지하는 데 도움이 되도록 늘어나거나 수축될 수 있다.

2) 정맥(Vein) : 정맥은 산소가 제거된 혈액을 심장으로 다시 운반하는 더 얇은 벽으로 된 혈관이다. 정맥은 혈액의 역류를 방지하고 혈액이 심장으로 다시 흐르도록 돕는 일방향 판막(one-way valve)을 가지고 있다. 정맥은 동맥보다 근육질이 적고 지름(diameter)이 더 커서 파열되기 쉽다.

3) 모세혈관(Capillarie) : 모세혈관은 신체에서 가장 작은 혈관이며 동맥과 정맥을 연결한다. 모세혈관은 하나의 세포 두께(one cell thick)이며 혈액과 신체 조직 사이에서 산소(oxygen), 영양분(nutrient)과 폐기물(waste product)을 교환한다. 모세혈관은 가지가 많고 밀도가 높아 넓은 표면적을 교환할 수 있다.

혈관의 기능은 다음과 같다.
(1) 혈액과 영양분을 신체의 조직과 기관으로 운반
(2) 조직 및 장기에서 노폐물 및 이산화탄소 제거
(3) 신체의 혈압과 혈류 조절
(4) 전신으로의 혈액과 영양분의 분포 조절을 통해 항상성 유지를 도움

4. 혈관질환과 증상

혈관질환의 종류와 증상은 다음과 같다.

혈관질환은 동맥, 정맥 및 모세혈관을 포함하여 신체의 혈관에 미치는 영향을 설명하는 데 사용되는 용어이다. 여러 유형의 혈관질환이 있으며 각각의 고유한 증상과 합병증이 있다.

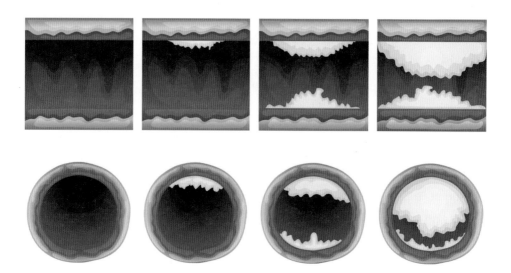

• 동맥경화증의 진행 과정

1) **죽상경화증(Atherosclerosis)** : 동맥 내부에 플라크(plaque)가 축적되어 동맥이 좁아지고 경화되는 것이다. 증상으로는 흉통(chest pain), 숨가쁨(shortness of breath), 다리 통증 또는 쇠약(leg pain or weakness), 심장마비 또는 뇌졸중(heart attack or stroke) 위험의 증가 등이 있다.

2) **말초 동맥 질환(PAD: Peripheral Artery Disease)** : PAD는 팔다리에 혈액을 공급하는 동맥에 플라크(plaque)가 축적되어 다리나 팔로 가는 혈류가 감소할 때 발생한다. 증상으로는 다리 또는 팔의 통증 또는 경련, 무감각 또는 따끔거림, 상처의 느린 치유 등이 있다.

3) **정맥 혈전색전증(VTE: Venous ThromboEmbolism)** : VTE는 일반적으로 다리의 정맥에 혈전(blood clot)이 형성되어 폐(lung)로 이동할 수 있는 상태를 말한다. 증상으로는 영향받은 부위의 부기(swelling), 통증(pain) 및 발적(redness in the affected area), 혈전이 폐로 이동하는 경우 숨가쁨(shortness of breath) 또는 흉통(chest pain)이 포함될 수 있다.

4) **레이노병(Raynaud's disease)** : 추위나 스트레스에 반응하여 손가락, 발가락의 혈관이 수축해서 영향받는 부위에 통증, 무감각 및 따끔거림을 유발하는 것이다.

5) **동맥류(Aneurysm)** : 동맥벽의 팽창 또는 약화로 발병한다. 동맥류의 위치와 크기에 따라 증상에는 통증(pain), 뒷목의 뻣뻣함, 맥동감(pulsating sensation)이 포함될 수 있다.

6) **혈관염(Vasculitis)** : 신체의 모든 부분에 영향을 줄 수 있는 혈관의 염증이다. 증상으로는 열, 피로, 체중 감소, 환부의 통증 또는 무감각 등이 있다.

02 혈관질환의 역사 History of Vascular Disease

Part 1 혈관질환의 역사

혈관질환(Vascular disease)은 길고 복잡한 역사를 가지고 있다. 다음은 혈관질환 역사의 주요 발전사 항이다.

1. 고대 이집트인(Ancient Egyptians) : 혈관질환을 기록한 초기 사례 중 하나는 고대 이집트의 것으로, 의사들은 다리와 발의 동맥을 좁히는 말초 동맥 질환(PAD: Peripheral Artery Disease)으로 여겨지는 증상에 관해 설명했다.

2. 중세(Middle ages) : 의사들은 심장과 혈관이 건강 유지를 위해 중요함을 인식하기 시작했다. 그러나 혈관질환에 대한 이해는 제한적이었고, 많은 사람들이 몸을 지배한다고 생각했던 4체액[혈액(blood), 점액(phlegm), 흑담즙(black bile), 황담즙(yellow bile)]의 불균형이 원인이라고 여겼다.

3. 르네상스(Renaissance) : 16세기와 17세기에 윌리엄 하비(William Harvey)와 같은 해부학자들은 심장과 혈관의 구조와 기능에 대해 중요한 발견을 했다. 혈액 순환에 관한 하비(Harvey)의 연구는 현대 심장학 및 혈관 의학의 토대를 마련했다.

4. 18세기 및 19세기(18th and 19th centuries) : 이 기간에 의사들(physicians)은 동맥류[혈관벽의 팽창(ballooning of the blood vessel wall)]와 동맥경화증[동맥경화 및 두꺼워짐(hardening and thickening of the artery)]을 비롯한 특정 유형의 혈관질환을 식별하기 시작했다. 그들은 또한 동맥류의 결찰(ligation : 묶기(tying)] 및 중증 PAD로 인한 괴저성 사지 절단과 같은 새로운 치료법을 개발했다.

5. 20세기(20th century) : X선, 초음파, CT 스캔과 같은 신기술의 발달로 혈관질환의 진단과 치료에 혁명이 일어났다. 20세기 중반에는 의사가 동맥 폐색을 치료할 수 있는 우회로 이식 및 동맥 내막 절제술과 같은 새로운 외과 기술이 개발되었다. 20세기 후반에 연구자들은 혈관질환의 일반적 형태인 죽상동맥경화증의 발병에서 콜레스테롤과 기타 지질의 역할에 대해 중요한 발견을 했다.

6. 21세기(21st century) : 최근 몇 년 동안 연구원들은 염증, 산화 스트레스 및 유전적 요인의 역할을 포함하여 혈관질환의 기본 메커니즘을 이해하는 데 상당한 진전을 이루었다. 또한 죽상동맥경화증의 진행을 늦추거나 역전시킬 수 있는 스타틴 약물과 같은 새로운 치료법을 개발했다.

전 세계의 끊임없는 노력으로 혈관질환에 대한 병적 성질(morbidity)과 사망률(mortality)의 주요 원인을 이해하고 치료하기 위한 탐구와 진화는 계속해서 이어지고 있다.

Part 2 식습관과 혈관질환의 상관관계

식습관은 이러한 질환의 발병을 촉진하거나 예방할 수 있기 때문에 혈관질환에 상당한 영향을 미칠 수 있다. 다음은 식습관이 혈관질환에 영향을 미칠 수 있는 몇 가지 방식이다.

1. 죽상동맥경화증(Atherosclerosis) : 동맥에 플라크(plaque)가 쌓이는 상태인 죽상경화증은 심장마비와 뇌졸중을 비롯한 혈관질환의 주요 원인이다. 포화지방과 트랜스지방이 많은 식품을 섭취하는 등의 특정한 식습관은 죽상동맥경화증 발병 위험을 증가시킬 수 있다. 반면에 과일, 채소, 통곡물 및 건강한 지방(예 : 생선, 견과류, 올리브 오일에 함유된 지방)이 풍부한 식품을 섭취하면 죽상동맥경화증의 진행을 예방하거나 늦추는 데 도움이 될 수 있다.

2. 고혈압(Hypertension) : 고혈압(High blood pressure, hypertension)은 혈관질환의 또 다른 위험 요소이다. 소금을 너무 많이 섭취하고 칼륨을 충분히 섭취하지 않는 것과 같은 특정 식습관은 고혈압을 유발할 수 있다. 과일, 채소, 통곡물, 저지방 유제품이 풍부하고 나트륨이 적은 식품을 섭취하면 고혈압을 예방하거나 관리하는 데 도움이 될 수 있다.

3. 당뇨병(Diabetes mellitus) : 당뇨병은 시간이 지남에 따라 혈관을 손상시킬 수 있으므로 혈관질환의 주요 위험 요소이다. 너무 많은 설탕과 정제된 탄수화물을 섭취하는 것과 같은 특정 식습관은 당뇨병을 유발할 수 있다. 자연식품을 많이 섭취하고 첨가당과 정제 탄수화물이 적은 식품을 섭취하면 당뇨병을 예방하거나 관리하는 데 도움이 될 수 있다.

4. 비만(Obesity) : 비만은 혈관질환의 또 다른 위험 요소이며, 고칼로리 음식과 음료를 너무 많이 섭취하는 등의 특정 식습관은 비만 발병을 유발할 수 있다. 자연식품을 많이 섭취하고 첨가당과 건강에 해로운 지방이 적은 균형 잡힌 식품을 섭취하면 비만을 예방하거나 관리하는 데 도움이 될 수 있다.

전반적으로 과일, 채소, 통곡물 및 건강한 지방이 풍부한 식품을 선택하고, 나트륨, 첨가당 및 건강에 해로운 지방이 적은 식품을 선택하면 혈관질환의 많은 위험 요소를 예방하거나 관리하는 데 도움이 될 수 있다. 공인 영양사와 협력하여 개인의 필요와 선호도를 충족하는 맞춤형 식사 계획을 개발하는 것이 중요하다.

03 혈관과 영양Blood Vessel and Nutrition

Part 1 혈관과 영양

혈관은 순환계의 일부이며 전신에 혈액을 운반하는 역할을 한다. 혈관에는 동맥, 정맥 및 모세혈관의 세 가지 유형이 있다. 동맥은 산소가 풍부한 혈액을 심장에서 내보내 전신에 산소와 영양을 공급하고 정맥은 산소가 부족한 혈액을 심장으로 되돌려 보낸다. 모세혈관은 동맥과 정맥을 연결하는 작은 혈관으로 혈액과 조직 사이에서 영양분과 노폐물을 교환할 수 있게 한다.

영양은 혈관 건강에 중요한 역할을 한다. 우리가 먹는 음식은 혈관의 구조와 기능을 지원하는 데 필요한 영양소를 제공한다. 포화지방과 트랜스지방, 첨가당 및 나트륨이 많은 식품은 혈관 손상과 염증을 유발할 수 있는 반면, 과일, 채소, 통곡물, 양질의 단백질 및 건강한 지방이 풍부한 식품은 건강한 혈관을 촉진할 수 있다.

다음은 혈관 건강에 중요한 몇 가지 주요 영양소이다.

1. 섬유질(Fiber) : 혈압과 콜레스테롤 수치를 낮추어 심장질환의 위험을 줄일 수 있다. 좋은 섬유질 공급원에는 통곡물, 과일, 채소 및 콩류가 있다.

2. 오메가-3지방산(Omega-3 fatty acid) : 오메가-3지방산은 항염증제(anti-inflammatory)이며 트리글리세리드(triglyceride: 혈액 내 농도가 높으면 뇌졸중 위험이 높음)와 혈압을 낮추므로 심장질환의 위험을 줄이는 데 도움이 될 수 있다. 오메가-3지방산의 좋은 공급원에는 연어, 고등어, 정어리와 같은 지방이 많은 생선과 아마씨, 치아씨, 호두가 있다.

3. 산화 방지제(Antioxidants) : 산화 방지제는 자유 라디칼(free radicals)로 인한 손상으로부터 혈관을 보호한다. 산화 방지제의 좋은 공급원에는 딸기, 잎이 많은 채소 및 토마토와 같은 다채로운 과일 및 채소가 포함된다.

4. 비타민과 미네랄(Vitamin and mineral) : 여러 종류의 비타민과 미네랄이 혈관 건강에 중요한 역할을 한다. 비타민 C는 혈관벽을 강화하는 데 도움이 되며, 비타민 K는 혈액 응고를 조절하는 데 도움이 된다. 마그네슘과 칼륨은 혈압을 낮추는 데 도움이 된다. 이러한 영양소의 좋은 공급원에는 감귤류, 짙은 잎이 많은 채소, 견과류, 씨앗 및 통곡물이 있다.

5. 물(Water) : 수분은 건강한 혈관 유지에 중요하다. 탈수는 혈액 응고 및 심혈관 질환의 위험을 증가시킬 수 있는 걸쭉한 혈액으로 이어질 수 있다.

전반적으로 영양이 풍부한 자연식품의 균형 잡히고 다양한 식단은 건강한 혈관을 촉진하고 심혈관 질환의 위험을 줄이는 데 중요하다.

Part 2 혈관 건강에 필요한 비타민과 무기질

비타민과 미네랄은 혈관의 건강을 유지하고 혈관과 관련된 질병을 예방하는 데 필수적인 역할을 한다. 다음은 혈관의 적절한 기능을 지원하고 질병을 완화하는 것으로 알려진 주요 비타민과 미네랄 중 일부이다.

1. 비타민 C(Vitamin C) : 혈관 구조를 형성하는 단백질인 콜라겐 생성에 필수적이다. 또한 항산화제 역할을 하여 자유 라디칼(free radicals)로 인한 손상으로부터 혈관을 보호한다. 비타민 C는 혈압을 낮추고 심장병과 뇌졸중의 위험을 줄이며 다리로 가는 혈류를 개선하는 데 도움이 될 수 있다.

2. 비타민 D(Vitamin D) : 신체가 혈관 건강을 유지하는 데 필수적인 칼슘을 흡수하도록 도와준다. 비타민 D 결핍은 심장질환, 뇌졸중 및 말초 동맥질환의 위험 증가와 관련이 있다.

3. 비타민 E(Vitamin E) : 혈관 손상을 방지하는 데 도움이 되는 강력한 항산화제이다. 또한 심장 발작이나 뇌졸중으로 이어질 수 있는 혈전 형성을 예방하는 데 도움이 될 수 있다.

4. 마그네슘(Magnesium) : 이 미네랄은 혈관의 적절한 기능에 필수적이다. 혈관을 이완시켜 혈압을 낮추고 혈류를 개선하는 데 도움이 된다. 또한 심장병과 뇌졸중의 위험을 줄이는 데 도움이 될 수 있다.

5. 칼륨(Potassium) : 이 미네랄은 혈압 조절을 돕고 고혈압 발병을 예방할 수 있다. 또한 혈류를 개선하고 뇌졸중의 위험을 줄이는 데 도움이 될 수 있다.

6. 칼슘(Calcium) : 이 미네랄은 혈관의 적절한 기능에 필수적이다. 혈압을 조절하고 고혈압 발병을 예방할 수 있다. 칼슘은 또한 심장질환의 위험을 줄이는 데 도움이 될 수 있다.

7. 아연(Zinc) : 이 미네랄은 혈관 구조에 필수적인 콜라겐 형성에 중요하다. 또한 심장병 발병에 유발할 수 있는 염증을 줄이는 데 도움이 될 수 있다.

8. 오메가-3지방산(Omega-3 fatty acid) : 필수 지방산인 오메가-3지방산은 염증을 줄이고 혈류를 개선하는 데 도움이 될 수 있다. 또한 심장병을 유발할 수 있는 트리글리세리드 수치를 낮추는 데 도움이 될 수 있다.

9. B 비타민류(B vitamins) : 혈관의 적절한 기능에 중요하다. 염증을 줄이고 혈류를 개선하는 데 도움이 될 수 있다. 또한 심장병 발병을 유발할 수 있는 호모시스테인 수치를 낮추는 데 도움이 될 수 있다.

요약하면, 다양한 비타민과 미네랄이 풍부한 건강한 식단은 혈관의 적절한 기능을 지원하고 관련 질병을 예방하는 데 도움이 될 수 있다. 식이요법이나 보충제 요법을 변경하기 전에 의료 서비스 제공자와 상담하는 것이 중요하다.

혈관에 좋은 식품

다음은 혈관 건강에 좋고 혈관의 적절한 기능을 지원하는 비타민과 미네랄을 함유한 식품 성분이다.

• 혈관 건강에 좋은 식품

1. 베리류(Berries) : 딸기 같은 베리류(Berries)에는 혈관의 구조를 형성하는 단백질인 콜라겐 생성에 필수적인 비타민 C가 풍부하다. 딸기는 또한 활성산소로 인한 손상으로부터 혈관을 보호하는 데 도움이 되는 항산화제의 좋은 공급원이다.

2. 짙은 잎채소(Dark leaf vegetable) : 시금치, 케일과 같은 짙은 잎채소는 혈관의 적절한 기능에 필수적인 마그네슘의 좋은 공급원이다. 또한 혈액 응고에 중요한 비타민 K가 풍부하여 동맥에 칼슘이 축적되는 것을 방지할 수 있다.

3. 감귤류 과일(Citrus fruit) : 오렌지, 자몽과 같은 감귤류 과일은 혈관 손상을 방지하는 데 도움이 되는 비타민 C의 좋은 공급원이다. 또한 플라보노이드(flavonoid)가 풍부하여 혈류를 개선하고 혈압을 낮추는 데 도움이 된다.

4. 양질의 지방이 많은 생선(Fatty fish) : 연어, 참치와 같은 지방이 많은 생선은 염증을 줄이고 혈류를 개선하는 데 도움이 되는 오메가-3지방산의 좋은 공급원이다. 또한 비타민 D가 풍부해서 체내 칼슘 흡수를 돕고 혈관 건강을 유지할 수 있다.

5. 견과류와 씨앗(Nuts and seeds) : 아몬드, 호두, 아마씨와 같은 견과류와 씨앗은 혈관을 이완시키고 혈류를 개선하는 데 도움이 되는 마그네슘의 좋은 공급원이다. 또한 혈관을 보호하는 데 도움이 되는 강력한 항산화제인 비타민 E의 좋은 공급원이다.

6. 통곡물(Whole grains) : 귀리, 현미와 같은 통곡물은 혈관의 적절한 기능에 중요한 비타민 B의 좋은 공급원이다. 또한 섬유질이 풍부해서 콜레스테롤 수치를 낮추고 심장질환의 위험을 줄일 수 있다.

7. 아보카도(Avocado) : 혈압을 조절하고 혈류를 개선하는 데 도움이 되는 칼륨의 좋은 공급원이다. 또한 염증을 줄이고 콜레스테롤 수치를 개선하는 데 도움이 되는 건강한 지방이 풍부하다.

8. 토마토(Tomatoes) : 혈관 손상을 방지하는 데 도움이 되는 강력한 항산화제인 리코펜(lycopene)의 좋은 공급원이다. 또한 칼륨이 풍부하여 혈압 조절에 도움이 된다.

9. 콩류(Legumes) : 콩 및 렌즈콩과 같은 콩류는 혈관을 이완시키고 혈류를 개선하는 데 도움이 되는 마그네슘의 좋은 공급원이다. 또한 콜레스테롤 수치를 낮추고 심장 건강을 개선하는 데 도움이 되는 섬유질과 단백질의 좋은 공급원이다.

요약하면, 다양한 과일, 채소, 통곡물 및 건강한 지방이 풍부한 식단은 혈관의 적절한 기능을 지원하고 혈관 건강을 증진하는 데 필요한 비타민과 미네랄을 제공할 수 있다.

Part 4 혈관에 좋은 1주일 식단

혈관에 좋은 식단에는 심혈관 건강을 지원하는 영양소가 풍부한 음식이 포함되어야 한다. 여기에는 섬유질, 건강한 지방, 항산화제, 비타민 및 미네랄이 있다. 다음은 아침, 점심, 저녁 식사가 포함된 7일 다이어트 계획과 각 식사가 혈관에 좋은 이유에 대한 설명이다.

날짜	일일	메뉴명	혈관에 좋은 이유
Day 1	아침	• Oatmeal with mixed berries, chia seeds, and a drizzle of honey • 혼합 베리, 치아시드, 꿀을 약간 곁들인 오트밀	• 오트밀은 섬유질이 풍부하고 혈관 건강에 유익한 콜레스테롤 수치를 낮추는 데 도움이 될 수 있음 • 딸기에는 산화 스트레스와 심혈관 질환의 원인이 될 수 있는 염증을 예방하는 데 도움이 되는 항산화제가 풍부 • 치아시드는 염증을 줄이고 혈압을 낮추는 데 도움이 되는 오메가-3지방산의 좋은 공급원
	점심	• Grilled salmon salad with mixed greens tomatoes, cucumber, and a lemon vinaigrette • 혼합 채소, 토마토, 오이, 레몬 비네그레트를 곁들인 구운 연어 샐러드	• 연어는 염증을 줄이고 혈관 기능을 개선하는 데 도움이 되는 오메가-3 지방산이 풍부 • 혼합 채소, 토마토, 오이는 심혈관 건강에 도움이 되는 비타민과 미네랄을 제공
	저녁	• Baked chicken breast with roasted vegetables and quinoa • 구운 채소와 퀴노아를 곁들인 구운 닭가슴살	• 닭가슴살은 포화지방이 적고 건강한 콜레스테롤 수치를 유지하는 데 도움이 됨 • 구운 채소는 혈관 기능을 지원하는 다양한 비타민과 미네랄을 제공하고 퀴노아는 천천히 방출되는 탄수화물을 에너지로 제공
Day 2	아침	• Greek yogurt with mixed nuts, sliced banana, and a drizzle of honey • 혼합 견과류, 얇게 썬 바나나, 꿀을 곁들인 그릭 요구르트	• 그릭 요구르트는 건강한 혈압을 유지하는 데 도움이 되는 단백질과 칼슘의 좋은 공급원 • 혼합 견과류는 염증을 줄이고 혈관 기능을 개선하는 데 도움이 되는 건강한 지방을 제공하고, 바나나는 혈압을 낮추는 데 도움이 되는 칼륨의 좋은 공급원
	점심	• Lentil soup with whole-grain bread and mixed vegetables • 통곡물빵과 혼합 채소를 곁들인 렌즈콩 수프	• 렌즈콩은 섬유질이 풍부하고 콜레스테롤 수치를 낮추는 데 도움이 됨. 통곡물빵은 에너지를 내는 복합 탄수화물 제공 • 혼합 채소는 심혈관 건강을 지원하는 비타민과 미네랄을 제공
	저녁	• Grilled chicken breast with sweet potato wedges and steamed broccoli • 구운 닭가슴살과 고구마 웨지, 찐 브로콜리	• 닭가슴살은 포화지방이 적고 건강한 콜레스테롤 수치를 유지하는 데 도움이 됨 • 웨지 고구마는 에너지를 내는 복합 탄수화물을 제공하고, 브로콜리는 염증을 줄이는 데 도움이 되는 항산화제가 풍부
Day 3	아침	• Whole-grain toast with avocado, sliced tomato, and a poached egg • 아보카도, 슬라이스 토마토, 수란을 곁들인 통곡물 토스트	• 통곡물 토스트는 에너지를 내는 복합 탄수화물을 제공. 아보카도는 염증을 줄이고 혈관 기능을 개선하는 데 도움이 되는 건강한 지방이 풍부 • 토마토는 혈관 기능을 개선하는 데 도움이 되는 비타민 C의 좋은 공급원 • 수란은 좋은 단백질 공급원이며 건강한 콜레스테롤 수치를 유지하는 데 도움이 됨
	점심	• Grilled shrimp skewers with mixed greens and a lemon vinaigrette • 혼합 채소와 레몬 비네그레트를 곁들인 구운 새우 꼬치	• 새우는 포화지방이 적고 단백질이 많아 건강한 콜레스테롤 수치를 유지하는 데 도움이 됨 • 혼합 채소는 심혈관 건강을 지원하는 비타민과 미네랄을 제공하고 레몬 비네그레트는 염증을 줄이는 데 도움이 되는 항산화제를 제공
	저녁	• Baked salmon with roasted vegetables and brown rice • 구운 채소와 현미를 곁들인 구운 연어	• 연어는 염증을 줄이고 혈관 기능을 개선하는 데 도움이 되는 오메가-3 지방산이 풍부 • 구운 채소는 혈관 기능을 지원하는 다양한 비타민과 미네랄을 제공하고, 현미는 천천히 방출되는 탄수화물을 에너지로 제공

Day 4	아침	• Cottage cheese with pineapple and walnuts • 파인애플과 호두를 곁들인 코티지 치즈	• 코티지 치즈는 근육 회복과 성장을 지원하는 단백질을 제공 • 파인애플은 혈관 건강을 지원하는 비타민과 미네랄을 제공 • 호두는 근육 염증을 줄이는 건강한 지방을 제공
	점심	• Chickpea salad with whole grain pita bread • 통곡물 피타 빵을 곁들인 병아리콩 샐러드	• 병아리콩은 근육 회복과 성장을 지원하는 단백질과 섬유질의 공급원 • 통곡물 피타 빵은 근육에 에너지를 공급하는 복합 탄수화물 제공
	저녁	• Grilled shrimp with brown rice and asparagus • 현미와 아스파라거스를 곁들인 구운 새우	• 새우는 근육 회복과 성장을 지원하는 단백질을 제공 • 현미는 근육에 에너지를 공급하는 복합 탄수화물을 제공 • 아스파라거스는 혈관 건강을 지원하는 항산화제를 제공
Day 5	아침	• Scrambled eggs with whole grain toast and avocado • 통곡물 토스트와 아보카도를 곁들인 스크램블드 에그	• 달걀은 근육 성장과 회복을 지원하는 단백질을 제공 • 통곡물 토스트는 근육에 에너지를 공급하는 복합 탄수화물을 제공 • 아보카도는 근육 염증을 줄이는 건강한 지방을 제공
	점심	• Turkey sandwich with vegetable soup • 채소 수프를 곁들인 칠면조 샌드위치	• 칠면조는 근육 회복과 성장을 지원하는 양질의 단백질 공급원 • 채소는 혈관 건강을 지원하는 비타민과 미네랄을 제공
	저녁	• Beef stir-fry with brown rice and broccoli • 현미와 브로콜리를 곁들인 쇠고기 볶음	• 쇠고기는 근육 회복과 성장을 지원하는 단백질을 제공 • 현미는 근육에 에너지를 공급하는 복합 탄수화물을 제공 • 브로콜리는 혈관 건강을 지원하는 항산화제를 제공
Day 6	아침	• Greek yogurt with banana and almonds • 바나나와 아몬드를 곁들인 그릭 요구르트	• 그릭 요구르트는 근육 성장과 회복을 지원하는 단백질을 제공 • 바나나는 근육 수축을 조절하는 칼륨을 제공 • 아몬드는 근육 염증을 줄이는 건강한 지방을 제공
	점심	• Lentil soup with whole wheat bread • 통밀빵을 곁들인 렌즈콩 수프	• 렌즈콩은 근육 회복과 성장을 지원하는 단백질과 섬유질의 공급원 • 통밀빵은 근육에 에너지를 공급하는 복합 탄수화물을 제공
	저녁	• Grilled tofu with mixed vegetables • 혼합 채소를 곁들인 구운 두부	• 두부는 근육 회복과 성장을 지원하는 식물성 단백질의 공급원 • 채소는 혈관 건강을 지원하는 비타민과 미네랄을 제공
Day 7	아침	• Smoothie with spinach, banana, and almond milk • 시금치, 바나나, 아몬드 우유를 곁들인 스무디	• 시금치에는 혈관 건강을 지원하는 비타민과 미네랄이 들어 있음 • 바나나에는 근육 수축을 조절하는 칼륨이 들어 있음 • 아몬드 우유에는 근육 성장과 회복을 지원하는 단백질과 건강한 지방이 들어 있음
	점심	• Grilled chicken Caesar salad • 구운 치킨 시저 샐러드	• 닭고기는 근육 회복과 성장을 지원하는 양질의 단백질 공급원 • 샐러드 채소에는 혈관 건강을 지원하는 항산화제가 들어 있음
	저녁	• Baked cod with sweet potato and Brussels sprouts • 고구마와 방울양배추를 곁들인 구운 대구	• 대구는 근육 염증을 줄이고 근육 성장을 촉진하는 단백질과 오메가-3지방산을 제공 • 고구마에는 근육에 에너지를 공급하는 복합 탄수화물이 들어 있음 • 방울양배추에는 혈관 건강을 지원하는 항산화제가 들어 있음

혈관에 좋은 5가지 요리법과 레시피를 소개하면 다음과 같다.

1. 그릴링(Grilling) : 닭고기나 생선과 같이 지방이 적은 단백질을 요리하는 데 유용한 기술이다. 구우면 여분의 지방이 떨어져 나가 더 건강한 식사가 된다. 이 연어구이 레시피를 시도해 보자. 올리브 오일, 레몬 주스, 마늘, 허브에 연어 필렛을 마리네이드한다. 연어를 그릴에 올려 완전히 익을 때까지 약 10~12분 동안 굽는다.

2. 찜(Steaming) : 찜은 영양분과 풍미를 보존하는 부드러운 조리 방법이다. 혈관을 건강하게 유지하는 데 도움이 되는 브로콜리, 시금치 또는 케일과 같은 채소를 찐다. 알록달록 영양 가득한 반찬을 위해 채소를 섞어서 찐다.

3. 베이킹(Baking) : 베이킹은 여분의 지방을 추가하지 않고 생선이나 닭고기를 요리하는 좋은 방법이다. 이 구운 치킨 레시피를 시도해 보자. 닭가슴살에 소금, 후추, 허브로 간을 한다. 베이킹 접시에 넣고 닭고기가 완전히 익을 때까지 약 25~30분 동안 굽는다.

4. 볶음(Stir-frying) : 볶음은 채소와 양질의 단백질이 잘 어울리는 빠르고 쉬운 조리 방법이다. 올리브유나 카놀라유와 같은 심장 건강에 좋은 오일을 사용하고 채소를 많이 첨가한다. 이 볶음 레시피를 시도해 보자. 냄비나 프라이팬에 기름을 두르고 피망, 양파, 브로콜리와 같은 다진 채소를 넣는다. 얇게 썬 닭고기나 두부를 넣고 간장과 생강으로 간을 한다.

5. 슬로 쿠킹(Slow-cooking) : 슬로 쿠킹은 닭고기나 쇠고기와 같은 살코기 단백질에 풍미를 더하는 좋은 방법이다. 이 슬로 쿠커 비프 스튜 레시피는 다음과 같다. 큐브 쇠고기, 양파, 당근, 셀러리, 쇠고기 육수를 슬로 쿠커에 넣는다. 쇠고기가 부드러워지고 채소가 부드러워질 때까지 6~8시간 동안 낮은 온도에서 요리한다.

요약하면, 이러한 기술과 조리법은 양질의 단백질, 건강한 오일 및 풍부한 채소를 포함하기 때문에 혈관에 좋다. 이러한 성분은 심장 건강을 지원하고, 혈관을 건강하게 유지하는 데 도움이 되는 영양소와 항산화제가 풍부하게 들어 있다.

• Greek Salad - 그리스식 샐러드

지중해식 식단은 심혈관 건강에 유익한 것으로 나타났으며 과일, 채소, 통곡물, 콩류, 견과류 및 건강한 지방이 많이 들어 있다. 그릭 샐러드는 신선한 채소, 건강한 지방 및 단백질이 풍부한 치즈가 특징으로 상쾌하고 영양이 풍부한 요리이다.

Ingredients

- 1 head of romaine lettuce, chopped
- 1 large cucumber, diced
- 1 large tomato, diced
- 1/2 red onion, thinly sliced
- 1/2 cup kalamata olives, pitted
- 4 ounces feta cheese, crumbled
- 2 tbsp olive oil
- 1 tbsp red wine vinegar
- 1 tbsp dried oregano
- salt and pepper, to taste

Instructions

1. 큰 그릇에 다진 양상추, 깍둑썰기한 오이와 토마토, 얇게 썬 적양파, 씨를 뺀 칼라마타 올리브를 섞는다.
2. 작은 그릇에 올리브 오일, 적포도주 식초, 말린 오레가노, 소금, 후추를 넣고 함께 휘젓는다.
3. 샐러드 위에 드레싱을 뿌리고 버무려 섞는다.
4. 부순 페타 치즈를 샐러드에 얹어 서빙한다.

• Mediterranean Grilled Chicken Kebabs - 지중해식 그릴 치킨 케밥

구운 치킨 케밥은 채소나 샐러드와 함께 즐길 수 있는 맛있고 단백질이 풍부한 요리이다.

Ingredients

- 200 gram boneless, skinless chicken breasts, cut into 2.5cm pieces
- 1/2 red bell pepper, cut into 1-inch pieces
- 1/2 yellow bell pepper, cut into 1-inch pieces
- 1/2 zucchini, cut into 1-inch pieces
- 1/2 red onion, cut into 1-inch pieces
- 1/4 cup olive oil
- 1 tbsp lemon juice
- 1 cloves garlic, minced
- 1/2 tsp dried oregano
- salt and pepper, to taste

Instructions

1. 그릴을 중불로 예열한다.
2. 작은 그릇에 모둠 채소와 올리브 오일, 레몬 주스, 마늘, 오레가노, 소금, 후추를 넣고 섞어 마리네이드한다.
3. 닭, 피망, 애호박, 적양파를 꼬치에 꽂는다.
4. 올리브 오일 마리네이드 혼합물을 꼬치에 한 번 더 발라준다.
5. 꼬치를 12~15분간 구운 뒤 닭고기가 완전히 익을 때까지 가끔 뒤집는다.

Baked Salmon with Avocado Slices and Lemon Wedges and Herbs
레몬과 허브, 아보카도를 곁들인 구운 연어

구운 연어는 오메가-3지방산이 풍부하며 맛있고 심장 건강에 좋은 요리이다.

아보카도는 심혈관 건강에 매우 좋은 식품 중 하나로, 건강한 지방인 단일 불포화지방산과 식이섬유, 비타민 K, 칼륨, 비타민 C 등의 영양소가 들어 있다. 이러한 영양소는 심혈관 건강에 도움이 된다.

또한 아보카도는 혈압을 낮추는 데 도움이 되는 칼륨과 심장 건강에 도움을 주는 중요한 지방인 오메가-3지방산 및 모노 불포화지방산도 들어 있다. 아보카도를 포함한 건강한 식습관은 심혈관 질환과 다른 만성질환의 발생 위험을 감소시키는 데 도움이 된다.

Ingredients

- 1 salmon fillets
- 1 tbsp olive oil
- 1/4 ea avocado slices
- 1 cloves garlic, minced
- 1/4 lemon, sliced
- 1/4 tbsp chopped fresh parsley
- 1/4 tbsp chopped fresh dill
- salt and pepper, to taste

Instructions

1. 오븐을 200℃로 예열한다.
2. 작은 그릇에 올리브 오일, 마늘, 소금, 후추를 넣고 섞는다.
3. 베이킹 접시에 연어 필렛을 놓고 올리브 오일 혼합물을 바른다.
4. 연어 필렛에 레몬 조각을 얹고 다진 파슬리와 딜을 뿌린다.
5. 아보카도 슬라이스도 베이킹 접시에 같이 놓는다.
6. 12~15분간 또는 연어와 아보카도가 완전히 익을 때까지 굽는다.

- Greek Dish of Chicken Breast Stuffed with Spinach and Feta(Spanakopita Stuffed Chicken)

시금치와 페타 치즈로 채워진 닭가슴살의 그리스 요리

닭고기의 살코기 단백질과 시금치 및 페타 치즈의 영양적 이점을 결합한 건강하고 풍미 있는 요리이다.

시금치는 동맥의 칼슘 축적을 줄여 혈관 건강을 개선하는 데 도움이 되는 비타민 K를 포함한 비타민과 미네랄의 훌륭한 공급원이다. 페타 치즈는 건강한 혈관을 유지하는 데 중요한 칼슘의 좋은 공급원이다. 또한 이 레시피에는 지중해 요리에 일반적으로 사용되는 심장 건강에 좋은 지방인 올리브 오일이 사용된다. 이 요리는 더욱 영양가 높은 재료를 식단에 포함할 수 있는 건강하고 맛있는 방법을 찾는 모든 분에게 추천할 만한 훌륭한 음식이다.

Ingredients

- 1 boneless, skinless chicken breasts
- 1 cups of fresh spinach
- 1/4 cup crumbled feta cheese
- 1/8 cup chopped fresh parsley
- 1 cloves of garlic, minced
- 3 as asparagus(optional)
- 1/4 cup olive oil
- salt and pepper

Instructions

1. 오븐을 200℃로 예열한다.
2. 셰프 칼로 닭가슴살의 가장 두꺼운 부분을 찔러 주머니를 만들고 반대쪽은 자르지 않도록 주의한다.
3. 큰 그릇에 속재료인 시금치, 페타 치즈, 파슬리, 마늘, 올리브 오일, 소금, 후추를 넣고 섞는다.
4. 혼합물을 각 닭가슴살의 주머니에 숟가락으로 떠서 고르게 넣어준다.
5. 이쑤시개로 각 닭가슴살의 입구를 고정한다.
6. 프라이팬을 중불로 가열한 뒤 닭가슴살을 넣고 갈색이 될 때까지 3~4분간 익힌다.
7. 프라이팬을 예열된 오븐에 옮겨 넣고 닭고기가 완전히 익을 때까지 20~25분간 굽는다.
8. 닭가슴살에서 이쑤시개를 제거하고 뜨거울 때 먹는다.

Part 6 2023년 제2차 산림 기반 집중 심장 재활 프로그램 식단 (강북삼성병원 & 한국임업진흥원)

제2차 산림 기반 집중 심장 재활 프로그램은 참여하시는 모든 이들이 산림을 기반으로 한 심장 재활 프로그램을 통해 건강의 유지 및 증진 달성에 가장 큰 목표를 두고 진행하였다. 2022년 제1차 산림 기반 집중 심장 재활 프로그램을 시작하여 2023년 제2차 프로그램을 진행하였다.

연구책임자는 강북삼성병원 이종영 교수님이고, 식단은 박영묘 영양사가 짰고 영양교육을 진행하였으며, 조리는 The-K Hotel 이승일 부장과 박종록 조리장이 맡았고, 조리 교육은 맛선생 제이슨 리(저자)가 담당하였다. 실제 심혈관 재활 프로그램 식단을 샘플로 소개한다.

식단표(The K-Hotel)

구분	4.09(일)	4.10(월)	4.11(화)	4.12(수)	4.13(목)
조식		귀리우유순두부죽 아보카도채소샐러드 찐 달걀 열무김치 그릭 요구르트	검정콩밥 콩나물맑은국 소고기파프리카볶음 도라지유자청무침 시금치땅콩무침 열무김치 무가당두유	고구마밥 조갯살배춧국 주꾸미마늘구이(발사믹소스) 두부숙주나물무침 달걀비트조림 열무김치	초밥 표고버섯북어채국 소고기오이볶음 토마토브로콜리샐러드 모둠채소구이 배추김치
		▶지중해식	▶저염식	▶저염식	▶파이토케미컬보강식
중식	현미다시마밥 버섯된장국 돈불고기 연근흑임자무침 청경채겉절이 배추김치 딸기	통곡물빵(2쪽) 병아리콩수프 닭가슴살구이 토마토채소샐러드 오이피클 사과	들기름비빔메밀국수 돈수육 단호박찜 무초절임	보리쌀표고다시마밥 쑥애탕국 닭가슴살가지샐러드 마늘종호두볶음 느타리들깨볶음 배추김치	단호박스파게티 마늘빵 훈제연어샐러드 콜라비초무침 그릭 요구르트
	▶대사증후군	▶DASH	▶저콜레스테롤	▶당뇨식	▶종합건강식
석식	표고버섯밥 소고기미역들깨국 달걀 프라이 연두부샐러드 무생채 열무김치	보리쌀해죽순밥 감자두부된장국 고등어구이+부추겉절이 과일채소샐러드 가지구이 깍두기	잡곡밥 미역들깬장국 소고기죽순불고기 호박구이 다시마면샐러드 배추김치	콜라비무밥 냉이달래된장국 오리와 로메인쌈 새싹샐러드 파프리카양파볶음 배추김치	
	▶지중해식	▶저지질/저콜레스테롤	▶당뇨식	▶비타민보강식	

• 대사증후근 식단

대사증후군(metabolic syndrome)은 만병의 근원이라고 하는 잘못된 생활습관에서 온다고 하여 '생활습관병(life style disease)'으로도 불린다. 심근경색이나 뇌졸중의 위험인자인 고혈압(hypertension), 이상지질혈증(고지혈증hyperlipidemia), 심혈관질환(CardioVascular Disease : CVD), 당뇨(diabetes), 비만(obesity) 등이 한 사람에게 동시다발적으로 생기는 것을 말한다. 특히, 복부비만은 심뇌혈관질환을 일으키는 주요인이다.

• 대사증후군의 관리

구 분	내 용	건강 위험요인
허리둘레	남: 90cm 이상, 여: 85cm 이상	복부비만
중성지방	150mℓ/dℓ 이상 또는 이상지질혈증 약제 복용	고중성지방혈증
HDL-콜레스테롤	남: 40mg/dℓ 미만, 여: 50mg/dℓ 미만 또는 이상지질혈증 약제 복용	이상지질혈증
혈압	수축기혈압 140mmHg 이상, 이완기혈압 90mmHg 이상 또는 고혈압 관련 약제 복용	높은 혈압
공복혈당	공복혈당 100mg/dℓ 이상 또는 당뇨병 관련 약제 복용	혈당장애

• **출처** • 진료실 가이드, 대한비만학회, 2023

1회차 대사증후군 식단

- 현미다시마밥
- 버섯된장국
- 돈불고기
- 연근흑임자무침
- 청경채겉절이
- 배추김치
- 딸기

치유의 맛 | Culinary Medicine

식단명	식품명	1인량(g)
버섯된장국	생표고	10
	새송이	20
	느타리	20
	두부	40
	된장	15
	국멸치	3
	다시마	1
돈불고기	돈앞다릿살	60
	양파	10
	양배추	10
	당근	5
	간장	10
	스테비아	1
	대파	5
	마늘	1
	참기름	1

식 단 명	식품명	1인량(g)
연근흑임자무침	연근	50
	흑임자분	4
	마요네즈	5
	식초	1
	스테비아	1
	소금	1
청경채겉절이	청경채	50
	고추분	2
	멸치액젓	3
	들기름	2
배추김치	배추김치	50
딸기	딸기	75

현미밥	쌀	50
	현미	40
	다시마분	1

조리법

1. 연근흑임자무침 : 연근 데친 후 흑임자, 소금 넣고 무친다.
2. 청경채겉절이 : 깨끗이 씻은 청경채를 양념에 가볍게 무쳐낸다.

2회차 DASH 식단

(미국 국립보건원이 고혈압 환자들의
혈압을 낮추기 위해 고안한 식단)

- 통곡물빵
- 병아리콩수프
- 닭가슴살구이
- 토마토채소샐러드
- 오이피클
- 사과

식단명	식품명	1인량(g)
통곡물빵	통곡물빵 1쪽	35
병아리콩수프	병아리콩	30
	저지방우유	100
	양파	20
	버터	5
	아몬드	4
	소금	0.1
닭가슴살구이	닭가슴살	60
	올리브유	3
	소금	0.1
	후추	0.1

식 단 명	식품명	1인량(g)
토마토채소샐러드	완숙토마토	100
	어린채소	20
	통겨자	10
	스테비아	1
	올리브유	3
	소금	0.1
오이피클	오이	40
	양파	20
	셀러리	10
	식초	5
	피클링스파이스	3
	스테비아	1
사과	사과	80

조리법

1. 통곡물빵 : 2쪽씩

2. 병아리콩수프 : 1시간 이상 불린 병아리콩을 버터에 볶다가 익으면 양파도 볶는다→완전히 익으면 우유와 블렌더로 간다. → 푹 끓인다.→그릇에 담은 후 아몬드편을 올려준다.

3. 닭가슴살구이 : 소금, 후추로 밑간 후 올리브유 두르고 노릇하게 굽는다.

4. 오이피클 : 하루 전에 미리 담갔다가 배식한다.

3회차 2일차 석식

보리쌀해죽순밥 외 저지방,
저콜레스테롤 식단

- 보리쌀해죽순밥
- 감자두부된장국
- 고등어구이+부추겉절이
- 과일채소샐러드
- 가지구이
- 깍두기

식 단 명	식품명	1인량(g)
보리쌀해죽순밥	쌀	70
	보리쌀	20
	해죽순가루	1
감자두부된장국	감자	70
	두부	40
	된장	15
	멸치	3
	다시마	1
	파	2
	마늘	1
고등어구이 +부추겉절이	고등어	50
	부추	30
	고추분	1
	식초	2
	올리브유	3
	간장	3

식 단 명	식품명	1인량(g)
과일채소샐러드	키위	40
	딸기	40
	양상추	20
	치커리	15
	올리브유	3
	식초	3
	파인애플(소스용)	10
	소금	0.1
가지구이	가지	70
	소금	0.1
깍두기	깍두기	50

조리법

1. 보리쌀해죽순밥 : 보리쌀 미리 씻어 불려둔다. 밥 안칠 때 해죽순가루도 넣어 잘 저은 다음 함께 밥을
    짓는다.
2. 과일채소샐러드 : 파인애플(소스용) 올리브유, 식초, 소금, 후추 넣고 함께 갈아 사용한다.
3. 가지구이 : 가지를 0.5cm 두께로 어슷하게 잘라 소금으로 밑간한 후 160℃의 오븐에서 노릇하게 굽는다.
    (오븐 없을 시 프라이팬에 기름 두르지 않고 노릇하게 굽는다.)

04 혈관건강에 유익한 활동
Activities Beneficial to Vascular Health

Part 1 혈관 건강에 좋은 운동

규칙적인 운동은 혈액 순환을 개선하고 혈압을 낮추며 심혈관 질환의 위험을 줄이는 데 도움이 되므로 좋은 혈관 건강을 유지하는 데 필수적이다. 다음은 혈관 건강에 좋은 몇 가지 운동이다.

1. 유산소 운동(Aerobic exercise) : Aerobic exercise라고도 하는 유산소 운동(cardio)은 심박수와 호흡수를 증가시키는 운동이다. 유산소 운동의 예로는 달리기, 자전거 타기, 수영, 빠르게 걷기 등이 있다. 유산소 운동은 혈류를 개선하고 혈압을 낮추며 심혈관 질환의 위험을 줄이는 데 도움이 된다.

2. 저항 훈련(Resistance training) : 근력 훈련이라고도 하는 저항 훈련은 웨이트(weights) 또는 저항 밴드(resistance bands)와 같은 저항에 대항하여 근육을 구축하는 것이다. 저항 훈련은 순환을 개선하고 혈압을 낮추며 심혈관 질환의 위험을 줄이는 데 도움이 된다.

3. 요가(Yoga) : 요가는 자세, 호흡 운동 및 명상의 조합을 포함하는 운동의 한 형태이다. 요가는 혈액 순환을 개선하고 혈압을 낮추며 스트레스를 줄이는 데 도움을 주어 혈관 건강을 개선할 수 있다.

4. 필라테스(Pilates) : 필라테스는 코어 근육 강화(core muscles), 균형 개선(improving balance), 유연성 증가(increasing flexibility)에 중점을 둔 운동의 한 형태이다. 필라테스는 순환을 개선하고 심혈관 질환의 위험을 줄이는 데 도움이 될 수 있다.

5. 태극권(Tai Chi) : 태극권은 느리고 부드러운 움직임과 심호흡을 포함하는 충격이 적은 형태의 운동이다. 태극권은 순환을 개선하고 스트레스를 줄이며 균형을 개선하는 데 도움을 준다. 이 모든 것이 혈관 건강 개선에 도움이 된다.

6. 고강도 인터벌 트레이닝(HIIT: High-Intensity Interval Training) : HIIT는 단기간의 고강도 운동 후 휴식 또는 저강도 운동이 포함된다. HIIT는 심혈관 건강을 개선하고 혈류를 증가시키며 심혈관 질환의 위험을 줄이는 데 도움이 될 수 있다.

7. 걷기(Walking) : 걷기는 순환을 개선하고 혈압을 낮추며 심혈관 질환의 위험을 줄이는 데 도움이 되는 간단하고 영향이 적은 운동 형태이다. 걷기는 실내 또는 실외에서 할 수 있으며 일상생활에서 쉽게 실현할 수 있다.

자신이 좋아하고 정기적으로 할 수 있는 운동을 선택하는 것이 중요하다. 미국심장협회(American Heart Association)에서 권장하는 대로 일주일에 최소 150분의 중간 강도 운동 또는 75분의 격렬한 운동을 목표로 한다. 특히 기저 질환이 있는 경우 새로운 운동 프로그램을 시작하기 전에 의료 서비스 제공자와 상담하는 것이 좋다.

Part 2   혈관과 금연

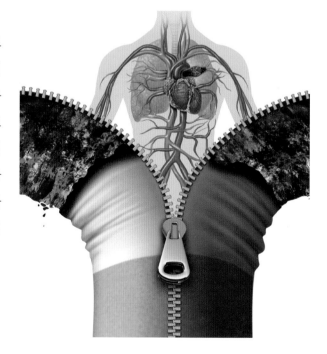

흡연은 심장마비, 뇌졸중 및 말초 동맥질환을 포함한 혈관질환의 가장 중요한 위험 요소 중 하나이다. 흡연은 혈관 내벽을 손상시켜 플라크 축적, 동맥 협착 및 혈류 감소로 이어진다. 담배 연기에 포함된 니코틴 및 기타 화학물질은 혈관을 수축시켜 혈액이 혈관을 통해 흐르기 어렵게 만든다. 이러한 효과는 중요한 장기로의 혈류를 차단하여 심각한 건강 문제를 일으킬 수 있는 혈전의 위험을 증가시킨다.

좋은 소식은 금연이 혈관 건강에 즉각적이고 장기적인 혜택을 줄 수 있다는 것이다. 금연 후 몇 시간 내에 혈중 일산화탄소와 니코틴 수치가 감소하고 수일 내에 심장마비와 뇌졸중의 위험이 감소하기 시작한다. 시간이 지남에 따라 흡연으로 인한 혈관 손상이 역전되기 시작하여 혈류가 개선되고 혈관 건강이 개선될 수 있다.

금연은 또한 좋은 혈관 건강을 유지하는 데 중요한 요소인 혈압을 낮추고 콜레스테롤 수치를 개선하는 데 도움이 될 수 있다. 연구에 따르면 흡연을 중단한 사람은 혈관 질환 발병 위험이 감소했으며 40세 이전에 금연한 사람은 흡연으로 인한 손상을 거의 완전히 되돌릴 수 있다.

금연과 더불어 혈관 건강의 유지를 위해 건강한 생활 방식을 선택하는 것이 중요하다. 여기에는 건강한 식품 섭취, 규칙적인 운동, 스트레스 관리 및 충분한 수면이 포함된다. 금연과 함께 건강한 변화를 통해 혈관질환의 위험을 줄이고 전반적인 건강과 활력(vitality)을 개선할 수 있다.

Part 3 혈관과 스트레스 관리

스트레스는 혈관을 수축시키고 혈압을 높이며 심혈관 질환의 위험을 증가시킬 수 있으므로 혈관 건강에 부정적인 영향을 미칠 수 있다. 따라서 스트레스 관리는 혈관 건강을 유지하는 데 중요한 부분이다. 다음은 도움이 될 수 있는 몇 가지 스트레스 관리 기술이다.

1. 마음챙김 명상(Mindfulness meditation) : 마음챙김 명상은 판단 없이 현재 순간에 주의를 집중하는 것이다. 이는 스트레스를 줄이고 혈압을 낮추며 혈관 건강을 개선하는 것으로 나타났다. 마음챙김 명상을 수행하려면 앉거나 누울 수 있는 조용한 장소를 찾아 눈을 감고 호흡에 집중한다. 마음이 복잡할 때 부드럽게 호흡으로 주의를 되돌린다.

2. 단전호흡(Deep breathing) : 단전호흡은 스트레스를 줄이기 위해 언제 어디서나 할 수 있는 간단한 기술이다. 이를 연습하려면 편안한 자세로 앉거나 누워 배에 손을 얹고 천천히 심호흡을 한다. 코로 숨을 들이마시면서 배를 공기로 채우고, 입으로 숨을 내쉬면서 천천히 공기를 내뱉는다.

3. 운동(Exercise) : 운동은 스트레스를 줄이고 혈관 건강을 개선하는 좋은 방법이다. 기분을 좋게 하는 엔도르핀을 방출하고 혈압을 낮추는 데 도움이 된다. 빠르게 걷기, 자전거 타기 또는 수영과 같이 일주일 대부분에 최소 30분의 중간 강도 운동을 목표로 한다.

4. 요가(Yoga) : 요가는 자세, 호흡 운동 및 명상을 결합한 운동의 한 형태이다. 스트레스를 줄이고 혈압을 낮추며 혈관 건강을 개선하는 것으로 나타났다. 요가를 연습하려면 수강을 하거나 비디오 또는 앱을 사용하여 자세를 학습한 후에 한다.

5. 점진적 근육 이완(Progressive muscle relaxation) : 점진적 근육 이완은 스트레스를 줄이기 위해 신체의 다양한 근육 그룹을 긴장시키고 이완시키는 기술이다. 점진적인 근육 이완법을 연습하려면 편안한 자세로 누워 발에서 시작해서 머리까지 각 근육 그룹을 긴장 및 이완한다.

6. 사회적 지원(Social support) : 친구와 가족의 사회적 지원은 스트레스를 줄이고 혈관 건강을 개선하는 데 도움이 될 수 있다. 사랑하는 사람과 시간을 보내고 스트레스 요인에 대해 이야기하고 필요할 때 지원을 구한다.

이러한 스트레스 관리 기술을 일상에 통합함으로써 스트레스를 줄이고 혈관 건강을 개선할 수 있다. 건강한 식단 섭취, 규칙적인 운동, 충분한 수면 등 건강한 생활 방식을 채택하여 혈관 건강을 더욱 강화하는 것도 중요하다.

Foods that Support Respiratory System and Respiratory Health

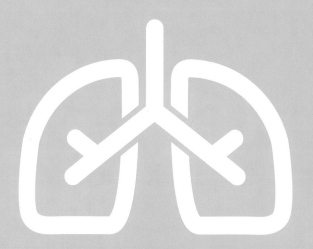

Key Point

- 생명과 호흡기 건강은 밀접한 관계가 있다.
- 호흡계는 신체와 환경 사이의 가스 교환을 담당하며 생명을 유지하는 데 필수적이다.
- 호흡기 건강은 폐, 기도 및 호흡근육을 포함한 호흡기 시스템의 전반적인 건강과 기능을 뜻한다.

Chapter 07

호흡기와 호흡기 건강에 도움을 주는 음식

· 호흡기에 대하여 · 삶과 호흡기 건강의 관계 · 호흡기의 종류와 기능
· 호흡기 질병의 역사 · 호흡기와 영양 · 호흡기 건강을 지원하는 식단

호흡기 Respiratory System

Part 1 삶과 호흡기 건강의 관계

생명과 호흡기 건강은 밀접한 관계가 있다. 호흡기는 신체와 환경 사이의 가스 교환을 담당하며 생명을 유지하는 데 필수적이다. 호흡계 건강은 폐, 기도 및 호흡근육을 포함한 호흡기 시스템의 전반적인 건강과 기능을 뜻한다.

건강한 호흡은 신체 활동과 운동에서 수면과 이완에 이르기까지 삶의 모든 측면에 필수적인 기능이다. 호흡계는 심혈관계와 함께 작용하여 산소가 풍부한 혈액을 조직에 전달하고 세포 대사의 노폐물인 이산화탄소를 제거한다. 적절한 호흡 기능이 없으면 신체는 조직에 효율적으로 산소를 전달하거나 이산화탄소를 제거할 수 없어 피로, 쇠약 및 기타 증상을 유발할 수 있다.

라이프스타일 요인은 호흡기 건강에 중요한 역할을 한다. 흡연, 환경 오염 물질에 대한 노출 및 좌식 생활 방식은 모두 호흡 기능에 부정적인 영향을 미칠 수 있다. 흡연은 만성 폐쇄성 폐질환(COPD : Chronic Obstructive Pulmonary Disease), 폐암(lung cancer) 및 호흡기 감염(respiratory infection)을 포함한 호흡기 질환의 주요 위험 요소이다. 대기 오염 및 간접흡연과 같은 환경 오염 물질에 대한 노출도 호흡기 질환 발병의 위험을 증가시킬 수 있다.

반면 규칙적인 신체 활동에 참여하고 건강한 식단을 유지하면 호흡기 건강에 긍정적인 영향을 미칠 수 있다. 운동은 폐 기능을 개선하고 조직으로의 산소 전달 효율을 높이는 데 도움이 될 수 있다. 과일, 채소 및 통곡물이 풍부한 건강한 식단을 섭취하면 건강한 폐 기능에 필요한 영양소와 항산화제(antioxidant)를 제공하여 호흡기 건강을 지원할 수 있다.

요약하면, 호흡기 건강은 생명을 유지하는 데 필수적이며, 건강한 호흡 기능을 유지하는 데 생활 습관이 중요한 역할을 한다. 흡연과 환경 오염 물질에 대한 노출을 피하고 규칙적인 신체 활동에 참여하고 건강한 식단을 섭취함으로써 개인은 호흡기 건강을 증진하고 전반적인 삶의 질을 향상시킬 수 있다.

Part 2 호흡기의 종류와 기능

호흡계는 호흡을 통한 가스 교환을 촉진하기 위해 함께 작동하는 몇 가지 주요 요소로 구성된다. 호흡기 시스템의 주요 구성 요소는 다음과 같다.

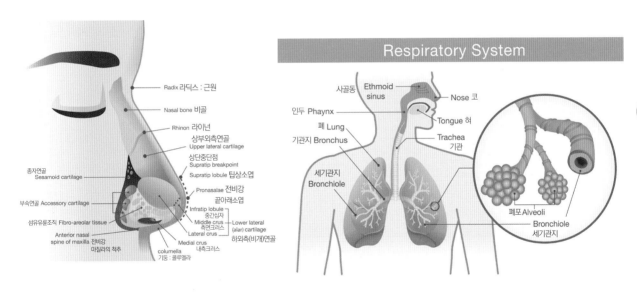

1. 코와 비강(Nose and nasal cavity) : 코와 비강은 호흡기관의 진입점이다. 코에는 공기가 폐에 도달하기 전에 데워지고 여과되고 가습되는 비강으로 이어지는 두 개의 콧구멍이 있다.

2. 인두(Pharynx) : 인두는 비강과 구강이 만나는 인후 뒤쪽 영역으로, 공기와 음식 모두에 공통 경로 역할을 한다.

3. 후두(Larynx) : 후두는 일반적으로 음성 상자로 알려져 있다. 인두와 기관을 연결하는 튜브 모양의 구조로, 소리를 내기 위해 진동하는 성대를 포함한다.

4. 기관(Trachea, windpipe) : 후두에서 폐로 공기를 운반하는 관이다. 기도에서 이물질을 잡아 제거하는 데 도움이 되는 머리카락과 같은 구조인 섬모가 늘어서 있다.

5. 기관지(Bronchus) : 기관(trachea)은 오른쪽 폐와 왼쪽 폐로 이어지는 두 개의 기관지(bronchus)로 나뉜다. 기관지(bronchus)는 세기관지(bronchiole)라고 하는 더 작고 가는 가지로 나뉜다.

6. 폐포(Alveoli) : 세기관지(bronchioles)는 폐포(alveoli)라고 하는 작은 기낭에서 끝난다. 이들은 폐와 혈류 사이의 가스 교환 부위이다. 공기 중의 산소는 폐포 벽을 가로질러 혈액으로 확산되고, 혈액의 이산화탄소는 폐포(alveoli)로 확산되어 내뿜는다.

7. 폐(Lung) : 폐는 호흡기의 주요 기관으로, 흉강(thoracic cavity)에 위치하고 흉곽(Thorax)에 의해 보호된다. 오른쪽 폐에는 3개의 엽(롭lobes : 둥근 돌출부)이 있고 왼쪽 폐에는 2개의 엽(lobes : 둥근 돌출부)이 있다. 폐는 흉막(pleura)이라는 얇은 막으로 둘러싸여 있는데 이는 호흡하는 동안 폐를 보호하고 윤활하는 데 도움이 된다.

8. 횡격막(Diaphragm) : 횡격막(diaphragm)은 흉강(thoracic cage), 복강(abdominal cavitie)을 분리하는 돔 모양의 큰 근육으로, 흡입하는 동안 수축하고 평평하게 하여 공기를 폐로 끌어들이는 진공을 생성하여 호흡에 중요한 역할을 한다.

전반적으로 호흡계는 적절한 호흡과 신체 및 환경 사이의 가스 교환을 보장하기 위해 함께 작동하는 기관과 조직의 복잡한 네트워크이다.

Part 3 호흡기 질병과 증상

수많은 호흡기 질환이 있으며 그중 일부는 급성이고 일부는 만성이다. 다음은 몇 가지 일반적인 호흡기 질환과 그 증상이다.

1. 천식(Asthma) : 천식은 기관지가 수축하여 공기가 통과하기 쉽지 않아 호흡곤란을 유발하는 급, 만성 호흡기 질환이다. 천식의 증상으로는 쌕쌕거림, 숨가쁨, 흉부 압박감, 기침 등이 있다.

2. 만성 폐쇄성 폐질환(COPD : Chronic Obstructive Pulmonary Disease) : COPD는 만성 기관지염과 폐기종을 포함하는 만성 폐질환이다. COPD의 증상으로는 기침, 숨가쁨, 쌕쌕거림, 흉부 압박감, 빈번한 호흡기 감염 등이 있다.

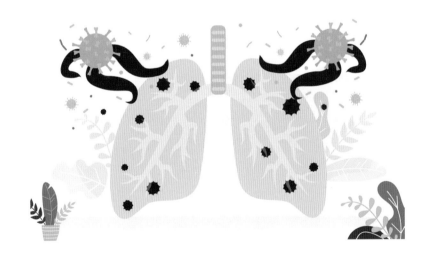

3. 인플루엔자(독감)[Influenza(Flu)] : 인플루엔자는 바이러스에 의해 발생하는 호흡기 질환이다. 독감의 증상으로는 발열, 기침, 인후통, 콧물 또는 코막힘, 몸살, 두통, 피로 등이 있다.

4. 폐렴(Pneumonia) : 폐렴은 박테리아, 바이러스 또는 곰팡이에 의해 발생할 수 있는 폐의 감염이다. 폐렴의 증상으로는 기침, 발열, 흉통, 숨가쁨, 피로, 발한 등이 있다.

5. 결핵(TB: TuBerculosis) : 결핵은 폐 또는 신체의 다른 부분에 영향을 줄 수 있는 박테리아에 의해 발생하는 전염병이다. 결핵의 증상으로는 2주 이상 지속되는 기침, 흉통, 피가 섞인 기침, 발열, 식은땀, 피로 등이 있다.

6. 폐색전증(Pulmonary thromboembolism) : 폐색전증은 혈전이 폐로 이동하여 혈관을 막을 때 발생한다. 폐색전증의 증상으로는 갑작스러운 숨가쁨, 흉통, 객혈, 빠른 심장박동, 현기증 등이 있다.

7. 유육종증(Sarcoidosis) : 신체의 여러 부분에서 림프절이 커지고 망상내피계에서 유래한 육아종이 광범위하게 나타나는 원인 불명의 만성질환이다. 유육종증(Sarcoidosis)은 신체의 모든 기관에 영향을 줄 수 있지만 가장 일반적으로 폐에 영향을 미치는 염증성 질환이다. 유육종증의 증상으로는 기침, 숨가쁨, 흉통, 피로, 발열, 피부 발진 등이 있다.

8. 낭포성 섬유증(Cystic fibrosis) : 호흡기 계통과 소화 계통에 영향을 미치는 유전 질환이다. 낭포성 섬유증의 증상으로는 잦은 호흡기 감염, 지속적인 기침(persistent cough), 쌕쌕거림(wheezing), 숨가쁨(shortness of breath), 성장 부진(poor growth), 체중 증가(weight gain) 등이 있다.

9. 폐암(Lung cancer) : 폐암은 폐에 발생한 악성 종양이다. 폐암의 증상으로는 시간이 지남에 따라 악화되는 기침, 흉통, 숨가쁨, 객혈, 피로, 설명할 수 없는 체중 감소 등이 있다.

결론적으로 호흡기 질환은 기침과 숨가쁨에서 흉통과 피로에 이르기까지 다양한 증상을 유발할 수 있다. 호흡기 질환의 조기 진단 및 치료는 합병증을 예방하고 결과를 개선하는 데 도움이 될 수 있다.

02 호흡기 질병의 역사 History of Respiratory Disease

Part 1 호흡기 질병의 역사

호흡기 질환은 고대 이집트, 그리스, 로마의 문서에 나타나는 호흡기 감염 및 질병의 증거와 함께 고대부터 존재해 왔다. 다음은 일부 주요 호흡기 질환에 대한 간략한 개요이다.

1. 결핵(TB: TuBerculosis) : 결핵은 수 세기 동안 주요 사망 원인이었으며 이는 고대 이집트 미라에 기록되어 있다. 19세기에 이르러서야 결핵이 결핵균(Mycobacterium tuberculosis)이라는 박테리아에 의해 발생하는 전염병으로 인식되었다. 결핵은 항생제가 개발되기 전까지 유럽과 북미에서 주요 사망 원인이었다.

2. 인플루엔자(Influenza) : 일반적으로 독감으로 알려진 인플루엔자는 역사상 중요한 호흡기 질환이었다. 인플루엔자의 발발은 고대 그리스와 로마까지 거슬러 올라가며, 이 질병은 전 세계적으로 약 5천만 명의 목숨을 앗아간 1918년 스페인 독감 대유행을 포함하여 역사상 여러 대유행을 일으켰다.

3. 폐렴(Pneumonia) : 폐렴은 한쪽 또는 양쪽 폐의 기낭에 염증을 일으키는 감염이다. 그것은 역사를 통틀어 특히 어린이, 노인 및 면역체계가 약화된 사람들의 중요한 사망 원인이었다. 19세기에 폐렴은 미국에서 주요 사망 원인이었다.

4. 만성 폐쇄성 폐질환(COPD : Chronic Obstructive Pulmonary Disease) : COPD는 만성 기관지염(chronic bronchitis)과 폐기종(emphysema)을 포함하는 만성 호흡기 질환이다. 흡연은 COPD의 주요 원인이며 흡연의 증가로 인해 지난 세기 동안 질병이 점점 더 널리 퍼졌다. 현재 전 세계에서 네 번째로 큰 사망 원인이다.

5. 사스 및 코로나-19(SARS and COVID-19) : 중증급성호흡기증후군(SARS)과 COVID-19는 둘 다 코로나바이러스에 의한 것으로 최근 몇 년 동안 전 세계에서 발생했다. SARS는 2002년 중국에서 발생하여 전 세계적으로 8,000명 이상을 감염시켜 700명 이상이 사망했다. COVID-19는 2019년 말 중국에서 발생했으며 이후 전 세계에 확산되어 수백만 명이 감염되고 수십만 명이 사망했다.

전반적으로 호흡기 질환은 인류 역사에 중대한 영향을 미쳤으며 수많은 죽음을 초래하고 사회를 변화시켰다. 현대 의학 및 공중 보건 조치의 발전은 호흡기 질환의 영향을 줄이는 데 도움이 되었지만 전 세계의 주요 공중 보건 문제로 남아 있다.

Part 2 식습관과 호흡기 질병의 상관관계

식습관과 호흡기 질환 사이에는 복잡한 상관관계가 있다. 영양 부족과 건강에 해로운 식습관은 호흡기 질환의 발병으로 이어질 수 있으며 건강한 식단은 이를 예방하고 관리하는 데 도움이 될 수 있다. 식습관이 호흡기 건강에 미칠 수 있는 영향을 살펴보면 다음과 같다.

1. 비만(Obesity) : 비만은 천식 및 만성 폐쇄성 폐질환(COPD : Chronic Obstructive Pulmonary Disease)과 같은 호흡기 질환의 중요한 위험 요소이다. 칼로리, 포화지방 및 설탕이 많은 식단은 체중 증가와 비만으로 이어질 수 있으며, 이는 염증을 유발하고 폐 기능을 저하시킬 수 있다.

2. 영양소 결핍(Nutrient deficiencies) : 영양소 결핍은 면역 기능을 손상시키고 호흡기 감염에 더 취약하게 만들 수 있다. 예를 들어, 낮은 수준의 비타민 C, 비타민 D 및 아연(zinc)은 호흡기 감염 위험 증가와 관련이 있다.

3. 알레르기(Allergy) : 특정 음식은 쌕쌕거림(wheezing), 기침(coughing), 숨가쁨(shortness of breath)과 같은 호흡기 증상을 유발할 수 있는 알레르기 반응을 유발할 수 있다. 알레르기를 일으키는 식재료에는 땅콩, 견과류, 조개류 및 유제품이 있다.

4. 위산 역류(Acid reflux) : 위산이 식도(esophagus)로 역류해서 가슴과 목에 작열감(burning sensation)을 유발할 때 발생한다. 특히 천식이 있는 개인의 경우 기침 및 쌕쌕거리는 천명(wheezing)과 같은 호흡기 증상을 유발할 수 있다.

5. 천식(Asthma) : 우유, 달걀, 조개류와 같은 특정 음식은 일부 개인에게 알레르기 반응에 의해 천식 증상을 유발할 수 있다. 또한 가공식품과 포화지방이 많은 식단은 천식 발병 위험 증가와 관련이 있다.

반면에 과일, 채소, 통곡물, 지방이 적은 단백질을 포함하는 건강한 식단은 호흡기 건강을 지원하는 데 도움이 될 수 있다. 예를 들어, 비타민 C, 비타민 E와 같은 항산화제가 풍부한 식단은 염증을 줄이고 폐 기능을 개선하는 데 도움이 될 수 있다. 또한 생선, 견과류 및 씨앗에서 발견되는 오메가-3지방산은 항염증 효과가 있는 것으로 나타났으며 호흡기 질환 발병 위험을 줄이는 데 도움이 될 수 있다.

결론적으로 식습관만으로는 호흡기 질환이 발생하지 않을 수 있지만 영양 부족과 건강에 해로운 식습관은 호흡기 질환의 발병과 악화를 초래할 수 있다. 반면 건강한 식단은 면역 기능을 지원하고 염증을 줄임으로써 호흡기 질환을 예방·관리하는 데 도움이 될 수 있다.

03 호흡기와 영양 Respiratory and Nutrition

180

치유의 맛 | Culinary Medicine

Part 1 영양이 호흡기에 중요한 이유

적절한 영양 섭취는 호흡기를 포함한 신체의 전반적인 건강에 필수적이다. 호흡계에는 호흡과 산소 교환을 담당하는 폐, 기관지 및 폐포(alveoli : 빠른 가스 교환을 허용하는 폐의 많은 작은 기낭)와 같은 기관이 포함된다. 다음은 호흡기 시스템에 영양이 중요한 주요 이유 중 일부이다.

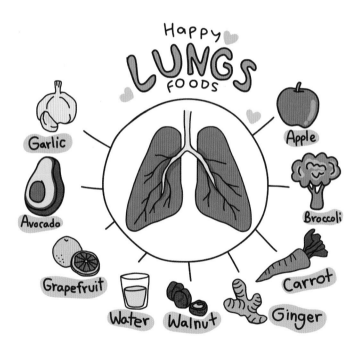

1. 영양소는 폐 기능을 지원(Nutrients support lung function) : 폐가 제대로 기능하려면 지속적인 산소 공급이 필요하며, 비타민 C, 마그네슘, 오메가-3지방산과 같은 특정 영양소는 건강한 폐 조직을 유지하고 염증을 예방하는 데 도움이 된다. 이러한 영양소를 적절하게 섭취하면 폐 기능을 개선하

고 천식 및 만성 폐쇄성 폐질환(COPD : Chronic Obstructive Pulmonary Disease)과 같은 호흡기 질환의 위험을 줄이는 데 도움이 될 수 있다.

2. 면역력을 높이는 영양소(Nutrients boost immunity) : 면역체계는 감염과 질병으로부터 호흡기를 보호하는 데 중요한 역할을 한다. 영양이 충족된 신체는 호흡기 감염을 예방하고 증상의 중증도를 줄이는 데 도움이 되는 더 강한 면역체계를 가진다. 비타민 C, 비타민 D, 아연과 같은 영양소는 면역력을 높이고 호흡기 감염을 예방하는 것으로 알려져 있다.

3. 체중 관리(Weight management) : 비만은 천식, COPD 및 수면 무호흡증을 포함한 많은 호흡기 질환의 위험 요소이다. 적절한 영양 섭취는 건강한 체중 유지에 도움이 되므로 이러한 질병의 발병 위험을 줄이고 폐 기능을 개선할 수 있다.

4. 항염증 특성(Anti-inflammatory properties) : 만성 염증은 많은 호흡기 질환의 공통 요인이다. 오메가-3지방산, 비타민 E 및 플라보노이드(flavonoid)와 같은 영양소는 항염증 특성이 있어 호흡기의 염증을 줄이는 데 도움이 될 수 있다.

5. 수분공급(Hydration : 물을 흡수하게 하는 과정) : 적절한 수화는 호흡기가 제대로 기능하는 데 필수적이다. 탈수가 되면 폐와 기도의 점액이 두꺼워져 호흡하기가 더욱 어려워진다. 충분한 물과 기타 액체를 섭취하면 점액을 묽게 만들어 기침할 때 좀 편해지고 기도를 청소(clear the airway)할 수 있다.

요약하면, 적절한 영양 섭취는 호흡기가 제대로 기능하는 데 필수적이다. 즉 폐 기능을 지원하고, 면역력을 높이고, 건강한 체중을 유지하고, 염증을 줄이고, 적절한 수분 공급을 보장한다.

적절한 영양 섭취는 좋은 호흡기 건강을 유지하는 데 중요한 역할을 한다. 비타민, 미네랄, 항산화제 및 섬유질과 같은 영양소가 풍부한 균형 잡힌 식단은 폐 기능 지원, 염증 감소, 면역력 강화 및 호흡기 질환 예방에 도움이 된다. 다음은 호흡기 건강에 중요한 역할을 하는 주요 영양소와 식품이다.

• 호흡기 건강에 좋은 식품

1. 비타민 C(Vitamin C) : 비타민 C는 산화 스트레스와 염증으로부터 폐를 보호하는 데 도움이 되는 강력한 항산화제이다. 또한 면역체계를 지원하고 호흡기 감염의 중증도를 줄이는 데 도움이 될 수 있다. 비타민 C가 풍부한 식품에는 감귤류(citrus fruits), 키위, 딸기, 피망(bell peppers), 브로콜리가 있다.

2. 오메가-3지방산(Omega-3 fatty acid) : 오메가-3지방산은 항염증제이며 폐와 기도의 염증을 줄이는 데 도움이 될 수 있다. 또한 면역체계를 지원하고 호흡기 감염을 예방하는 데 도움이 될 수 있다. 오메가-3지방산의 좋은 공급원에는 연어, 고등어, 정어리와 같은 지방이 많은 생선과 치아시드(chia seed), 아마씨(flaxseed), 호두(walnut)가 있다.

3. 마그네슘(Magnesium) : 마그네슘은 폐 기능에 중요하며 기도(airway)의 염증을 줄이는 데 도움이 될 수 있다. 또한 면역체계를 지원하고 호흡기 감염을 예방할 수 있다. 마그네슘 함량이 높은 식품에는 잎이 많은 녹색 채소, 견과류, 씨앗 및 통곡물(whole grain)이 있다.

4. 비타민 D(Vitamin D) : 비타민 D는 면역 기능에 중요하며 호흡기 감염의 위험을 줄이는 데 도움이 될 수 있다. 또한 폐 기능을 지원하고 기도의 염증을 줄이는 데 도움이 될 수 있다. 비타민 D가 풍부한 식품에는 지방이 많은 생선, 달걀 노른자 및 강화 유제품이 있다. 그러나 신체는 피부가 햇빛에 노출될 때도 비타민 D를 생성할 수 있다.

5. 아연(Zinc) : 아연은 면역 기능에 중요하며 호흡기 감염의 중증도를 줄이는 데 도움이 될 수 있다. 또한 손상된 폐 조직의 치유를 지원한다. 아연 함량이 높은 식품에는 굴, 쇠고기, 돼지고기, 닭고기, 콩, 견과류가 포함된다.

6. 산화 방지제(Antioxidant) : 산화 방지제는 산화 스트레스와 염증으로부터 폐를 보호하는 데 도움이 된다. 또한 면역 기능을 지원하고 호흡기 감염을 예방하는 데 도움이 될 수 있다. 산화 방지제의 좋은 공급원에는 열매, 잎이 많은 채소 및 토마토와 같은 과일 및 채소가 있다.

7. 섬유질(Fiber) : 섬유질은 호흡기 건강을 위해 건강한 체중을 유지하는 데 중요한 역할을 한다. 비만은 천식 및 COPD를 포함한 많은 호흡기 질환의 위험 요소이다. 섬유질은 또한 전반적인 면역 기능에 중요한 장 건강을 돕는다. 섬유질의 좋은 공급원에는 과일, 채소, 통곡물 및 콩류가 있다.

결론적으로 비타민 C, 오메가-3지방산, 마그네슘, 비타민 D, 아연, 항산화제 및 섬유질과 같은 영양소가 풍부한 식단은 호흡기 건강을 지원하는 데 도움이 될 수 있다. 다양한 자연식품을 섭취하고 가공식품을 최소화하면 건강을 유지하는 데 도움이 될 수 있다.

다음은 호흡기 건강을 지원하는 1주일 다이어트 계획의 예이다. 이 식사 계획에는 과일, 채소, 통곡물, 양질의 단백질 및 건강한 지방을 포함하여 영양이 풍부한 다양한 식품이 포함된다.

이 식사 계획에서는 비타민 C 및 D, 오메가-3지방산, 마그네슘, 아연, 항산화제 및 섬유질을 포함하여 호흡기 건강을 돕는 다양한 영양소를 제공한다. 또한 전반적인 건강을 유지하고 면역 기능을 지원하는데 중요한 양질의 단백질과 건강한 지방을 포함한다.

날짜	일일	메뉴명	호흡기 건강에 좋은 이유
Day 1	아침	• Omelette with spinach and feta cheese, whole-grain toast, and fresh orange juice • 시금치와 페타 치즈를 곁들인 오믈렛, 통곡물 토스트, 신선한 오렌지 주스	• 시금치는 항산화 물질이 풍부해서 폐의 염증을 줄이는 데 도움이 됨 • 페타 치즈는 건강한 폐 기능을 유지하는 데 도움이 되는 칼슘의 좋은 공급원 • 통곡물 토스트는 에너지를 위한 복합 탄수화물을 제공 • 신선한 오렌지 주스는 폐 기능을 개선하는 데 도움이 되는 비타민 C의 좋은 공급원
	점심	• Chicken and vegetable stir-fry with brown rice • 현미를 곁들인 닭고기와 채소볶음	• 닭고기와 채소볶음은 호흡기 건강을 지원하는 다양한 비타민과 미네랄을 제공 • 현미는 천천히 방출되는 탄수화물을 에너지로 제공
	저녁	• Grilled salmon with roasted asparagus and sweet potato wedge • 구운 아스파라거스와 고구마 웨지를 곁들인 구운 연어	• 구운 연어는 염증을 줄이고 폐 기능을 개선하는 데 도움이 되는 오메가-3지방산이 풍부 • 구운 아스파라거스와 웨지형 고구마는 호흡기 건강을 지원하는 다양한 비타민과 미네랄을 제공
Day 2	아침	• Greek yogurt with mixed berries, granola, and honey • 혼합 베리, 그래놀라, 꿀을 곁들인 그릭 요구르트	• 그릭 요구르트는 단백질의 좋은 공급원이며 건강한 폐 기능을 유지하는 데 도움이 됨 • 혼합 베리는 폐의 염증을 줄이는 데 도움이 되는 항산화제가 풍부 • 그래놀라는 에너지를 천천히 방출하는 탄수화물을 제공 • 꿀은 천연 항균제이며 호흡기 건강을 개선하는 데 도움이 됨
	점심	• Lentil soup with whole-grain bread and mixed vegetable • 통곡물빵과 혼합 채소를 곁들인 렌즈콩 수프	• 렌즈콩 수프는 섬유질이 풍부하고 폐의 염증을 줄이는 데 도움이 됨 • 통곡물빵은 에너지를 위한 복합 탄수화물을 제공 • 혼합 채소는 호흡기 건강을 지원하는 비타민과 미네랄을 제공
	저녁	• Baked chicken breast with roasted vegetable and quinoa • 구운 채소와 퀴노아를 곁들인 구운 닭가슴살	• 구운 닭가슴살은 포화지방이 적고 건강한 콜레스테롤 수치를 유지하는 데 도움이 됨 • 구운 채소는 호흡기 건강을 지원하는 다양한 비타민과 미네랄을 제공하고 퀴노아는 천천히 방출되는 탄수화물을 에너지로 제공
Day 3	아침	• Smoothie with mixed berries, spinach, almond milk, and a scoop of protein powder • 혼합 베리, 시금치, 아몬드 우유, 단백질 파우더 스쿱을 곁들인 스무디	• 딸기와 시금치를 혼합한 스무디는 염증을 줄이고 폐 기능을 개선하는 데 도움이 되는 항산화제와 섬유질이 풍부 • 아몬드 우유는 폐 기능을 개선하는 데 도움이 되는 건강한 지방의 좋은 공급원 • 단백질 파우더는 추가적인 영양분을 제공하고 근육 기능을 지원하여 간접적으로 호흡기 건강에 도움이 됨
	점심	• Turkey and hummus wrap with mixed green and sliced cucumber • 혼합 채소와 얇게 썬 오이를 곁들인 칠면조와 후무스 랩	• 칠면조는 건강한 폐 조직을 유지하는 데 도움이 되는 양질의 단백질의 좋은 공급원. 후무스는 폐 기능을 개선하는 데 도움이 되는 추가 단백질과 건강한 지방을 제공 • 혼합 채소는 호흡기 건강을 지원하는 비타민과 미네랄을 제공하고 얇게 썬 오이는 수분과 추가 영양소를 제공
	저녁	• Grilled chicken skewers with roasted vegetable and quinoa • 구운 채소와 퀴노아를 곁들인 구운 닭꼬치	• 구운 닭고기와 구운 채소는 폐 기능을 지원하는 다양한 비타민과 미네랄을 제공하고 퀴노아는 천천히 방출되는 탄수화물을 에너지로 제공

Day 4	아침	• Oatmeal with mixed berries, chia seed, and a drizzle of honey • 혼합 베리, 치아시드, 꿀을 약간 곁들인 오트밀	• 오트밀은 섬유질이 풍부하여 염증을 줄이고 폐 기능을 개선하는 데 도움이 됨 • 딸기에는 산화 스트레스와 호흡기 질환의 원인이 될 수 있는 염증을 예방하는 데 도움이 되는 항산화제가 풍부 • 치아시드는 염증을 줄이고 폐 기능을 개선하는 데 도움이 되는 오메가-3지방산의 좋은 공급원
	점심	• Tuna salad with mixed green and sliced tomatoes • 혼합 채소와 얇게 썬 토마토를 곁들인 참치 샐러드	• 참치는 염증을 줄이고 폐 기능을 개선하는 데 도움이 되는 기름기 없는 단백질과 오메가-3지방산의 좋은 공급원 • 혼합 채소와 얇게 썬 토마토는 호흡기 건강을 지원하는 비타민과 미네랄을 제공
	저녁	• Lentil soup with whole-grain bread and mixed vegetable • 통곡물빵과 혼합 채소를 곁들인 렌즈콩 수프	• 렌틸콩은 섬유질이 풍부하여 염증을 줄이고 폐 기능을 개선하는 데 도움이 됨 • 통곡물빵은 에너지를 위한 복합 탄수화물을 제공하고 혼합 채소는 폐 기능을 지원하는 다양한 비타민과 미네랄을 제공
Day 5	아침	• Whole-grain toast with avocado, sliced tomato, and a poached egg • 아보카도, 슬라이스 토마토, 수란을 곁들인 통곡물 토스트	• 통곡물 토스트는 에너지를 위한 복합 탄수화물을 제공 • 아보카도는 염증을 줄이고 폐 기능을 개선하는 데 도움이 되는 건강한 지방이 풍부 • 토마토는 폐 기능을 개선하는 데 도움이 되는 비타민 C의 좋은 공급원. 수란은 단백질의 좋은 공급원이며 건강한 폐 조직을 유지하는 데 도움이 될 수 있음
	점심	• Grilled chicken salad with mixed green, sliced bell pepper, and a lemon vinaigrette • 혼합 채소, 얇게 썬 피망, 레몬 비네그레트를 곁들인 구운 치킨 샐러드	• 구운 닭고기와 혼합 채소는 호흡기 건강을 지원하는 비타민과 미네랄을 제공 • 얇게 썬 피망은 추가 비타민과 산화 방지제를 제공
	저녁	• Baked salmon with roasted vegetable and brown rice • 구운 채소와 현미를 곁들인 구운 연어	• 연어에는 염증을 줄이고 폐 기능을 개선하는 데 도움이 되는 오메가-3지방산이 풍부 • 구운 채소는 폐 기능을 지원하는 다양한 비타민과 미네랄을 제공하고 현미는 천천히 방출되는 에너지용 탄수화물을 제공
Day 6	아침	• Scrambled egg with spinach and whole-grain toast • 시금치와 통곡물 토스트를 곁들인 스크램블드 에그	• 달걀은 폐 기능을 개선하는 데 도움이 되는 단백질과 비타민 D의 좋은 공급원 • 시금치는 항산화제가 풍부하여 호흡기의 염증을 줄이는 데 도움이 될 수 있음 • 통곡물 토스트는 에너지를 위한 복합 탄수화물을 제공
	점심	• Grilled chicken salad with mixed green, cucumber, and cherry tomatoes • 채소, 오이, 방울토마토를 곁들인 구운 치킨 샐러드	• 구운 닭고기는 건강한 폐 조직을 유지하는 데 도움이 되는 양질의 단백질의 좋은 공급원 • 혼합 채소, 오이 및 방울토마토는 호흡기 건강을 지원하는 비타민과 미네랄을 제공
	저녁	• Grilled salmon with roasted vegetables and quinoa • 구운 채소와 퀴노아를 곁들인 구운 연어	• 연어에는 염증을 줄이고 폐 기능을 개선하는 데 도움이 되는 오메가-3지방산이 풍부 • 구운 채소는 폐 기능을 지원하는 다양한 비타민과 미네랄을 제공하고 퀴노아는 천천히 방출되는 에너지용 탄수화물을 제공
Day 7	아침	• Greek yogurt with mixed berries and almond • 베리류와 아몬드를 섞은 그릭 요구르트	• 그릭 요구르트는 건강한 폐 조직을 유지하는 데 도움이 되는 단백질과 칼슘의 좋은 공급원 • 혼합 베리는 산화 방지제가 풍부하여 호흡기의 염증을 줄이는 데 도움이 될 수 있음 • 아몬드는 폐 기능을 향상시킬 수 있는 건강한 지방을 제공
	점심	• Lentil soup with mixed vegetable and whole-grain bread • 혼합 채소와 통곡물빵을 곁들인 렌즈콩 수프	• 렌즈콩 수프는 섬유질이 풍부하고 호흡기의 염증을 줄이는 데 도움이 될 수 있음 • 통곡물빵은 에너지를 위한 복합 탄수화물을 제공
	저녁	• Turkey chili with brown rice and mixed vegetable • 현미와 혼합 채소를 곁들인 칠면조 칠리	• 칠면조는 건강한 폐 조직을 유지하는 데 도움이 되는 양질의 단백질의 좋은 공급원 • 현미는 천천히 방출되는 탄수화물을 에너지로 제공하고 혼합 채소는 호흡기 건강을 지원하는 다양한 비타민과 미네랄을 제공

※ 주중 간식에는 신선한 과일, 후무스를 곁들인 생채소, 꿀과 견과류를 곁들인 그릭 요구르트 또는 견과류 한 줌이 포함될 수 있다.

호흡기와 호흡기 건강에 도움을 주는 음식

호흡기 건강에 유익한 영양소가 풍부한 몇 가지 요리와 요리법을 제안한다.

1. Salmon and Broccoli and Cauliflower Stir-Fry
연어와 브로콜리, 콜리플라워 볶음

이 요리는 호흡기 건강에 유익한 오메가-3지방산과 비타민 C가 풍부하다. 오메가-3지방산은 기도의 염증을 줄이는 것으로 나타났으며, 비타민 C는 호흡기 감염을 예방하는 데 도움이 될 수 있다. 특히, 연어는 다음과 같은 이유로 인해 호흡기 건강에 도움이 된다.

1) **오메가-3지방산** : 연어에는 EPA와 DHA라는 오메가-3지방산이 풍부하게 포함되어 있다. 이러한 지방산은 염증을 줄이고 호흡기 건강을 개선하는 데 도움이 된다.

2) **비타민 D** : 연어는 비타민 D의 좋은 원천이다. 비타민 D는 면역체계를 강화하고 호흡기 건강을 개선하는 데 중요한 역할을 한다.

3) **단백질** : 연어는 고단백, 저지방의 건강한 단백질 원천이다. 단백질은 면역체계를 강화하고 건강의 개선 및 회복에 도움을 준다.

4) **셀레늄** : 연어는 셀레늄이 풍부한 식품 중 하나이다. 셀레늄은 항산화 작용을 하고 면역체계를 강화하며 호흡기 질환의 발생을 예방하는 데 도움이 된다.

Ingredients

- 1 salmon fillets
- 1 cups broccoli florets
- 1 cups cauliflower
- 1 clove garlic, minced
- 1 tbsp olive oil
- 1 tbsp low—sodium soy sauce
- salt and pepper to taste

Instructions

1. 큰 프라이팬에 올리브 오일을 두르고 중간 정도 열에 가열한다.
2. 마늘을 넣고 30초 동안 볶는다.
3. 연어 필렛을 추가하고 갈색으로 완전히 익을 때까지 한 면당 2~3분씩 조리한다.
4. 팬에서 연어를 꺼내 따로 보관한다.
5. 브로콜리와 콜리플라워를 팬에 넣고 부드러워질 때까지 2~3분 동안 볶는다.
6. 간장과 소금, 후추를 넣어 맛을 낸다.
7. 팬에 연어를 다시 넣고 저어 섞는다.
8. 따뜻할 때 먹는다.

2. Spinach and Feta Stuffed Chicken - 시금치 페타 치킨

이 요리는 호흡기 건강에 중요한 비타민 A와 단백질의 좋은 공급원이다. 비타민 A는 오염 물질로부터 폐를 보호하는 데 도움이 되며, 단백질은 폐 조직의 성장과 복구에 필수적이다.

Ingredients

- 1 boneless, skinless chicken breasts
- 1/4 cup crumbled feta cheese
- 1/2 tomato, sliced
- 1 cups fresh spinach leaves
- 1 clove garlic, minced
- 3 leaf basil
- salt and pepper to taste

Instructions

1. 오븐을 190℃로 예열한다.
2. 닭가슴살을 옆으로 칼집을 3개 넣는다.
3. 그릇에 페타 치즈, 시금치, 토마토, 마늘, 소금, 후추를 섞는다.
4. 페타 혼합물을 닭가슴살 사이사이에 채운다.
5. 닭가슴살을 베이킹 시트에 놓고 25~30분 동안 또는 닭고기가 완전히 익을 때까지 굽는다.

3. Lentil Soup - 렌즈콩 수프

렌틸콩은 단백질, 철분 및 섬유질의 훌륭한 공급원으로 면역체계를 강화하고 염증을 줄임으로써 호흡기 건강을 지원하는 데 도움이 된다.

Ingredients

- 1 tbsp olive oil
- 1 onion, chopped
- 3 cloves garlic, minced
- 2 carrots, peeled and chopped
- 2 celery stalks, chopped
- 1 cup dried lentils, rinsed and drained
- 4 cups low-sodium vegetable broth
- 1 can diced tomatoes
- 1 tsp dried thyme
- salt and pepper to taste

Instructions

1. 큰 냄비에 올리브 오일을 두르고 중간 정도 열에 가열한다.
2. 양파와 마늘을 넣고 양파가 투명해질 때까지 볶는다.
3. 당근과 셀러리를 넣고 채소가 부드러워질 때까지 5~7분 동안 볶는다.
4. 렌즈콩, 채소 국물, 깍둑썰기한 토마토, 백리향, 소금 및 후추를 추가한다.
5. 끓인 다음 불을 약하게 줄이고 30~40분 동안 또는 렌즈콩이 부드러워질 때까지 끓인다.
6. 뜨거울 때 먹는다.

4. Ginger-Turmeric Tea - 생강 · 강황차

생강과 강황은 기도의 염증을 줄이고 호흡 기능을 개선하는 데 도움이 되는 항염증제이다.

Ingredients

- 3cm piece fresh ginger root, peeled and grated
- 1 tsp ground turmeric
- 2 cups hot water

Instructions

1. 냄비에 모든 재료를 넣고 살짝 끓여준다.
2. 맛과 향이 우러나면 체에 걸러 컵에 담아 따뜻할 때 먹는다.

5. Quinoa and Vegetable Stir-Fry - 퀴노아 채소볶음

이 요리는 산화 방지제가 풍부하여 폐의 염증을 줄이고 호흡기 건강을 개선하는 데 도움이 된다.

Ingredients

- 1 cup quinoa
- 2 cups water
- 2 tbsp olive oil
- 1 onion, chopped
- 2 cloves garlic, minced
- 1 red bell pepper, chopped
- 1 cup chopped broccoli florets
- 1 cup sliced carrots
- 1 tbsp low—sodium soy sauce
- salt and pepper to taste

Instructions

1. 퀴노아는 고운 망사 여과기에 헹군 뒤에 따로 보관한다.

2. 중간 냄비에 물을 끓인다.

3. 퀴노아를 넣고 불을 약하게 줄인다.

4. 뚜껑을 덮고 15~20분 동안 또는 물이 흡수되고 퀴노아가 부드러워질 때까지 끓인다.

5. 큰 프라이팬에 올리브 오일을 두르고 중불로 가열한다.

6. 양파와 마늘을 넣고 양파가 투명해질 때까지 2~3분간 볶는다.

7. 피망, 브로콜리, 당근을 넣고 채소가 부드러워질 때까지 5~7분 동안 볶는다.

8. 익힌 퀴노아를 프라이팬에 넣고 저어 섞는다.

9. 간장, 소금, 후추를 넣어 맛을 낸다.

10. 뜨겁게 서빙한다.

04 호흡기 건강에 유익한 활동
Activities Beneficial to Respiratory Health

Part 1 호흡기 건강에 좋은 활동

폐활량을 늘리고 호흡 기능을 개선하는 신체 활동과 운동에 참여하면 전반적인 호흡기 건강에 도움이 될 수 있다. 다음은 호흡기 건강을 개선하는 데 도움이 되는 몇 가지 활동이다.

1. 야외 활동(Outdoor activities) : 야외에서 신선한 공기를 마시며 시간을 보내는 것은 호흡기 건강에 도움이 될 수 있다. 하이킹, 자전거 타기 또는 산책과 같은 활동은 폐 기능을 개선하고 산소 섭취량을 늘리는 데 도움이 될 수 있다.

2. 에어로빅 운동(Aerobic exercise) : 심박수를 높이고 호흡률을 높이는 모든 형태의 운동은 호흡기 건강에 도움이 될 수 있다. 빠르게 걷기, 달리기, 자전거 타기, 수영, 춤과 같은 활동은 폐활량을 늘리고 호흡 기능을 개선하는 데 도움이 될 수 있다.

3. 요가(Yoga) : 요가는 폐 기능을 개선하고 산소 섭취량을 늘리는 훌륭한 방법이 될 수 있다. 심호흡 운동(프라나야마 pranayama), 가슴을 여는 자세(코브라 또는 위를 향한 개와 같은), 트위스트(앉아서 척추 트위스트와 같은)와 같은 요가 자세는 폐활량과 호흡 기능을 향상시킬 수 있다.

4. 필라테스(Pilates) : 필라테스는 호흡에 사용되는 근육을 포함하여 코어 근육 강화에 중점을 둔다. 복부와 늑간근(갈비뼈 사이의 근육)의 강화를 목표로 하는 필라테스는 호흡 기능을 개선하는 데 도움이 될 수 있다.

5. 태극권(Tai Chi) : 태극권은 느리고 흐르는 듯한 움직임과 깊은 호흡을 수반하는 부드럽고 충격이 적은 형태의 운동이다. 태극권을 연습하면 폐활량을 늘리고 호흡 기능을 개선하는 데 도움이 된다.

6. 심혈관 훈련(Cardiovascular training) : 인터벌 트레이닝(interval training : 운동선수가 두 가지 활동을 번갈아 가며 수행하는 훈련으로, 일반적으로 속도, 노력 정도 등이 다름) 또는 고강도 인터벌 트레이닝(HIIT : High-Intensity Interval Training)을 포함하는 심혈관 트레이닝은 폐 기능과 호흡기 건강을 개선하는 효과적인 방법이 될 수 있다.

7. 수영(Swimming) : 수영은 폐활량과 호흡 기능을 향상시키는 훌륭한 방법이 될 수 있는 충격이 적은 운동이다. 수영은 산소 섭취량을 늘리고 호흡기 건강을 개선하는 데 도움이 되는 깊고 조절된 호흡이 필요하다.

이러한 활동을 규칙적인 운동 루틴에 통합하면 전반적인 호흡기 건강을 개선하고 폐활량을 늘리는 데 도움이 될 수 있다. 그러나 새로운 운동 루틴을 시작하기 전에, 특히 기저 질환이 있는 경우 항상 의료 서비스 제공자와 상담하는 것이 중요하다.

훑흘기와 훑흘기 건강에 도움을 주는 음식

Foods that Support Digestive System and Digestive Health

Key Point

- 소화 시스템은 음식을 분해하고 신체가 제대로 기능하는 데 필요한 영양소를 흡수하는 역할을 하기 때문에 소화계 건강은 전반적인 건강과 활력(vitality)에 필수적이다.
- 소화계는 입, 식도, 위, 소장, 대장, 직장 및 항문으로 구성된다.
- 소화는 음식을 씹어 타액과 혼합하는 입에서 시작된다.

거기에서 음식은 식도를 따라 위로 이동하여 위산과 효소에 의해 더 분해된다.

그런 다음 음식은 대부분의 영양소 흡수가 일어나는 소장으로 이동한다.

나머지 노폐물은 대장을 통해 이동해서 몸에서 배출된다.

Chapter 08

소화계와 소화계 건강에 도움을 주는 음식

· 소화계 질병과 증상 · 소화계 질병의 역사
· 식습관과 소화계 건강의 관계 · 소화계의 구성
· 소화계에 유익한 음식

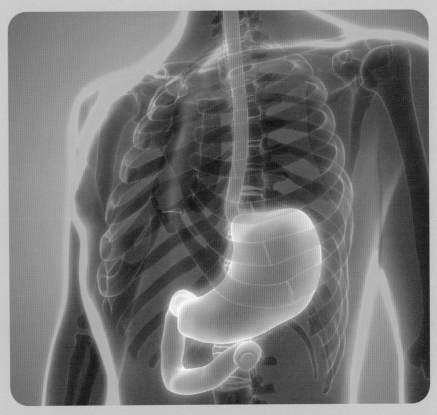

01 소화계 Digestive System

Part 1 인간의 삶과 소화계 건강의 관계

인간의 생명과 소화계 건강의 관계는 중요하면서 복잡하다. 소화 시스템은 음식을 분해하고 신체가 제대로 기능하는 데 필요한 영양소를 흡수하는 역할을 하기 때문에 소화계 건강은 전반적인 건강과 활력(vitality)에 필수적이다.

소화 시스템에는 음식을 처리하기 위해 함께 작동하는 일련의 기관이 포함된다. 음식을 씹고 타액과 혼합하는 소화 과정은 입에서 시작된다. 거기에서 음식은 식도를 따라 위로 이동하여 위산과 효소에 의해 더 분해된다. 그런 다음 음식은 대부분의 영양소가 흡수되는 소장으로 이동한다. 나머지 노폐물은 대장을 통해 몸에서 배출된다.

소화 시스템이 제대로 작동하지 않으면 다양한 건강 문제가 발생할 수 있다. 소화기 건강이 좋지 않으면 신체가 영양분을 효과적으로 흡수할 수 없기 때문에 영양실조로 이어질 수 있다. 또한 위·식도 역류질환(GERD : GastroEsophageal Reflux Disease), 과민성 대장 증후군(IBS : Irritable Bowel Syndrome) 및 염증성 장 질환(IBD : Inflammatory Bowel Disease)과 같은 소화 장애를 일으킬 수 있다.

소화기 건강은 정신 건강에도 영향을 미칠 수 있다. 연구에 따르면 장과 뇌 사이는 장-뇌축(gut-brain axis)에 연결되어 있음이 밝혀졌다. 이것은 소화 시스템의 건강이 정신 건강에 영향을 미칠 수 있으며 그 반대도 마찬가지임을 의미한다. 예를 들어, 소화 장애가 있는 사람은 불안이나 우울증을 경험할 가능성이 더 높을 수 있다.

소화기 건강을 유지하기 위해 사람들이 할 수 있는 몇 가지 방법이 있다. 섬유질, 과일 및 채소가 풍부한 건강한 식단을 섭취하면 소화 시스템이 제대로 기능하도록 유지하는 데 도움이 될 수 있다. 물을 많이 마시고 수분을 유지하는 것도 중요하다. 규칙적인 운동은 또한 소화 시스템이 효율적으로 작동하도록 유지하는 데 도움이 될 수 있다.

요약하면, 인간의 생명과 소화기 건강 사이의 관계는 매우 중요하다. 건강한 소화 시스템은 전반적인 건강과 활력(vitality)에 필수적이며, 소화기 건강이 좋지 않으면 다양한 건강 문제가 발생할 수 있다. 건강한 식단을 구성해서 먹고 수분을 유지하는 등 소화기 건강을 유지하기 위한 조치를 취하면 건강한 삶을 영위하는 데 도움이 될 수 있다.

Part 2 소화계 구성과 기능

소화는 음식을 신체가 사용할 수 있는 영양소로 분해하는 복잡한 시스템이다. 이는 각각 특정 기능을 가진 여러 유형의 기관과 조직을 포함한다. 다음은 소화 시스템의 유형과 기능에 대한 자세한 설명이다.

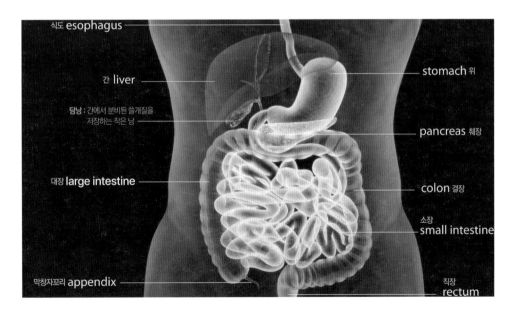

1. 입(Mouth) : 입은 소화 시스템의 첫 번째 부분으로, 음식을 씹고 타액과 섞기 위해 함께 작동하는 치아와 혀가 포함된다. 타액에는 탄수화물을 분해하는 데 도움이 되는 효소가 들어 있다.

2. 식도(Esophagus) : 식도는 입과 위를 연결하는 근육질 관이다. 수축 기능을 이용해서 음식을 입에서 위로 이동시킨다.

3. 위(Stomach) : 위는 음식을 저장하고 혼합하는 근육질 주머니로, 위산과 단백질 및 기타 식품 분자를 분해하는 효소가 포함된다.

4. 간(Liver) : 간은 지방을 분해하는 데 도움이 되는 담즙(bile)을 생성한다.

5. 담낭(Gallbladder) : 담낭은 담즙(bile)을 저장했다가 필요할 때 소장(small intestine)으로 배출한다.

6. 췌장(Pancreas) : 췌장은 탄수화물, 단백질 및 지방을 분해하는 데 도움이 되는 효소를 생성한다. 이 효소는 소장으로 배출된다.

7. 소장(Small intestine) : 소장은 길고 좁은 관으로 십이지장(duodenum), 공장(jejunum), 회장(ileum)의 세 부분으로 나뉜다. 대부분의 영양소 흡수는 소장에서 이루어진다.

8. 대장(Large intestine) : 대장은 남아 있는 노폐물에서 물과 전해질을 흡수하는 더 넓은 관이다. 맹장(cecum), 결장(colon), 직장(rectum), 항문(anus)으로 나뉜다.

9. 직장(Rectum) : 직장은 대장의 마지막 부분이다. 항문을 통해 몸 밖으로 배출될 때까지 노폐물을 저장한다.

소화 시스템의 각 부분에는 특정 기능이 있다. 입, 치아 및 혀는 음식을 기계적으로 더 작은 조각으로 분해하는 역할을 한다. 타액은 음식을 부드럽게 하는 데 도움이 되며 탄수화물 분해 과정을 시작하는 효소를 포함하고 있다.

식도는 근육을 수축하여 음식물을 입에서 위로 이동시킨다. 위에서는 음식을 위산 및 효소와 혼합하여 단백질 및 기타 음식 분자를 더 분해한다.

소장에서 영양분은 장벽을 통해 혈류로 흡수된다. 간은 지방을 분해하는 데 도움이 되는 담즙을 생성하고 췌장은 탄수화물, 단백질 및 지방을 분해하는 데 도움이 되는 효소를 생성한다.

대장은 남은 노폐물에서 물과 전해질을 흡수하고, 직장은 노폐물이 항문을 통해 몸 밖으로 배출될 때까지 저장한다.

전반적으로 소화 시스템은 음식을 분해하고 신체에 필요한 영양소를 흡수하는 데 중요한 역할을 한다. 시스템의 각 부분에는 특정 기능이 있으며 모든 장애(any disruption)는 소화 장애 및 기타 건강 문제로 이어질 수 있다.

Part 3 소화계 질병과 증상

소화는 다양한 질병과 장애에 취약한 복잡하고 상호 연결된 시스템으로, 유전(genetic), 식습관(diet), 생활습관(lifestyle), 감염(infection) 등 다양한 요인에 의해 발생할 수 있다. 다음은 몇 가지 일반적인 소화기 질환과 그 증상이다.

1. 위 · 식도 역류질환(GERD : GastroEsophageal Reflux Disease) : GERD는 위산이 식도로 역류하여 속쓰림 및 기타 증상을 유발하는 급, 만성 질환이다. 가슴이 타는 듯한 느낌, 음식물의 역류, 삼키기 어려움, 지속적인 기침 등의 증상이 있다.

2. 소화성 궤양(Peptic ulcer) : 소화성 궤양은 위, 식도 또는 소장 내벽에서 발생하는 궤양으로, 박테리아 감염이나 비스테로이드성 항염증제(NSAID : NonSteroidal Anti-Inflammatory Drug)를 장기간 사용하면 발생할 수 있다. 증상으로는 위가 화끈거리거나 갉아먹는 듯한 통증(gnawing pain in the

stomach), 메스꺼움(nausea), 구토(vomiting), 의도하지 않은 체중 감소(unintended weight loss) 등이 있다.

3. 염증성 장 질환(IBD : Inflammatory Bowel Disease) : IBD는 크론병(Crohn's disease) 및 궤양성 대장염(ulcerative colitis)을 포함하는 장의 만성 염증성 장애이다. 증상으로는 복통(abdominal pain), 설사(diarrhea), 혈변(bloody stool), 체중 감소(weight loss), 피로(fatigue) 등이 있다.

4. 과민성 대장 증후군(IBS : Irritable Bowel Syndrome) : IBS는 복통, 팽만감, 배변의 변화를 특징으로 하는 만성질환이다. 증상에는 변비, 설사 또는 이 둘의 교대 기간이 포함될 수 있다. 스트레스와 특정 음식은 증상을 유발할 수 있다.

5. 게실염(Diverticulitis) : 게실염(게실의 염증, 특히 결장의 통증과 장 기능 장애)은 대장 내벽의 작은 주머니에 염증이 생기거나 감염될 때 발생한다. 증상으로는 복통(abdominal pain), 발열(fever), 메스꺼움(nausea), 구토(vomiting), 배변 변화(changes in bowel movement) 등이 있다.

6. 셀리악병(Celiac disease) : 셀리악병은 신체가 밀, 보리, 호밀에서 발견되는 단백질인 글루텐에 반응하는 자가 면역 질환이다. 증상으로는 복통(abdominal pain), 팽만감, 설사, 변비, 의도하지 않은 체중 감소 등이 있다.

7. 췌장염(Pancreatitis : 췌장의 염증) : 췌장염은 종종 알코올 섭취나 담석(gallstone)으로 인해 췌장에 염증이 생기는 상태이다. 증상으로는 복통, 메스꺼움, 구토, 발열, 빠른 맥박 등이 있다.

8. 치질(Hemorrhoid) : 치질은 항문 또는 하부 직장의 부은 정맥으로 불편함, 통증 및 출혈을 유발할 수 있다.

9. 담석(Gallstone) : 담석은 담낭(쓸개 : gallbladder)에 형성되는 소화액의 경화 침전물이다. 복통, 메스꺼움, 구토 및 황달을 유발할 수 있다.

지속적인 소화기 증상을 경험하거나 소화기 건강이 우려되는 경우 의료 서비스 제공자와 상담하는 것이 중요하다. 그들은 근본적인 상태를 진단하고 치료하는 데 도움을 줄 수 있으며 건강한 소화 시스템 유지에 대한 지침을 제공할 수 있다.

소화계 질환의 역사 History of Digestive Diseases

치유의 맛 | Culinary Medicine

Part 1 인간의 삶과 소화계 질환의 역사

소화계 질환의 역사는 고대로 거슬러 올라간다. 다음은 소화계 질환의 역사에서 일부 주요 발전에 대한 간략한 연대순 개요이다.

1. 고대 이집트(Ancient Egypt : 기원전 3000~기원전 30) : 고대 이집트인들은 변비 치료(treating constipation)를 위해 관장(enema)하는 것을 처음으로 문서화했다. 완하제로 물, 꿀, 다양한 식물 추출물의 혼합물을 사용했다.

2. 고대 그리스(Ancient Greece : 기원전 700~기원전 400) : 그리스 의사 히포크라테스는 현대 의학의 아버지라 불린다. 그는 건강한 소화 시스템의 중요성을 인식하고 약초 사용과 금식을 포함하여 소화 장애에 대한 몇 가지 치료법을 개발했다.

3. 로마 제국(Roman Empire : 기원전 27~서기 476) : 로마의 의사(physician)인 갈렌(Galen)은 소화기 질환 분야에 상당한 공헌을 했다. 그는 위가 소화의 주요 기관임을 확인하고 식초와 꿀 사용을 포함하여 궤양에 대한 몇 가지 치료법을 개발했다.

4. 중세(Middle Ages : 서기 476~1450) : 중세 시기에 의학 연구는 주로 종교 기관에서 이루어졌다. 승려와 비구니는 종종 소화기 질환에 대한 약초 요법을 개발했으며, 환자를 치료하기 위해 수도원 병원이 설립되었다.

5. 르네상스(Renaissance : 1450~1600) : 르네상스는 의학 연구에 대한 새로운 관심의 시기였다. 벨기에의 해부학자 안드레아스 베살리우스(Andreas Vesalius)는 인체를 자세히 해부했으며 소화 시스템을 이해하는 데 크게 기여했다.

6. 18세기와 19세기(18th and 19th centuries) : 현미경의 발달로 소화기 질환에 대한 연구가 크게 발전했다. 연구자들은 미생물을 관찰하고 콜레라와 같은 질병을 일으키는 미생물의 역할을 확인할 수 있었다.

7. 20세기(20th century) : 20세기에는 소화계 질환의 진단과 치료에 큰 발전이 있었다. 내시경(endoscopy)의 발달로 의사들은 소화기관을 직접 보고 궤양이나 암과 같은 질병을 진단할 수 있게 되었다. 항생제(antibiotic) 및 기타 약물의 도입은 또한 소화계 질환의 치료에 혁명을 일으켰다.

8. 21세기(21st century) : 21세기에는 소화기 질환 치료가 더욱 발전했다. 최소 침습 수술 기술(Minimally invasive surgical technique)은 담낭(쓸개 : gallbladder) 제거 등의 절차를 덜 침습적이고 더욱 효율적으로 만들었다. 프로바이오틱스[생균제: 미생물, 특히 유익한 특성(예 : 장내 세균총)을 가진 미생물의 성장을 자극하는 물질와 분변 미생물 이식을 포함한 새로운 약물 및 치료법의 개발은 소화기 질환 환자에게 새로운 옵션을 제공했다.

Part 2 식습관과 소화계 질환의 관계

소화 시스템은 음식을 분해하고 음식에서 영양분을 흡수하는 역할을 한다. 우리가 먹는 음식은 소화 시스템의 건강에 상당한 영향을 미칠 수 있다. 식습관과 소화계 질환의 관계를 단계별로 살펴보면 다음과 같다.

1. 잘못된 식습관(Poor dietary habits) : 가공식품, 설탕, 건강에 해로운 지방이 많은 식단은 소화기 계통에 염증을 유발할 수 있다. 이 염증은 장의 내벽을 손상시켜 장 누수 증후군(leaky gut syndrome) 및 궤양성 대장염(inflammatory bowel disease)과 같은 상태로 이어질 수 있다.

2. 불충분한 섬유질 섭취(Insufficient fiber intake) : 섬유질은 건강한 소화를 촉진하고 변비를 예방하는 데 필수적이다. 불충분한 섬유질 섭취는 변비 및 기타 소화 문제를 유발할 수 있다.

3. 과도한 알코올 섭취(Excessive alcohol consumption) : 과도한 알코올 섭취는 위벽을 자극하여 궤양 및 기타 소화 장애 발생 위험을 증가시킬 수 있다.

4. 낮은 물 섭취량(Low water intake) : 물은 소화 시스템에 수분을 공급하고 적절하게 기능하는 데 필요하다. 물 섭취가 부족하면 변비 및 기타 소화 문제가 발생할 수 있다.

5. 산성 식품(Acidic food) : 감귤류(citrus fruits) 및 토마토와 같이 산성이 높은 식품은 위벽을 자극하고 위산 역류 및 궤양 증상을 악화시킬 수 있다.

6. 매운 음식(Spicy food) : 매운 음식은 위벽을 자극하고 위산 역류 및 궤양 증상을 악화시킬 수 있다.

7. 고지방 식품(High-fat food) : 튀긴 음식 및 가공육(processed meats)과 같이 건강에 해로운 지방이 많은 음식은 소화 시스템에 염증을 유발하고 결장암과 같은 상태가 발생할 위험을 증가시킬 수 있다.

8. 불충분한 영양소 섭취(Insufficient nutrient intake) : 비타민 · 미네랄과 같은 필수 영양소가 부족한 식단은 면역체계를 약화시키고 감염 및 기타 소화기 질환 발병 위험을 증가시킬 수 있다.

9. 과도한 설탕 섭취(Excessive sugar intake) : 과도한 설탕 섭취는 소화기 계통의 염증을 유발할 수 있으며 당뇨병 및 비만과 같은 질병 발병 위험을 증가시켜 소화기 계통 질환을 더욱 악화시킬 수 있다.

전반적으로 과일, 채소, 통곡물 및 기름기 없는 단백질을 많이 포함하는 균형 잡힌 식단은 건강한 소화 시스템을 촉진하고 소화 시스템 질병 발생 위험을 줄이는 데 도움이 될 수 있다.

03 소화계와 영양 Digestive System and Nutrition

영양은 소화 기관 및 과정의 적절한 기능에 필요한 영양소를 제공하므로 소화 시스템의 건강에 필수적이다. 다음은 영양이 소화 시스템에 매우 중요한 주된 이유를 단계별로 살펴본 것이다.

1. 영양소는 에너지에 필수(Nutrient Are Essential for Energy)

소화 시스템은 음식을 신체가 에너지로 사용하는 탄수화물, 단백질 및 지방과 같은 영양소로 분해한다. 영양소가 부족하면 소화 시스템이 제대로 작동하지 않아 다양한 소화 장애가 발생한다.

2. 영양소는 소화 건강 촉진(Nutrient Promote Digestive Health)

섬유질과 같은 영양소는 대변에 부피를 더하고 변비를 예방하며 치질, 게실염 및 염증성 장 질환과 같은 소화 장애가 발생할 위험을 줄임으로써 건강한 소화를 촉진한다.

3. 영양소는 면역체계 지원(Nutrient Support the Immune System)

소화 시스템은 면역체계와 밀접하게 연결되어 있다. 비타민 A, C, E, 아연, 셀레늄과 같은 영양소는 건강한 면역체계를 유지하고 감염 및 기타 소화기 질환 발병 위험을 줄이는 데 필수적이다.

4. 영양소는 조직의 성장과 복구를 지원
(Nutrient Support the Growth and Repair of Tissue)

소화 시스템은 소화 기관의 내벽을 손상시킬 수 있는 독소 및 박테리아와 같은 유해 물질에 지속적으로 노출된다. 단백질 및 비타민 C와 같은 영양소는 조직의 성장 및 복구에 필수적이며 소화 시스템의 건강을 유지하는 데 도움이 된다.

5. 영양소는 염증을 감소시킴(Nutrient Reduce Inflammation)

소화 시스템의 만성 염증은 궤양성 대장염 및 크론병(Crohn's disease : 궤양 및 누공과 관련된 장, 특히 결장 및 회장의 만성 염증성 질환)을 포함한 여러 소화 장애의 발병으로 이어질 수 있다. 오메가-3지방산 및 항산화제와 같은 영양소는 항염증 특성이 있는 것으로 알려져 있으며 이러한 장애 발생 위험을 줄이는 데 도움이 될 수 있다.

6. 영양소는 장내 미생물을 개선(Nutrient Improve Gut Microbiota)

소화관에 사는 미생물의 집합체인 장내 미생물은 소화기 건강에 중요한 역할을 한다. 섬유질, 프리바이오틱스 및 프로바이오틱스와 같은 영양소는 유익한 장내 세균의 성장을 촉진하고 소화를 개선하며 소화기 질환 발병 위험을 줄이는 데 도움이 될 수 있다.

전반적으로 다양한 영양소를 포함하는 건강하고 균형 잡힌 식단은 소화 시스템의 건강을 유지하는 데 필수적이다. 적절한 영양소 섭취는 소화 과정을 돕고, 건강한 소화를 촉진하며, 면역체계를 지원하고, 조직의 성장과 복구를 촉진하며, 염증을 줄이고, 장내 미생물을 개선한다.

Part 2 소화기 건강을 지원하는 역할을 하는 영양과 식재료 및 식품

소화기 건강을 잘 유지하는 것은 전반적인 건강과 활력(vitality)에 중요하다. 다음은 소화기 건강을 지원하는 역할을 하는 영양, 성분 및 식품이다.

• 건강한 장을 위한 자연식품

1. 섬유질(Fiber)

섬유질은 소화기 건강을 유지하는 데 중요한 영양소이다. 대변의 부피를 늘려 변비를 예방하고 치질, 게실염(diverticulitis), 염증성 장 질환(궤양성 대장염)과 같은 소화 장애가 발생할 위험을 줄인다. 좋은 섬유질 공급원에는 통곡물, 과일, 채소, 콩, 콩류가 있다.

2. 프로바이오틱스(Probiotics)

프로바이오틱스는 유익한 장내 세균의 성장을 촉진하여 소화 건강을 개선할 수 있는 살아 있는 미생물이다. 또한 설사, 과민성 대장 증후군 및 염증성 장 질환과 같은 소화 장애가 발생할 위험을 줄일 수 있다. 프로바이오틱스의 좋은 공급원에는 요구르트, 케피어(kefir: 효모와 박테리아의 배양액으로 만든 신맛이 나는 발효유 음료), 소금에 절인 양배추, 김치, 된장 등이 있다.

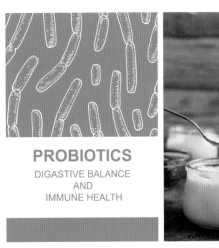

• 프로바이오틱스(Probiotics)　　• 케피어(kefir)

3. 프리바이오틱스(Prebiotics)

프리바이오틱스는 장내 유익균의 먹이가 되는 섬유질 유형이다. 따라서 유익한 장내 세균의 성장을 촉진하고 소화를 개선한다. 프리바이오틱스의 좋은 공급원에는 바나나, 양파, 마늘, 리크(leeks), 아스파라거스 및 아티초크(artichokes)가 있다.

4. 산화 방지제(Antioxidant)

산화 방지제는 자유 라디칼(free radical)로 알려진 유해 물질로 인한 손상으로부터 신체를 보호하는 데 도움이 되는 화합물이다. 또한 소화계의 염증을 줄여 궤양성 대장염 및 크론병과 같은 소화 장애가 발생할 위험을 줄일 수 있다. 산화 방지제의 좋은 공급원에는 과일, 채소, 견과류 및 씨앗이 포함된다.

5. 오메가-3지방산(Omega-3 Fatty Acid)

오메가-3지방산은 소화 시스템의 염증을 감소시켜 궤양성 대장염 및 크론병과 같은 소화 장애가 발생할 위험을 줄일 수 있는 건강한 지방의 한 유형이다. 오메가-3지방산의 좋은 공급원에는 연어와 참치 같이 지방이 많은 생선과 아마씨, 치아씨, 호두의 지방이 있다.

6. 비타민과 미네랄(Vitamins and Mineral)

여러 가지 비타민과 미네랄은 소화기 건강을 유지하는 데 중요하다. 비타민 C는 소화기 조직의 성장과 복구에 중요하며, 비타민 D는 신체가 강한 뼈를 유지하는 데 중요한 칼슘을 흡수하는 데 도움이 된다. 철분은 변비와 같은 소화 장애를 유발할 수 있는 빈혈 예방에 중요하다. 이러한 비타민과 미네랄의 좋은 공급원에는 과일, 채소, 유제품 및 살코기가 있다.

전반적으로 섬유질, 프로바이오틱스, 프리바이오틱스, 항산화제, 오메가-3지방산, 비타민 및 미네랄이 풍부한 균형 잡히고 다양한 식단은 좋은 소화기 건강을 유지하는 데 필수적이다. 다양하고 건강하고 맛있는 음식을 통해 이러한 영양소를 식단에 통합하면 소화 건강을 지원하고 소화 장애를 예방하는 데 도움이 될 수 있다.

Part 3 소화기 건강을 지원하는 1주일 식단

다음은 소화기 건강을 지원하는 아침, 점심, 저녁 식사의 주간 목록이다. 이러한 식사에는 소화기 건강을 지원하는 섬유질, 단백질, 건강한 지방 및 항산화제와 같은 다양한 영양소가 포함된다. 또한 전체 식품을 포함하고 가공식품을 제한하여 장 건강을 개선하는 데 도움이 될 수 있다.

날짜	일일	메뉴명	소화기 건강에 좋은 이유
Day 1	아침	• Greek yogurt with mixed berries and honey • 베리와 꿀을 섞은 그릭 요구르트	• 그릭 요구르트는 소화기 건강을 개선할 수 있는 유익한 박테리아인 프로바이오틱스의 좋은 공급원이다. 혼합 베리는 섬유질이 풍부하여 소화를 도울 수 있다. • 꿀에는 소화관의 염증을 줄이는 데 도움이 되는 항균 특성이 있다.
	점심	• Grilled chicken wrap with avocado, spinach, and whole-grain tortilla • 아보카도, 시금치, 통곡물 토르티야를 곁들인 구운 치킨 랩	• 아보카도, 시금치, 통곡물 토르티야를 곁들인 구운 치킨 랩은 소화기 건강을 돕는 다양한 영양소를 제공한다.
	저녁	• Baked salmon with roasted Brussels sprouts and sweet potato • 구운 방울양배추와 고구마를 곁들인 구운 연어	• 구운 연어는 오메가-3지방산이 풍부하여 소화관의 염증을 줄이는 데 도움이 된다. • 구운 방울양배추와 고구마는 소화를 돕는 섬유질과 영양소를 제공한다.
Day 2	아침	• Oatmeal with banana, almond butter, and cinnamon • 바나나, 아몬드 버터, 계피를 곁들인 오트밀	• 오트밀은 수용성 섬유질이 많아 소화 조절에 도움이 된다. 바나나는 칼륨이 풍부하여 소화관의 체액 균형을 조절하는 데 도움이 된다. 아몬드 버터는 소화를 도울 수 있는 건강한 지방이 풍부하다. 계피에는 소화관의 염증을 줄일 수 있는 항염증 성분이 있다.
	점심	• Lentil soup with mixed vegetable and whole-grain bread • 혼합 채소와 통곡물빵을 곁들인 렌즈콩 수프	• 렌즈콩 수프는 섬유질이 풍부하여 소화를 도울 수 있다. • 통곡물빵은 소화기 건강을 지원하는 섬유질과 영양소를 제공한다.
	저녁	• Baked chicken breast with roasted root vegetable and quinoa • 구운 뿌리채소와 퀴노아를 곁들인 구운 닭가슴살	• 구운 닭가슴살은 소화를 돕는 양질의 단백질의 좋은 공급원이다. • 구운 뿌리채소와 퀴노아는 소화기 건강을 돕는 섬유질과 영양소가 들어 있다.
Day 3	아침	• Smoothie with spinach, mango, and almond milk • 시금치, 망고, 아몬드 우유를 곁들인 스무디	• 시금치와 망고를 곁들인 스무디는 소화기 건강을 돕는 섬유질과 영양소가 들어 있다. • 아몬드 우유는 소화를 도울 수 있는 건강한 지방이 풍부하다.
	점심	• Grilled shrimp salad with mixed green, cucumber, and cherry tomatoes • 채소, 오이, 방울토마토를 곁들인 구운 새우 샐러드	• 채소, 오이, 방울토마토를 곁들인 구운 새우 샐러드는 소화를 돕는 섬유질과 영양소를 제공한다. • 새우는 소화를 도울 수 있는 양질의 단백질의 좋은 공급원이다.
	저녁	• Baked sweet potato with black bean, avocado, and salsa • 검은콩, 아보카도, 살사를 곁들인 구운 고구마	• 검은콩, 아보카도, 살사를 곁들인 구운 고구마는 소화 건강을 돕는 섬유질과 영양소가 들어 있다.

소화계와 소화계 건강에 도움을 주는 음식

Day 4	아침	• Scrambled egg with whole-grain toast and sliced tomato • 통곡물 토스트와 얇게 썬 토마토를 곁들인 스크램블드에그	• 스크램블드에그는 소화를 돕는 좋은 단백질 공급원이다. 통곡물 토스트는 소화 건강을 지원하는 섬유질과 영양소를 제공한다. • 얇게 썬 토마토는 소화를 도울 수 있는 비타민 C를 제공한다.
	점심	• Chickpea and vegetable stir-fry with brown rice • 현미를 곁들인 병아리콩과 채소볶음	• 현미를 곁들인 병아리콩과 채소볶음은 소화 건강을 지원하는 섬유질과 영양소를 제공한다.
	저녁	• Grilled chicken skewers with roasted vegetable and quinoa • 구운 채소와 퀴노아를 곁들인 구운 닭꼬치	• 구운 채소와 퀴노아를 곁들인 구운 닭꼬치는 소화 건강을 돕는 다양한 영양소를 제공한다.
Day 5	아침	• Smoothie with banana, blueberrie, and almond milk • 바나나, 블루베리, 아몬드 우유를 곁들인 스무디	• 바나나와 블루베리가 들어간 스무디는 소화 건강을 지원하는 섬유질과 영양소를 제공한다. • 아몬드 우유는 소화를 도울 수 있는 건강한 지방이 풍부하다.
	점심	• Tuna salad with mixed greens and sliced cucumber • 혼합 채소와 얇게 썬 오이를 곁들인 참치 샐러드	• 혼합 채소와 얇게 썬 오이를 곁들인 참치 샐러드는 소화를 돕는 섬유질과 영양소를 제공한다.
	저녁	• Baked salmon with roasted asparagus and brown rice • 구운 아스파라거스와 현미를 곁들인 구운 연어	• 구운 연어는 오메가-3지방산이 풍부하여 소화관의 염증을 줄일 수 있다. • 구운 아스파라거스와 현미는 소화 건강을 돕는 섬유질과 영양소가 들어 있다.
Day 6	아침	• Oatmeal with almond milk, topped with blueberries and chia seed • 블루베리와 치아시드를 얹은 아몬드 우유를 곁들인 오트밀	• 오트밀은 소화 시스템을 규칙적으로 유지하는 데 도움이 되는 용해성 섬유질의 훌륭한 공급원이다. • 블루베리는 장을 염증으로부터 보호하는 항산화 물질이 풍부하다. 치아시드는 섬유질이 풍부하고 장내 좋은 박테리아를 먹이는 프리바이오틱스를 제공한다.
	점심	• Grilled chicken salad with mixed green, tomatoes, cucumber, and avocado • 채소, 토마토, 오이, 아보카도를 곁들인 구운 치킨 샐러드	• 구운 닭고기는 소화하기 쉬운 양질의 단백질 공급원이다. 채소는 다양한 비타민과 미네랄을 제공한다. • 아보카도는 내장의 염증을 줄이는 데 도움이 되는 건강한 지방이 풍부하다.
	저녁	• Baked salmon with steamed broccoli and brown rice • 찐 브로콜리와 현미를 곁들인 구운 연어	• 연어는 항염작용을 하는 오메가-3지방산이 들어 있는 지방이 많은 생선이다.
Day 7	아침	• Cottage cheese with sliced peaches and honey • 얇게 썬 복숭아와 꿀을 곁들인 코티지 치즈	• 코티지 치즈는 호흡기 조직을 포함하여 조직을 만들고 복구하는 데 필수적인 풍부한 단백질 공급원이다. 또한 폐 기능을 지원하는 데 도움이 되는 칼슘이 포함되어 있다. • 복숭아에는 염증을 줄이고 호흡기 감염을 예방하는 데 도움이 되는 강력한 항산화제인 비타민 C가 풍부하다. • 꿀은 호흡기 감염을 진정시키는 데 도움이 되는 천연 항염증제 및 항균제이다.
	점심	• Grilled chicken sandwich with mixed greens and avocado • 채소와 아보카도를 섞은 그릴드 치킨 샌드위치	• 구운 닭고기는 포화지방이 적은 기름기 없는 단백질 공급원으로 붉은 고기에 대한 건강한 대안 단백질이다. 호흡계의 조직을 만들고 복구하는 데 필요한 아미노산을 제공한다. 혼합 채소는 호흡기 감염을 예방하고 염증을 줄이는 데 도움이 되는 비타민 A, C 및 K의 좋은 공급원이다. • 아보카도는 염증을 줄이고 폐 기능을 개선하는 데 도움이 되는 단일 불포화지방이 풍부하게 들어 있다.
	저녁	• Baked cod with roasted root vegetable • 구운 뿌리채소를 곁들인 구운 대구	• 대구는 호흡기 조직을 포함하여 조직을 만들고 복구하는 데 필요한 아미노산을 제공하는 양질의 단백질 공급원이다. 또한 오메가-3지방산이 풍부하여 염증을 줄이고 폐 기능을 향상시키는 것으로 나타났다. • 당근과 고구마와 같은 구운 뿌리채소에는 호흡기 감염을 예방하고 염증을 줄이는 데 도움이 되는 강력한 항산화제인 베타카로틴이 풍부하다. 또한 건강한 폐 기능에 도움이 되는 비타민 C와 칼륨이 들어 있다.

Part 4 소화기 건강에 좋은 요리와 레시피

소화기 건강에 좋은 5가지 요리와 이의 자세한 레시피 및 조리법을 제안한다.

1. Quinoa and Vegetable Salad - 퀴노아와 채소 샐러드

퀴노아는 섬유질과 단백질이 풍부하여 소화기 건강에 좋은 식재료이다. 이 샐러드는 영양이 풍부한
채소와 풍미 가득한 드레싱으로 구성된다.

Ingredients

- 1 cup quinoa
- 2 cups water or vegetable broth
- 1 can chickpeas, drained and rinsed
- 1 red bell pepper, diced
- 1 yellow bell pepper, diced
- 1 small red onion, diced
- 1 small cucumber, diced
- 1/4 cup chopped fresh parsley
- 1/4 cup chopped fresh mint
- 1/4 cup olive oil
- 2 tbsp lemon juice
- 1 tsp Dijon mustard
- salt and pepper to taste

Instructions

1. 퀴노아를 헹군 뒤 물이나 채소 육수와 함께 냄비에 넣는다. 끓으면 약불로 줄인 뒤 뚜껑을 덮고 퀴노아가 익을 때까지 15~20분간 끓인다.
2. 큰 그릇에 익힌 퀴노아, 병아리콩, 피망, 양파, 오이, 파슬리, 민트를 섞는다.
3. 작은 그릇에 올리브 오일, 레몬 주스, 디종 머스터드, 소금, 후추를 넣고 함께 휘젓는다. 드레싱을 샐러드 위에 붓고 버무려 섞는다.
4. 서빙하기 전에 최소 30분 동안 냉장고에서 샐러드를 식힌다.

2. Grilled Salmon with Roasted Vegetable - 구운 채소를 곁들인 구운 연어

연어는 오메가-3지방산이 풍부해서 소화 건강에 도움이 되는 항염 작용을 한다. 이 요리는 볶은 채소의 다채로운 조합으로 제공된다.

Ingredients

- 4 salmon fillets
- 1 tbsp olive oil
- 1 tsp dried thyme
- 2 cups of chopped vegetables(such as sweet potatoes, broccoli, and carrots)
- 1 tbsp olive oil
- salt and pepper to taste

Instructions

1. 오븐을 200℃로 예열한다.
2. 올리브 오일, 백리향, 소금, 후추로 연어 필렛에 간을 한다. 양피지로 안을 댄 과자 굽는 판에 놓는다.
3. 다진 채소에 올리브 오일, 소금, 후추를 뿌린 뒤 유산지를 깐 다른 과자 굽는 판에 펼친다.
4. 연어가 완전히 익고 채소가 부드러워질 때까지 연어와 채소를 오븐에서 12~15분 동안 굽는다.
5. 구운 채소와 함께 연어를 제공한다.

3. Ginger Carrot Soup - 생강 당근 수프

생강과 당근은 모두 소화 시스템을 진정시키는 데 도움이 되는 항염증 식품이다. 이 수프는 만들기 쉽고 뜨겁거나 차갑게 먹을 수 있다.

Ingredients

- 1 tbsp olive oil
- 1/2 onion, chopped
- 2 cups chopped carrots
- 1/2 tbsp minced ginger
- 2 cups vegetable broth
- salt and pepper to taste

Instructions

1. 냄비에 올리브 오일을 넣고 중불로 가열한다. 양파를 넣고 부드러워질 때까지 5~7분 동안 볶는다.
2. 다진 당근과 다진 생강을 넣는다. 5분간 볶는다.
3. 채소 육수를 붓고 끓인다. 불을 줄이고 당근이 부드러워질 때까지 15~20분간 끓인다.
4. 블렌더(immersion blender)를 사용하거나 수프를 블렌더로 옮기고 부드러워질 때까지 퓌레로 만든다.
5. 소금과 후추로 간을 맞춘다.

4. Greek Yogurt Parfait - 그릭 요구르트 파르페

그릭 요구르트에는 건강한 장내 미생물을 촉진하는 데 도움이 되는 프로바이오틱스가 풍부하다. 이 간단한 파르페는 맛있고 영양가 있는 아침 식사 또는 간식으로 좋다.

Ingredients

- 1 cup Greek yogurt
- 1/2 cup mixed berries(such as blueberries, raspberries, and strawberries)
- 1/4 cup granola
- 1 tbsp honey(optional)

Instructions

1. 작은 그릇이나 유리잔에 그릭 요구르트를 한 겹 넣는다.
2. 요구르트 위에 혼합 베리층을 추가한다.
3. 딸기 위에 그래놀라층을 추가한다.
4. 그릇이나 유리가 채워질 때까지 레이어를 반복한다.
5. 원하는 경우 위에 꿀을 뿌린다.
6. 즉시 서빙하거나 나중에 냉장 보관한다. 건강한 아침 식사나 간식으로 즐긴다.

5. Kimchi Stew(Kimchi-jjigae) - 김치찌개

김치는 채소로 만든 한국 전통 발효 반찬이다. 유익한 박테리아와 섬유질이 풍부하여 소화 건강에 좋다. 염도는 짜지 않게 한다. 이 매운 스튜는 만들기도 쉽고 따뜻한 식사에 적합하다.

Ingredients

- 2 cups chopped Kimchi
- 1/2 pound sliced pork belly or tofu
- 1/2 onion, sliced
- 3 cloves garlic, minced
- 2 cups water or broth
- 2 tbsp gochujang(Korean red pepper paste)
- 1 tbsp soy sauce
- 1 tbsp sesame oil
- 1 tbsp rice vinegar
- 1 green onion, chopped

Instructions

1. 냄비를 중불로 가열하고 삼겹살이나 두부, 양파, 마늘을 넣는다. 돼지고기가 갈색으로 변하고 양파가 부드러워질 때까지 끓인다.
2. 냄비에 김치, 물 또는 육수, 고추장, 간장, 참기름, 쌀식초를 넣는다. 끓으면 불을 줄이고 15~20분간 끓인다.
3. 다진 파를 얹어 뜨겁게 제공한다.

04 소화기 건강에 유익한 활동
Activities that Benefit Digestive Sealth

Part 1 소화기 건강에 좋은 활동

소화기 건강에 도움이 될 수 있는 몇 가지 활동은 다음과 같다.

1. 수분 유지(Stay Hydration)

물과 수분을 충분히 섭취한다. 이것은 소화 시스템을 효율적으로 유지하고 변비를 예방하는 데 도움이 된다.

2. 고섬유질 식단 섭취(Eat a High-Fiber Diet)

식단에 과일, 채소, 통곡물, 콩류를 많이 포함시켜라. 이러한 음식은 섬유질이 풍부해서 소화 시스템을 건강하게 유지하고 변비를 예방한다.

3. 천천히 음식을 꼭꼭 씹어먹기(Eat Slowly and Chew Your Food Thoroughly)

이렇게 하면 위장이 음식을 더 쉽게 분해할 수 있고 소화 문제를 예방하는 데 도움이 된다.

4. 가공식품 및 고지방 식품 피하기(Avoid Processed and High-Fat Food)

소화하기 어려울 수 있으며 소화 시스템에 염증을 일으킬 수 있다.

5. 식단에 프로바이오틱스 포함하기(Incorporate Probiotics into Your Diet)

프로바이오틱스는 장내 박테리아의 건강한 균형을 유지하는 데 도움이 되는 유익한 박테리아이다. 요구르트, 케피어(kefir : 효모와 박테리아 배양액을 사용해서 만든 신맛 나는 발효유 음료), 소금에 절인 양배추, 김치와 같은 발효 식품에서 프로바이오틱스를 찾을 수 있다.

6. 규칙적인 운동(Exercise Regularly)

규칙적인 운동은 건강한 소화를 촉진하고 변비를 예방한다. 확실히 소화기 건강에 도움이 될 수 있는 몇 가지 운동은 다음과 같다.

1) **빠르게 걷기(Brisk walking)** : 걷기는 소화관 근육을 자극해서 소화 촉진에 도움이 되는 충격이 적은 유산소 운동이다. 특히 빠르게 걷기는 소화관을 통한 음식의 이동을 도울 수 있는 소화계로의 혈류를 증가시키는 데 도움이 된다.

2) **요가(Yoga)** : 요가는 스트레칭, 호흡 운동 및 명상을 포함하는 운동의 한 형태로, 소화에 악영향을 끼치는 스트레스와 불안을 줄이는 데 도움이 될 수 있다. 또한 고양이-소 자세 및 앉은 자세 뒤틀기와 같은 특정 요가 자세는 소화 시스템을 자극하고 건강한 소화를 촉진하는 데 도움이 될 수 있다.

3) **필라테스(Pilates)** : 필라테스는 신체의 코어 근육 강화에 중점을 둔 저강도 운동으로, 소화 시스템을 지원해서 건강한 소화를 촉진하는 데 도움이 될 수 있다.

4) **사이클링(Cycling)** : 사이클링은 소화 시스템으로 가는 혈류를 증가시켜 소화를 개선하는 데 도움이 되는 유산소 운동의 훌륭한 형태이다. 또한 자전거 타기의 리드미컬한 움직임은 소화를 도울 수 있는 내부 장기를 마사지하는 데 도움이 될 수 있다.

5) **수영(Swimming)** : 수영은 소화를 개선하는 데 도움이 되는 또 다른 저강도 운동이다. 물의 부력은 소화 시스템에 대한 압력을 줄이는 데 도움이 될 수 있으며 반복적인 스트로크(stroke)는 소화관으로의 혈류를 촉진하는 데 도움이 될 수 있다.

6) **에어로빅 운동(Aerobic exercises)** : 조깅, 달리기, 점핑 잭(jumping jacks)과 같은 에어로빅 운동도 소화 개선에 도움이 될 수 있다. 이러한 운동은 심박수와 혈류를 증가시켜 소화관을 통한 음식의 이동을 도울 수 있다.

7) **케겔 운동(Kegel exercises)** : 케겔 운동은 배변을 조절하는 근육을 강화하여 소화 개선에 도움이 되는 골반저 운동이다. 강한 골반저 근육(Stronger pelvic floor muscle)은 변비를 예방하고 건강한 배변을 촉진하는 데 도움이 될 수 있다.

새로운 운동 루틴을 시작하기 전에 특히 기존 건강에 문제가 있는 경우 의료 전문가와 상담하는 것이 중요하다. 또한 몸에 귀를 기울이고 불편함이나 통증이 느껴지면 운동을 중단하는 것이 중요하다.

7. 스트레스 관리(Manage Stress)

스트레스는 소화 장애를 유발할 수 있으므로 명상, 요가 또는 심호흡 운동과 같은 활동을 통해 스트레스를 관리하는 것이 중요하다.

8. 알코올 및 카페인 섭취 제한(Limit Alcohol and Caffeine Consumption)

소화 시스템을 자극하여 소화 문제를 일으킬 수 있다.

9. 충분한 수면(Get Enough Sleep)

수면 부족은 소화 시스템을 방해하고 변비 및 위산 역류와 같은 문제를 일으킬 수 있다.

10. 의학적 조언(Seek Medical Advice)

지속적인 소화 문제가 발생하는 경우 근본적인 상태를 배제하고 적절한 치료를 받을 수 있도록 의학적 조언을 구하는 것이 중요하다.

Foods that Support Nervous System and Nervous System Health

Key Point

- 신경계는 뇌, 척수 및 신경으로 구성된다. 그것은 움직임, 감각 및 사고를 포함하여 신체의 모든 기능을 제어하고 조정하는 역할을 한다.
- 영양은 여러 가지 이유로 뇌에 매우 중요하다.
- 뇌는 최적의 기능을 위해 에너지와 영양분의 지속적인 공급이 필요한 대사율이 높은 기관이다.
- 적절한 영양 섭취가 없으면 필수적인 인지 및 행동 과정을 수행하는 뇌의 능력이 손상될 수 있다.

Chapter 09

신경계와 신경계 건강에 도움을 주는 음식

• 뇌의 구성 성분과 뇌 구조 • 뇌 질병의 역사
• 뇌 건강과 식품의 관계 • 뇌에 좋은 식재료와 요리

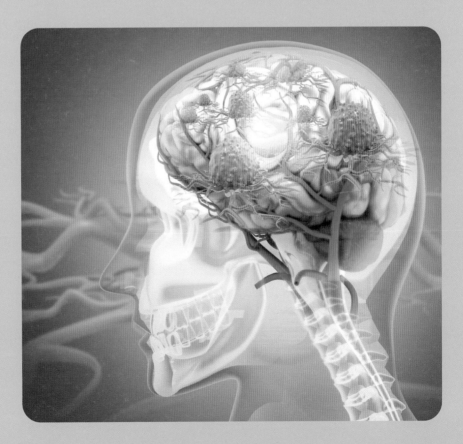

01 뇌의 구성 성분과 뇌 구조

Components of the Brain and Brain structure

Part 1 뇌(Brain)의 구성 성분

뇌에는 탄수화물, 지질, 단백질 및 물이 포함되어 있지만 각 구성 요소의 정확한 비율은 연령, 성별 및 전반적인 건강과 같은 요인에 따라 달라질 수 있다. 다음은 뇌 구성에 대한 몇 가지 일반적인 추정치이다.

1. 물(Water) : 뇌는 약 70%가 물이며 적절한 수분 공급을 유지하고 세포 기능을 지원하는 데 필요하다.

2. 지질(Lipid) : 뇌에는 세포막의 구조와 기능을 유지하는 데 중요한 인지질과 콜레스테롤을 포함한 상당한 양의 지질이 포함되어 있다. 지질은 뇌 건조 중량의 약 50%를 차지하는 것으로 추정된다. 적절한 뇌 기능을 유지하는 데 다양한 역할을 하는 지질은 뇌의 중요한 구성 요소이다. 뇌에 있는 지질의 몇 가지 예는 다음과 같다.

1) 인지질(Phospholipid) : 뇌에서 가장 풍부한 유형의 지질이며 세포막의 주요 구성 요소이다. 인지질은 친수성(물을 좋아하는)인 머리[hydrophilic(water-loving) head]와 소수성(물을 두려워하는)인 꼬리[hydrophobic(water-fearing) tail]로 구성되어 세포 내부와 외부 환경을 분리하는 이중층을 형성할 수 있다.

2) 콜레스테롤(Cholesterol) : 뇌에서 높은 수준으로 발견되는 또 다른 유형의 지질이다. 콜레스테롤은 세포막의 보존(integrity)과 유동성(fluidity)을 유지하는 데 중요하며 신경 전달물질의 합성에도 중요한 역할을 한다.

3) **스핑고지질(Sphingolipid)** : 뉴런(neuron)을 둘러싸는 절연층인 미엘린 외형(myelin sheath)에서 발견되는 일종의 지질이다. 스핑고지질(Sphingolipid)은 미엘린(myelin)의 구조와 기능을 유지하는 데 중요하며 신진대사 장애는 다발성 경화증과 같은 신경 퇴행성 질환과 관련이 있다.

4) **지방산(Fatty acid)** : 인지질(phospholipid)과 콜레스테롤(cholesterol)을 포함한 많은 지질 유형의 구성 요소이다. 오메가-3지방산과 같은 일부 지방산은 신경 보호 효과가 있는 것으로 나타났으며 뇌 건강을 유지하는 역할을 할 수 있다.

전반적으로 지질은 적절한 뇌 기능에 필수적이며 지질 대사 장애는 다양한 신경 장애와 관련이 있다. 뇌에서 지질의 역할을 이해하는 것은 이러한 장애에 대한 새로운 치료법으로 이어질 수 있기 때문에 연구의 중요한 영역이다.

3. **단백질(Protein)** : 뇌에는 효소, 구조 단백질 및 신경전달물질을 비롯한 다양한 단백질이 포함되어 있다. 단백질은 뇌 건조 중량(brain dry weight)의 약 20%를 차지하는 것으로 추정된다.

　단백질은 효소, 수송체, 수용체 및 구조적 요소와 같은 다양한 기능을 수행하기 때문에 뇌의 중요한 구성 요소이다. 뇌에 있는 단백질의 몇 가지 예는 다음과 같다.

1) **신경전달물질 수용체(Neurotransmitter receptor)** : 신경 세포 표면에 위치하며 신경 세포가 서로 통신할 수 있게 해주는 화학 물질인 신경전달물질에 결합하는 단백질이다. 신경전달물질 수용체의 예로는 세로토닌 수용체(serotonin receptor), 도파민 수용체(dopamine receptor) 및 글루타메이트 수용체(glutamate receptor)가 있다.

2) **효소(Enzyme)** : 뇌의 많은 효소는 신경전달물질의 합성 및 분해에 관여한다. 예를 들어, 효소 티로신 수산화효소(the enzyme tyrosine hydroxylase)는 도파민 합성에 관여하는 반면, 효소 모노아민 산화효소(enzyme monoamine oxidase)는 세로토닌(serotonin) 및 도파민(dopamine)과 같은 신경전달물질의 분해에 관여한다.

3) **구조 단백질(Structural protein)** : 뇌의 세포에 지지와 구조를 제공하는 단백질이다. 그 예로는 세포 골격의 형성에 관여하는 액틴(actin)과 튜불린(tubulin), 뉴런 주위에 절연 피복을 형성하는 미엘린 단백질(myelin protein)이 있다.

4) **수송체(Transporter)** : 세포막을 가로질러 신경전달물질 및 기타 분자를 이동시키는 역할을 하는 단백질이다. 예를 들어, 세로토닌 수송체(serotonin transporter)는 시냅스 간극(synaptic cleft)에서 세로토닌(serotonin)을 제거하는 역할을 하는 반면, 포도당 수송체는 포도당(glucose transporter)을 뇌세포로 이동시키는 역할을 한다.

5) **이온 채널(Ion channel)** : 이온이 세포 안팎으로 이동할 수 있게 해주는 단백질로, 뉴런의 전기적 활동(electrical activity of neuron)을 조절하는 데 중요하다. 뇌 이온 채널의 예로는 나트륨 채널(sodium channel), 칼륨 채널(potassium channel) 및 칼슘 채널(calcium channel)이 있다.
전반적으로 뇌의 단백질은 적절한 뇌 기능을 유지하고 뉴런 간의 통신을 촉진하는 데 두루두루 중요한 역할을 한다.

4. 탄수화물(Carbohydrate) : 뇌는 탄수화물의 일종인 포도당을 주요 에너지원으로 사용하지만 탄수화물은 뇌의 전체 구성에서 상대적으로 적은 비율을 차지한다.

뇌는 매우 복잡하고 역동적인 기관이며 그 구성은 다양한 요인에 따라 달라질 수 있다. 또한 뇌의 기능은 화학적 구성에 의해서만 결정되는 것이 아니라 뇌의 다양한 구성 요소와 뇌가 작동하는 환경 간의 복잡한 상호 작용에 의해서도 결정된다.

Part 2

뇌의 주요 구성 요소 및 기능

뇌는 움직임, 감각, 생각, 감정 등 신체의 많은 기능을 제어하는 복잡한 기관이다. 전기 및 화학적 신호를 통해 서로 통신하는 수십억 개의 뉴런 또는 신경 세포로 구성된다.

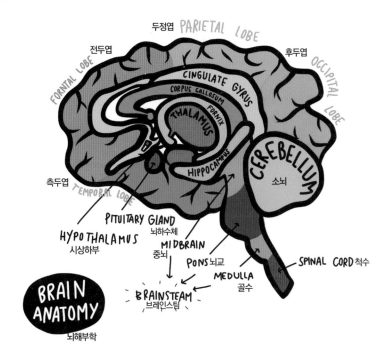

1. 뇌의 주요 구성 요소

1) **대뇌(Cerebrum)** : 대뇌는 뇌의 가장 큰 부분으로 두 개의 반구로 나뉘며, 의식적인 생각, 감각 및 자발적인 움직임을 제어하는 역할을 한다.

2) **소뇌(Cerebellum)** : 소뇌는 뇌의 기저부에 위치하며 운동, 균형 및 자세 조정을 담당한다.

3) **뇌간(Brainstem)** : 뇌간은 뇌와 척수를 연결하고 호흡, 심박수 및 혈압과 같은 많은 기본 기능을 제어하는 역할을 한다.

4) **변연계(Limbic system)** : 변연계는 감정, 동기 부여 및 기억 조절에 관여하는 뇌의 구조 그룹이다.

5) **기저핵(Basal ganglia)** : 기저핵은 움직임, 동기 부여 및 보상을 조절하는 데 관여하는 뇌의 구조 그룹으로, 걷기와 같은 자발적인 움직임을 조정하는 역할을 하며 습관과 일과의 발달에 관여한다.

6) **시상(Thalamus)** : 시상은 감각 정보의 중계소 역할을 하는 뇌의 구조로, 뇌의 적절한 영역으로 신호를 보낸다.

이러한 각 뇌의 구성 요소는 함께 작동하여 우리가 주변 세계를 생각하고, 움직이고, 느끼고, 경험할 수 있도록 한다. 이러한 구성 요소의 기능 장애는 다양한 신경 장애 및 상태로 이어질 수 있다.

2. 뇌에 영향을 줄 수 있는 질병과 상태

1) **알츠하이머병(Alzheimer's disease)** : 알츠하이머병은 기억, 인지 및 행동에 영향을 미치는 퇴행성 질환이다. 뇌에 아밀로이드 플라크와 타우 엉킴(amyloid plaques and tau tangles)이 축적되는 것이 특징이다.

2) **파킨슨병(Parkinson's disease)** : 파킨슨병은 움직임에 영향을 미치고 뇌에서 도파민을 생성하는 뉴런의 손실로 인해 발생하는 진행성 신경 장애이다.

3) **다발성 경화증(Multiple sclerosis)** : 다발성 경화증은 신경계에 영향을 미치는 자가 면역 질환으로 근육 약화, 무감각, 시력 및 조정 문제를 포함한 다양한 증상을 유발할 수 있다.

4) **간질(Epilepsy)** : 간질은 반복적인 발작을 특징으로 하는 신경 장애로, 뇌의 비정상적인 전기적 활동(electrical activity)으로 인해 발생한다.

5) **뇌졸중(Infarct)** : 뇌졸중은 뇌로 가는 혈류가 방해받을 때 발병한다. 뇌 손상과 마비, 언어 문제 및 인지 장애를 포함한 다양한 증상을 유발한다.

6) **외상성 뇌손상(Traumatic brain injury)** : 외상성 뇌손상은 자동차 사고나 스포츠 부상과 같이 머리에 타격을 가하여 뇌가 손상되었을 때 발생한다. 부상의 정도에 따라 다양한 증상을 유발할 수 있다.

뇌질환 및 상태에 대한 치료는 특정 진단에 따라 다르며 약물, 수술, 재활 및 생활 습관 변화가 포함될 수 있다.

02 뇌질환의 역사 History of Brain Disease

Part 1 영양실조로 뇌 문제를 일으킨 역사적 사건

다음은 영양실조로 뇌 문제를 일으킨 몇 가지 역사적 사건이다.

1. 아일랜드 감자 기근(The Irish Potato Famine: 1845~1852) : 아일랜드에서는 감자가 주식이었으며, 감자마름병이라는 질병으로 인해 흉작이 발생하자 광범위한 기근과 영양실조가 발생했다. 이것은 베르니케-코르사코프 증후군(Wernicke-Korsakoff syndrome)을 유발할 수 있는 티아민 결핍으로 인한 뇌 손상을 포함하여 다양한 건강 문제로 이어졌다.

2. 레닌그라드 포위전(The Siege of Leningrad: 1941~1944) : 제2차 세계대전 동안 러시아의 레닌그라드(현재 상트페테르부르크)시는 2년 넘게 독일군에 의해 포위되었다. 그로 인한 기근과 영양실조는 각기병을 유발할 수 있는 비타민 B_1 결핍으로 인한 뇌 손상을 포함하여 다양한 건강 문제로 이어졌다.

3. 대약진(The Great Leap Forward: 1958~1961) : 마오쩌둥의 지도하에 중국 공산당이 시작한 사회경제적 캠페인이었다. 이 캠페인은 국가를 빠르게 산업화하고 농업 생산성을 높이는 것을 목표로 했지만 결국 티아민 결핍으로 인한 뇌 손상을 포함하여 광범위한 영양실조와 건강 문제를 야기하는 기근으로 이어졌다.

4. 비아프라 전쟁(The Biafra War: 1967~1970) : 인도주의적 위기와 광범위한 기근으로 이어진 나이지리아 내전이었다. 이로 인한 영양실조는 단백질과 칼로리 부족으로 인한 뇌 손상을 포함하여 다양한 건강 문제를 일으켰으며, 이는 콰시오커(kwashiorkor : 단백질 결핍으로 인한 영양실조의 한 형태로, 일반적으로 열대지방 어린아이들에게 영향을 줌)를 유발할 수 있다.

5. 캄보디아 대량 학살(The Cambodian Genocide : 1975~1979) : 크메르 루주(Khmer Rouge)의 지도하에 캄보디아에서 정치적 격변과 폭력이 이어진 시기였다. 정권의 정책은 광범위한 기근과 영양실조로 이어져 야맹증을 유발할 수 있는 비타민 A 결핍으로 인한 뇌 손상을 포함하여 다양한 건강 문제를 일으켰다.

Part 2 식습관과 뇌질환 유형의 관계

특정 유형의 뇌질환이 식습관과 관련이 있다는 증거가 있다. 여기 몇 가지 예가 있다.

1. 알츠하이머병(Alzheimer's disease) : 여러 연구에서 포화지방과 트랜스지방이 알츠하이머 발병 위험을 증가시킨다는 결과를 내놓았다. 반대로 과일, 채소, 통곡물, 기름기 없는 단백질 공급원이 풍부한 식단은 알츠하이머 발병 위험을 낮추는 것과 관련이 있다.

2. 파킨슨병(Parkinson's disease) : 연구에 따르면 유제품, 특히 우유가 많은 식단은 파킨슨 발병 위험을 증가시킬 수 있다. 또한 비타민 C 및 E와 같은 항산화제가 적은 식단도 파킨슨병의 위험을 증가시킬 수 있다.

3. 다발성 경화증(MS: Multiple Sclerosis) : 비타민 D와 오메가-3지방산이 적은 식단이 다발성 경화증 발병 위험을 증가시킬 수 있다는 몇 가지 증거가 있다. 반대로, 이러한 영양소가 풍부한 식단은 다발성 경화증 발병 위험을 줄이는 데 도움이 될 수 있다.

4. 우울증(Depression) : 연구에 따르면 가공식품, 정제 탄수화물 및 설탕이 많은 식단은 우울증 발병 위험을 증가시킬 수 있다. 반면에 과일, 채소, 통곡물, 오메가-3지방산이 풍부한 식단은 우울증의 위험을 줄이는 데 도움이 될 수 있다.

5. 정신분열증(Schizophrenia) : 일부 연구에서는 포화지방과 설탕이 많은 식단을 정신분열증 발병 위험 증가와 연관시켰다. 반대로 과일, 채소 및 통곡물이 풍부한 식단은 정신분열증 발병 위험

을 줄이는 데 도움이 될 수 있다.

이러한 연구는 식습관과 뇌질환 사이의 관계를 제시하지만 인과관계를 입증하지는 않는다는 점에 유의해야 한다. 또한 유전학, 생활 방식 및 환경 요인과 같은 다른 요인도 이러한 질병 발병의 원인이 될 수 있다.

03 뇌 건강과 식품의 관계
The Relationship between Brain Health and Food

Part 1 뇌와 영양

1. 영양이 뇌에 중요한 주요 이유

영양은 여러 가지 이유로 뇌에 매우 중요하다. 뇌는 최적의 기능을 위해 에너지와 영양분의 지속적인 공급이 필요한 대사율이 높은 기관이다. 적절한 영양 섭취가 없으면 필수적인 인지 및 행동 과정을 수행하는 뇌의 능력이 손상될 수 있다. 영양이 뇌에 매우 중요한 몇 가지 주요 이유는 다음과 같다.

1) **에너지 생산(Energy production)** : 뇌는 기능에 필요한 에너지를 생산하기 위해 지속적인 포도당 공급이 필요하다. 포도당은 우리가 먹는 음식에서 얻어지며 혈류를 통해 뇌로 운반된다. 적절한 포도당이 없으면 뇌는 착란, 현기증, 피로 등 다양한 증상을 나타낼 수 있다.

2) **신경전달물질 생성(Neurotransmitter production)** : 뇌는 아미노산, 비타민 및 미네랄을 사용하여 뇌 세포 간의 통신에 필수적인 신경전달물질을 생성한다. 이러한 영양소가 없으면 메시지를 전달하는 뇌의 능력이 손상되어 기억력, 학습 및 기분에 문제가 생길 수 있다.

3) **산화 스트레스에 대한 보호(Protection against oxidative stress)** : 뇌는 독소(toxin), 오염(pollution) 및 방사선(radiation) 노출로 인해 발생할 수 있는 산화 스트레스로 인한 손상에 특히 취약하다. 과일과 채소에서 발견되는 항산화제와 같은 영양소는 산화 스트레스로부터 뇌를 보호하고 알츠하이머병 및 파킨슨병과 같은 신경퇴행성 질환(neurodegenerative diseases)의 위험을 줄이는 데 도움이 될 수 있다.

4) **구조적 완전성(Structural integrity)** : 뇌는 구조와 기능을 유지하기 위해 특정 영양소를 필요로 하는 뉴런(neuron)과 아교세포(glial cell)의 복잡한 네트워크로 구성되어 있다. 예를 들어, 생선과 견과류에서 발견되는 오메가-3지방산은 뇌 세포막을 만들고 복구하는 데 필수적이며 철분은 뉴런 사

치유의 맛 | Culinary Medicine

이의 신호 전달을 돕는 미엘린(myelin) 생산에 필요하다.

요약하면, 영양은 뇌의 기능과 건강에 필수적이다. 영양이 풍부한 다양한 식품을 포함한 균형 잡힌 식단은 최적의 뇌 기능을 지원하고 인지 기능 저하 및 신경 퇴행성 질환의 위험을 줄이는 데 도움이 될 수 있다.

Part 2 뇌의 기능에 중요한 역할을 하는 식품

우리는 매일 섭취한 식품을 영양소로 분해하여 혈류로 흡수한 뒤 뇌로 운반하여 고갈된 뇌의 저장고를 채우고 세포 반응을 활성화하며, 무엇보다도 뇌 조직의 일부분을 만든다. 즉, 우리의 뇌는 우리가 무엇을 먹는지에 따라 뇌의 질이 결정된다고 할 수 있다.

1. 뇌와 관련된 비타민(Vitamins)과 무기질(Mineral)

비타민과 미네랄은 뇌의 적절한 기능에 중요한 역할을 하는 필수 영양소이다. 뇌가 최적의 성능을 유지하기 위해서는 이러한 영양소를 지속적으로 공급해야 한다. 뇌와 관련된 비타민과 미네랄의 종류 및 역할은 다음과 같다.

1) **비타민 B복합체(Vitamin B)** : B_6, B_9(엽산folate) 및 B_{12}를 포함한 비타민 B는 건강한 뇌 세포의 생성 및 유지에 중요한 역할을 하며 기분(mood) 및 인지(cognition) 기능을 조절하는 데 도움이 된다. 즉 기분 조절에 중요한 세로토닌(serotonin)과 도파민(dopamine) 같은 신경전달물질의 합성(synthesis of neurotransmitter)에 관여한다.

2) **비타민 D(Vitamin D)** : 비타민 D는 면역체계를 조절하고 뇌의 염증을 줄이는 데 도움이 되므로 뇌 건강에 중요하다. 또한 뉴런의 성장과 유지를 지원하는 신경영양 인자(neurotrophic factor)의 생산에 중요한 역할을 한다.

3) **비타민 E(Vitamin E)** : 비타민 E는 산화를 억제하는 물질로 산화 스트레스(oxidative stress)와 손상으로부터 뇌 세포를 보호하는 데 도움이 되는 항산화제(antioxidant)이다. 또한 신경전달물질

(neurotransmitter)의 합성과 인지 기능(cognitive function) 조절에 중요한 역할을 한다.

4) **오메가-3지방산(Omega-3 fatty acid)** : EPA 및 DHA를 포함한 필수 지방산(essential fatty acid)은 뇌 기능 및 발달에 중요하다. 즉 건강한 뇌 세포의 형성과 유지에 관여하며 기분(mood), 인지(cognition) 및 행동(behavior)을 조절하는 데 도움을 준다.

5) **철분(Iron)** : 철분은 뇌에 산소를 운반하고 신경전달물질(neurotransmitter)의 생산을 지원하기 때문에 뇌 기능에 중요하다. 철분 결핍은 인지 장애(cognitive impairment)와 뇌 기능 저하로 이어질 수 있다.

6) **아연(Zinc)** : 아연은 신경전달물질의 조절과 건강한 뇌 세포의 유지에 관여한다. 또한 면역체계에 관여하여 뇌의 염증(inflammation)을 줄이는 데 도움이 될 수 있다.

전반적으로 다양한 과일, 채소, 통곡물, 양질의 단백질 및 건강한 지방을 포함하는 균형 잡힌 식단은 최적의 뇌 기능을 지원하는 데 필요한 비타민과 미네랄을 제공할 수 있다.

2. 뇌에 좋은 식재료와 요리

뇌에 좋고 인지 기능과 기억력 및 집중력 향상에 도움이 되는 음식과 재료는 다양하다. 그중 몇 가지 예를 들면 다음과 같다.

• 두뇌와 기억력을 위한 최고의 음식

1) **좋은 지방이 들어 있는 생선(Fatty fish)** : 연어, 정어리, 송어와 같이 기름진 생선은 뇌 건강에 필수적인 오메가-3지방산이 풍부하다. 오메가-3는 뇌의 염증을 줄이고 새로운 뇌 세포의 성장을 촉진할 수 있다. 적어도 일주일에 두 번은 기름진 생선을 먹도록 한다.

2) **베리류(Berries)** : 블루베리, 딸기, 블랙베리와 같은 베리류에는 스트레스로부터 산화되는 뇌를 보호하는 데 도움이 되는 항산화제가 풍부하다. 이 과일에는 기억력과 인지 기능을 향상시킬 수 있는 플라보노이드도 포함되어 있다. 아침 식사 오트밀이나 요구르트에 딸기를 추가하거나 온종일 간식으로 먹는다.

3) **견과류 및 씨앗(Nuts and seed)** : 아몬드, 호두, 호박씨, 아마씨와 같은 견과류와 씨앗은 뇌 손상을 방지하는 데 도움이 되는 비타민 E와 건강한 지방의 좋은 공급원이다. 또한 기억력과 학습력을 향상시키는 데 도움이 되는 마그네슘을 함유하고 있다. 샐러드나 요구르트에 견과류와 씨앗을 뿌리거나 간식으로 먹는다.

4) **다크 초콜릿(Dark chocolate)** : 다크 초콜릿에는 뇌의 혈류를 개선하고 인지 기능을 향상시킬 수 있는 플라보노이드가 포함되어 있다. 코코아 함량이 70% 이상인 초콜릿을 선택해서 적당히 즐긴다.

5) **잎이 많은 채소(Leafy green)** : 시금치, 케일, 콜라드 그린과 같이 잎이 많은 채소는 산화 방지제, 비타민 및 미네랄이 풍부해서 뇌를 손상으로부터 보호하고 인지 기능을 향상시키는 데 도움이 된다. 샐러드, 스무디 또는 오믈렛에 잎이 많은 채소를 추가한다.

6) **통곡물(Whole grain)** : 오트밀, 현미, 통밀빵과 같은 통곡물은 뇌에 꾸준한 에너지를 공급할 수 있는 복합 탄수화물의 좋은 공급원이다. 그들은 또한 뇌의 염증을 줄이고 기억력을 향상시키는 데 도움이 되는 B 비타민류를 함유하고 있다. 가능하면 정제된 곡물보다 통곡물을 선택한다.

두뇌 건강을 위한 식품을 식단에 포함시키려면 다양한 과일, 채소, 통곡물 및 양질의 단백질을 섭취한다. 좋아하는 요리법이나 간식에 이러한 음식을 추가해 볼 수도 있다. 예를 들어 아침에는 시금치와 베리 스무디를 만들고 오후에는 아몬드와 다크 초콜릿으로 간식을 먹거나 아침에는 아마씨와 블루베리로 오트밀을 얹을 수 있다.

3. 뇌에 좋지 않은 음식

과도하게 섭취하거나 잘못된 방식으로 섭취할 경우 뇌에 해로울 수 있는 몇 가지 음식과 재료가 있다. 여기 몇 가지 예를 들면 다음과 같다.

1) **가공 및 포장 식품(Processed and packaged food)** : 칩, 쿠키 및 패스트 푸드와 같은 가공 및 포장 식품에는 포화지방 및 트랜스지방, 정제된 탄수화물 및 첨가당이 많아 뇌 건강에 해로울 수 있다. 이러한 음식은 뇌에 염증을 일으키고 인지 기능 저하 및 치매를 일으킬 수 있다. 이러한 음식의 잘못된 섭취 방법은 자주 그리고 많은 양을 섭취하는 것이다.

2) **단 음료(Sugary drink)** : 탄산음료, 에너지 음료, 과일 주스와 같은 단 음료는 뇌에 염증을 유발하고 인지 기능 저하 위험을 증가시킬 수 있는 첨가당 함량이 높다. 설탕이 든 음료수를 온종일 자주 섭취하는 것은 매우 안 좋은 식습관이다.

3) **알코올(Alcohol)** : 알코올을 과도하게 섭취하면 뇌 건강에 부정적인 영향을 미칠 수 있다. 과음은 기억 상실, 인지 장애 및 뇌 손상으로 이어질 수 있다. 술을 적당량보다는 과하게, 자주 마시면 건강에 좋지 않다.

4) **트랜스지방(Trans fat)** : 튀긴 음식, 구운 식품 및 일부 포장식품에서 발견되는 트랜스지방은 뇌의 염증에 기여하고 인지 기능 저하의 위험을 증가시킬 수 있다. 몸에 좋지 않은 트랜스지방은 먹지 않는 것이 좋다. 이 지방이 많은 음식을 자주 섭취하는 것은 뇌에 좋지 않다.

5) **높은 수준의 염분(High level of salt)** : 염분을 많이 섭취하면 고혈압이 발생할 수 있으며 이는 인지 기능 저하 및 치매의 위험 요소이다. 소금은 염분 섭취 권장 수준으로 제한하여 섭취하는 것이 좋다. 염분이 많은 음식을 자주 섭취하는 것은 뇌에 좋지 않다.

두뇌 건강을 증진하고 인지 기능 저하 위험을 줄이려면 과일, 채소, 통곡물, 양질의 단백질, 건강한 지방이 풍부한 균형 잡힌 식단을 섭취하는 동시에 가공식품, 첨가당 및 알코올 섭취를 제한하는 것이 중요하다. 또한 음식을 선택할 때 절제를 실천하고 전반적인 건강을 고려하는 것이 중요하다.

Part 3 뇌에 유익한 영양이 풍부한 식단

1. 뇌에 좋은 영양 식단

영양이 풍부한 식단은 뇌가 최상의 기능을 발휘하는 데 필요한 연료(fuel)를 제공할 수 있다. 뇌 건강에 유익한 것으로 알려진 영양소는 다음과 같다.

1) **오메가-3지방산(Omega-3 fatty acid) :** 연어, 정어리, 고등어와 같이 지방이 많은 생선에서 발견되는 필수 지방산으로, 뇌 기능에 중요하며 뇌의 염증을 줄이는 데 도움이 될 수 있다.

2) **산화 방지제(Antioxidant) :** 산화 스트레스로부터 뇌를 보호하는 데 도움이 되는 과일과 채소에서 발견되는 화합물이다. 항산화 물질이 풍부한 식품에는 딸기, 시금치, 케일, 브로콜리가 있다.

3) **비타민 B 복합체(Vitamin B) :** B 비타민류는 에너지 생성과 신경 기능에 중요하다. B 비타민류가 풍부한 식품에는 통곡물, 잎이 많은 채소 및 견과류가 포함된다.

4) **비타민 E(Vitamin E) :** 산화 스트레스로부터 뇌를 보호하는 데 도움이 되는 강력한 항산화제이다. 비타민 E가 풍부한 식품에는 아몬드, 해바라기씨, 시금치가 있다.

5) **철분(Iron) :** 철분은 인지 기능에 중요하며 피로와 집중력 저하로 이어질 수 있는 빈혈을 예방하는 데 도움이 될 수 있다. 철분이 많은 식품에는 살코기, 해산물, 콩 및 잎이 많은 채소가 포함된다.

한 달 동안 영양이 풍부한 식단을 섭취하려면 이러한 영양소가 풍부한 다양한 자연식품을 섭취하는 데 집중해야 한다. 여기에는 다음이 포함될 수 있다.

- 연어, 정어리, 고등어와 같은 지방이 많은 생선을 일주일에 최소 2회 섭취
- 베리, 잎이 많은 채소, 브로콜리, 콜리플라워, 방울양배추와 같은 십자화과 채소에 중점을 둔 다양한 과일 및 채소
- 현미, 퀴노아, 통밀빵과 같은 통곡물
- 아몬드, 호두, 치아시드, 아마씨와 같은 견과류와 씨앗류
- 닭고기, 칠면조 고기와 같은 살코기와 콩, 렌즈콩, 두부와 같은 식물성 단백질 공급원

또한 가공식품, 단 음료, 포화지방 및 트랜스지방이 많은 식품의 섭취를 제한해야 한다. 이러한 식품은 뇌 건강에 부정적인 영향을 미칠 수 있다. 또한 온종일 충분한 양의 물을 마셔 수분을 유지한다. 한 달 동안 영양이 풍부한 식단에 따라 음식을 섭취하면 인지 기능, 기분 및 전반적인 활력(vitality)이 개선되었음을 확인할 수 있다.

Part 4 뇌 건강을 지원하는 1주일 식단

다음은 소화기 건강을 지원하는 아침, 점심, 저녁 식사의 주간 목록이다. 이러한 식사에는 소화 건강을 지원하는 섬유질, 단백질, 건강한 지방 및 항산화제와 같은 다양한 영양소가 포함된다. 또한 전체 식품을 포함하고 가공식품을 제한하여 장 건강을 개선하는 데 도움이 될 수 있다.

날짜	일일	메뉴명	뇌 건강에 좋은 이유
Day 1	아침	• Greek yogurt topped with fresh berries and walnuts • 신선한 딸기와 호두를 얹은 그릭 요구르트	• 그릭 요구르트는 단백질과 건강한 지방의 좋은 공급원이며, 딸기와 호두는 뇌 건강에 유익한 항산화제와 오메가-3지방산으로 가득차 있음
	점심	• Grilled salmon salad with spinach, avocado, and quinoa • 시금치, 아보카도, 퀴노아를 곁들인 구운 연어 샐러드	• 연어는 오메가-3지방산의 풍부한 공급원이며 시금치와 아보카도는 뇌 건강에 필수적인 비타민과 미네랄을 제공 • 퀴노아는 혈당 수치를 안정시키고 뇌 기능을 촉진하는 데 도움이 되는 단백질과 복합 탄수화물의 훌륭한 공급원
	저녁	• Baked chicken breast with roasted sweet potatoe and broccoli • 구운 고구마와 브로콜리를 곁들인 구운 닭가슴살	• 닭고기는 단백질의 좋은 공급원이며 고구마는 인지 기능을 향상시킬 수 있는 항산화제와 비타민 A가 풍부 • 브로콜리에는 기억력과 인지 기능을 향상시키는 데 도움이 되는 비타민 K와 콜린(choline)이 풍부
Day 2	아침	• Oatmeal with almond butter, sliced banana, and cinnamon • 아몬드 버터, 얇게 썬 바나나, 계피를 곁들인 오트밀	• 오트밀은 안정적인 혈당 수치를 유지하고 뇌 기능을 촉진하는 데 도움이 되는 복합 탄수화물과 섬유질의 훌륭한 공급원 • 아몬드 버터는 건강한 지방의 좋은 공급원이며 바나나에는 인지 기능을 향상시킬 수 있는 칼륨이 풍부 • 계피는 기억력과 인지 기능을 향상시키는 것으로 나타남
	점심	• Grilled chicken salad with mixed green, cherry tomatoes, and roasted beet • 혼합 채소, 방울토마토, 구운 비트를 곁들인 구운 치킨 샐러드	• 닭고기는 좋은 단백질 공급원이며 혼합 채소와 방울토마토는 뇌 건강에 필수적인 비타민과 미네랄을 제공 • 비트에는 질산염이 풍부하여 뇌로 가는 혈류를 개선하고 인지 기능을 촉진할 수 있음
	저녁	• Baked salmon with roasted asparagus and quinoa • 구운 아스파라거스와 퀴노아를 곁들인 구운 연어	• 연어는 오메가-3지방산이 풍부하고, 아스파라거스는 인지 기능을 향상시킬 수 있는 비타민 E가 풍부 • 퀴노아는 단백질과 복합 탄수화물의 훌륭한 공급원

Day 3	아침	• Smoothie bowl with mixed berries, almond milk, spinach, and chia seed • 혼합 베리, 아몬드 우유, 시금치, 치아시드가 들어간 스무디 볼	• 딸기에는 항산화제와 오메가-3지방산이 풍부하고, 시금치는 뇌 건강에 필수적인 비타민과 미네랄을 제공 • 치아시드는 건강한 지방과 섬유질의 좋은 공급원
	점심	• Grilled chicken wrap with whole-grain tortilla, avocado, and mixed green • 통곡물 토르티야, 아보카도, 혼합 채소를 곁들인 구운 치킨 랩	• 닭고기는 좋은 단백질 공급원이며 아보카도는 건강한 지방과 뇌 건강에 필수적인 비타민을 제공 • 통곡물 토르티야는 복합 탄수화물과 섬유질의 좋은 공급원
	저녁	• Turkey chili with mixed vegetables and brown rice • 혼합 채소와 현미를 곁들인 칠면조 칠리	• 칠면조는 단백질의 좋은 공급원이며 혼합 채소는 뇌 건강에 필수 비타민과 미네랄을 제공 • 현미는 혈당 수치를 안정시키고 뇌 기능을 촉진하는 데 도움이 되는 복합 탄수화물의 훌륭한 공급원
Day 4	아침	• Scrambled egg with whole-grain toast and sliced avocado • 통곡물 토스트와 얇게 썬 아보카도를 곁들인 스크램블드에그	• 달걀은 기억력과 인지 기능을 향상시킬 수 있는 단백질과 콜린의 훌륭한 공급원 • 통곡물 토스트는 복합 탄수화물과 섬유질을 제공하고 아보카도는 건강한 지방과 뇌 건강을 위한 필수 비타민을 제공
	점심	• Lentil soup with mixed vegetable and whole-grain cracker • 혼합 채소와 통곡물 크래커를 곁들인 렌즈콩 수프	• 렌틸콩은 단백질과 섬유질의 좋은 공급원이며 혼합 채소는 뇌 건강에 필수적인 비타민과 미네랄을 제공 • 통곡물 크래커는 복합 탄수화물과 섬유질을 제공
	지녁	• Grilled chicken breast with roasted Brussels sprout and brown rice • 구운 방울양배추와 현미를 곁들인 구운 닭가슴살	• 닭고기는 좋은 단백질 공급원이며 방울양배추에는 인지 기능을 향상시킬 수 있는 비타민 K가 풍부 • 현미는 혈당 수치를 안정시키고 뇌 기능을 촉진하는 데 도움이 되는 복합 탄수화물의 훌륭한 공급원
Day 5	아침	• Oatmeal with mixed berries and chopped walnuts • 혼합 베리와 다진 호두를 곁들인 오트밀	• 오트밀은 온종일 뇌에 연료를 공급하는 데 도움이 되는 섬유질과 탄수화물의 좋은 공급원 • 혼합 베리에는 항산화제가 풍부하고 호두에는 뇌 건강을 지원할 수 있는 건강한 지방이 포함됨
	점심	• Turkey and avocado wrap made with a whole-grain tortilla • 통곡물 토르티야로 만든 칠면조와 아보카도 랩	• 칠면조는 단백질의 좋은 공급원이며 아보카도는 건강한 지방과 뇌 건강을 위한 필수 비타민을 제공 • 통곡물 토르티야는 복합 탄수화물과 섬유질을 제공
	저녁	• Grilled salmon with roasted vegetable and quinoa • 구운 채소와 퀴노아를 곁들인 구운 연어	• 연어는 뇌 건강을 지원할 수 있는 오메가-3지방산의 풍부한 공급원 • 브로콜리, 당근, 고구마와 같은 구운 채소는 인지 기능을 촉진할 수 있는 비타민과 미네랄이 풍부 • 퀴노아는 단백질과 탄수화물의 좋은 공급원
Day 6	아침	• Whole-grain waffle with fresh fruit and almond butter • 신선한 과일과 아몬드 버터를 곁들인 통곡물 와플	• 통곡물 와플은 복합 탄수화물과 섬유질을 제공하고 신선한 과일은 뇌 건강에 필수적인 비타민과 미네랄을 제공 • 아몬드 버터는 뇌 건강을 지원할 수 있는 건강한 지방의 좋은 공급원
	점심	• Chicken and vegetable stir-fry with brown rice • 현미를 곁들인 닭고기와 채소볶음	• 닭고기는 단백질의 좋은 공급원 • 혼합 채소는 뇌 건강에 필수 비타민과 미네랄을 제공 • 현미는 탄수화물의 좋은 공급원
	저녁	• Baked salmon with roasted asparagus and brown rice • 구운 아스파라거스와 현미를 곁들인 구운 연어	• 연어는 오메가-3지방산이 풍부하고, 아스파라거스는 인지 기능을 향상시킬 수 있는 비타민 E가 풍부 • 현미는 온종일 뇌에 연료를 공급하는 데 도움이 되는 탄수화물의 좋은 공급원

신경계와 신경계 건강에 도움을 주는 음식

Day 7	아침	• Avocado toast with egg • 달걀을 곁들인 아보카도 토스트	• 아보카도는 건강한 지방과 섬유질의 훌륭한 공급원 • 달걀은 두뇌 건강에 필수적인 단백질과 콜린을 제공
	점심	• Spinach salad with grilled chicken • 구운 닭고기를 곁들인 시금치 샐러드	• 시금치는 인지 기능에 중요한 엽산과 철분의 좋은 공급원 • 구운 닭고기는 단백질을 제공하고 토마토, 오이와 같은 다른 채소는 추가 영양소를 제공
	저녁	• Tofu stir-fry with mixed vegetable • 혼합 채소를 곁들인 두부볶음	• 두부는 좋은 단백질 공급원이며 육류의 훌륭한 대안이 될 수 있음 • 피망, 양파, 완두콩과 같은 혼합 채소를 볶으면 두뇌 건강을 지원하는 다양한 비타민과 미네랄을 제공할 수 있음

Part 5 뇌에 유익한 요리

여기에 두뇌 친화적인 요리와 조리법을 제시한다.

1. Baked Salmon and Baked Stuffed Sweet Potato and Broccoli
고구마와 브로콜리, 구운 연어

연어는 뇌 건강을 지원하는 것으로 밝혀진 오메가-3지방산(omega-3 fatty acid)의 훌륭한 공급원이다. 고구마에는 인지 기능을 지원하는 비타민 A가 풍부하고 브로콜리에는 비타민 C와 항산화 물질(omega-3 fatty acid)이 풍부하여 뇌 손상을 방지할 수 있다.

Ingredients

• 1 salmon fillet
• 1 large sweet potatoe
• 1 tbsp sundried tomato, chopped
• 1 tbsp feta cheese, chopped
• 1 tbsp olive, chopped
• 2 leaf basil, chopped
• 1/2 head of broccoli, chopped
• 2 tbsp olive oil
• 1 tbsp herb vinegar dressing
• salt and pepper to taste

Instructions

1. 오븐을 200℃로 예열한다.
2. 연어 필렛을 베이킹 시트에 놓고 소금과 후추를 뿌린다.
3. 고구마를 구워 가운데를 갈라서 속에 다진 선드라이드 토마토, 올리브, 페타 치즈, 바질로 속을 채워 다시 굽는다. 여기에 허브 비네그레트 드레싱을 뿌린다.
4. 브로콜리를 올리브 오일, 소금, 후추와 함께 별도의 그릇에 담는다.
5. 베이킹 시트의 연어 주변에 고구마와 브로콜리를 배열한다.
6. 20~25분 동안 또는 연어가 완전히 익고 채소가 부드러워질 때까지 굽는다.

2. Spinach and Mushroom Omelet - 시금치와 버섯 오믈렛

달걀은 두뇌 발달과 기능에 중요한 콜린(choline)의 훌륭한 공급원이다. 시금치는 인지 기능 향상에 도움이 되는 철분이 풍부하고, 버섯에는 뇌를 보호하는 데 도움이 되는 항산화제가 포함되어 있다.

Ingredients

- 3 eggs
- 1 cup chopped spinach
- 1 cup sliced mushrooms
- 1 tbsp butter
- salt and pepper to taste

Instructions

- 그릇에 달걀을 풀고 소금과 후추를 넣는다.
- 잘 달라붙지 않는 프라이팬에 버터를 중불로 녹인다.
- 시금치와 버섯을 프라이팬에 넣고 버섯이 부드러워지고 시금치가 시들 때까지 요리한다.
- 프라이팬에 달걀을 붓고 익을 때까지 한 번 뒤집는다.
- 뜨겁게 서빙한다.

3. Blueberry and Almond Butter Smoothie
블루베리와 아몬드 버터 스무디

블루베리는 산화 방지제가 풍부하여 뇌 손상을 방지할 수 있다. 아몬드는 뇌를 보호하는 데 도움이 되는 비타민 E의 좋은 공급원이다.

Ingredients

- 1 cup blueberries
- 2 tbsp almond butter
- 1 cup almond milk
- 1 banana
- 1 tsp honey

Instructions

1. 모든 재료를 블렌더에 넣고 부드러워질 때까지 갈아준다.
2. 바로 컵에 담아 마시거나 제공한다.

4. Quinoa and Black Bean Salad - 퀴노아와 검은콩 샐러드

퀴노아는 뇌에 지속적인 에너지를 공급하는 데 도움이 되는 단백질과 복합 탄수화물(complex carbohydrate)의 좋은 공급원이다. 검은콩에는 뇌 기능에 중요한 엽산(folate)이 풍부하다.

Ingredients

- 1 cup cooked quinoa
- 1 can black beans, drained and rinsed, cooked black beans
- 1 red bell pepper, chopped
- 1 avocado, diced
- 1 tbsp olive oil
- Juice of 1 lime
- salt and pepper to taste

Instructions

1. 퀴노아, 검은콩, 피망, 아보카도를 그릇에 담는다.
2. 스테인리스 그릇에 올리브 오일, 라임 주스, 소금, 후추를 함께 넣고 휘젓는다.
3. 퀴노아 혼합물 위에 드레싱을 붓고 버무려 코팅한다.
4. 차갑게 서빙한다.

5. Roasted Vegetable and Lentil Soup - 구운 채소와 렌즈콩 수프

렌틸콩은 단백질과 복합 탄수화물이 풍부하여 뇌에 지속적인 에너지를 공급할 수 있다. 구운 채소에는 산화 방지제가 풍부해서 뇌 손상을 방지할 수 있다.

Ingredients

- 1 cup red lentils
- 1 onion, chopped
- 2 carrots, chopped
- 2 celery stalks, chopped
- 1 red bell pepper, chopped
- 2 tbsp olive oil
- 4 cups vegetable broth
- 1 tsp cumin
- 1 tsp paprika
- salt and pepper to taste

Instructions

1. 스테인리스 냄비에 올리브 오일을 두른 뒤, 재료를 넣고 볶은 후 채소 육수를 부어준다.
2. 20~30분 정도 푹 익힌 뒤 블렌더에 넣고 갈아준다. 수프 볼에 담아 제공한다.

Part 5 뇌와 알코올

1. 뇌와 알코올의 인과 관계

적당한 알코올 섭취는 심혈관 질환, 암 및 치매의 위험을 줄이고 잠재적인 건강상의 이점이 있지만, 특히 뇌 건강에 대한 와인의 이점에 대해서는 장단점의 관점이 모두 주장되고 있다.

일부 연구에서는 와인, 특히 적포도주가 신경 보호 효과를 가질 수 있는 레스베라트롤(resveratrol : 특정 식물과 적포도주에서 발견되는 폴리페놀 화합물로 항산화 특성이 있음)과 같은 화합물을 함유할 수 있다고 제안했다. 레스베라트롤은 포도 껍질에서 발견되는 폴리페놀로 항염증, 항산화 및 노화 방지 효과가 있는 것으로 나타났다.

"알츠하이머병 저널(Journal of Alzheimer's Disease)"에 발표된 한 연구에 따르면 적당한 와인 소비가 노인의 치매 위험 감소와 관련이 있는 것으로 나타났다.

"American Journal of Clinical Nutrition"에 발표된 또 다른 연구에 따르면 레스베라트롤(resveratrol) 보충이 노인의 인지 능력을 향상시키는 것으로 나타났다.

그러나 과도한 알코올 섭취는 기억력 상실 및 의사 결정 장애를 포함하여 뇌 건강 및 인지 기능에 부정적인 영향을 미칠 수 있다는 점에 유의하는 것이 중요하다.

미국심장협회(American Heart Association)는 심장 건강을 증진하기 위해 남성의 경우 하루 1~2잔, 여성의 경우 하루 1잔으로 알코올 섭취의 제한을 권장하고 있다.

전반적으로 일부 연구에서는 와인이 뇌 건강에 잠재적인 이점이 있을 수 있다고 제안하지만, 와인을 적당히 섭취하고 전반적으로 건강한 생활 방식의 일부로 섭취하는 것이 중요하다.

04 뇌 건강에 유익한 운동
Exercises Beneficial to Brain Health

Part 1 뇌(Brain)에 좋은 운동

규칙적인 운동은 신체 건강뿐만 아니라 뇌 건강에도 도움이 된다. 다음은 뇌에 좋은 것으로 밝혀진 몇 가지 운동과 방법이다.

1. 에어로빅 운동(Aerobic exercise) : 달리기, 자전거 타기 또는 수영과 같은 에어로빅 운동은 심혈관 건강을 개선하고 뇌로 가는 혈류를 증가시킬 수 있다. 이것은 인지 기능(cognitive function), 기억력(memory) 및 기분(mood)을 개선하는 데 도움이 될 수 있다.

2. 저항 훈련(Resistance training) : 역도와 같은 저항 훈련은 근력(muscle strength)과 지구력(endurance)을 증가시키는 데 도움이 될 수 있다. 또한 골밀도(bone density)를 개선하고 부상 위험을 줄이는 데 도움이 될 수 있다. 또한 저항 훈련(resistance training)은 노인(older adult)의 인지 기능을 향상시키는 것으로 나타났다.

3. 요가와 명상(Yoga and meditation) : 요가와 명상은 스트레스를 줄이고 정신적 명료성을 향상시키는 데 도움이 되는 마음챙김 수련이다. 또한 인지 기능을 개선하고 불안(anxiety)과 우울증(depression)의 증상을 줄이는 것으로 나타났다.

4. 두뇌 게임 및 퍼즐(Brain game and puzzle) : 크로스워드 퍼즐(crossword puzzles), 스도쿠(Sudoku), 체스(chess)와 같은 두뇌 게임 및 퍼즐은 인지 기능과 기억력을 향상시키는 데 도움이 될 수 있다. 이러한 활동은 두뇌에 도전하고 문제 해결 능력(problem-solving skills)을 향상시키는 데 도움이 될 수 있다.

5. 새로운 기술 배우기(Learning a new skill) : 언어나 악기(musical instrument)와 같은 새로운 기술을 배우는 것은 인지 기능과 기억력을 향상시키는 데 도움이 될 수 있다. 그것은 두뇌활동을 활발히 하고 신경 연결성(neural connectivity)을 향상시키는 데 도움이 될 수 있다.

6. 사교(Socializing) : 친구 및 가족과 사귀는 것은 인지 기능을 개선하고 우울증과 불안의 위험을 줄이는 데 도움이 될 수 있다. 또한 기억력과 전반적인 활력(overall well-being)을 개선하는 데 도움이 될 수 있다.

7. 수면(Sleep) : 충분한 수면은 뇌 건강에 필수적이다. 잠자는 동안 뇌는 기억을 통합하고 독소(toxin)를 제거한다. 만성 수면 부족은 인지 기능 저하 및 기타 건강 문제와 관련이 있다.

뇌에 최대한의 이점을 얻으려면 다양한 운동과 방법에 참여하는 것이 중요하다. 주당 최소 150분의 중등도 운동(moderate-intensity exercise)과 주 2회 이상의 저항 운동(resistance training)을 목표로 한다. 마음챙김 연습(Incorporate mindfulness practices), 두뇌 게임 및 사교 활동을 일상에 통합한다. 마지막으로, 매일 밤 충분한 수면을 취하는 것을 우선시한다. 이러한 습관을 생활화함으로써 인지 기능, 기억력 및 전반적인 뇌 건강을 향상시킬 수 있다.

05 뇌에 좋은 소리
Sound and Music that are Good for the Brain

Part 1 뇌에 좋은 소리

소리와 음악은 뇌 건강에 상당한 영향을 미칠 수 있다.

다음은 도움이 될 수 있는 몇 가지 방법이다.

1. 스트레스와 불안 감소(Reduce stress and anxiety) : 차분한 음악을 들으면 스트레스와 불안 수준을 줄이는 데 도움이 될 수 있다. 연구에 따르면 음악을 들으면 부교감 신경계가 활성화되어 스트레스 수준을 줄이는 데 도움이 된다.

2. 기억력과 인지력 향상(Improve memory and cognition) : 악기를 연주하거나 음악을 들으면 기억력과 인지 기능이 향상될 수 있다. 연구에 따르면 음악가는 기억력, 주의력 및 언어를 담당하는 영역에서 더 크고 활동적인 두뇌를 가지고 있다.

3. 기분 향상(Boost mood) : 음악을 들으면 기분을 좋게 하고 즐거움과 행복감을 높이는 데 도움이 되는 뇌의 화학 물질인 도파민(dopamine)이 방출될 수 있다.

4. 수면 향상(Enhance sleep) : 차분한 음악은 수면의 질을 개선하여 더 편안한 밤의 수면을 유도할 수 있다.

5. 통증 관리 보조(Aid in pain management) : 음악 요법은 통증 관리에 효과적인 도구이다. 음악을 들으면 엔도르핀(endorphin)이 분비되어 통증 수준을 줄이는 데 도움이 된다.

전반적으로 소리와 음악을 일상에 통합하면 뇌 건강과 전반적인 활력(vitality)에 긍정적인 영향을 미칠 수 있다.

Foods that Support Endocrine Hormones and Endocrine Hormone Health

Key Point

- 내분비계는 호르몬을 생성하는 갑상선 및 부신과 같은 샘으로 구성된다.
- 내분비계는 인간의 생명을 유지하는 데 중요한 역할을 하며 기능이 중단되면 건강과 활력(vitality)에 중대한 영향을 미칠 수 있다.
- 이 호르몬은 성장과 발달, 신진대사, 생식을 포함한 많은 신체 기능을 조절한다.

Chapter 10

내분비계 호르몬과
내분비계 호르몬 건강에 도움을 주는 음식

· 내분비계에 대하여 · 삶과 내분비계 건강의 관계
내분비계 질병과 증상 · 내분비계 질병의 역사
· 내분비계 건강에 좋은 영양과 요리

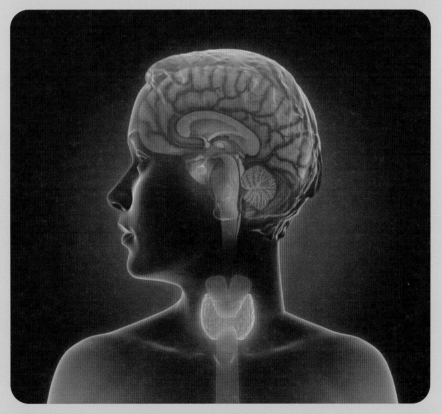

01 내분비계 Endocrine System

Part 1 인간의 삶과 내분비계 건강의 관계

내분비계는 인간의 생명을 유지하는 데 중요한 역할을 하며 기능이 중단되면 건강과 활력(vitality)에 중대한 영향을 미칠 수 있다. 인간의 생명과 내분비 건강의 관계는 다음과 같다.

1. 내분비계는 호르몬을 생산하고 분비하는 땀샘의 네트워크로, 호르몬은 혈류를 통해 전신의 표적 세포와 조직으로 이동하는 화학 메신저이다.
2. 호르몬은 신진대사, 성장 및 발달, 성기능, 기분 및 스트레스 반응을 포함한 광범위한 신체 기능을 조절한다.
3. 뇌의 기저부에 위치한 뇌하수체는 신체의 다른 많은 샘의 기능을 제어하기 때문에 '마스터 샘'이라고도 불린다.
4. 목에 위치한 갑상선은 신진대사와 에너지 수준을 조절하는 호르몬을 생성한다.
5. 신장 위에 위치한 부신은 스트레스 반응과 혈당 수치를 조절하는 호르몬을 생성한다.
6. 췌장은 혈당 수치를 조절하는 호르몬과 음식을 분해하는 데 도움이 되는 소화 효소를 생성한다.
7. 여성의 난소와 남성의 고환을 포함한 생식 기관은 성적 발달과 기능을 조절하는 호르몬을 생성한다.
8. 호르몬 생산 또는 기능의 불균형은 당뇨병, 갑상선 질환, 불임 및 기분 장애를 포함한 광범위한 건강 문제를 유발할 수 있다.
9. 식이요법, 운동 및 스트레스 수준과 같은 생활 방식 요인도 내분비 시스템의 기능에 영향을 미칠 수 있다.

예를 들어, 설탕과 가공식품이 많은 식단은 인슐린 생산을 방해하고 당뇨병의 전조인 인슐린 저항성을 유발할 수 있다.

10. 운동 부족과 만성 스트레스는 또한 내분비 기능을 방해하여 코르티솔(cortisol)과 아드레날린 (adrenaline)과 같은 호르몬의 불균형을 초래할 수 있다.

11. 호르몬 불균형은 특정 의학적 상태, 약물 및 독소 노출과 같은 환경 요인으로 인해 발생할 수도 있다.

12. 내분비 장애 치료에는 약물, 생활 습관 변화, 간혹 수술이 포함될 수 있다.

13. 의료 제공자와의 정기적인 검진은 심각한 건강 문제가 되기 전에 내분비 장애를 식별하고 치료하는 데 도움이 될 수 있다.

요약하면, 내분비계는 많은 신체 기능을 조절하고 전반적인 건강과 활력(vitality)을 유지하는 데 중요한 역할을 한다. 균형 잡힌 식단, 규칙적인 운동, 스트레스 관리를 포함한 건강한 생활 방식은 내분비 시스템의 기능을 원활히 하고 건강 문제로 이어질 수 있는 호르몬 불균형을 예방하는 데 도움이 될 수 있다.

Part 2 내분비계의 종류와 기능

내분비계는 혈류를 통해 기관이나 조직을 표적으로 하는 화학적 메신저인 호르몬을 분비하는 복잡한 땀샘 네트워크이다. 이 호르몬은 성장(growth)과 발달(development), 신진대사(metabolism), 번식 (reproduction), 기분(mood) 등 신체의 많은 과정을 조절한다. 내분비계는 항상성을 유지하고 신체 기관 및 시스템의 적절한 기능을 보장하기 위해 신경계와 협력하여 작동한다.

내분비계는 몸 전체에 위치한 여러 개의 땀샘(several gland)으로 구성되어 있다. 각 샘은 신체에서 고유한 기능을 가진 특정 호르몬을 생성한다.

· 내분비계의 일부 주요 샘(gland)은 다음과 같다.

1. 시상하부(Hypothalamus) : 신체의 많은 호르몬 기능을 제어하는 뇌의 작은 영역이다. 다른 땀샘에서 호르몬의 방출을 자극하거나 억제하는 호르몬을 생성한다.

2. 뇌하수체(Pituitary gland) : '마스터 글랜드(master gland)'라고도 하는 뇌하수체는 성장과 발달, 신진대사, 생식 및 기타 기능을 조절하는 다양한 호르몬을 생성한다. 뇌하수체는 시상하부에 의해 제어되며 뇌의 바닥에 있다.

3. 갑상선(Thyroid gland) : 갑상선은 신진대사와 신체의 에너지 수준을 조절하는 호르몬을 생성한다. 갑상선은 목에 위치하고 뇌하수체에 의해 제어된다.

4. 부신(Adrenal gland) : 부신은 신장(kidney) 위에 위치하며 신체의 스트레스 반응, 혈압 및 염분 균형을 조절하는 호르몬을 생성한다.

5. 췌장(Pancreas) : 췌장은 인슐린(insulin)과 글루카곤(glucagon)을 포함하여 혈당 수치를 조절하는 호르몬을 생성한다.

6. 난소/고환(Ovaries/Testes) : 여성의 난소(ovarian in female)는 월경 주기를, 남성의 고환(testis in male)은 정자 생산을 포함한 생식 기능(reproductive function)을 조절하는 호르몬을 생성한다.

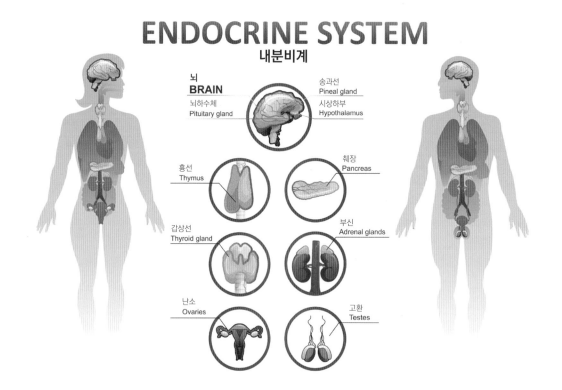

• **내분비계의 일부 기능은 다음과 같다.**

내분비계는 신체의 전반적인 건강과 활력(vitality)을 유지하는 데 중요한 역할을 한다.

1. 신진대사 조절(Regulating metabolism) : 갑상선과 췌장에서 생성되는 호르몬은 음식을 에너지로 전환하는 과정인 신체의 신진대사를 조절하는 데 도움이 된다.

2. 성장 및 발달 조절(Regulating growth and development) : 뇌하수체, 갑상선 및 기타 샘(gland)에서 생성되는 호르몬은 뼈 성장 및 성적 성숙을 포함하여 성장 및 발달 조절을 돕는다.

3. 기분 조절(Regulating mood) : 코르티솔(cortisol)과 같이 부신에서 생성되는 호르몬은 기분과 스트레스 반응을 조절하는 데 도움이 된다.

4. 혈당 수치 조절(Regulating blood sugar levels) : 인슐린(insulin) · 글루카곤(glucagon)과 같이 췌장(pancreas)에서 생성되는 호르몬은 혈당 수치 조절을 돕는다.

5. 생식 기능 조절(Regulating reproductive function) : 난소와 고환에서 생성되는 호르몬은 월경 주기와 정자 생산을 포함한 생식 기능을 조절하는 데 도움이 된다.

내분비 시스템은 전반적인 신체 기능의 필수적인 부분이며 신체 전체의 균형과 항상성을 유지하는 데 도움이 된다.

Part 3 내분비계 질병과 증상

내분비계는 다양한 신체 기능을 조절하는 화학적 메신저인 호르몬을 생산 · 분비하는 복잡한 땀샘 네트워크이다. 내분비계 장애는 땀샘이 호르몬을 너무 많이 또는 너무 적게 생성하거나 신체가 호르몬에 적절하게 반응하지 못할 때 발생할 수 있다. 가장 흔한 내분비계 질환과 증상은 다음과 같다.

1. 진성 당뇨병(Diabetes Mellitu)

진성 당뇨병은 높은 혈당 수치를 특징으로 하는 대사 장애 그룹이다. 가장 흔한 두 가지 유형의 당뇨병은 제1형 당뇨병과 제2형 당뇨병이다. 당뇨병의 증상으로는 갈증 증가(increased thirst), 잦은 배뇨(frequent urination), 설명할 수 없는 체중 감소(unexplained weight loss), 흐린 시력(blurred vision), 피로(fatigue) 등이 있다.

• 갑상선 기능 저하증 · 항진증

2. 갑상선 기능 저하증(Hypothyroidism)

갑상선 기능 저하증은 갑상선에서 갑상선 호르몬을 너무 적게 생성할 때 발생한다. 갑상선 기능 저하증의 증상으로는 피로, 체중 증가, 변비, 피부 건조, 추위 불내성(cold intolerance) 등이 있다.

3. 갑상선 기능 항진증(Hyperthyroidism)

갑상선 기능 항진증은 갑상선이 너무 많은 갑상선 호르몬을 생산할 때 발생한다. 갑상선 기능 항진증의 증상에는 체중 감소, 빠른 심장박동, 불안, 과민성 및 떨림이 포함된다.

4. 에디슨병(Addison's Disease)

에디슨병은 부신이 충분한 코르티솔(cortisol)과 알도스테론(aldosterone)을 생성하지 않을 때 발생하는 부신 장애이다. 에디슨병의 증상에는 피로, 체중 감소, 근육 약화, 저혈압이 포함된다.

5. 쿠싱 증후군(Cushing's Syndrome)

쿠싱 증후군은 부신이 코르티솔(cortisol)을 너무 많이 생성할 때 발생하는 부신 장애이다. 쿠싱증후군의 증상으로는 체중 증가, 안면 라운딩(facial rounding), 고혈압, 피부 얇아짐 등이 있다.

6. 말단비대증(Acromegaly)

말단비대증은 뇌하수체가 너무 많은 성장 호르몬을 생성할 때 발생하는 뇌하수체 질환이다. 말단비대증의 증상으로는 손발 비대, 얼굴피부에 기름기가 많아지고, 코·턱이 커지고, 관절통 등이 있다.

7. 뇌하수체기능저하증(Hypopituitarism)

뇌하수체기능저하증은 뇌하수체가 충분한 호르몬을 생산하지 못할 때 발생한다. 뇌하수체기능저하증의 증상은 영향받는 호르몬에 따라 다르지만 피로, 체중 증가, 월경 불규칙 등이 포함될 수 있다.

8. 다낭성 난소 증후군(PCOS: Polycystic Ovary Syndrome)

PCOS는 난소가 너무 많은 안드로겐(androgen)을 생산할 때 발생하는 난소 장애이다. PCOS의 증상에는 불규칙한 생리, 여드름(acne) 및 과도한 모발 성장(excess hair growth)이 포함된다.

9. 부갑상샘기능항진증(Hyperparathyroidism)

부갑상샘기능항진증은 부갑상샘에서 너무 많은 부갑상샘 호르몬(PTH)을 생성하여 혈중 칼슘 수치가 높아지는 상태이다(고칼슘혈증). 부갑상샘기능항진증의 증상에는 뼈 통증, 신장 결석 및 복통이 포함된다.

10. 부갑상샘기능저하증(Hypoparathyroidism)

부갑상샘기능저하증은 부갑상샘이 부갑상샘 호르몬을 너무 적게 생성할 때 발생한다. 부갑상샘이 부갑상샘 호르몬(PTH)을 너무 적게 생성하여 혈중 칼슘 수치가 낮아지는 상태이다(저칼슘혈증). 부갑상샘기능저하증의 증상으로는 근육 경련, 손가락과 발가락의 따끔거림, 발작 등이 있다.

많은 내분비계 질환이 비슷한 증상을 나타내며 진단에는 종종 호르몬 수치를 측정하기 위한 실험실 검사가 필요하다는 점에 유의하는 것이 중요하다. 이러한 증상이 나타나면 담당 의사와 상담하는 것이 중요하다.

02 내분비계 질병의 역사 History of the Endocrine System

Part 1 인간의 삶과 내분비계 건강의 관계

다음은 내분비계 질환에 대한 자세한 단계별 연대순 개요이다.

1. 고대 그리스와 로마 시대(Ancient Greek and Roman Times)

당뇨병은 특정 개인의 소변에서 단맛이 나는 것을 관찰한 고대 그리스인과 로마인에 의해 처음으로 인식되었다.

2. 16세기(16th Century)

바르톨로메오 유스타치오(Bartolomeo Eustachio)라는 의사(physician)는 시체를 해부하다가 부갑상선을 발견했다.

3. 19세기(19th Century)

1800년대 중반 당뇨병은 증상에 따라 '인슐린 의존 당뇨병(1형)'과 '인슐린 비의존 당뇨병(2형)'의 두 가지 유형으로 분류하였다.

1891년 테오도르 코처(Theodor Kocher)라는 외과의사가 갑상선 기능 항진증 환자에게서 갑상선을 제거하여 갑상선이 신진대사를 조절한다는 것을 발견했다.

4. 20세기 초(Early 20th Century)

1905년 어니스트 스탈링(Ernest Starling)이라는 생리학자는 소화 효소를 생성하도록 췌장을 자극하는 세크레틴 호르몬(hormone secretin)을 발견했다.

1916년 프레더릭 밴팅(Frederick Banting)과 찰스 베스트(Charles Best)가 인슐린 호르몬을 발견하여 당뇨병 치료에 혁명을 일으켰다.

5. 20세기 중반(Mid 20th Century)

1940년대에 부신 호르몬 코르티솔이 합성되어 다양한 내분비 장애에 대한 스테로이드 기반 치료법이 개발되었다.

1950년대에 부신에서 코르티솔 생성을 조절하는 호르몬 ACTH(부신피질자극호르몬 : adrenocorticotropic hormone)가 발견되었다.

6. 20세기 후반(Late 20th Century)

1970년대에 혈중 칼슘과 인 수치를 조절하는 부갑상샘 호르몬(PTH : Parathyroid Hormone)이 분리되었다.

1980년대에는 유전공학을 통해 성장 호르몬(GH : Growth Hormone)이 생산되어 성장 호르몬 결핍 치료제가 개발되었다.

7. 21세기(21st Century)

2000년대 초에 방사성 요오드 요법과 최소 침습 갑상선 수술을 포함한 갑상선 질환에 대한 새로운 치료법이 개발되었다.

최근 몇 년 동안 유전자 검사의 발전으로 내분비 장애의 유전적 기초를 더 잘 이해하게 되었고 개인화된 치료 및 요법으로 이어졌다.

전반적으로 내분비계 질환의 역사는 수 세기에 걸쳐 이루어졌으며 많은 중요한 발견과 발전으로 특징지어져 왔다. 오늘날 내분비 장애는 지속적인 연구와 기술 발전 덕분에 점점 더 잘 이해되고 치료가 가능해지고 있다.

Part 2 식습관과 내분비계 질병의 상관관계

내분비계는 신진대사, 성장 및 생식을 포함하여 신체의 다양한 생리적 과정을 조절하는 호르몬 생산을 담당한다.

식습관은 내분비계의 기능에 상당한 영향을 미칠 수 있으며 내분비 질환을 유발할 수 있다. 식습관과 내분비 질환의 관계를 살펴보면 다음과 같다.

1. 식습관은 체중에 영향을 미쳐 내분비계에 영향

칼로리, 설탕, 지방이 많은 음식을 과식하거나 섭취하면 비만으로 이어질 수 있으며, 이는 당뇨병(diabetes), 다낭성 난소 증후군(PCOS: Polycystic Ovary Syndrome), 갑상선 질환과 같은 내분비 장애의 발생 위험이 높아진다.

2. 설탕과 정제된 탄수화물이 많은 식단 섭취 시 제2형 당뇨병 발병의 핵심 요인인 인슐린 저항성 유발

인슐린 저항성(insulin resistance)은 체내 세포가 혈당 수치 조절을 담당하는 호르몬 인슐린에 덜 반응할 때 발생한다. 이는 고혈당 수치와 당뇨병으로 이어질 수 있다.

3. 식습관은 또한 신진대사를 조절하는 호르몬을 생성하는 갑상선 기능에 영향

해산물 및 해초와 같이 요오드 함량이 높은 음식을 섭취하면 갑상선 기능에 도움이 될 수 있다. 반대로 콩제품 및 십자화과 채소(양배추과 : cruciferous vegetable)와 같이 요오드 흡수를 방해하는 음식을 섭취하면 갑상선 기능에 장애가 생길 수 있다.

4. 단백질이 적은 식단 섭취 시 갑상선 호르몬 합성에 필요한 아미노산의 일종인 티로신 결핍

갑상선이 충분한 호르몬을 생산하지 못하면 갑상선 기능 저하증이 발병할 수 있다.

5. 나트륨 함량이 높은 식단 섭취 시 내분비계 기능에 영향

과도한 나트륨 섭취는 체액 저류 및 고혈압을 유발할 수 있으며, 이는 신장 질환 및 부신 장애와 같은 발병을 초래할 수 있다.

6. 식습관은 또한 생식 기관의 기능에 영향

지방이 많은 식단을 섭취하면 에스트로겐 수치가 증가하여 여성의 PCOS(다낭성 난소 증후군) 발병을 초래할 수 있다. 또한 칼로리와 영양분이 적은 식단을 섭취하면 월경 불규칙과 불임으로 이어질 수 있다.

결론적으로 식습관은 내분비계의 기능에 상당한 영향을 미칠 수 있으며 당뇨병, PCOS, 갑상선 질환과 같은 내분비 질환의 발병을 초래할 수 있다. 가공식품이 적은 건강하고 균형 잡힌 식단을 섭취하면 내분비 건강에 도움이 되고 내분비 질환 발병의 위험을 줄일 수 있다.

03 내분비계와 영양 Endocrine System and Nutrition

Part 1 영양이 내분비계 건강에 중요한 이유

영양은 내분비 건강을 유지하는 데 중요한 역할을 한다. 내분비계는 신진대사, 성장 및 발달, 기분, 생식 등 다양한 신체 기능을 조절하는 호르몬을 생산하기 때문이다.

영양이 내분비 건강에 중요한 주요 이유는 다음과 같다.

1. 호르몬 생산(Hormone Production)

비타민, 미네랄, 단백질과 같은 영양소는 내분비선에서 호르몬 생산에 필수적이다. 예를 들어 요오드는 갑상선 호르몬 생산에 필요하고 비타민 D는 칼시트리올 호르몬(hormone calcitriol) 생산에 필요하다.

2. 혈당 조절(Blood Sugar Regulation)

내분비계는 혈당 수치를 조절하는 데 중요한 역할을 하며 이 과정에서 적절한 영양 섭취가 중요하다. 정제된 탄수화물과 설탕이 많이 함유된 식단을 섭취하면 인슐린 저항성을 유발할 수 있으며, 이는 궁극적으로 제2형 당뇨병으로 이어질 수 있다.

3. 체중 관리(Weight Management)

영양은 내분비 건강에 중요한 건강한 체중을 유지하는 데도 중요하다. 과도한 체지방은 호르몬 균형을 방해하여 다낭성 난소 증후군(PCOS: PolyCystic Ovary Syndrome) 및 인슐린 저항성과 같은 상태를 유발할 수 있다.

4. 뼈 건강(Bone Health)

칼슘 및 비타민 D와 같은 특정 영양소는 강한 뼈를 유지하는 데 필수적이다. 에스트로겐(estrogen)과 같은 호르몬도 뼈 건강에 중요한 역할을 하며 적절한 영양 섭취는 뼈의 생산과 기능을 지원하는 데 도움이 될 수 있다.

5. 갑상선 건강(Thyroid Health)

갑상선은 신진대사를 조절하는 데 중요한 역할을 하며 적절한 영양 섭취는 갑상선 건강을 유지하는 데 중요하다. 예를 들어 요오드를 너무 적거나 너무 많이 섭취하면 갑상선 기능 장애가 발생할 수 있다.

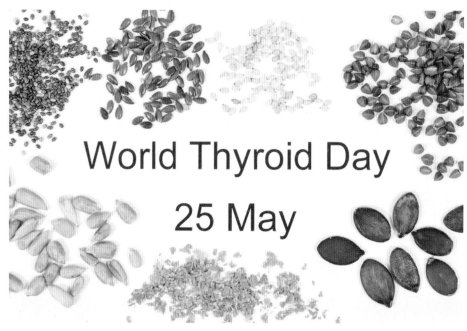

• 세계 갑상선의 날(5월 25일)과 건강한 갑상선을 위한 식재료

요약하면 적절한 영양 섭취는 내분비 건강을 유지하는 데 중요하다. 몸에 필요한 영양소를 공급함으로써 건강한 식단은 다른 중요한 기능 중에서도 호르몬 생산 지원, 혈당 수치 조절, 건강한 체중 유지, 뼈 건강 지원, 갑상선 기능 유지에 도움이 될 수 있다.

내분비 건강은 성장 및 발달, 신진대사, 생식 및 스트레스 반응을 포함하여 다양한 신체 기능을 조절하는 호르몬을 생산하는 내분비 시스템의 적절한 기능을 말한다. 좋은 영양은 내분비 건강을 지원하는 데 중요한 역할을 한다. 특정 영양소와 음식은 호르몬 생산과 균형을 최적화하는 데 도움이 될 수 있기 때문이다. 내분비 건강을 지원하는 영양, 성분 및 식품을 살펴보면 다음과 같다.

• 건강한 갑상선을 위한 최고의 영양식품

1. 다량 영양소(Macronutrient)

내분비 건강에 필수적인 세 가지 다량 영양소인 탄수화물, 단백질 및 지방

탄수화물은 신체에 에너지를 공급하고 혈당 수치를 조절하는 호르몬인 인슐린 생산에 필요하다. 좋은 탄수화물 공급원에는 통곡물, 과일, 채소 및 콩류가 포함된다.

단백질은 호르몬과 효소 생산에 필수적이며 조직을 만들고 복구하는 데도 도움이 된다. 단백질의 좋은 공급원에는 살코기, 생선, 달걀, 유제품, 콩류 및 견과류가 포함된다.

지방은 에스트로겐(estrogen) 및 테스토스테론(testosterone)과 같은 특정 호르몬 생산에 필수적이며 지용성 비타민의 흡수를 돕는다. 건강한 지방의 좋은 공급원에는 아보카도, 견과류, 씨앗, 올리브 오일 및 지방이 많은 생선이 포함된다.

2. 미량 영양소(Micronutrient)

비타민과 미네랄을 포함한 여러 미량 영양소는 내분비 건강에 필수적이다. 가장 중요한 미량 영양소는 다음과 같다.

1) **비타민 D(Vitamin D)** : 테스토스테론(testosterone)과 에스트로겐(estrogen)을 포함한 호르몬 생산에 필수적이다. 비타민 D의 좋은 공급원에는 지방이 많은 생선, 달걀 노른자, 우유 및 시리얼과 같은 강화식품이 포함된다.

2) **아연(Zinc)** : 테스토스테론(testosterone) 및 기타 호르몬 생산에 중요하다. 아연의 좋은 공급원에는 굴, 쇠고기, 닭고기 및 콩류가 포함된다.

3) **마그네슘(Magnesium)** : 호르몬 생산에 필수적이며 혈당 수치를 조절하는 데 도움이 된다. 마그네슘의 좋은 공급원에는 잎이 많은 채소, 견과류, 씨앗 및 통곡물이 포함된다.

4) **비타민 B 또는 비타민 B 복합체(Vitamin B)** : 호르몬과 신경전달물질 생산에 필수적이다. 비타민 B의 좋은 공급원에는 통곡물, 잎이 많은 채소, 육류 및 유제품이 포함된다.

3. 식물성 에스트로겐(Phytoestrogen)

식물성 에스트로겐(Phytoestrogen)은 신체에서 에스트로겐의 효과를 모방하는 식물성 화합물이다. 호르몬 수치의 균형을 유지하고 유방암과 같은 호르몬 관련 질환의 위험을 줄이는 데 도움이 될 수 있다. 식물성 에스트로겐의 좋은 공급원에는 콩 제품, 아마씨 및 참깨가 포함된다.

4. 프로바이오틱스(Probiotics)

프로바이오틱스는 장에 서식하는 유익한 박테리아로 내분비계 건강을 포함한 전반적인 건강을 돕는다. 프로바이오틱스는 호르몬 수치를 조절하고 소화를 개선하는 데 도움을 줄 수 있다. 이의 좋은 공급원에는 요구르트, 케피어(kefir : 효모와 박테리아의 배양액을 사용하여 만든 신맛이 나는 발효유 음료), 김치, 소금에 절인 양배추와 같은 발효 식품이 포함된다.

5. 항염증 식품(Anti-Inflammatory Food)

만성 염증은 내분비 기능을 방해하고 당뇨병 및 갑상선 질환과 같은 호르몬 관련 질병을 유발할 수 있다. 항염증 식품이 풍부한 식단을 섭취하면 염증을 줄이고 내분비계 건강을 지원하는 데 도움이 될 수 있다. 항염증 식품의 좋은 공급원에는 잎이 많은 채소, 딸기류(berries), 지방이 많은 생선, 견과류 및 씨앗이 포함된다.

6. 물(Water)

적절한 호르몬 조절과 전반적인 건강을 위해서는 수분을 유지하는 것이 중요하다. 물을 많이 마시면 체온 조절, 소화 개선, 건강한 피부 유지에 도움이 된다. 하루에 최소 8잔의 물을 마시도록 한다. 활동적이거나 더운 기후지역에서 산다면 그 이상을 섭취하는 게 좋다.

결론적으로 다양한 음식을 포함하는 균형 잡힌 영양가 있는 식단은 필수 영양소를 제공하고 호르몬 수치를 조절하며 염증을 줄임으로써 내분비 건강을 지원하는 데 도움이 될 수 있다. 위에서 언급한 영양소, 재료 및 식품을 통합하면 건강한 내분비 시스템을 촉진하는 데 중요한 역할을 할 수 있다.

Part 3 내분비계 건강을 지원하는 1주일 식단

내분비계 건강을 지원하는 식단은 비타민, 미네랄, 항산화제가 풍부한 식품으로, 가공식품, 정제 탄수화물 및 건강에 해로운 지방이 적은 영양이 풍부한 식품으로 구성해야 한다. 다음은 내분비 건강을 지원하는 아침, 점심, 저녁 식사를 위한 1주일 식사 계획이다.

날짜	일일	메뉴명	건강에 좋은 이유
Day 1	아침	• A bowl of oatmeal with sliced banana, almond, and honey • 얇게 썬 바나나, 아몬드, 꿀을 곁들인 오트밀 한 그릇	• 오트밀은 섬유질이 풍부하여 혈당 수치와 호르몬을 조절하는 데 도움이 됨. 바나나에는 혈압 조절에 도움이 되는 칼륨이 풍부하고, 아몬드에는 호르몬 생성에 필수적인 비타민 E가 풍부
	점심	• Grilled chicken salad with mixed green, cherry tomatoes, cucumbers, and a vinaigrette dressing • 채소, 방울토마토, 오이, 비네그레트 드레싱을 곁들인 구운 치킨 샐러드	• 구운 닭고기는 단백질의 좋은 공급원이며 혼합 채소는 필수 비타민과 미네랄을 제공
	저녁	• Baked salmon with roasted sweet potatoe and broccoli • 구운 고구마와 브로콜리를 곁들인 구운 연어	• 연어에는 호르몬과 염증 조절에 도움이 되는 오메가-3지방산이 풍부 • 고구마는 비타민 A와 섬유질이 풍부하고 브로콜리는 비타민 C와 기타 항산화 물질이 풍부
Day 2	점심	• Tuna salad with mixed green, cherry tomatoes, avocado, and a vinaigrette dressing • 혼합 채소, 방울토마토, 아보카도, 비네그레트 드레싱을 곁들인 참치 샐러드	• 참치는 좋은 단백질 공급원이고 아보카도는 호르몬 조절을 돕는 건강한 지방이 풍부
	저녁	• Grilled chicken breast with roasted Brussels sprout and quinoa • 구운 방울양배추와 퀴노아를 곁들인 구운 닭가슴살	• 방울양배추는 섬유질과 비타민 C가 풍부하고 퀴노아는 단백질과 섬유질의 좋은 공급원
Day 3	아침	• Greek yogurt with mixed berries, almond, and honey • 혼합 베리, 아몬드, 꿀을 곁들인 그릭 요구르트	• 그릭 요구르트는 단백질과 칼슘이 풍부하고 혼합 베리는 필수 비타민과 미네랄을 제공
	점심	• Lentil soup with mixed vegetable and a side salad • 혼합 채소와 곁들임 샐러드를 곁들인 렌즈콩 수프	• 렌틸콩은 섬유질과 단백질이 풍부하고 혼합 채소는 필수 비타민과 미네랄을 제공
	저녁	• Baked chicken with roasted carrot and brown rice • 구운 당근과 현미를 곁들인 구운 닭고기	• 닭고기는 좋은 단백질 공급원이며 현미는 섬유질과 필수 탄수화물이 풍부
Day 4	아침	• Greek yogurt with mixed berries, almonds, and honey • 혼합 베리, 아몬드, 꿀을 곁들인 그릭 요구르트	• 그릭 요구르트는 단백질과 칼슘이 풍부하고 혼합 베리는 필수 비타민과 미네랄을 제공
	점심	• Grilled salmon with mixed green, cherry tomatoes, and a vinaigrette dressing • 혼합 채소, 방울토마토, 비네그레트 드레싱을 곁들인 구운 연어	• 연어는 오메가-3지방산이 풍부하고 혼합 채소는 필수 비타민과 미네랄을 제공
	저녁	• Beef stir-fry with mixed vegetable and brown rice • 혼합 채소와 현미를 곁들인 쇠고기볶음	• 쇠고기는 단백질과 철분의 좋은 공급원이며 혼합 채소는 필수 비타민과 미네랄을 제공

Day 5	아침	• A smoothie made with banana, peanut butter, cocoa powder, and almond milk • 바나나, 땅콩버터, 코코아 가루, 아몬드 우유로 만든 스무디	• 바나나는 칼륨이 풍부하고 땅콩버터는 건강한 지방과 단백질의 좋은 공급원
	점심	• Turkey sandwich with whole-grain bread, avocado, and mixed green • 통곡물빵, 아보카도, 혼합 채소를 곁들인 칠면조 샌드위치	• 칠면조는 단백질의 좋은 공급원이며 아보카도는 호르몬 조절을 돕는 건강한 지방이 풍부
	저녁	Baked cod with steamed mung bean and quinoa 찐 녹두와 퀴노아를 곁들인 구운 대구	• 대구는 좋은 단백질 공급원이며 녹두는 섬유질과 필수 비타민이 풍부
Day 6	아침	Whole-grain pancake with mixed berries and maple syrup 혼합 베리와 메이플 시럽을 곁들인 통곡물 팬케이크	• 통곡물 팬케이크는 섬유질과 필수 탄수화물이 풍부하고 혼합 베리는 필수 비타민과 미네랄을 제공
	점심	Grilled chicken with mixed vegetable and sweet potato 혼합 채소와 고구마를 곁들인 구운 닭고기	• 닭고기는 좋은 단백질 공급원이고 고구마는 비타민 A와 섬유질이 풍부
	저녁	Spaghetti with turkey meatball and mixed vegetable 칠면조 미트볼과 혼합 채소를 곁들인 스파게티	• 칠면조는 단백질의 좋은 공급원이며 채소는 필수 비타민과 미네랄을 제공
Day 7	아침	Smoothie with spinach, berries, and protein powder 시금치, 딸기, 단백질 파우더 스무디	• 시금치는 호르몬 조절에 중요한 철분과 엽산의 좋은 공급원 딸기는 항산화제와 섬유질을 제공하고 단백질 파우더는 근육 성장과 회복을 지원
	점심	Lentil soup with whole-grain bread 통곡물빵을 곁들인 렌즈콩 수프	• 렌틸콩은 섬유질과 단백질의 좋은 공급원으로 내장 건강을 돕고 혈당 수치를 조절하는 데 도움이 됨 통곡물빵은 내분비 건강을 지원하기 위해 추가 섬유질과 영양소를 제공
	저녁	Grilled salmon with roasted sweet potato-esand mixed vegetable 구운 고구마와 혼합 채소를 곁들인 구운 연어	• 연어는 오메가-3지방산이 풍부하여 호르몬 생성을 조절하고 염증을 줄이는 데 도움이 됨 • 고구마는 복합 탄수화물과 섬유질을 제공하고 방울양배추와 콜리플라워 같은 혼합 채소는 다양한 영양소를 제공

Part 4 내분비계에 유익한 요리

내분비계는 신진대사, 성장 및 발달, 생식 과정을 포함한 다양한 신체 기능을 조절하는 땀샘과 호르몬의 복잡한 네트워크이다. 건강한 내분비 시스템은 전반적인 활력(vitality)에 필수적이며 특정 영양소가 풍부한 음식을 포함하는 균형 잡힌 식단을 통해 지원할 수 있다.

내분비계에 유익한 5가지 요리와 조리법은 다음과 같다.

1. Salmon and Quinoa Bowl - 연어와 퀴노아 볼

연어는 염증을 줄이고 인슐린 민감성을 개선하는 것으로 밝혀진 오메가-3지방산의 훌륭한 공급원이다. 퀴노아는 섬유질이 풍부한 복합 탄수화물로 혈당 수치를 조절하는 데 도움이 된다. 연어와 퀴노아는 모두 내분비 시스템을 지원하는 완벽하게 맛있고 영양가 있는 음식을 만든다.

Ingredients

- 1 salmon fillet
- 1/2 cup cooked quinoa
- 1 cup mixed green
- 1/2 avocado, sliced
- 1/4 cup cherry tomatoes
- 1/4 cup chopped cucumber
- 1 tbsp olive oil
- 1 tbsp lemon juice
- salt and pepper to taste

Instructions

1. 오븐을 200℃로 예열한다.
2. 연어에 소금과 후추로 간을 하고 12~15분 동안 또는 완전히 익을 때까지 굽는다.
3. 작은 그릇에 올리브 오일과 레몬즙을 섞어 드레싱을 만든다.
4. 큰 그릇에 혼합 채소, 퀴노아, 아보카도, 방울토마토, 오이를 함께 넣는다.
5. 구운 연어를 샐러드 위에 얹고 드레싱을 뿌린다.

2. Mediterranean Cuisine is Chickpea and Spinach Stew
지중해식 병아리콩과 시금치 스튜

이 채식 스튜는 병아리콩, 시금치, 양파, 마늘, 토마토로 만들어지며 커민, 고수, 파프리카와 같은 향신료로 맛을 낸다. 병아리콩은 호르몬 균형에 중요한 식물성 단백질, 섬유질, 철분, 마그네슘과 같은 미네랄의 훌륭한 공급원이다.

Ingredients

- 100 gram chickpeas, drained and rinsed
- 1/4 onion, chopped
- 1 cloves of garlic, minced
- 1/4 can of diced tomatoes
- 2 cups of vegetable broth
- 1/4 tsp of ground cumin
- 1/4 tsp of ground coriander
- 1/4 tsp of smoked paprika
- salt and pepper to taste
- 1 tbsp of olive oil
- 1 cups of fresh spinach leaves

Instructions

1. 냄비에 올리브 오일을 넣고 중불로 가열한다. 다진 양파와 다진 마늘을 넣고 양파가 반투명해질 때까지 2~3분간 조리한다.
2. 깍둑썰기한 토마토 캔(주스 포함), 채소 육수, 병아리콩을 냄비에 넣어 섞으면서 볶는다.
3. 커민 가루, 고수풀, 훈제 파프리카, 소금, 후추를 냄비에 넣어 섞으면서 볶는다.
4. 혼합물을 끓인 다음 약 10~15분 동안 또는 스튜가 약간 걸쭉해질 때까지 끓인다.
5. 신선한 시금치 잎을 냄비에 넣고 시금치가 시들 때까지 저어준다.
6. 원하는 경우 신선한 시금치 잎 또는 다진 파슬리를 가니쉬로 하여 뜨거운 스튜를 제공한다.

3. 3 Type of Japanese Sushi that Are Good for Your Endocrine System
내분비계에 좋은 일본 초밥 3가지

신선한 생선, 해산물, 채소 및 쌀을 이용해서 만든 일본의 전통 음식인 초밥은 오메가-3지방산 및 단백질이 풍부하며, 내분비계에 좋은 음식이다.

1) **참치 초밥** : 참치는 오메가-3지방산과 비타민 D가 풍부한 생선 중 하나이다. 또한 참치는 항산화 작용을 하는 비타민 E도 함유하고 있다.

2) **아보카도 초밥** : 아보카도는 건강에 좋은 지방인 단일 불포화지방산과 비타민 E가 풍부하며, 내분비계를 유지하는 데 중요한 비타민 D와 마그네슘도 함유하고 있다.

3) **연어 초밥** : 연어는 오메가-3지방산과 비타민 D가 풍부한 생선이다. 또한 연어에는 내분비계에 유용한 비타민 B_{12}와 아연이 함유되어 있다.

  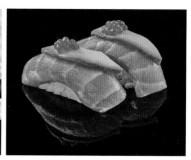

Ingredients

- fresh tuna(sashimi–grade)
- fresh salmon(sashimi–grade)
- avocado
- Japanese short–grain rice
- rice vinegar

- sugar
- salt
- Nori seaweed sheets
- Wasabi paste(optional)
- soy sauce(optional)

Instructions

1. 찹쌀 2컵을 맑은 물이 나올 때까지 찬물에 여러 번 헹군다. 쌀은 고운체에 밭쳐 10~15분 정도 두어 물기를 빼고 수분을 흡수시킨다.
2. 밥솥이나 꼭 맞는 뚜껑이 있는 바닥이 두꺼운 냄비에 쌀을 담는다. 물 2컵을 붓고 30분 이상 쌀을 불린다.
3. 밥솥이나 냄비에 밥을 짓는다.
4. 밥이 지어지는 동안 작은 냄비에 쌀식초 1/4컵, 설탕 1큰술, 소금 1/2작은술을 섞는다. 설탕과 소금이 녹을 때까지 혼합물을 약한 불로 가열한 다음 불을 끄고 따로 보관한다.
5. 밥이 다 익으면 큰 그릇에 옮기고 식초 혼합물을 넣는다. 주걱이나 나무 숟가락을 이용하여 식초 혼합물을 골고루 밥에 부드럽게 섞어준다. 식히기 위해 따로 보관한다.
6. 신선한 참치, 연어, 아보카도를 약 1/4인치 두께의 얇은 조각으로 자른다.
7. 한입 크기의 밥을 손으로 잡아 모양을 만들고, 와사비를 바른 뒤 스시회를 올려 완성한다.
8. 간장과 함께 초밥을 먹는다.

참고: 초밥을 만들 때는 생선회 등급의 참치를 사용하는 것이 중요하다. 생으로 먹어도 안전하기 때문이다. 전문 어시장이나 온라인 해산물 소매점에서 사시미 등급의 회를 구매할 수 있다.

4. 내분비계(Endocrine System)에 좋은 한국 요리

이 요리는 각각의 재료들이 내분비계를 지원하고 균형을 유지하는 데 도움을 주는 영양소들을 포함하고 있다.

1) Braised Mackerel / 고등어요리

고등어는 오메가-3지방산이 풍부한 생선으로, 염증을 줄이고 인슐린 감수성을 향상시키는 데 도움이 된다. 이 조리법은 고등어를 소금에 절인 후 약간의 물과 간장, 설탕, 마늘 등으로 만든 양념장을 더해 20~30분간 재웠다가 냄비에 담아 끓여내는 것이다.

Ingredients

- 2 mackerel
- 1/2 cup of water
- 1/4 cup soy sauce
- 1/4 cup sugar
- 2 cloves of garlic
- 1 cheongyang pepper
- 1 green onion

Instructions

1. 고등어는 머리와 내장을 제거한 후 소금에 10분간 절인다.
2. 양념장 재료를 섞어서 양념을 만든다.
3. 냄비에 물과 양념을 넣고 끓인다.
4. 끓는 물에 고등어를 넣고 20~30분간 조린다.
5. 청양고추와 대파로 장식하여 마무리한다.

2) Kimchi / 김치

김치는 배추, 무, 파 등의 채소를 발효시켜 만든 전통적인 한국 요리이다. 프로바이오틱스와 항산화 물질이 풍부하게 함유돼 있어 내장 건강과 면역체계에 도움을 준다. 또한 김치는 혈당 조절과 인슐린 감수성 향상에도 도움을 줄 수 있다는 연구 결과가 있다.

3) Soy Bean Paste Soup / 된장찌개

된장찌개는 된장에 다양한 채소와 고기를 넣어 만든 푸짐한 한국의 전통적인 찌개 요리이다. 대두에는 식물성 호르몬인 이소플라본이 함유되어 있어 체내 호르몬 수치를 조절해 줄 수 있다는 연구 결과가 있다.

4) Seasoned Bean Sprouts / 콩나물무침

콩나물무침은 데친 콩나물에 마늘, 참기름, 간장 등을 넣고 무쳐서 만든 한국의 대표적인 반찬이다. 콩나물은 체내에 필요한 영양소인 비타민 C와 엽산뿐만 아니라 대두 등의 콩과 같은 식물성 식품에 함유돼 있는 호르몬을 조절해 줄 수 있는 식물성 에스트로겐이 함유되어 있다.

5) Seasoned with Chamnamul / 참나물무침

참나물무침은 참나물을 살짝 데친 뒤 마늘, 참기름, 간장 등으로 무쳐서 만든 한국의 대표적인 반찬 중 하나이다. 참나물은 비타민 C, 칼슘, 철분 등이 풍부하게 함유돼 있어 체내 대사 활동을 촉진해 내분비계 건강에 도움을 줄 수 있다.

6) Cucumber Sobagi / 오이소박이

오이소박이는 오이를 실온에서 2~3일 동안 절인 후 마늘, 고춧가루, 고추장 등을 섞어 만든 한국의 전통적인 반찬이다. 오이는 비타민 C, 비타민 K, 칼슘 등이 풍부하게 함유돼 있어 체내 대사 활동에 도움을 줄 수 있다.

04 내분비계 건강에 유익한 활동
Activities Beneficial to Endocrine System Health

Part 1 내분비계 건강에 유익한 활동

내분비계 건강에 도움이 될 수 있는 다양한 활동이 있다. 이러한 활동 중 일부에 대해 단계별로 살펴보면 다음과 같다.

1. 운동(Exercise)

운동은 내분비계 건강을 유지하는 가장 효과적인 방법 중 하나이다. 적당한 강도의 유산소 운동을 하루 30분 이상, 주 5일 하는 것이 좋다. 운동은 인슐린 감수성을 개선하고 염증을 줄이며 코르티솔(cortisol)과 같은 스트레스 호르몬을 낮추는 데 도움이 될 수 있다. 또한 전반적인 내분비계 건강에 중요한 적절한 체중을 유지하는 데 도움이 될 수 있다.

2. 균형 잡힌 식단(Balanced Diet)

균형 잡힌 식단은 내분비계 건강을 유지하는 데 중요하다. 과일, 채소, 통곡물, 기름기 없는 단백질, 건강한 지방을 포함한 자연식품이 풍부한 식단은 최적의 호르몬 수치를 유지하는 데 도움이 될 수 있다. 설탕, 포화지방 및 가공식품이 많이 함유된 식품은 염증을 일으키고 내분비계 건강에 부정적인 영향을 미칠 수 있으므로 제한해야 한다.

3. 스트레스 관리(Stress Management)

만성 스트레스는 내분비계에 부정적인 영향을 미칠 수 있다. 명상, 요가, 심호흡, 점진적 근육 이완과 같은 스트레스 관리 기술은 스트레스를 줄이고 내분비계 건강을 개선하는 데 도움이 될 수 있다. 취미,

친구 및 가족과의 교제, 자연에서 시간 보내기 등 기쁨과 휴식을 가져다주는 활동에 참여하는 것도 스트레스를 줄이는 데 도움이 될 수 있다.

4. 충분한 수면(Adequate Sleep)

적절한 수면은 내분비계 건강을 유지하는 데 필수적이다. 성인은 밤에 잠들어 7~9시간의 수면을 해야 한다. 수면 부족은 호르몬 수치에 부정적인 영향을 미쳐 코르티솔(cortisol)과 같은 스트레스 호르몬이 증가하고 성장 호르몬과 테스토스테론(testosterone)이 감소한다. 책을 읽거나 명상을 하며 휴식을 취하는 것과 같은 취침 시간 루틴을 만들면 더 나은 수면 유지에 도움이 될 수 있다.

5. 독소 피하기(Avoiding Toxin)

오염 물질, 화학 물질 및 중금속과 같은 독소는 내분비 시스템 기능을 방해할 수 있다. 흡연을 피하고, 알코올 소비를 줄이고, 유기농 식품의 선택 등으로 독소에 대한 노출을 제한하면 독소가 내분비계에 미치는 영향을 줄이는 데 도움이 될 수 있다. 천연 세정제 및 개인 관리 제품을 사용하는 것도 독소 노출을 줄이는 데 도움이 될 수 있다.

요약하면, 규칙적인 운동, 균형 잡힌 식단, 스트레스 관리, 충분한 수면, 독소 피하기는 모두 내분비계 건강에 도움이 될 수 있는 중요한 활동이다. 이러한 활동을 일상에 통합함으로써 최적의 내분비 시스템 기능을 촉진하고 전반적인 건강과 활력(vitality)을 유지할 수 있다.

내분비계 호르몬과 내분비계 호르몬 건강에 도움을 주는 음식

Foods that Support Immune System and Immune System Health

Key Point

- 인간의 면역체계는 박테리아, 바이러스, 곰팡이 및 기생충과 같은 유해한 침입자로부터 신체를 방어하기 위해 함께 작동하는 세포, 조직 및 기관의 복잡한 네트워크이다.
- 건강한 면역체계를 유지하는 것은 전반적인 인간의 건강과 복지에 매우 중요하다.

Chapter 11

면역체계와
면역체계 건강에 도움을 주는 음식

· 면역체계에 대하여 · 삶과 면역체계 건강의 관계
· 면역체계 질병과 증상 · 면역체계 질병의 역사
· 면역체계 건강에 좋은 영양과 요리

01 면역체계 Immune System

Part 1 인간의 삶과 면역체계 건강의 관계

인간의 면역체계는 박테리아, 바이러스, 곰팡이 및 기생충과 같은 유해한 침입자로부터 신체를 방어하기 위해 함께 작동하는 세포, 조직 및 기관의 복잡한 네트워크이다. 건강한 면역체계를 유지하는 것은 전반적인 인간의 건강과 복지에 매우 중요하다.

인간의 생명과 면역체계 건강의 관계는 다면적이며 다양한 요인의 영향을 받는다. 고려해야 할 몇 가지 핵심 사항은 다음과 같다.

1. 나이(Age)

나이가 들어감에 따라 우리의 면역체계는 자연적으로 약해져서 감염과 질병에 더 취약해진다. 이것이 노인이 폐렴이나 인플루엔자와 같은 심각한 감염이 발생할 위험이 더 높은 이유이다. 또한 나쁜 식습관, 운동 부족, 스트레스와 같은 생활 방식 요인은 면역체계 저하를 가속화할 수 있다.

2. 유전(Genetic)

유전은 면역체계 기능을 결정하는 역할을 한다. 다른 사람들보다 더 강한 면역체계를 가지고 태어나는 사람이 있는가 하면, 면역 기능에 영향을 미치는 유전적 돌연변이를 가지고 태어나는 사람도 있다. 예를 들어, 자가 면역 질환이 있는 사람은 건강한 세포와 조직을 공격하는 과잉 면역체계를 가지고 있는 것이다.

3. 영양(Nutrition)

다양한 과일, 채소, 통곡물 및 양질의 단백질을 포함하는 균형 잡힌 식단은 면역체계 기능을 지원하는 데 도움이 될 수 있다. 비타민 A, C, E, 아연, 셀레늄과 같은 영양소는 면역 건강에 특히 중요하다. 반면에 가공식품, 포화지방 및 첨가당이 많은 식단은 면역체계를 약화시킬 수 있다.

4. 운동(Exercise)

규칙적인 운동은 염증을 줄이고 순환을 개선하며 면역 세포 생성을 증가시켜 면역체계 기능을 향상시킬 수 있다. 그러나 무리한 운동이나 과도한 훈련은 오히려 역효과를 일으켜 면역체계를 약화시킬 수 있다.

5. 수면(Sleep)

충분한 수면은 면역체계 건강에 매우 중요하다. 수면 중에 신체는 감염 및 염증과 싸우는 데 도움이 되는 단백질인 사이토카인(cytokine)을 생성한다. 만성 수면 부족은 사이토카인 생성을 방해하고 면역체계를 약화시킬 수 있다.

6. 스트레스(Stress)

장기간의 스트레스는 코르티솔(cortisol)과 같은 스트레스 호르몬의 생성을 증가시켜 면역체계 기능을 억제할 수 있다. 분비된 코르티솔은 스트레스와 같은 외부자극에 맞서 신체가 대항할 수 있도록 신체 각 기관에 더 많은 혈액을 공급한다. 또한 근육을 긴장시키고 정확하고 신속한 상황판단을 하게 한다. 그러나 스트레스가 지나치고, 만성스트레스가 되면 혈압이 올라 고혈압의 위험이 증가하고, 불안과 초조, 만성피로, 불면증, 면역기능이 약화되어 감기와 같은 바이러스성 질환에 쉽게 노출될 수 있다. 이것은 우리를 감염과 질병에 더 취약하게 만들 수 있다. 명상, 요가, 심호흡과 같은 심신 수련은 스트레스를 줄이고 면역체계 기능을 개선하는 데 도움이 될 수 있다.

7. 환경 요인(Environmental Factor)

오염, 독소에 대한 노출, 감염 인자와 같은 환경 요인은 모두 면역체계 건강에 영향을 미칠 수 있다. 예를 들어 대기 오염은 염증을 유발하고 면역 기능을 약화시킬 수 있으며 납에 노출되면 면역 세포 생성을 방해할 수 있다.

요약하면, 건강한 면역체계를 유지하는 것은 인간의 건강과 복지에 매우 중요하다. 균형 잡힌 식단, 규칙적인 운동, 충분한 수면 및 스트레스 관리는 모두 면역 기능을 지원하는 데 중요하다. 또한 환경 독소와 감염을 피하면 면역체계를 보호하는 데 도움이 될 수 있다.

Part 2 면역체계의 종류와 기능

면역체계는 박테리아, 바이러스, 진균 및 기생충과 같은 병원체와 종양 세포 및 기타 이물질로부터 신체를 방어하기 위해 함께 작동하는 세포, 조직 및 기관의 복잡한 네트워크이다. 면역 반응에는 선천 면역 반응과 적응 면역 반응의 두 가지 주요 유형이 있다. 각 유형의 반응에는 서로 다른 세포, 분자 및 메커니즘이 포함된다.

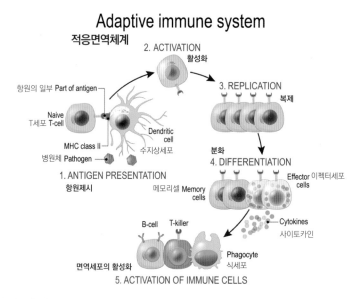

1. 선천적 면역체계(Innate Immune System)

선천적 면역체계는 감염에 대한 첫 번째 방어선이다. 이는 병원체에 노출된 직후 또는 몇 시간 이내에 발생하는 비특이적이고 신속한 반응이다. 선천적 면역체계에는 피부 및 점막과 같은 물리적 장벽과 세포 및 분자 구성 요소가 포함된다.

1) 선천 면역체계의 세포

- 대식세포(Macrophage) : 병원체와 이물질을 삼켜 파괴하는 큰 백혈구
- 호중구(Neutrophil) : 감염 부위에 가장 먼저 도착해서 박테리아와 진균을 식균하는 백혈구
- 자연 살해 세포(Natural killer cell) : 감염된 세포와 암세포를 인식하고 파괴하는 특화된 백혈구
- 수지상 세포(Dendritic cell) : 항원을 포획하고 T 세포에 제시하여 적응 면역 반응을 시작하는 특수화된 세포
- 비만 세포(Mast cell) : 감염이나 손상에 대한 반응으로 히스타민 및 기타 염증 매개체를 방출하는 세포

2) 선천적 면역체계의 분자

- 보체 단백질(Complement protein) : 박테리아와 바이러스를 직접 죽이고 식균 작용을 강화하며 염증을 촉진할 수 있는 혈장 단백질 그룹
- 인터페론(Interferon) : 바이러스 복제를 방해하고 다른 면역 세포를 활성화시키는 단백질
- 사이토카인(Cytokine) : 염증, 면역 세포 활성화 및 조혈을 조절하는 단백질 면역조절제로서 자가 분비형 신호전달(autocrine signaling), 측분비 신호전달(paracrine signaling), 내분비 신호전달 (endocrine signaling) 과정에서 특정 수용체와 결합하여 면역반응에 관여

3) 선천적 면역체계의 기능

- 병원균과 이물질을 인지하고 대응한다.
- 병원체를 억제하고 파괴하기 위해 염증 반응을 만든다.
- 감염 부위에 다른 면역 세포를 모집한다.
- 적응 면역 반응을 시작한다.

2. 적응 면역체계

적응 면역체계는 특정 병원체와 이물질을 표적으로 하는 매우 특이하고 느린 반응으로, 특정 항원을 인식하고 반응하는 특화된 백혈구인 B 세포와 T 세포의 활성화와 증식이 포함된다.

1) B 세포

- 병원체에 결합하여 중화시키는 항체를 생성한다.
- 재감염에 대한 장기적인 보호를 제공하는 기억 B 세포로 분화할 수 있다.

2) T 세포

- 감염된 세포와 암세포를 인식하고 죽인다.
- 사이토카인을 생성하여 면역 반응을 조절한다.
- 재감염에 대한 장기적인 보호를 제공하는 기억 T 세포로 분화할 수 있다.

3) 적응 면역체계의 기능
- 특정 병원체 및 이물질을 인지하고 대응한다.
- 장기적으로 보호하기 위해 이전 감염의 메모리를 만든다.
- 건강한 조직의 손상을 방지하기 위해 면역 반응을 조절한다.
- 자기 항원에 대한 면역 내성을 만든다.

전반적으로 면역체계는 건강을 유지하고 질병을 예방하는 데 중요한 역할을 하는 복잡하고 역동적인 체계이다. 선천적 및 적응적 면역 시스템은 다양한 병원체 및 외부 물질에 대한 다양한 방어를 위해 함께 작동한다.

Part 3 면역체계의 질병과 증상

면역체계는 감염원, 암세포 및 기타 유해 물질로부터 신체를 보호하는 역할을 한다. 그러나 면역체계가 제대로 작동하지 않아 건강한 세포와 조직을 공격해서 다양한 면역체계 질환을 유발할 수 있다. 일반적인 면역체계 질환과 그 증상을 살펴보면 다음과 같다.

1. 자가 면역 질환(Autoimmune Disease)

자가 면역 질환은 면역체계가 체내의 건강한 세포와 조직을 잘못 공격해 염증과 손상을 일으킬 때 발생한다. 자가 면역 질환의 예는 다음과 같다.

- 류마티스관절염(Rheumatoid arthritis) : 관절에 영향을 미치는 만성 염증성 질환으로 통증, 부기 및 경직증상이 있다.
- 전신성 홍반성 루푸스(Systemic lupus erythematosus) : 여러 기관과 조직에 영향을 미칠 수 있는 만성 자가 면역 질환으로 피로, 관절 통증, 피부 발진 및 기타 증상을 유발한다.
- 1형 당뇨병(Type 1 diabetes) : 면역체계가 췌장의 인슐린 생성 세포를 공격하고 파괴하여 혈당 수치가 높아지는 자가 면역 질환이다.

※ 자가 면역 질환의 일반적인 증상은 다음과 같다(특정 상태에 따라 다를 수 있음).

- 피로(Fatigue)

- 관절 통증 및 뻣뻣함(Joint pain and stiffness)

- 피부 발진(Skin rashes)

- 소화 문제(Digestive issues)

- 발열(Fever)

- 체중 감량(Weight loss)

- 탈모(Hair loss)

- 근육 약화(Muscle weakness)

2. 알레르기(Allergy)

알레르기는 꽃가루, 먼지 또는 음식과 같은 무해한 물질에 면역체계가 과잉 반응하여 알레르기 반응을 일으킬 때 발생한다. 일반적인 유형의 알레르기는 다음과 같다.

- 건초열(Hay fever) ・ 음식 알레르기(Food allergies) ・ 피부 발진(Skin rashes)

- **건초열(Hay fever)** : 재채기, 콧물 및 가려운 눈과 같은 증상을 유발하는 꽃가루 또는 기타 공기 중 알레르겐에 대한 알레르기 반응이다.

- **음식 알레르기(Food allergy)** : 특정 음식에 대한 알레르기 반응으로 두드러기, 가려움증, 부종, 호흡곤란과 같은 증상을 유발할 수 있다.

- **약물 알레르기(Drug allergy)** : 피부 발진, 두드러기 및 아나필락시스(anaphylaxis: 생명을 위협하는 반응)와 같은 증상을 유발할 수 있는 약물에 대한 알레르기 반응이다.

※ 알레르기 증상은 경증에서 중증까지 다양하며 다음을 포함할 수 있다.

- 재채기
- 콧물이나 코 막힘
- 가렵거나 눈물이 나는 눈
- 두드러기 또는 피부 발진
- 얼굴, 입술 또는 혀의 붓기
- 복통, 메스꺼움 또는 구토
- 호흡 곤란 또는 쌕쌕거림

3. 면역결핍 장애(Immunodeficiency Disorder)

면역결핍 장애는 면역체계가 감염원으로부터 신체를 방어할 수 없을 때 발생하며, 이로 인해 개인이 감염에 더 취약해진다. 면역결핍 질환의 예는 다음과 같다.

- **원발성 면역결핍 질환(Primary immunodeficiency disorders)** : 중증 복합 면역결핍(SCID : severe combined immunodeficiency) 또는 X-연관 무감마글로불린혈증(XLA : X-Linked Agammaglobulinemia)과 같은 면역 세포의 발달 또는 기능에 영향을 미치는 유전 질환
- **2차 면역결핍 장애** : HIV/AIDS, 화학 요법 또는 장기 이식과 같은 면역체계를 약화시키는 상태

※ 면역결핍 질환의 증상은 다음과 같다.

- 빈번하거나 심각한 감염(Frequent or severe infection)
- 만성 설사(Chronic diarrhea)
- 재발성 호흡기 감염(Recurrent respiratory infection)
- 느린 상처 치유(Slow wound healing)
- 피로(Fatigue)
- 림프절 확대(Enlarged lymph node)

결론적으로 면역계 질환은 다양한 증상을 나타낼 수 있으며 신체의 여러 부분에 영향을 줄 수 있다. 이러한 증상이 나타나면 의료 제공자와 상담하여 근본적인 원인과 적절한 치료를 받는 것이 중요하다.

02 면역체계 질병의 역사
History of Immune System Disease

Part 1 면역체계 질병의 연대순 개요

면역 병리학으로도 알려진 면역계 질환에 대한 연구는 길고 복잡한 역사를 가지고 있다. 다음은 해당 분야에서 가장 중요한 일부 사건에 대한 연대순 개요이다.

1. 고대 : 면역학의 개념은 사람들이 천연두(천연두 딱지로 접종)를 통해 면역 현상을 관찰했던 고대로 거슬러 올라간다. 중국과 오스만 제국은 천연두에 대한 면역을 제공하기 위해 천연두접종(variolation, 인두 · 우드 접종)을 했다.

2. 1796년 : 에드워드 제너(Edward Jenner)가 소년의 팔에 우두를 주사하여 천연두 면역을 제공하는 최초의 예방 접종을 했다.

3. 1885년 : 루이 파스퇴르가 최초의 광견병 백신을 개발했다.

4. 1890년 : 에밀 폰 베링(Emil von Behring)과 기타사토 시바사부로(Shibasaburo Kitasato)는 박테리아가 생성한 독소를 중화시키는 항체인 항독소를 발견했다.

5. 1901년 : 카를 란트슈타이너(Karl Landsteiner)가 ABO 혈액형 시스템을 식별하여 수혈 및 이식에 혁명을 일으켰다.

6. 1949년 : 프랭크 맥팔레인 버넷(Frank MacFarlane Burnet)은 클론 선택 이론을 제안했다. 이 이론은 면역체계가 다양한 외래 항원을 어떻게 인식하고 반응할 수 있는지를 보여준다.

7. 1951년 : 조너스 소크(Jonas Salk)는 소아마비 백신을 최초로 개발하여 세계 여러 지역에서 소아마비를 근절하는 데 도움을 주었다.

8. 1958년 : 프랭크 맥팔레인 버넷(F. MacFarlane Burnet) 경과 피터 메더워(Peter Medawar)는 후천성 면역 내성을 발견한 공로로 노벨 생리의학상을 수상했다.

9. 1960년대 : 로버트 굿(Robert Good)과 동료들은 면역체계 질환이 있는 환자에게 새로운 면역체계를 제공할 수 있는 골수 이식체계를 최초로 확립했다.

10. 1970년대 : 면역 반응에서 중심 역할을 하는 두 가지 유형의 면역 세포인 T 세포와 B 세포 발견

11. 1981년 : 첫 번째 AIDS 사례가 보고되어 바이러스 감염을 제어하는 면역체계의 역할에 대한 이해가 크게 향상되었다.

12. 1986년 : 최초의 단일 클론 항체 요법이 암 치료용으로 승인되었다.

13. 1990년대 : 유전공학의 발전으로 형질전환마우스(transgenic mice)와 녹아웃 마우스(knockout mice)가 개발되었으며, 이는 면역계 질환을 연구하는 데 중요한 도구이다.

14. 2002년 : 최초의 암 치료용 백신이 미국식품의약국(FDA: Food and Drug Administration)의 승인을 받았다.

15. 2020년 : COVID-19 대유행으로 질병에 대한 백신과 치료법을 개발하려는 전 세계의 노력을 통해 감염과 싸우는 데 있어 면역체계의 중요성이 강조되었다.

전반적으로 면역계 질환에 관한 연구는 면역 메커니즘을 이해하고 다양한 질병에 대한 효과적인 치료법 및 예방법을 개발하는 데 상당한 공헌을 하였으며 이는 오랜 기간을 거쳐 진화된 것이다.

Part 2 식습관과 면역체계 질병의 상관관계

식습관과 면역계 질환 사이에는 상당한 상관관계가 있다. 우리가 먹는 음식은 감염과 질병을 퇴치하는 면역체계의 능력에 직접적인 영향을 미친다. 식습관과 면역계 질환 사이의 상관관계는 다음과 같다.

1. 영양실조(Malnutrition)

영양실조는 사람이 식단에서 적절한 영양소를 섭취하지 못할 때 발생한다. 이로 인해 면역체계가 약화되어 개인이 감염과 질병에 더 취약해질 수 있다. 영양실조는 또한 발육 부진과 발달 지연으로 이어질 수 있다. 단백질, 비타민, 미네랄이 부족한 식단은 영양실조로 이어지고 면역체계에 부정적인 영향을 미칠 수 있다.

2. 비만(Obesity)

비만은 체지방이 과도하여 만성 염증 및 면역체계 장애를 유발할 수 있는 상태이다. 포화지방과 트랜스지방, 가공식품, 정제된 설탕이 많은 식단은 비만으로 이어지고 면역체계에 부정적인 영향을 미칠 수 있다. 또한 비만은 면역체계에 부정적인 영향을 미칠 수 있는 제2형 당뇨병 발병의 위험 증가와 관련이 있다.

3. 미량 영양소 결핍(Micronutrient Deficiency)

비타민 C, 비타민 E, 아연과 같은 미량 영양소가 부족한 식단은 면역체계를 약화시킬 수 있다. 이러한 미량 영양소는 감염 및 질병과 싸우는 면역체계에 중요한 역할을 한다. 과일, 채소 및 통곡물이 적은 식단은 미량 영양소 결핍을 유발할 수 있다.

4. 소화관 건강(Gut Health)

소화관 마이크로바이옴(gut microbiome)은 위장관 내에서 미생물끼리 그리고 숙주와 미생물 간에 복잡한 상호관계를 이루는 미생물군으로 감염 및 질병과 싸우는 면역체계의 능력에 중요한 역할을 한다. 섬유질과 프리바이오틱스가 풍부한 식단은 건강한 장내 미생물을 유지하고 면역체계를 강화하는 데 도움이 될 수 있다. 또한 섬유질이 적고 포화지방이 많은 식단은 불균형한 장내 미생물 군집을 유발하고 면역체계에 부정적인 영향을 미칠 수 있다.

5. 식품 알레르기 및 민감성(Food Allergy and Sensitivity)

식품 알레르기 및 민감성은 신체에 염증을 일으켜 면역체계에 부정적인 영향을 미칠 수 있다. 개인의 면역체계는 특정 식품을 유해한 것으로 잘못 식별하여 알레르기 반응을 일으킬 수 있다. 또한 음식에 대한 민감성은 만성 염증을 유발하여 면역체계를 약화시킬 수 있다.

결론적으로 식습관은 감염과 질병을 퇴치하는 면역체계의 능력에 직접적인 영향을 미친다. 필수 영양소가 부족하고 포화지방과 가공식품이 많으며 섬유질과 통곡물이 적은 식단은 면역체계를 약화시킬 수 있다. 반면에 과일, 채소, 통곡물 및 양질의 단백질이 풍부한 식단은 건강한 면역체계를 유지하는 데 도움이 될 수 있다. 따라서 면역체계를 지원하고 면역체계 질환의 발병을 예방하기 위해 건강하고 균형 잡힌 식단을 유지하는 것이 필수적이다.

03 면역체계와 영양 Immune System and Nutrition

Part 1 영양이 면역체계에 중요한 주요 이유

영양은 감염과 질병으로부터 신체를 방어하는 면역체계의 능력을 돕는 중요한 역할을 한다. 아래의 이미지는 해산물, 채소, 과일, 한약재, 향신료로 만든 건강에 유익한 면역력 강화식품으로 산화방지제, 안토시아닌, 단백질, 스테롤, 섬유질, 비타민, 미네랄, 오메가-3 등이다.

• 장수를 위한 건강한 면역체계 강화식품

∙ 다음은 영양이 면역체계에 중요한 주요 이유이다.

1. 필수 영양소(Essential Nutrient)

면역체계가 최적으로 기능하기 위해서는 비타민 A, C, D, E 및 B$_6$와 같은 다양한 필수 영양소와 아연, 철, 셀레늄과 같은 미네랄이 필요하다. 이러한 영양소는 면역 세포의 성장과 기능을 촉진하고 감염과 질병으로부터 신체를 보호함으로써 면역체계를 돕는다.

2. 산화방지제(Antioxidant)

산화방지제는 자유 라디칼(free radical)이라고 하는 유해한 분자로 인한 손상으로부터 신체를 보호하는 물질이다. 비타민 C, E와 같이 항산화제가 풍부한 식단은 면역체계를 약화시킬 수 있는 산화 스트레스와 염증으로부터 면역체계를 보호하는 데 도움이 된다.

3. 단백질(Protein)

단백질은 면역체계에 관여하는 조직을 포함하여 조직의 성장과 복구에 필수적인 영양소이다. 백혈구 및 항체와 같은 면역 세포는 단백질로 만들어진다. 단백질이 부족한 식단은 면역체계를 약화시키고 감염 및 질병의 위험을 증가시킬 수 있다.

4. 소화관 건강(Gut Health)

소화관 마이크로바이옴(gut microbiome)은 위장관 내에서 미생물끼리 그리고 숙주와 미생물 간에 복잡한 상호관계를 이루는 미생물군으로 감염과 질병으로부터 신체를 방어하는 면역체계에 중요한 역할을 한다. 섬유질과 프리바이오틱스가 풍부한 식단은 면역체계를 강화할 수 있는 건강한 장내 미생물 군집을 촉진하는 데 도움이 된다. 또한 요구르트, 케피어, 김치와 같은 발효 식품에서 발견되는 프로바이오틱스는 건강한 장내 미생물 군집을 촉진하고 면역체계를 지원하는 데 도움이 될 수 있다.

5. 염증(Inflammation)

만성 염증은 면역체계를 약화시키고 만성질환의 위험을 증가시킬 수 있다. 포화지방, 가공식품 및 정제된 설탕이 많은 식단은 면역체계에 부정적인 영향을 미치는 만성 염증을 유발할 수 있다. 반면에 과일, 채소, 통곡물, 견과류 및 양질의 지방이 많은 생선 같은 건강한 지방이 풍부한 식단은 염증을 줄이고 면역체계를 지원하는 데 도움이 될 수 있다.

결론적으로 영양은 감염과 질병으로부터 신체를 방어하는 면역체계를 지원하는 데 중요한 역할을 한다. 즉 필수 영양소, 항산화제, 단백질, 소화관 건강은 모두 면역체계를 건강하게 유지하는 데 중요하다. 따라서 면역체계를 지원하고 전반적인 건강과 활력(vitality)을 증진하기 위해 균형 잡히고 건강한 식단을 유지하는 것이 필수적이다.

Part 3 면역체계 건강을 지원하는 영양과 식재료 및 식품

건강하고 균형 잡힌 식단은 면역체계 건강을 지원하는 데 필수적이다. 면역체계 건강을 지원하는 영양, 성분 및 식품을 살펴보면 다음과 같다.

1. 비타민과 미네랄(Vitamin and Mineral)

비타민과 미네랄은 면역체계의 적절한 기능에 필수적이다. 면역체계 건강에 가장 중요한 비타민과 미네랄은 다음과 같다.

1) 비타민 C(Vitamin C) : 감귤류, 딸기(berries), 키위, 피망(bell peppers)에서 발견되는 비타민 C는 백혈구 생성을 촉진하여 면역체계를 지원하는 강력한 항산화제이다.
2) 비타민 D(Vitamin D) : 지방이 많은 생선, 달걀 노른자 및 강화식품에서 발견되는 비타민 D는 면역체계를 조절하고 항균 단백질 생산을 촉진하는 데 도움이 된다.
3) 아연(Zinc) : 굴, 쇠고기, 콩, 견과류에서 발견되는 아연은 면역 세포의 발달과 기능에 필수적이다.
4) 철분(Iron) : 붉은 고기, 가금류, 콩 및 잎이 많은 채소에서 발견되는 철분은 면역 세포를 포함하여 몸 전체의 세포에 산소를 운반하는 단백질인 헤모글로빈 생성에 필요하다.

2. 단백질(Protein)

단백질은 면역 세포의 발달과 기능에 필요하다. 좋은 단백질 공급원에는 살코기, 가금류, 생선, 콩류 및 두부가 있다.

3. 오메가-3지방산(Omega-3 Fatty Acid)

오메가-3지방산은 항염증제이며 신체의 염증을 줄이는 데 도움이 될 수 있다. 오메가-3지방산의 좋은 공급원에는 연어, 고등어, 정어리와 같은 지방이 많은 생선과 치아시드, 아마씨, 호두가 있다.

4. 프로바이오틱스(Probiotics)

프로바이오틱스는 건강한 장내 미생물 군집을 촉진하여 면역체계를 지원하는 데 도움이 되는 유익한 박테리아이다. 프로바이오틱스의 좋은 공급원에는 요구르트, 케피어, 김치, 소금에 절인 양배추, 된장 등이 있다.

5. 프리바이오틱스(Prebiotics)

프리바이오틱스는 장내 유익한 박테리아의 성장을 촉진하는 섬유질의 일종이다. 프리바이오틱스의 좋은 공급원에는 김치, 낫토, 양배추, 요구르트, 케피어, 템페, 된장 등이 있다.

6. 항산화제(Antioxidant)

항산화제는 면역체계를 약화시킬 수 있는 자유 라디칼(free radicals)로 인한 손상으로부터 신체를 보호하는 데 도움이 된다. 항산화제의 좋은 공급원에는 딸기(berries), 다크 초콜릿, 시금치와 피칸이 있다.

7. 허브와 향신료(Herb and Spice)

특정 허브와 향신료에는 면역 강화 특성이 있다. 예를 들어 마늘에는 항균성이 있고 강황에는 항염증성이 있다. 면역체계 건강에 도움이 될 수 있는 다른 허브와 향신료로는 생강, 오레가노, 백리향이 있다.

결론적으로, 영양이 풍부한 다양한 식품을 포함한 건강하고 균형 잡힌 식단은 면역체계 건강에 도움이 될 수 있다. 비타민과 미네랄, 단백질, 오메가-3지방산, 프로바이오틱스, 프리바이오틱스, 항산화제, 허브와 향신료는 모두 건강한 면역체계를 유지하는 데 중요한 역할을 한다. 따라서 면역체계 건강과 전반적인 활력(vitality)을 지원하기 위해 다양한 음식을 섭취하는 것이 필수적이다.

면역체계 건강을 지원하는 식단

면역체계 건강을 지원하는 아침, 점심, 저녁 식사를 위한 주간 다이어트 계획은 다음과 같다.

날짜	일일	메뉴명	건강에 좋은 이유
Day 1	아침	• Greek yogurt with mixed berries and a tbsp of honey • 혼합 베리와 꿀 한 스푼을 곁들인 그릭 요구르트	• 그릭 요구르트는 장 건강과 건강한 면역체계를 지원하는 유익한 박테리아인 프로바이오틱스가 풍부 • 딸기에는 산화 스트레스로부터 신체를 보호하는 데 도움이 되는 항산화제가 풍부
	점심	• A quinoa salad with grilled chicken, mixed green, tomatoes, cucumber, and avocado • 구운 닭고기, 혼합 채소, 토마토, 오이, 아보카도를 곁들인 퀴노아 샐러드.	• 퀴노아는 9가지 필수아미노산을 모두 함유한 완전 단백질로 섬유질, 비타민, 미네랄도 풍부 • 구운 닭고기는 기름기가 적은 단백질 공급원이며 혼합 채소는 비타민과 미네랄을 제공
	저녁	• Baked salmon with roasted Brussels sprout and sweet potatoe • 구운 방울양배추와 고구마를 곁들인 구운 연어	• 연어에는 항염증 작용과 면역 기능을 지원하는 오메가-3지방산이 풍부 • 방울양배추와 고구마는 면역 기능에 필수적인 비타민 C를 포함하여 비타민과 미네랄이 풍부
Day 2	아침	• Oatmeal with almond milk, chopped nut, and sliced banana • 아몬드 우유, 다진 견과류, 얇게 썬 바나나를 곁들인 오트밀	• 오트밀은 면역 기능을 지원하는 것으로 밝혀진 섬유질과 베타글루칸의 좋은 공급원 • 견과류는 건강한 지방, 단백질 및 미네랄이 풍부. 바나나는 비타민 C와 칼륨의 좋은 공급원
	점심	• Lentil soup with mixed vegetable • 혼합 채소를 곁들인 렌즈콩 수프	• 렌틸콩은 단백질과 섬유질이 풍부하고 면역 기능을 지원하는 엽산, 철, 아연과 같은 비타민과 미네랄을 함유
	저녁	• Stir-fried tofu with broccoli and brown rice • 브로콜리와 현미를 곁들인 두부볶음	• 혼합 채소는 비타민과 미네랄을 제공하며 볶음 두부는 좋은 단백질 공급원 • 브로콜리는 비타민 C, 비타민 K 및 기타 항산화 물질이 풍부하고 현미는 복합 탄수화물과 섬유질의 좋은 공급원
Day 3	아침	• Scrambled eggs with spinach and sliced tomato • 시금치와 얇게 썬 토마토를 곁들인 스크램블드에그	• 달걀은 면역 기능에 중요한 비타민 D를 포함한 단백질과 비타민의 좋은 공급원 • 시금치는 비타민 C, 비타민 E, 엽산을 포함한 비타민과 미네랄이 풍부 • 토마토에는 면역 기능을 지원하는 항산화제인 리코펜이 풍부
	점심	• Turkey and avocado sandwich on whole-grain bread • 통곡물빵에 칠면조와 아보카도 샌드위치	• 칠면조는 기름기가 적은 단백질 공급원이며 아보카도는 건강한 지방과 섬유질이 풍부 • 통곡물빵은 복합 탄수화물과 섬유질의 좋은 공급원
	저녁	• Grilled chicken with roasted asparagus and quinoa • 구운 아스파라거스와 퀴노아를 곁들인 구운 닭고기	• 구운 닭고기는 단백질을 제공하고 아스파라거스는 비타민과 미네랄이 풍부 • 퀴노아는 단백질, 섬유질, 비타민과 미네랄을 제공
Day 4	아침	• Smoothie with spinach, mixed berries, almond milk, and chia seed • 시금치, 혼합 베리, 아몬드 우유, 치아시드를 곁들인 스무디	• 시금치와 딸기는 비타민과 항산화제가 풍부하고 아몬드 우유는 비타민 E의 좋은 공급원 • 치아시드는 오메가-3지방산과 섬유질이 풍부
	점심	• Chicken and vegetable stir-fry with brown rice • 현미를 곁들인 닭고기와 채소볶음	• 닭고기와 채소는 단백질과 비타민을 제공 • 현미는 복합 탄수화물과 섬유질의 좋은 공급원
	저녁	• Lentil and vegetable curry with brown rice • 현미를 곁들인 렌틸콩과 채소 카레	• 렌틸콩은 단백질과 섬유질이 풍부 • 양파, 마늘, 생강과 같은 채소는 항염 작용

Day 5	아침	• Avocado toast with a side of fruit • 과일을 곁들인 아보카도 토스트	• 아보카도는 건강한 지방과 섬유질이 풍부하고 통곡물 토스트는 복합 탄수화물과 섬유질을 제공 • 혼합 과일은 비타민과 미네랄을 제공
	점심	• Tuna salad with mixed green and sliced cucumber • 혼합 채소와 얇게 썬 오이를 곁들인 참치 샐러드	• 참치는 높은 단백질 함량과 오메가-3 지방산이 풍부 • 혼합 채소와 채소는 비타민과 미네랄을 제공
	저녁	• Grilled shrimp with mixed vegetable and quinoa • 혼합 채소와 퀴노아를 곁들인 구운 새우	• 구운 새우는 단백질과 셀레늄의 좋은 공급원
Day 6	아침	• Veggie omelet with whole-grain toast • 통곡물 토스트를 곁들인 채소 오믈렛	• 시금치, 토마토, 버섯으로 만든 채소 오믈렛은 면역 기능을 지원하는 필수 비타민과 미네랄을 제공 • 통곡물 토스트는 혈당 수치를 조절하고 아침 내내 지속적인 에너지를 제공하는 데 도움이 되는 복합 탄수화물을 제공
	점심	• Lentil salad with mixed vegetable and quinoa • 혼합 채소와 퀴노아를 곁들인 렌틸콩 샐러드	• 렌틸콩은 장 건강을 돕고 면역체계 강화에 도움이 되는 섬유질과 단백질의 좋은 공급원 • 피망, 브로콜리, 당근과 같은 다양한 혼합 채소는 비타민과 미네랄을 추가로 제공 • 퀴노아는 혈당 수치를 조절하는 데 도움이 되는 복합 탄수화물을 제공
	저녁	• Beef stir-fry with quinoa and mixed vegetables • 퀴노아와 혼합 채소를 곁들인 쇠고기볶음	• 쇠고기는 면역 기능에 중요한 단백질과 철분의 좋은 공급원 • 퀴노아는 단백질과 섬유질을 제공하며, 방울양배추와 콜리플라워 같은 혼합 채소는 면역 건강을 지원하는 다양한 영양소를 제공
Day 7	아침	• Indian : Masala Omelette with whole wheat toast and a side of sliced tomatoes • 인도식 : 통밀 토스트와 얇게 썬 토마토를 곁들인 마살라 오믈렛	• 마살라 오믈렛에는 심황, 커민, 고수와 같은 면역 강화 항신료가 들어 있으며 토마토는 비타민 C를 제공
	점심	• Japanese : Sushi Roll with salmon, avocado, and cucumber • 일본 : 연어, 아보카도, 오이를 곁들인 스시 롤	• 연어에는 염증을 줄이고 면역기능을 향상시키는 오메가-3지방산이 풍부. 아보카도는 건강한 지방을 추가하고 오이는 수분과 비타민 K를 제공
	저녁	• Japanese : Teriyaki Tofu Stir-Fry with broccoli, bell pepper, and brown rice • 일본 : 브로콜리, 피망, 현미를 곁들인 데리야끼 두부 볶음	• 두부는 식물성 단백질을 제공하고 채소는 비타민과 섬유질을 제공 • 데리야끼 소스는 생강·마늘과 같은 면역 강화 재료로 만들 수 있음

Part 4 면역체계에 유익한 요리

면역체계에 유익한 5가지 요리와 그에 따른 조리법 및 유익한 이유는 다음과 같다.

1. Chicken and Vegetable Soup - 닭고기와 채소 수프

닭고기는 훌륭한 단백질 공급원이며 수프에는 비타민 A, C와 같이 면역체계를 지원하는 비타민과 미네랄이 풍부한 다양한 채소가 포함되어 있다. 또한 수프의 따뜻함은 인후통을 진정시키고 코막힘 완화에 도움이 될 수 있다.

Ingredients

- 100g boneless, skinless chi–cken breast
- 1/4 onion, chopped
- 1 clove garlic, minced
- 1/4 carrot sliced
- 1/2 celery stalk sliced
- 1 tsp dried thyme
- 1 bay leaf
- 3 cups chicken broth
- salt and pepper to taste

Instructions

1. 큰 냄비에 약간의 올리브 오일을 중불로 가열한다. 양파와 마늘을 넣고 양파가 투명해질 때까지 볶는다.
2. 닭가슴살을 넣고 모든 면이 갈색이 될 때까지 굽는다.
3. 당근, 셀러리, 백리향, 월계수 잎, 닭고기 육수, 소금, 후추를 넣는다.
4. 수프를 끓인 다음 불을 약하게 줄이고 30~40분 동안 또는 닭고기가 완전히 익을 때까지 끓인다.
5. 냄비에서 닭고기를 꺼내 포크로 잘게 썬다. 닭고기를 냄비에 다시 넣어 서빙한다.

2. Spinach and Mushroom Omelet - 시금치 버섯 오믈렛

시금치는 비타민 A, C, E뿐만 아니라 면역체계를 지원하는 데 도움이 되는 철분과 산화방지제가 풍부하다. 버섯은 또한 항산화 물질의 좋은 공급원이며 면역체계를 강화하는 데 도움이 될 수 있다. 달걀은 훌륭한 단백질 공급원이며 면역체계를 조절하는 데 도움이 되는 비타민 D를 함유하고 있다.

Ingredients

- 2 egg
- 1 cup fresh spinach, chopped
- 1/2 cup sliced mushroom
- 1/4 cup chopped onion
- salt and pepper to taste
- 1 tbsp olive oil

Instructions

1. 작은 그릇에 달걀, 소금, 후추를 함께 휘젓는다.
2. 프라이팬에 올리브 오일을 넣고 중불로 가열한다.
3. 프라이팬에 양파와 버섯을 넣고 양파가 투명해지고 버섯이 갈색이 될 때까지 볶는다.
4. 다진 시금치를 프라이팬에 넣고 2~3분간 더 볶는다.
5. 달걀 혼합물을 채소 위에 붓고 달걀이 익을 때까지 요리한다.
6. 주걱을 사용하여 오믈렛을 반으로 접어 서빙한다.

3. Salmon with Roasted Vegetable - 구운 채소를 곁들인 연어

연어는 염증을 줄이고 면역체계를 지원하는 데 도움이 되는 오메가-3지방산의 훌륭한 공급원이다. 구운 채소에는 면역체계에 도움이 되는 비타민과 미네랄이 풍부하다.

Ingredients

- 1 salmon fillet
- 1/2 red bell pepper, sliced
- 1/2 yellow bell pepper, sliced
- 1/2 onion, sliced
- 1 cup broccoli floret
- 1 tbsp olive oil
- salt and pepper to taste

Instructions

1. 오븐을 200℃로 예열한다.
2. 연어 필렛을 베이킹 시트에 놓고 소금과 후추를 뿌린다.
3. 별도의 그릇에 얇게 썬 채소를 넣고 올리브 오일, 소금, 후추와 함께 버무린다.
4. 베이킹 시트의 연어 필렛 주위에 채소를 배열한다.
5. 15~20분 동안 또는 연어가 완전히 익고 채소가 부드러워질 때까지 굽는다.

4. Ginseng Chicken Soup(Samgyetang) - 삼계탕

인삼은 면역력을 강화하는 특성이 있는 것으로 밝혀진 한국 전통 약초이다. 닭고기 수프에는 단백질, 비타민, 미네랄 등 면역체계를 지원할 수 있는 다양한 영양소가 들어 있다.

Ingredients

- 1 whole chicken(about 1kg)
- 1 cup sweet rice, soaked in water for 1 hour
- 4 garlic cloves, peeled
- 2 ginseng roots, sliced
- 10 jujube dates(Korean dates)
- 10 chestnuts, peeled
- 1 pack Samgyetang herb
- salt and pepper to taste
- water

Instructions

1. 닭고기를 헹구고 여분의 지방을 제거한다.
2. 불린 찹쌀, 마늘 정향, 인삼 뿌리, 대추, 밤으로 닭고기를 채운다.
3. 조리용 끈으로 닭다리를 묶는다.
4. 속을 채운 닭고기를 큰 냄비에 넣고 닭고기가 잠길 만큼 물을 붓는다.
5. 삼계탕 모둠 약초봉지를 넣는다.
6. 물을 끓인 다음 불을 약하게 줄이고 1~2시간 동안 또는 닭고기가 완전히 익을 때까지 끓인다.
7. 소금과 후추를 추가한다.
8. 뜨겁게 서빙한다.

(tip) 쌀을 삼베보자기에 넣어 단단하게 묶은 뒤 육수와 같이 끓이면 찰지고 육수가 가득한 찰밥을 만들 수 있음

5. Bibimbap(Mixed Rice Bowl) - 비빔밥

비빔밥은 다양한 채소, 고기, 달걀 프라이를 얹은 한국의 인기 있는 밥으로, 건강한 면역체계를 지원하는 데 도움이 되는 비타민, 미네랄 및 항산화제가 풍부하다. 이 요리는 또한 지방과 칼로리가 낮아 건강한 체중을 유지하려는 사람들에게 훌륭한 메뉴이다.

Ingredients

- 2 cups cooked white rice
- 1/2 cup spinach, blanched
- 1/2 cup carrots, julienned and sautéed
- 1/2 cup zucchini, julienned and sautéed
- 1/2 cup bean sprouts, blanched
- /2 cup ground beef or pork, seasoned and sautéed
- 1 fried egg
- sesame oil
- soy sauce
- Gochujang(Korean chili paste)

Instructions

1. 큰 그릇 가운데 밥을 놓고 그 주위에 채소와 고기를 놓는다.
2. 채소와 고기 위에 참기름과 간장을 뿌린다.
3. 옆에 고추장 한 덩어리를 추가한다.
4. 달걀 프라이로 밥을 얹는다.
5. 먹기 전에 모두 섞는다.

03 면역체계에 좋은 활동
Activities that are Good for the Immune System

Part 1 면역체계에 좋은 활동들

면역체계는 감염, 질병 및 기타 유해한 물질로부터 신체를 보호하는 역할을 한다. 특정 라이프스타일의 선택과 활동은 면역체계를 강화해서 최적의 기능을 수행하는 데 도움이 될 수 있다. 다음은 건강한 면역체계를 지원할 수 있는 체계적이고 세부적인 활동이다.

1. 규칙적인 운동(Regular Exercise)

신체 활동은 전신의 백혈구와 항체의 순환을 증가시켜 면역체계를 강화하는 데 도움이 된다. 운동은 또한 면역체계를 약화시킬 수 있는 염증을 줄이는 데 도움이 된다.

2. 건강한 식단 섭취(Eating a Healthy Diet)

과일, 채소, 통곡물, 양질의 단백질 및 건강한 지방이 풍부한 균형 잡힌 식단은 면역체계가 제대로 기능하는 데 필요한 비타민과 미네랄을 제공한다. 면역 건강을 위한 일부 주요 영양소에는 비타민 C, D, 아연 및 셀레늄이 있다.

3. 충분한 수면 취하기(Getting Enough Sleep)

수면은 신체가 세포를 복구하고 재생하게 하므로 면역 건강에 필수적이다. 수면 부족은 면역체계를 약화시키고 우리를 감염과 질병에 더 취약하게 만들 수 있다.

4. 스트레스 관리(Managing Stress)

만성 스트레스는 면역체계를 억제해서 우리를 질병에 더욱 취약하게 만든다. 명상, 요가, 심호흡 및 마음챙김과 같은 활동은 스트레스 수준을 낮추고 면역 기능을 향상시키는 데 도움이 될 수 있다.

5. 흡연 및 과도한 음주 피하기(Avoiding Smoking and Excessive Drinking)

흡연과 과도한 음주는 면역체계를 약화시키고 감염 및 질병의 위험을 증가시킬 수 있다. 흡연을 중단하고 알코올 섭취를 제한하면 건강한 면역체계를 유지하는 데 도움이 될 수 있다.

6. 좋은 위생 유지(Maintaining Good Hygiene)

정기적으로 손을 씻고, 기침이나 재채기를 할 때 입을 가리고, 아픈 사람과의 긴밀한 접촉을 피하면 감염 확산을 예방하고 면역체계에 대한 부담을 줄이는 데 도움이 될 수 있다.

요약하면, 규칙적인 운동, 건강한 식단, 충분한 수면, 스트레스 관리, 흡연 및 과도한 음주 금지, 양호한 위생은 모두 건강한 면역체계를 지원하는 데 도움이 되는 중요한 활동이다. 이러한 습관을 생활화함으로써 감염 위험을 줄이고 전반적인 건강과 활력(vitality)을 개선하는 데 도움을 줄 수 있다.

면역체계와 면역체계 건강에 도움을 주는 음식

Foods that Support Integumentary System and Integumentary System Health

Key Point

- 외피계라고 알려진 피부계는 인체에서 가장 큰 기관 시스템으로 피부, 모발, 손발톱 및 땀샘이 포함되며, 전반적인 건강과 활력(vitality)을 유지하는 데 중요한 역할을 한다.

Chapter 12

외피 시스템과
외피 시스템 건강에 도움을 주는 음식

• 외피 시스템에 대하여 • 삶과 외피 시스템 건강의 관계
• 외피 시스템 질병과 증상 • 외피 시스템 질병의 역사
• 외피 시스템 건강에 좋은 영양과 요리

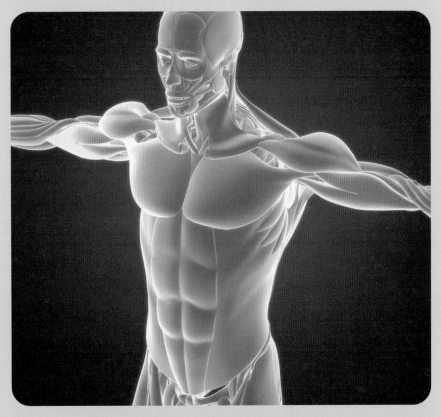

01 외피 시스템 Integumentary System

Part 1 인간의 삶과 외피 시스템의 건강 관계

외피계라고 알려진 피부계는 인체에서 가장 큰 기관 시스템이며 피부, 모발, 손발톱 및 땀샘이 포함되며, 전반적인 건강과 활력(vitality)을 유지하는 데 중요한 역할을 한다. 인간의 생명과 외피 시스템 건강의 관계를 살펴보면 다음과 같다.

1. 보호(Protection)

외피 시스템은 내부 장기와 외부 환경 사이에 물리적 장벽을 형성한다. 자외선, 병원체 및 오염 물질과 같이 해를 끼칠 수 있는 물리적, 화학적 및 생물학적 작용제로부터 신체를 보호한다. 따라서 건강한 외피 시스템은 인간의 생명을 보호하는 데 필수적이다.

2. 온도 조절(Thermoregulation)

피부는 열을 조절해서 체온 조절에 중요한 역할을 한다. 체온이 너무 높아지면 피부에서 땀이 나고 땀이 증발하면 체온이 낮아진다. 또한 너무 추우면 피부는 열 손실을 줄이기 위해 혈관을 수축시킨다. 건강한 외피 시스템은 인간의 삶에 중요한 적절한 체온을 유지하는 데 필수적이다.

3. 감각 지각(Sensory Perception)

피부에는 촉각, 압력, 통증 및 온도를 느낄 수 있는 감각 수용체가 있다. 이를 통해 우리는 환경과 상호 작용하고 부상을 피할 수 있다. 따라서 건강한 외피 시스템은 인간 삶에 중요한 감각을 지각하는 데 필수적이다.

4. 비타민 D 생성(Vitamin D Production)

피부는 태양의 자외선에 노출될 때 비타민 D를 생성한다. 비타민 D는 뼈 건강에 중요한 칼슘과 인의 흡수에 필수적이다. 따라서 건강한 외피 시스템은 인간의 삶에 중요한 비타민 D 생산에 필수적이다.

5. 면역 기능(Immune Function)

피부에는 병원체 및 기타 유해 물질로부터 신체를 보호하는 데 도움이 되는 면역 세포가 포함되어 있다. 이 세포는 외부 침입자가 해를 입히기 전에 식별하고 파괴하는 데 도움이 된다. 따라서 건강한 외피 시스템은 인간의 삶에 중요한 면역 기능에 필수적이다.

6. 외모(Appearance)

외피 체계는 인간의 외모에서 중요한 역할을 하며 정신 건강과 삶의 질에 상당한 영향을 미칠 수 있다. 여드름, 건선, 습진과 같은 피부 상태는 신체적 불편과 심리적 고통을 유발할 수 있다. 따라서 건강한 외피 시스템은 정신 건강과 삶의 질에 결정적인 인간의 외모에 필수적이다.

요약하면, 외피 시스템은 인간의 삶에 필수적이며 보호, 체온 조절, 감각 지각, 비타민 D 생산, 면역 기능 및 외모에 중요한 역할을 한다. 따라서 건강한 외피 시스템을 유지하는 것은 전반적인 건강과 활력(vitality)에 필수적이다. 이는 건강한 식습관, 규칙적인 운동, 적절한 위생, 자외선 및 오염 물질과 같은 환경 요인으로부터의 보호를 통해 달성할 수 있다.

Part 2 외피 시스템의 종류와 기능

외피계라고도 알려진 피부계는 인체의 가장 큰 기관이며 다양한 기능을 수행하는 여러 층으로 구성되어 있다.

• **피부는 표피, 진피 및 피하 조직의 세 가지 주요 층을 가지고 있다.**

1. **표피(Epidermis)** : 피부의 가장 바깥층으로 5개의 하위층으로 구성된다. 표피의 최상층은 각질층이라 불리며 신체에서 떨어져 나온 죽은 피부 세포로 구성된다. 표피에는 또한 피부에 색을 부여

하는 멜라닌 색소를 생성하는 멜라닌 세포와 감염 및 질병 퇴치에 도움이 되는 랑게르한스 세포 (Langerhans cell)가 포함되어 있다.

※ 피부의 가장 바깥층인 표피의 5개 하위층은 다음과 같다.

1) **각질층(Stratum corneum)** : 표피의 가장 바깥쪽에 있는 층으로 각질세포라고 불리는 죽은 피부 세포로 구성되어 있다. 이 세포는 편평하고 비늘 모양이며 피부 표면에서 계속 벗겨진다. 각질층은 장벽 역할을 해서 외부 환경으로부터 피부를 보호하고 수분 손실을 방지한다.

2) **투명층(Stratum lucidum)** : 발바닥과 손바닥처럼 두껍고 털이 없는 피부에만 존재한다. 이는 엘레이딘(eleidin)이라는 반투명 단백질을 포함하는 케라티노사이트(keratinocytes)라고 하는 평평하고 조밀하게 채워진 세포로 구성된다.

3) **과립층(Stratum granulosum)** : 피부에 힘과 탄력을 부여하는 거친 섬유질 단백질인 케라틴(keratin)을 생성하기 시작하는 세포가 포함되어 있다. 또한 케라틴 섬유(keratin fiber)를 함께 묶는 데 도움이 되는 케라토하이알린(keratohyalin)이라는 단백질 과립(granules of a protein)이 포함된다.

4) **유극층(Stratum spinosum)** : 분열해서 케라틴을 생성하는 케라티노사이트(keratinocyte)가 포함되어 있다. 이 층의 세포는 피부의 장벽 기능을 유지하는 데 도움이 되는 단백질 구조인 데스모솜(desmosome)에 의해 결합된다.

5) **기저층(Stratum basale)** : 표피의 최하층으로 새로운 케라티노사이트(keratinocyte)를 생성하기 위해 끊임없이 분열하는 줄기세포가 포함된다. 이 층의 세포는 또한 피부에 색을 부여하는 멜라닌 색소를 생성하는 멜라닌 세포 생성을 담당한다.

전반적으로 표피층은 함께 작용해서 외부 손상으로부터 신체를 보호하고 항상성을 유지하는 데 도움이 되는 강력한 보호 장벽을 형성한다.

2. 진피(Dermis) : 표피 아래 위치한 피부의 중간층으로, 피부에 힘과 탄력을 제공하는 콜라겐과 엘라스틴 섬유의 매트릭스로 구성된다. 진피에는 또한 혈관, 림프관 및 신경 종말뿐만 아니라 모낭, 땀샘 및 피지선이 포함된다. 땀샘은 체온 조절에 도움이 되는 땀을 생성하고, 피지선은 피부와 모발에 수분을 공급하는 피지를 생성한다.

3. 피하(Hypodermis) : 진피 아래 위치한 피부의 가장 안쪽 층이다. 지방조직(지방세포)과 결합조직으로 구성되어 있으며, 신체에 단열과 완충작용을 한다.

• 피부 시스템의 기능

1. 보호(Protection) : 피부는 유해한 자외선, 박테리아 및 오염 물질과 같은 물리적, 화학적 및 생물학적 위험으로부터 신체를 보호하는 장벽 역할을 한다.
2. 감각(Sensation) : 피부에는 접촉, 압력, 열 및 추위와 같은 감각을 감지하는 신경 말단이 있다.
3. 온도 조절(Thermoregulation) : 피부는 발한 및 떨림과 같은 과정을 통해 체온 조절을 돕는다.
4. 비타민 D 합성(Vitamin D synthesis) : 피부는 건강한 뼈를 유지하는 데 중요한 햇빛에 노출되었을 때 비타민 D를 생성할 수 있다.
5. 배설(Excretion) : 피부는 땀을 통해 몸에서 노폐물을 제거하는 데 도움을 준다.
6. 외모(Appearance) : 피부는 우리의 외모에 중요한 역할을 하며 우리의 자존감과 사회적 상호 작용에 영향을 미칠 수 있다.

전반적으로 피부 시스템은 건강과 활력(vitality)에 꼭 필요한 기능을 가진 복잡하고 필수적인 부분이다.

Part 3 외피 시스템의 질병과 증상

외피 시스템은 신체의 가장 큰 기관 시스템이며 피부, 모발, 손발톱 및 땀샘이 포함된다. 외피 시스템은 외부 요인으로부터 보호, 체온 조절 및 감각 지각을 포함한 여러 기능을 제공한다. 많은 질병이 외피 시스템에 영향을 미칠 수 있으며 각 질병의 증상은 매우 다양하다. 다음은 외피 시스템의 일반적인 질병 및 증상이다.

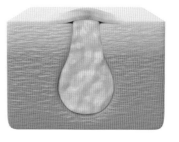

1. 여드름(Acne) : 여드름은 뾰루지, 블랙헤드(blackhead) 및 화이트헤드(whitehead)를 특징으로 하는 일반적인 피부 상태이다. 주로 얼굴, 가슴, 등에 영향을 미치며 호르몬 변화, 세균, 막힌 모공 등이 원인이 될 수 있다. 여드름의 증상으로는 발적(redness), 염증 및 해당 부위 주변의 통증이 있다.

2. 습진(Eczema) : 습진에는 접촉성 피부염, 아토피 피부염, 건성 습진 등 다양한 질환이 포함된다. 손, 발 또는 얼굴에 자주 나타나며 알레르겐(allergen), 자극제(irritant) 또는 스트레스에 의해 유발될 수 있다.

3. 건선(Psoriasis) : 건선은 피부에 영향을 미치는 만성 자가 면역 질환으로 피부가 두껍고 비늘 모양이 된다. 신체의 어느 부위에나 나타날 수 있지만 두피, 팔꿈치, 무릎, 허리 등에 자주 발생한다. 증상에는 발적, 가려움증, 통증이 포함될 수 있으며 스트레스나 감염으로 유발될 수 있다.

4. 주사(Rosacea, 빨간 코) : 특정 안면 혈관이 확장되어 뺨과 코가 붉어지는 것으로, 발적, 홍조 및 작고 고름이 찬 농포가 얼굴에 생긴다. 주로 코, 볼, 턱에 영향을 미치며 특정 음식, 스트레스 또는 환경적 요인에 의해 유발될 수 있다.

5. 피부암(Skin cancer) : 피부 세포에 발생하는 암의 한 유형이다. 일반적으로 태양이나 태닝 베드에서 나오는 자외선에 노출되어 발생한다. 피부암은 점 또는 기타 피부 병변의 크기, 모양 또는 색상의 변화뿐만 아니라 피부에 새로운 성장물이 나타날 수도 있다.

6. 두드러기(Urticaria) : 피부가 부풀어 올라 가렵고 붉게 부어오르며 갑자기 나타났다가 빠르게 사라지기도 한다. 알레르기, 스트레스 또는 감염으로 인해 발생할 수 있으며 붓기 또는 호흡 곤란을 동반할 수도 있다.

7. 백반증(Vitiligo) : 피부 패치(patches of skin)가 색소 침착을 잃어 피부에 흰색 또는 밝은색 패치가 생기는 상태이다. 백반증은 신체의 어느 곳에서나 발생할 수 있으며 자가 면역 질환이나 유전적 요인에 의해 유발될 수 있다.

8. 사마귀(Wart) : 사마귀는 일반적으로 손, 발 또는 얼굴에 나타나는 작고 거친 성장(rough growth) 이다. 바이러스에 의해 발생하며 직접적인 접촉을 통해 퍼질 수 있다. 영향받은 부위 주변의 통증 이나 가려움증이 동반될 수 있다.

9. 무좀(Athlete's foot) : 무좀은 발의 피부에 영향을 미치는 진균 감염(곰팡이 감염 : fungal infection) 으로 가려움증(itching), 화끈거림(burning), 인설(scale, 비늘)을 유발한다. 라커룸, 수영장과 같은 습한 환경에서 퍼질 수 있다.

10. 옴(Scabies) : 피부를 파고드는 작은 진드기에 의해 발생하는 피부 감염으로 심한 가려움증과 발 진을 일으킨다. 전염성이 매우 강한 피부질환으로 감염된 사람이나 오염된 물체와의 일상적인 접촉에서 전파된다.

결론적으로, 외피 시스템은 광범위한 증상과 질병에 취약한 복잡한 기관 시스템이다. 이러한 질병의 증상은 가려움증(itching)과 발적(redness)에서 인설(scale) 및 색소 침착 변화(pigmentation change)에 이르기까지 매우 다양할 수 있다. 피부에 변화가 생겼다면 전문의와 상담하여 적절한 진단과 치료를 받 는 것이 중요하다.

02 외피 시스템 질병의 역사
History of Integumentary System Disease

Part 1 인간의 삶과 외피계 질병의 역사

외피계 질병의 역사는 수천 년 전으로 거슬러 올라가며 고대 의학 문서에 피부 상태가 기록되어 있다. 외피계 질병의 이해와 치료의 몇 가지 주요 발전 역사를 살펴보면 다음과 같다.

1. 고대(Ancient Times)

고대에는 피부 상태가 종종 신의 벌로 여겨졌으며 많은 문화권에서 피부 질환을 치료하기 위해 다양한 치료법을 사용했다. 예를 들어 고대 이집트인들은 피부 문제를 치료하기 위해 다양한 허브와 오일을 사용했고 그리스인들은 꿀과 올리브 오일을 사용했다.

2. 중세(Middle Ages)

중세에는 허브 및 식물과 같은 자연 요법으로 피부 문제를 해결하는 데 더 중점을 두었다. 그러나 피부 질환 예방에 있어 위생의 중요성에 대한 이해도 높아졌다.

3. 16~18세기(16th~18th Centuries)

16~17세기에는 해부학과 인체에 대한 관심이 높아져 피부의 구조와 기능에 대한 이해도가 높아졌다. 이에 따라 국소 연고(topical ointment) 및 크림(cream)과 같은 보다 효과적인 치료법의 개발로 이어졌다.

4. 19세기(19th Century)

19세기에는 현미경과 미생물학의 발전으로 박테리아와 바이러스가 발견되어 많은 피부 질환의 원인을 규명하는 데 도움이 되었다. 이는 피부의 세균 감염을 치료하는 데 사용할 수 있는 항생제의 개발로 이어졌다.

5. 20세기(20th Century)

20세기에는 건선 치료(treat psoriasis)를 위한 광선 요법(phototherapy)의 사용과 피부암 치료를 위한 신약 개발을 포함하여 피부 질환의 진단 및 치료에 상당한 발전이 있었다. 또한 피부 미용에 대한 관심이 높아져 주름, 여드름 및 기타 일반적인 피부 상태에 대한 새로운 치료법이 개발되었다.

6. 현재(Present Day)

오늘날 피부 질환 발병에서 유전학 및 면역체계(immune system)의 역할에 대한 이해가 높아지고 있다. 이로 인해 습진(eczema), 건선(psoriasis) 및 백반증(vitiligo) 같은 증상에 대한 새로운 치료법이 개발되었으며 피부암의 예방 및 조기 발견에 더욱 중점을 두게 되었다.

결론적으로, 외피 시스템 질환의 역사는 길고 복잡하며, 수 세기에 걸쳐 많은 발전이 있었다. 오늘날 피부과는 다양한 피부 상태에 대한 광범위한 치료가 가능해진 잘 정립된 의료 전문 분야이다. 그러나 외피 시스템과 이에 영향을 줄 수 있는 질병에 대해 아직 배워야 할 점이 많으며 이러한 상태에 대한 이해와 치료를 개선하기 위해서는 지속적인 연구가 필수적이라 하겠다.

Part 2 식습관과 외피 질환의 관계

피부, 머리카락, 손톱을 포함하는 외피계는 사람의 식습관에 많은 영향을 받는다.
식습관과 외피 질환의 관계를 살펴보면 다음과 같다.

1. 여드름(Acne)

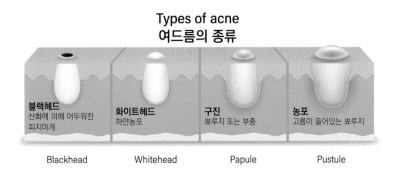

Types of acne
여드름의 종류

블랙헤드
산화에 의해 어두워진
피지마개

화이트헤드
하얀농포

구진
뾰루지 또는 부종

농포
고름이 들어있는 뾰루지

Blackhead   Whitehead   Papule   Pustule

여드름은 식이요법의 영향을 받을 수 있는 일반적인 피부 질환이다. 연구에 따르면 정제된 설탕과 탄수화물이 많은 식단은 여드름을 증가시킬 수 있다. 이는 이러한 음식이 인슐린 수치를 급상승시켜 여드름이 발병할 수 있는 호르몬 분비를 유발할 수 있기 때문이다.

2. 습진(Eczema)

습진은 특정 음식에 의해 악화될 수 있는 피부 질환이다. 일반적인 원인식품에는 유제품, 달걀, 글루텐, 콩 및 견과류가 있다. 이러한 음식은 일부 사람들에게 알레르기 반응을 일으켜 염증을 일으키고 습진 증상을 악화시킬 수 있다.

3. 건선(Psoriasis)

건선은 식이요법의 영향을 받을 수 있는 피부병이다. 일부 연구에 따르면 가공식품, 알코올 및 설탕이 많은 식단은 건선 증상을 증가시킬 수 있다. 반면에 과일, 채소 및 오메가-3지방산이 풍부한 식단은 건선에 긍정적인 영향을 미치는 것으로 나타났다.

4. 노화(Aging)

피부 건강은 식습관에 크게 영향을 받는다. 비타민 C 및 E와 같은 항산화제가 풍부한 식단은 자유 라디칼(free radical)로 인한 손상으로부터 피부를 보호하고 노화 과정을 늦출 수 있다. 반면에 가공식품과 설탕이 많은 식단은 조기 노화와 주름을 유발할 수 있다.

5. 피부암(Skin Cancer)

식이요법이 피부암의 직접적인 원인은 아니지만 질병 발병 위험에 영향을 미칠 수 있다. 비타민 C 및 E와 같은 항산화제가 풍부한 식단은 자외선으로 인한 손상으로부터 피부를 보호하는 데 도움이 될 수 있다. 반면에 가공식품과 건강에 해로운 지방이 많은 식단은 피부암 발병 위험을 높일 수 있다.

결론적으로 식습관과 외피 질환의 관계는 복잡하고 다면적이다. 식단이 이러한 질환의 유일한 원인은 아니지만, 질환의 위험과 심각성에 큰 영향을 미칠 수 있다. 과일, 채소 및 건강한 지방이 풍부한 균형 잡힌 식단을 섭취하면 피부를 보호하고 피부 질환 발병 위험을 줄일 수 있다.

03 외피 건강과 영양
Integumentary System and Nutrition

Part 1 영양이 외피 건강에 중요한 주요 이유

외피계는 피부, 모발, 손발톱 및 관련 땀샘으로 구성되며 외부 위협으로부터의 보호, 체온 조절, 감각, 비타민 D 합성 등 여러 가지 중요한 기능을 수행하므로, 적절한 영양 섭취는 건강에 필수적이다.

영양이 외피 시스템에 중요한 이유는 다음과 같다.

1. 피부 건강(Skin Health)

피부는 신체에서 가장 큰 기관이며 환경 위험에 대해 장벽 역할을 한다. 적절한 영양은 비타민 A, C, E와 같은 필수 영양소를 피부에 제공하여 피부의 무결성을 유지하고 자유 라디칼로 인한 손상을 방지하며 상처 치유를 촉진한다. 또한 오메가-3지방산과 같은 식이 지방은 피부를 촉촉하게 유지하고 염증을 줄이는 데 도움이 될 수 있다.

2. 모발 건강(Hair Health)

모발의 건강은 단백질(protein), 철(iron), 아연(zinc) 및 비오틴(biotin)을 포함한 특정 영양소의 가용성에 달려 있다. 단백질은 모발 섬유를 구성하는 단백질인 케라틴(keratin) 생성에 필수적이며 철분과 아연은 모낭의 건강을 유지하는 데 도움을 준다. 비타민 B군인 비오틴도 모발 성장에 필요하며 탈모 예방에 도움이 될 수 있다.

3. 손톱 건강(Nail Health)

손톱은 케라틴(keratin)으로 구성되어 있으며 건강도 적절한 단백질 섭취에 달려 있다. 또한 칼슘, 마그네슘, 아연과 같은 미네랄은 강하고 건강한 손톱을 유지하는 데 중요하다.

4. 콜라겐 합성(Collagen Synthesis)

콜라겐은 피부, 모발, 손톱의 건강에 필수적인 단백질로, 구조적 지지를 제공하고 이러한 조직의 탄력과 단단함을 유지하는 데 도움이 된다. 콜라겐 합성에는 다양한 식품에서 발견되는 비타민 C, 아연 및 구리(copper)를 비롯한 여러 영양소가 필요하다.

5. 자외선 손상으로부터 보호(Protection against UV Damage)

태양의 자외선은 피부를 손상시키고 피부암의 위험을 증가시킬 수 있다. 비타민 C 및 E, 베타카로틴, 셀레늄과 같은 항산화 영양소는 자외선 손상으로부터 피부를 보호하고 피부암 위험을 줄이는 데 도움이 될 수 있다.

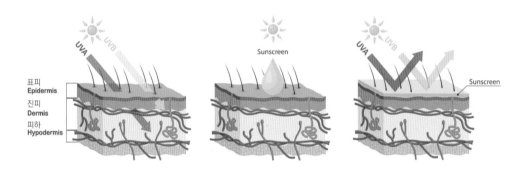

6. 염증 조절(Regulation of Inflammation)

염증은 부상이나 감염에 대한 자연스러운 반응이지만 만성 염증은 여드름, 건선 및 습진 등을 유발할 수 있다. 오메가-3지방산 및 항산화제와 같은 영양소는 염증을 조절하고 이의 심각성을 줄이는 데 도움이 될 수 있다.

요약하면, 적절한 영양 섭취는 외피 시스템의 건강과 기능에 필수적이다. 비타민, 미네랄 및 항산화제와 같은 영양소는 피부, 모발, 손톱 및 관련 땀샘의 유지, 복구 및 성장에 필요하다. 영양이 풍부한 다양한 식품을 포함하는 균형 잡힌 식단을 섭취함으로써 외피 시스템의 건강을 돕고 피부 및 모발 질환이 발생할 위험을 줄일 수 있다.

Part 2 외피 건강을 지원하는 영양과 식재료 및 식품

외피 시스템은 피부, 모발, 손발톱 및 땀샘으로 구성된다. 이 시스템은 외부 손상과 감염으로부터 신체를 보호하고 체온을 조절하며 수분을 유지하는 데 중요한 역할을 한다. 적절한 영양 섭취는 외피 시스템의 건강을 유지하는 데 필수적이다.

•외피 시스템의 건강을 지원하는 영양소, 성분 및 식품에 대해 살펴보면 다음과 같다.

1. 단백질(Protein)

단백질은 피부, 머리카락, 손톱의 성장과 복구에 중요한 영양소이다. 피부 탄력과 힘을 유지하는 데 필수적인 콜라겐 생성을 위한 빌딩 블록을 제공한다. 좋은 단백질 공급원에는 살코기, 가금류, 생선, 달걀, 콩류 및 유제품이 있다.

2. 오메가-3지방산(Omega-3 Fatty Acid)

오메가-3지방산은 체내에서 생성되지 않아 음식을 통해 섭취해야 하는 필수 지방산이다. 이 지방산은 피부 수분과 탄력을 유지하고 염증을 줄이며 태양 손상으로부터 피부를 보호한다. 오메가-3지방산의 좋은 공급원에는 연어, 고등어, 정어리와 같은 지방이 많은 생선과 아마씨, 치아씨, 호두가 있다.

3. 비타민 A(Vitamin A)

비타민 A는 피부 조직의 성장과 회복에 필수적이다. 세포 성장을 조절하고 건조와 손상을 방지하여 건강한 피부를 촉진한다. 비타민 A의 좋은 공급원에는 간, 고구마, 당근, 시금치, 케일 등이 있다.

4. 비타민 C(Vitamin C)

비타민 C는 태양 노출과 오염으로 인한 자유 라디칼 손상으로부터 피부를 보호하는 데 도움이 되는 항산화제이다. 또한 피부 탄력과 힘을 유지하는 데 필수적인 콜라겐 합성에 중요한 역할을 한다. 비타민 C의 좋은 공급원에는 감귤류(citrus fruits), 키위(kiwi), 딸기(strawberry), 토마토(tomato), 피망(bell pepper) 등이 있다.

5. 비타민 E(Vitamin E)

비타민 E는 자유 라디칼 손상으로부터 피부를 보호하는 데 도움이 되는 또 다른 항산화제이다. 또한 피부 재생에 중요한 역할을 하며 피부 수분 유지에 도움을 준다. 비타민 E의 좋은 공급원에는 아몬드, 해바라기 씨, 땅콩과 같은 견과류와 씨앗뿐만 아니라 올리브 오일과 해바라기 기름과 같은 식물성 기름이 있다.

6. 아연(Zinc)

아연은 피부 세포의 성장과 회복에 중요한 역할을 하는 미네랄이다. 또한 여드름 및 기타 피부 트러블을 줄이는 데 도움이 되는 항염 작용을 한다. 아연의 좋은 공급원에는 굴, 쇠고기, 돼지고기, 닭고기, 콩, 견과류가 포함된다.

7. 물(Water)

충분한 수분 공급은 피부 건강을 유지하는 데 필수적이다. 물은 몸에서 독소를 제거하고 체온을 조절하며 피부 수분을 유지하는 데 도움이 된다. 적절한 수분 공급을 위해 하루에 최소 8잔(1.8L)의 물을 마시는 게 좋다. 참고로 생수 1.8L에 미네랄소금 16g(0.9%)을 넣어서 충분히 녹여 마실 것을 추천한다.

• 이러한 특정 영양소 외에도 외피 시스템의 건강을 도울 수 있는 특정 식품은 다음과 같다.

1. 과일 및 채소(Fruits and Vegetable)

과일 및 채소에는 비타민, 미네랄 및 산화 방지제가 풍부하여 피부 손상을 방지하고 전반적인 피부 건강을 증진하는 데 도움이 된다. 다양한 색색의 과일과 채소의 매일 섭취를 목표로 한다.

2. 통곡물(Whole Grain)

통곡물은 피부 건강을 지원하는 데 도움이 되는 섬유질과 영양소의 좋은 공급원이다. 예를 들면 현미, 퀴노아, 통밀빵 등이 있다.

3. 건강한 지방(Healthy Fat)

견과류, 씨앗, 기름진 생선에서 나오는 건강한 지방은 피부 수분을 유지하고 태양 손상으로부터 피부를 보호하는 데 도움이 될 수 있다.

4. 녹차(Green Tea)

녹차에는 태양 손상으로부터 피부를 보호하고 전반적인 피부 건강을 개선하는 데 도움이 되는 항산화제가 포함되어 있다.

전반적으로 영양이 풍부한 균형 잡힌 식단은 외피 시스템의 건강을 유지하는 데 필수적이다.

Part 3 외피 건강을 지원하는 1주일 식단

다음은 외피 건강을 지원하는 아침, 점심, 저녁 식사의 주간 목록이다.

날짜	일일	메뉴명	건강에 좋은 이유
Day 1	아침	• Overnight oats with blueberries and walnut • 블루베리와 호두를 곁들인 오버나이트 귀리	• 오버나이트 귀리는 섬유질과 복합 탄수화물이 풍부하여 혈당 수치를 조절하고 건강한 소화를 촉진할 수 있음 • 블루베리는 항산화제의 좋은 공급원이며 호두에는 오메가-3지방산이 풍부하여 피부 건강을 개선하고 염증을 줄이는 데 도움이 됨
	점심	• Grilled chicken salad with mixed green, avocado, and cherry tomatoes • 혼합 채소, 아보카도, 방울토마토를 곁들인 구운 치킨 샐러드	• 구운 닭고기는 양질의 단백질의 좋은 공급원이며 혼합 채소, 아보카도 및 방울토마토는 비타민과 건강한 지방이 풍부
	저녁	• Baked salmon with roasted asparagus and sweet potatoe • 구운 아스파라거스와 고구마를 곁들인 구운 연어	• 구운 연어에는 오메가-3지방산이 풍부하여 피부 건강을 개선하고 염증을 줄이는 데 도움이 됨 • 아스파라거스와 고구마는 섬유질, 비타민, 항산화제가 풍부
Day 2	아침	• Smoothie bowl with mixed berries, almond milk, and granola • 혼합 베리, 아몬드 우유, 그래놀라가 들어간 스무디 볼	• 혼합 베리, 아몬드 우유 및 그래놀라로 만든 스무디 볼에는 항산화제, 비타민 및 섬유질이 풍부
	점심	• Lentil soup with mixed green and whole grain bread • 혼합 채소와 통곡물빵을 곁들인 렌즈콩 수프	• 렌즈콩 수프는 식물성 단백질과 섬유질의 좋은 공급원이며 혼합 채소와 통곡물빵은 추가적인 비타민과 섬유질을 제공
	저녁	• Grilled shrimp skewers with roasted bell pepper and quinoa • 구운 피망과 퀴노아를 곁들인 구운 새우 꼬치	• 구운 새우는 단백질과 셀레늄이 풍부하여 피부와 모발을 건강하게 해줌 • 구운 피망은 비타민 C와 항산화제가 풍부하고 퀴노아는 섬유질과 미네랄이 풍부
Day 3	아침	• Scrambled egg with spinach and whole grain toast • 시금치와 통곡물 토스트를 곁들인 스크램블드에그	• 스크램블드에그는 단백질과 비타민이 풍부하고 시금치와 통곡물 토스트는 추가 섬유질과 영양분을 제공
	점심	• Grilled chicken wrap with hummus, lettuce, and tomato • 후무스, 양상추, 토마토를 곁들인 구운 치킨 랩	• 쇠고기는 단백질과 철분이 풍부하여 건강한 피부와 모발을 유지하는 데 도움이 됨 • 혼합 채소에는 비타민과 항산화제가 풍부하고 현미에는 섬유소와 미네랄이 풍부
	저녁	• Beef stir-fry with mixed vegetable and brown rice • 혼합 채소와 현미를 곁들인 쇠고기 볶음	

외피 시스템과 외피 시스템 건강에 도움을 주는 음식

Day 4	아침	• Greek yogurt with mixed berrie and almond • 혼합 베리와 아몬드를 곁들인 그릭 요구르트	• 그릭 요구르트는 단백질과 프로바이오틱스가 풍부하여 건강한 피부와 장내 미생물을 촉진하는 데 도움이 된다. 딸기와 아몬드는 산화 방지제와 비타민 E가 풍부하여 피부를 손상으로부터 보호
	점심	• Tuna salad with mixed green, cucumber, and cherry tomatoes • 채소, 오이, 방울토마토가 섞인 참치 샐러드	• 참치는 양질의 단백질과 오메가-3지방산의 좋은 공급원이며 혼합 채소, 오이, 방울토마토는 비타민과 항산화제가 풍부
	저녁	• Broiled salmon with roasted Brussels sprout and sweet potatoe • 구운 방울양배추와 고구마를 곁들인 연어 구이	• 구운 연어에는 오메가-3지방산이 풍부하여 피부 건강을 개선하고 염증을 줄이는 데 도움이 된다. 방울양배추와 고구마는 섬유질, 비타민 및 항산화 물질이 풍부
Day 5	아침	• Oatmeal with blueberries and almond • 블루베리와 아몬드를 곁들인 오트밀	• 오트밀은 섬유질과 항산화제의 훌륭한 공급원이며, 블루베리는 자외선으로 인한 피부 손상을 줄이는 데 도움이 되는 비타민 C와 안토시아닌이 풍부하다. 아몬드에는 산화 스트레스로부터 피부를 보호하는 데 도움이 되는 비타민 E가 함유됨
	점심	• Grilled chicken breast salad with spinach, tomatoes, and avocado • 시금치, 토마토, 아보카도를 곁들인 구운 닭가슴살 샐러드	• 닭고기는 피부 치유와 재생에 중요한 단백질과 아연의 좋은 공급원
	저녁	• Grilled salmon with asparagus and sweet potatoe • 아스파라거스와 고구마를 곁들인 구운 연어	• 연어에는 염증을 줄이고 피부 탄력을 개선하는 데 도움이 되는 오메가-3지방산이 풍부 • 아스파라거스는 비타민 A, C, E가 풍부하고 고구마에는 베타카로틴이 풍부하여 모두 피부 건강에 중요
Day 6	아침	• Greek yogurt with mixed berries and walnut • 혼합 베리와 호두를 곁들인 그릭 요구르트	• 그릭 요구르트는 장을 건강하게 유지하는 데 도움이 되는 단백질과 프로바이오틱스가 풍부하여 영양소 흡수와 피부 건강에 중요 • 딸기에는 항산화제와 비타민 C가 풍부하고 호두에는 염증을 줄이는 데 도움이 되는 오메가-3지방산이 포함
	점심	• Whole grain turkey sandwich with spinach and tomatoes • 시금치와 토마토를 곁들인 통곡물 칠면조 샌드위치	• 통곡물빵은 섬유질과 복합 탄수화물을 제공하는 반면 칠면조는 단백질과 아연의 좋은 공급원
	저녁	• Roasted chicken with broccoli and brown rice • 브로콜리와 현미를 곁들인 구운 닭고기	• 구운 닭고기는 염증을 줄이는 데 도움이 되는 단백질과 비타민 B$_6$가 풍부하고 브로콜리에는 비타민 A와 C가 풍부 • 현미는 건강한 피부에 중요한 마그네슘과 셀레늄의 좋은 공급원
Day 7	아침	• Smoothie with spinach, banana, almond milk, and protein powder • 시금치, 바나나, 아몬드 우유, 단백질 파우더를 곁들인 스무디	• 시금치는 철분과 항산화 물질이 풍부하고 바나나는 칼륨과 비타민 C를 제공 • 아몬드 우유는 비타민 E의 좋은 공급원으로 태양 손상으로부터 보호
	점심	• Chicken and veggie stir-fry with brown rice • 현미를 곁들인 닭고기와 채소 볶음	• 닭고기와 채소는 단백질과 영양소를 제공하고 현미와 퀴노아는 에너지를 제공할 수 있는 복합 탄수화물
	저녁	• Grilled chicken kebabs with roasted veggies and quinoa • 구운 채소와 퀴노아를 곁들인 구운 치킨 케밥	

Part 4 외피 건강에 좋은 요리와 레시피

외피 시스템은 외부 손상으로부터 우리 몸을 보호하는 역할을 한다. 건강한 피부, 머리카락, 손톱을 유지하려면 건강한 음식으로 몸에 영양을 공급하는 것이 중요하다. 다음은 맛있을 뿐만 아니라 외피 시스템에도 유익한 5가지 건강 요리이다.

1. Salmon Salad Tacos Set Gourmet Mexican Style Food with Avocado Salsa
고급 멕시코 스타일의 아보카도 살사를 곁들인 연어 샐러드 타코 세트

연어는 염증을 줄이고 콜라겐 생성을 촉진하여 피부 건강을 개선하는 데 도움이 되는 오메가-3지방산의 훌륭한 공급원이다. 아보카도는 또한 피부에 도움이 되는 건강한 지방과 항산화제가 풍부하다.

Ingredients

- 1 salmon fillets
- 1/2 ripe avocado
- 1/2 small red onion
- 1/2 lime
- 1 tbsp chopped fresh cilantro
- 100 gram mixed green vegetable
- salt and pepper

Instructions

1. 그릴을 중불로 예열한다.
2. 연어 필렛에 소금과 후추로 간을 하고 그릴에 올려놓는다. 각 면을 약 4∼5분 동안 굽는다.
3. 한편, 그릇에 잘게 썬 아보카도, 잘게 썬 적양파, 라임 주스, 실란트로, 소금, 후추를 섞어 아보카도 살사를 만든다.
4. 모둠 채소에 구운 연어를 올리고 아보카도 살사를 곁들여 접시에 담는다.

2. Thailand : Papaya Salad as "Som Tam" in Thai
태국 : 파파야 샐러드, 태국어로 "솜땀"

파파야는 항산화제와 비타민 C가 풍부하여 피부 손상을 방지하고 콜라겐 생성을 지원한다.

1) 그린 파파야: 태국 파파야 샐러드의 1순위 식재료는 그린 파파야로, 콜라겐 생성을 개선하고 피부 탄력을 촉진하는 데 도움이 되는 비타민 C, 항산화제 및 효소의 훌륭한 공급원이다.

2) 당근: 당근은 또한 콜라겐 합성에 중요한 영양소인 비타민 C가 풍부하고 산화 스트레스로부터 피부를 보호하는 데 도움이 된다.

3) 토마토: 토마토에는 자외선으로 인한 손상으로부터 피부를 보호하고 피부 탄력을 향상시키는 항산화제인 리코펜이 풍부하다.

4) 라임 주스: 라임 주스는 콜라겐 합성에 필수적인 비타민 C의 훌륭한 공급원이며 환경 스트레스 요인으로부터 피부를 보호하는 데 도움이 된다.

5) 생선 소스: 생선 소스에는 콜라겐 생성을 촉진하고 피부 탄력을 개선하는 데 도움이 되는 아미노산과 핵산이 포함되어 있다.

6) 땅콩: 땅콩은 단백질과 건강한 지방의 좋은 공급원으로 피부에 영양을 공급하고 탄력을 향상시킨다.

7) 타이 칠리 페퍼 : 칠리 페퍼에는 혈류를 개선하고 피부에 필수 영양소를 전달하는 데 도움이 되는 캡사이신이 함유되어 있다.

Ingredients

- 1 cup shredded green papaya
- 1/4 cup shredded carrot
- 1/4 cup sliced cherry tomatoes
- 2 tbsp lime juice
- 1 tsp fish sauce
- 1 tsp chopped peanut
- 1 small Thai chili pepper(optional)

Instructions

1. 먼저 만돌린이나 강판을 사용해서 녹색 파파야와 당근을 얇게 채썰어준다.
2. 잘게 썬 파파야와 당근을 믹싱 볼에 넣고 얇게 썬 토마토와 다진 땅콩을 혼합한다.
3. 별도의 그릇에 라임 주스. 생선 소스. 설탕을 넣고 설탕이 녹을 때까지 섞는다.
4. 드레싱을 샐러드 위에 붓고 잘 섞이도록 버무린다.
5. 샐러드를 서빙한다.

3. Indian Dish : Chana Masala - 인도 요리 차나 마살라

차나 마살라는 병아리콩, 양파, 토마토, 다양한 향신료로 만든 인기 있는 인도 요리이다. Chana는 힌디어로 'Chickpeas(병아리콩)'를 뜻한다. 병아리콩은 단백질, 섬유질, 아연 및 비타민 E와 같은 필수 영양소의 훌륭한 공급원으로 건강한 피부를 촉진하는 데 도움이 된다. 이 요리에 사용되는 강황 및 커민과 같은 향신료는 피부를 보호하고 영양을 공급하는 데 도움이 되는 항염증 특성을 가지고 있다. 차나 마살라는 일반적으로 병아리콩의 수분과 풍미를 유지하는 데 도움이 되는 토마토 기반 소스에 끓인다.

Ingredients

- 1/2 cup cooked chickpeas
- 1/2 onion, finely chopped
- 1/2 tomato, finely chopped
- 1/2 inch piece of ginger, finely chopped
- 1 garlic clove, finely chopped
- 1/2 tsp cumin seed
- 1/2 tsp coriander powder
- 1/4 tsp turmeric powder
- 1/4 tsp red chili powder
- 1 tbsp oil
- salt to taste
- Chopped cilantro for garnish

Instructions

1. 팬에 기름을 두르고 중불로 가열한다. 커민 씨를 넣고 살짝 볶는다.

2. 양파를 넣고 투명해질 때까지 볶는다.

3. 생강과 마늘을 넣고 1분간 볶는다.

4. 토마토를 넣고 부드러워질 때까지 끓인다.

5. 코리앤더파우더, 터메릭파우더, 붉은 고춧가루 및 소금과 같은 모든 향신료를 추가한 뒤 잘 섞는다.

6. 삶은 병아리콩을 넣고 양념 혼합물과 잘 섞는다.

7. 혼합물이 너무 건조해 보이면 물을 약간 추가한다.

8. 약한 불에서 5〜10분 동안 끓인다.

9. 잘게 썬 고수로 장식하고 밥이나 난과 함께 뜨거울 때 제공한다.

치유의 맛 | Culinary Medicine

4. Brazilian Dish : Acai Bowl - 브라질 요리인 아사이 볼

아사이베리는 피부와 모발 건강에 유익한 항산화제, 비타민, 미네랄이 풍부한 슈퍼푸드이다. 아사이 볼은 냉동 아사이 퓌레와 신선한 과일, 견과류, 그래놀라를 결합한 인기 있는 브라질 아침 식사이다.

아사이베리는 활성산소로 인한 손상으로부터 피부와 모발을 보호하는 데 도움이 되는 항산화제가 풍부한 것으로 알려져 있다. 또한 피부 탄력을 유지하고 잔주름과 주름을 줄이는 데 도움이 되는 단백질인 콜라겐 생성에 필수적인 비타민 C가 풍부하다. 또한 아몬드, 치아시드 및 코코넛에는 피부와 모발에 영양을 공급하고 보호하는 데 도움이 되는 건강한 지방이 포함되어 있으며 꿀은 여드름 및 기타 피부 상태를 개선하는 데 도움이 되는 항균 특성을 갖고 있다.

Ingredients

- 1 packet of frozen acai puree(100 gram)
- 1/2 banana
- 1/2 cup of mixed berries(such as straw-berrie, blueberrie, and raspberrie)
- 1/4 cup of granola
- 1/4 cup of almond milk
- 1 tbsp of honey
- 1 tbsp of shredded coconut
- 1 tbsp of chia seed
- Fresh fruit for topping(such as sliced banana, strawberrie, and kiwi)

Instructions

1. 냉동 아사이 퓌레, 바나나, 혼합 베리, 아몬드 우유, 꿀을 믹서기에 넣고 부드러워질 때까지 갈아준다.
2. 믹서기 안의 퓌레를 그릇에 붓고 그래놀라, 잘게 썬 코코넛, 치아시드, 신선한 과일을 얹는다.

5. Temple Burdock Japchae - 사찰 우엉잡채

잡채는 섬유질과 비타민, 미네랄이 풍부한 요리이다. 고구마 당면은 또한 지속적인 에너지 유지에 도움이 되는 복합 탄수화물의 좋은 공급원이다.

Ingredients

- 100 gram sweet potato starch noodle(also called dangmyeon)
- 2 cups burdock root, peeled and julienned
- 1 red bell pepper, julienned
- 1 onion, thinly sliced
- 1 carrot, julienned
- 4~5 shiitake mushroom, sliced

- 2 tbsp soy sauce
- 2 tbsp sesame oil
- 1 tbsp honey
- 2 cloves garlic, minced
- 1 tbsp toasted sesame seed
- salt and pepper, to taste

Instructions

1. 고구마당면은 부드러워질 때까지 찬물에 30분 이상 담가준다.
2. 큰 팬에 약간의 기름을 중불로 가열한다. 우엉 뿌리를 넣고 약간 부드러워질 때까지 약 5~7분 동안 볶는다.
3. 얇게 썬 양파, 잘게 썬 당근, 얇게 썬 표고버섯을 팬에 넣고 채소가 부드러워질 때까지 3~4분간 더 볶는다.
4. 채썬 붉은 피망을 팬에 넣고 약간 부드러워질 때까지 1~2분 동안 저어주면서 볶는다.
5. 불린 당면의 물기를 빼고 채소와 함께 팬에 넣는다. 면이 익을 때까지 5분 정도 볶는다.
6. 작은 그릇에 간장, 참기름, 꿀, 다진 마늘, 소금과 후추를 넣고 섞으면서 휘젓는다.
7. 팬에 있는 국수와 채소 혼합물 위에 소스를 붓고 양념이 밸 때까지 모든 것을 함께 버무린다.
8. 불에서 내려 볶은 통깨를 뿌린다.

03 외피 건강에 유익한 활동
Activities Beneficial to Integumentary Health

Part 1 외피 건강에 좋은 활동

외피계는 피부, 머리카락, 손발톱, 땀샘을 포함하는 신체의 가장 큰 기관계이다. 이 시스템의 건강은 전반적인 건강과 활력(vitality)에 필수적이다. 외피 건강을 증진할 수 있는 몇 가지 활동은 다음과 같다.

1. 수분 유지(Stay hydration) : 물을 충분히 마시면 피부에 수분을 공급하여 건조함과 벗겨짐을 방지할 수 있다.

2. 규칙적인 운동(Exercise regularly) : 규칙적인 운동은 혈액 순환을 개선하여 건강한 피부를 촉진할 수 있다.

INFUSED WATER

물보충

HEALTHY DETOX

해독 주스

FRUITS IN A WATER

과일 섭취

REFRESHMENT DRINK

운동 후 원기회복
물 마시기

3. 정기적인 보습(Moisturize regularly) : 목욕이나 샤워 후 보습제를 바르면 수분을 가두어 건조함을 예방할 수 있다.

4. 좋은 위생 관리(Practice good hygiene) : 순한 비누와 물로 정기적으로 피부를 씻으면 모공을 막고 피부 문제를 일으킬 수 있는 먼지, 기름 및 기타 불순물을 제거하는 데 도움이 될 수 있다.

5. 태양으로부터 피부 보호(Protect your skin from the sun) : 태양의 유해한 자외선에 과도하게 노출되면 조기 노화 및 피부암과 같은 피부 손상을 유발할 수 있다. 보호복을 착용하고, SPF 30 이상의 자외선 차단제를 사용하고, 피크 시간대(자외선지수 8~10)에는 직사광선 노출을 피하는 것이 필수이다.

6. 건강한 식단 유지(Maintain a healthy diet) : 과일, 채소, 통곡물, 양질의 단백질 및 건강한 지방이 풍부한 식단을 섭취하면 건강한 피부에 필요한 영양소를 공급할 수 있다.

7. 충분한 수면(Get enough sleep) : 충분한 수면은 전반적인 건강에 필수적이며 염증을 줄이고 콜라겐 생성을 촉진하여 피부 건강을 개선하는 데도 도움이 된다.

8. 흡연 금지(Avoid smoking) : 흡연은 피부의 콜라겐과 엘라스틴을 손상시켜 주름과 조기 노화로 이어질 수 있다.

9. 스트레스 관리(Manage stress) : 만성 스트레스는 여드름 및 습진과 같은 피부 문제를 유발할 수 있다. 명상·심호흡과 같은 스트레스 관리 기술을 배우면 피부 건강을 증진하는 데 도움이 될 수 있다.

10. 피부 문제를 즉시 치료(Treat skin problem promptly) : 발진, 가려움증 또는 변색과 같은 피부 변화를 발견하면 즉시 의사의 진료를 받는다. 조기 치료는 더 심각한 문제가 발생하는 것을 예방하는 데 도움이 될 수 있다.

요약하면, 외피 건강을 유지하는 것은 좋은 위생, 태양 보호, 수분 공급, 건강한 식단, 운동, 충분한 수면, 스트레스 관리, 보습 및 피부 문제의 신속한 치료를 모두 포함한다.

Foods that Support Eyes and Eye Health

Key Point

· 눈은 신경계, 특히 감각기관으로 나뉜다. 눈은 빛을 감지하고 뇌로 신호를 전송하여 시각정보를 인식한다.

· 생명과 눈 건강의 관계는 복잡하고 다원적이며 다양한 생물학적 · 환경적 생활방식 요인이 관련된다.

· 눈 건강을 유지하려면 생활방식 요인, 환경에 대한 인식, 정기적인 눈 검사가 결합되어야 한다.

· 눈 건강에 대한 적극적인 관리를 통해 시력 문제가 발생할 위험을 줄이고 평생 선명하고 건강한 시력을 유지할 수 있다.

Chapter 13

눈과 눈 건강에
도움을 주는 음식

· 눈에 대하여 · 삶과 눈 건강의 관계
· 질병의 역사 · 눈 건강에 좋은 영양과 음식

01 눈 The Eye

눈은 신경계, 특히 감각기관으로 나뉜다. 눈은 빛을 감지하고 뇌로 신호를 전송하여 시각정보를 인식한다. 골격계는 신체에 지지와 구조를 제공하는 반면, 근골격계는 움직임을 가능하게 하기 위해 함께 작용하는 근육과 뼈가 함께 구성된다. 그러나 이러한 시스템 중 어느 것도 눈의 위치나 기능과 직접 관련은 없다.

Part 1 삶과 눈 건강의 관계

생명과 눈 건강의 관계는 복잡하고 다원적이며 다양한 생물학적·환경적 생활방식 요인이 관련된다. 다음은 이 관계에 대해 알아보도록 한다.

1. 나이(Age)

나이가 들어감에 따라 우리의 눈은 노안, 백내장, 황반 변성과 같은 다양한 시력 문제로 이어질 수 있는 자연적인 퇴화 과정을 겪게 된다. 따라서 나이가 들수록 눈 건강을 유지하는 것이 더욱 중요해진다.

2. 유전(Genetic)

녹내장 및 연령 관련 황반 변성과 같은 일부 눈 상태는 유전적이다. 따라서 이러한 질환에 대한 가족력이 있으면 발병 위험이 높아질 수 있으며 더 자주 눈 검사를 받아야 한다.

3. 영양(Nutrition)

비타민과 미네랄, 특히 비타민 A, C, E 및 아연이 풍부한 균형 잡히고 건강한 식단은 노화와 관련된 눈 질환을 예방하고 전반적인 눈 건강을 개선하는 데 도움이 된다. 짙은 잎이 많은 채소, 감귤류, 베리와 같은 항산화제가 풍부한 식품을 섭취하는 것도 산화 스트레스로부터 눈을 보호하는 데 도움이 된다.

4. 라이프스타일 요인(Lifestyle Factor)

흡연, 과도한 음주, 나쁜 수면 습관과 같은 특정 라이프스타일 요인은 눈 문제 발생 위험을 증가시킨다. 따라서 이러한 습관을 피하고 건강한 생활 습관을 유지하면 눈을 보호하는 데 도움이 된다.

5. 환경(Environment)

태양의 자외선과 디지털 장치의 청색광에 노출되면 눈이 손상되고 백내장, 황반 변성 및 기타 눈 문제가 발생할 위험이 있다. 따라서 보안경을 착용하고 화면 보는 시간을 줄이면 환경적 요인으로부터 눈을 보호하는 데 도움이 된다.

6. 정기적인 눈 검사(Regular Eye Exam)

정기적인 눈 검사는 특히 40세 이상의 개인이나 눈 문제의 가족력이 있는 사람들에게 눈 건강을 유지하는 데 있어 매우 중요하다. 시력 검사를 통해 안구 질환의 초기 징후를 감지하여 즉각적인 치료와 추가 손상을 예방할 수 있다.

요약하면, 눈을 건강하게 유지하려면 생활방식 요인, 환경에 대한 인식, 정기적인 눈 검사가 결합되어야 한다. 눈 건강에 대한 적극적인 관리를 통해 시력 문제가 발생할 위험을 줄이고 평생 선명하고 건강한 시력을 유지할 수 있다.

Part 2 눈의 구조와 구성 물질

눈은 각각의 고유한 재료와 기능을 가진 여러 가지 구조로 구성된 복잡한 감각기관이다. 다음은 눈을 구성하는 물질에 대한 설명이다.

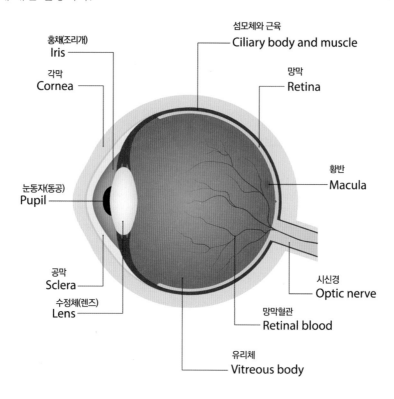

치유의 맛 | Culinary Medicine

1. 각막(Cornea) : 각막은 눈 앞쪽을 덮는 투명한 돔 모양의 구조로, 강도와 유연성을 제공하는 콜라겐 섬유와 모양을 유지하는 데 도움이 되는 물로 구성된다.

2. 홍채(Iris) : 홍채는 동공을 둘러싸는 눈의 유색 부분이다. 평활근 섬유(smooth muscle fibers)와 색소 세포(pigmented cells)로 구성되어 동공의 크기를 조절하고 눈에 들어오는 빛의 양을 조절한다.

3. 동공(Pupil) : 동공은 홍채 중앙에 있는 검은색 원형 개구부로, 눈에 들어오는 빛의 양을 조절한다.

4. 수정체(Lens) : 수정체는 홍채 뒤에 위치한 투명하고 유연한 구조로, 수정체가 모양을 바꾸고 빛을 망막에 집중시킬 수 있도록 하는 방식으로 배열된 단백질 섬유층으로 구성된다.

5. 망막(Retina) : 망막은 눈의 가장 안쪽 층으로 빛이 신경신호로 변환되어 뇌로 전달된다. 망막은 시각정보를 처리하기 위해 함께 작동하는 광수용기 세포(photoreceptor cell), 양극성 세포(bipolar cell) 및 신경절 세포(ganglion cell)를 포함하여 특수화된 여러 층의 세포로 구성된다.

6. 간상체(Rod) : 간상체는 빛과 어둠을 감지하는 역할을 하는 망막의 광수용기 세포이다. 저조도 조건에서 가장 활동적이다.

7. 원추체(Cone) : 원추체는 색상과 세부 사항을 감지하는 역할을 하는 망막의 광수용기 세포로, 밝은 빛에서 가장 활동적이다.

8. 시신경(Optic nerve) : 시신경은 망막에서 뇌로 시각정보를 전달하는 신경섬유다발로 신경섬유를 통해 전기신호를 전송하는 뉴런(neuron)이라는 특수세포로 구성된다.

9. 공막(Sclera) : 공막은 보호와 지지를 하는 흰색 막으로 눈의 흰자위이다.

10. 결막(conjunctiva) : 결막은 질긴 섬유질 조직으로 구성되어 있으며 결막(conjunctiva)이라고 하는 결합조직의 얇은 층으로 덮여 있다.

11. 맥락막(Choroid) : 맥락막은 망막에 영양을 공급하는 혈관을 포함하는 망막과 공막 사이의 조직 층이다.

12. 방수(Aqueous humor) : 방수는 눈의 앞부분, 각막과 수정체 사이를 채우는 투명한 액체이다. 눈에 영양을 공급하고 모양을 유지하는 데 도움이 되는 물, 전해질 및 영양소로 구성되어 있다.

13. 유리액(Vitreous humor) : 유리액은 눈의 뒤쪽, 수정체와 망막 사이를 채우는 투명한 젤 같은 물질로 물, 콜라겐 섬유 및 기타 단백질로 구성되어 있으며 눈의 모양을 유지하고 지원한다.

요약하면, 눈은 콜라겐 섬유, 평활근 섬유, 단백질 섬유, 신경섬유 및 다양한 체액을 포함하는 몇 가지 별개의 물질로 구성된 복잡한 구조이다. 이러한 각 물질은 눈의 기능과 건강에 중요한 역할을 하여 주변 세계를 인식하고 환경을 쉽게 탐색할 수 있도록 한다.

눈은 복잡하고 민감한 기관이며 기능과 구조에 영향을 줄 수 있는 여러 가지 질병이 있다. 다음은 증상과 함께 가장 흔한 안과 질환이다.

1. 백내장(Cataract) : 백내장은 눈의 수정체가 혼탁해져 시야가 흐려지거나 혼탁해지는 것으로, 노년층에서 가장 흔하며 야간 시력장애, 조명 주변의 후광, 점진적인 색각 상실 등의 증상이 나타날 수 있다.

2. 녹내장(Glaucoma) : 녹내장은 시신경을 손상시켜 시력 상실 또는 실명을 초래할 수 있는 질병이다. 증상으로는 시야 흐림, 눈의 통증, 두통, 조명 주변의 후광 등이 있다.

3. 황반 변성(Macular degeneration) : 황반 변성은 중심 시력을 담당하는 망막의 일부인 황반이 악화되는 상태이다. 증상으로는 흐릿하거나 왜곡된 시야, 얼굴 인식 어려움, 점진적인 중심 시력 상실 등이 있다.

4. 당뇨병성 망막증(Diabetic retinopathy) : 당뇨병성 망막증은 망막의 혈관에 손상을 일으킬 수 있는 당뇨병의 합병증이다. 증상에는 흐릿한 시야, 부유물 및 점진적인 시력 상실이 포함될 수 있다.

5. 결막염(Conjunctivitis) : 충혈된 눈으로도 알려진 결막염은 눈의 흰 부분을 덮는 얇은 막인 결막의 감염 또는 염증이다. 증상으로는 발적, 가려움증, 분비물, 찢어짐 등이 있다.

6. 안구건조증(Dry eye syndrome) : 안구건조증은 눈에서 충분한 눈물이 생성되지 않거나 눈물이 너무 빨리 증발하는 상태이다. 증상으로는 건조함, 가려움증, 화끈거림, 눈에 모래가 들어간 것 같은 느낌 등이 있다.

7. 안검염(Blepharitis) : 안검염은 눈꺼풀에 염증이 생기고 자극을 받는 상태이다. 증상으로는 발적, 가려움증, 화끈거림, 딱딱한 눈꺼풀 등이 있다.

Diabetic Retinopathy

당뇨망막병증

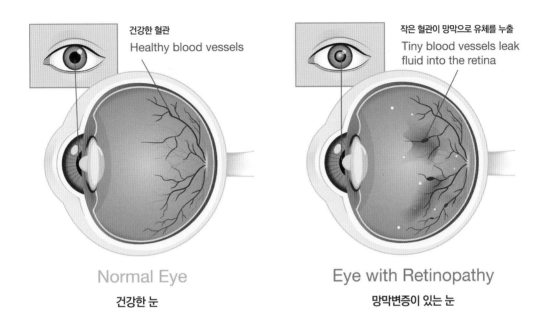

건강한 혈관
Healthy blood vessels

작은 혈관이 망막으로 유체를 누출
Tiny blood vessels leak fluid into the retina

Normal Eye
건강한 눈

Eye with Retinopathy
망막변증이 있는 눈

8. 망막 박리(Retinal detachment) : 망막 박리는 하부조직에서 망막이 당겨져 시력 상실이나 실명을 유발할 수 있다. 증상으로는 섬광, 부유물, 갑작스러운 시력 상실 등이 있다.

이러한 안구 질환의 증상은 개인과 상태의 중증도에 따라 다를 수 있다는 점에 유의하는 것이 중요하다. 시력에 변화가 있거나 눈이 불편한 경우 안과 의사에게서 적절한 진단과 치료를 받는 것이 중요하다.

02 눈 질병의 역사 History of Eye Disease

Part 1 눈 질병의 역사

다음은 기간별 안과 질환의 역사에 대한 간략한 소개이다.

1. 고대(기원전 5000~서기 500) : 이집트, 인도, 그리스와 같은 고대 문명에서는 저주, 초자연적인 원인, 체액의 불균형 등 안구 질환의 원인에 대한 다양한 믿음이 있었다. 고대 의학 문헌에는 트라코마(trachoma), 백내장(cataract), 녹내장(glaucoma)과 같은 다양한 안구 질환의 증상과 치료법도 설명되어 있다.

2. 중세(500~1500) : 중세시대에 이슬람 의사들은 안과 분야에서 상당한 발전을 이루었다. 페르시아 의사 알 라지(Al-Razi)는 눈의 해부학을 설명하고 눈 수술에 대한 자세한 지침을 담은 안과에 관한 책을 최초로 저술했다. 또 다른 중요한 이슬람 의사인 이븐 알 헤이텀(Ibn al-Haytham)은 후기 서양 사상가들에게 큰 영향을 준 눈 이론(theory of vision)을 저술했다.

3. 르네상스 시대(1500~1700) : 르네상스 시대에 안드레아스 베살리우스(Andreas Vesalius)와 윌리엄 하비(William Harvey)와 같은 해부학자들은 눈의 구조와 기능에 대한 중요한 발견을 했다. 또한 최초의 안경은 1300년대 초 이탈리아에서 발명되었으며 시간이 지남에 따라 시력 문제를 교정하는 데 더 널리 사용되었다.

4. 근대(1700~현재) : 현대에는 의학의 발전으로 녹내장 치료제 및 시력 교정을 위한 레이저 수술과 같은 안과 질환에 대한 새로운 치료법이 개발되었다. 또한 유전성 안구 질환의 유전학에 대한 중요한 발견으로 유전자 검사 및 유전자 치료법의 개발로 이어졌다.

전반적으로, 안구 질환의 역사는 상당히 오랜 시간에 걸쳐 이루어졌으며 매혹적이기까지 하다. 다양한 안과 질환의 원인과 치료법에 대한 대중의 이해 또한 크게 발전했다.

Part 2 식습관과 눈 질병의 상관관계

다음은 식습관과 안구 질환의 관계에 대한 내용이다.

1. 연령 관련 황반 변성(AMD: Age-related Macular Degeneration) : AMD는 노인 실명의 주요 원인이다. 연구에 따르면 과일과 채소, 특히 루테인과 제아잔틴과 같은 항산화제가 풍부한 식단은 AMD 발병 위험을 줄일 수 있다. 반대로 포화지방과 트랜스지방이 많은 식단은 AMD 위험 증가와 관련이 있다.

2. 백내장(Cataract) : 백내장은 눈의 수정체가 흐려져 시력을 잃을 때 발생한다. 연구에 따르면 항산화제, 특히 비타민 C와 E가 풍부한 식단은 백내장 발생 위험을 줄일 수 있다. 또한 생선과 같은 오메가-3지방산이 많은 음식을 섭취하는 것도 도움이 될 수 있다.

3. 당뇨망막병증(Diabetic retinopathy) : 당뇨망막병증은 시력 상실로 이어질 수 있는 당뇨병의 합병증이다. 연구에 따르면 식이요법과 운동을 통해 건강한 혈당 수치를 유지하면 당뇨병성 망막병증을 예방할 수 있다. 또한 통곡물, 녹말이 없는 채소와 같이 혈당 지수가 낮은 음식을 섭취하면 혈당 수치를 조절하는 데 도움이 될 수 있다.

4. 녹내장(Glaucoma) : 녹내장은 눈의 압력 증가가 시신경을 손상시켜 시력 상실로 이어질 수 있는 것을 말한다. 일부 연구에서는 카페인을 적당히 섭취하면 녹내장 발병 위험을 줄일 수 있다고 했다. 또한 과일과 채소가 많은 식단도 도움이 될 수 있다.

5. 안구건조증(Dry eye syndrome) : 안구건조증은 눈에서 충분한 눈물이 생성되지 않아 건조해지면서 자극 및 불편함을 유발하는 증상이다. 일부 연구에서는 특히 어유 보충제에서 오메가-3지방산

을 섭취하면 안구건조증의 증상을 완화하는 데 도움이 될 수 있다고 했다.

요약하면, 과일, 채소, 통곡물, 생선을 많이 섭취하고, 포화지방과 트랜스지방이 적은 식단을 선택하면 다양한 눈 질환 발병 위험을 낮출 수 있다. 또한 비타민 C와 E, 루테인, 제아잔틴과 같은 특정 항산화제가 풍부한 식품을 섭취하는 것도 도움이 될 수 있다.

03 눈과 영양 Eyes and Nutrition

Part 1 눈과 영양

영양은 좋은 눈 건강을 유지하는 데 중요한 역할을 한다. 눈 건강에 도움이 되는 영양소와 음식은 다음과 같다.

• 눈 건강에 도움을 주는 식품

1. 오메가-3지방산(Omega-3 fatty acid) : 오메가-3지방산은 눈 건강, 특히 망막을 유지하는 데 중요하다. 오메가-3가 풍부한 식품에는 연어, 참치, 정어리와 같이 지방이 많은 생선과 호두, 아마씨, 치아씨가 있다.

2. 루테인과 제아잔틴(Lutein and zeaxanthin) : 루테인과 제아잔틴은 눈 건강에 중요한 두 가지 영양소이다. 시금치, 케일, 콜라드 그린과 같은 잎이 많은 녹색 채소와 당근, 고구마, 오렌지와 같은 주황색 및 노란색 과일과 채소에서 많이 발견된다.

3. 비타민 A(Vitamin A) : 비타민 A는 눈 건강과 시력을 유지하는 데 필수적이다. 비타민 A가 풍부한 식품에는 간, 달걀 노른자, 고구마, 당근, 시금치와 같이 짙은 잎이 많은 채소가 포함된다.

4. 비타민 C(Vitamin C) : 비타민 C는 활성산소로 인한 손상으로부터 눈을 보호하는 항산화제이다. 비타민 C가 풍부한 식품에는 감귤류, 딸기, 키위, 피망, 브로콜리가 있다.

5. 비타민 E(Vitamin E) : 비타민 E는 산화 스트레스로부터 눈을 보호하는 데 도움이 되는 또 다른 항산화제이다. 비타민 E가 풍부한 식품에는 아몬드, 해바라기씨, 아보카도, 시금치와 같이 잎이 많은 채소가 있다.

6. 아연(Zinc) : 아연은 눈 건강, 특히 망막에 중요한 미네랄이다. 아연 함량이 높은 식품에는 굴, 쇠고기, 돼지고기, 닭고기, 콩, 견과류가 포함된다.

7. 바이오플라보노이드(Bioflavonoid) : 바이오플라보노이드는 활성산소로 인한 손상으로부터 눈을 보호하는 데 도움이 되는 항산화제이다. 바이오플라보노이드가 풍부한 식품에는 감귤류, 베리, 차 등이 있다.

이러한 다양한 음식을 식단에 포함시키면 눈 건강을 증진하는 데 도움이 될 수 있다. 또한 이러한 영양소가 포함된 고품질 종합 비타민제를 복용하면 이러한 영양소를 충분히 섭취하는 데 도움이 될 수 있다. 그러나 새로운 보충제를 시작하거나 식단을 크게 변경하기 전에 의료 전문가와 상담하는 것이 중요하다.

Part 2 눈 건강에 좋은 1주일 식단

다음은 레시피, 조리방법, 각 음식이 눈에 유익한 이유에 대한 설명과 함께 눈 건강을 위한 일주일 다이어트 계획에 대한 내용이다.

※ Day 1 to Day 7

날짜	일일	메뉴명	조리법과 눈 건강에 좋은 이유
Day 1	아침	• Spinach and mushroom omelet • 시금치 버섯 오믈렛	• 달걀 2개에 약간의 소금과 후추를 넣어 함께 휘젓는다. 다진 시금치 1/4컵과 얇게 썬 버섯 1/4컵을 넣는다. 가열된 프라이팬에 혼합물을 붓고 달걀이 익을 때까지 요리한다. • 시금치와 버섯에는 건강한 시력을 유지하는 데 필수적인 항산화제, 비타민 A와 C, 아연이 풍부하다.
	점심	• Tuna salad with leafy green • 잎이 많은 채소를 곁들인 참치 샐러드	• 참치 1캔, 잘게 썬 셀러리 1/4컵, 잘게 썬 양파 1/4컵, 올리브 오일 2큰술을 함께 섞는다. • 케일, 시금치 또는 아루굴라와 같은 잎이 많은 채소 위에 참치 샐러드를 놓는다. • 참치는 노화 관련 황반변성(AMD)을 예방하는 데 도움이 되는 오메가-3 지방산이 풍부하다.
	저녁	• Baked salmon with roasted vegetable • 구운 채소를 곁들인 구운 연어	• 오븐을 200℃로 예열한다. 올리브 오일에 버무린 연어 필렛에 소금, 후추, 레몬 주스로 간을 한다. 완전히 익을 때까지 15~20분 동안 굽는다. 당근, 피망, 브로콜리와 같은 구운 채소와 함께 제공한다. • 연어는 또한 오메가-3지방산이 풍부하여 안구건조증상을 개선하는 데 도움이 될 수 있다.
Day 2	아침	• Greek yogurt with berrie • 베리류를 곁들인 그릭 요구르트	• 플레인 그릭 요구르트 1컵과 블루베리, 라즈베리, 딸기와 같은 혼합 베리 1/2컵을 섞는다. • 딸기는 항산화 물질이 풍부해서 백내장 예방에 도움이 된다.
	점심	• Lentil soup • 렌즈콩 수프	• 큰 냄비에 올리브 오일 1큰술을 넣고 데운다. 다진 양파 1개와 다진 마늘 2쪽을 넣고 부드러워질 때까지 끓인다. 채소 육수 2컵, 렌틸콩 1컵, 다진 당근 1개를 넣는다. 렌틸콩이 부드러워질 때까지 20~25분 동안 끓인다. • 렌틸콩은 아연이 풍부해서 AMD를 예방할 수 있다.
	저녁	• Grilled chicken with quinoa and steamed vegetable • 퀴노아와 찐 채소를 곁들인 구운 닭고기	• 닭가슴살 1개를 올리브 오일 1큰술, 다진 마늘 1쪽, 소금과 후추에 재워 둔다. 완전히 익을 때까지 굽는다. 녹두·아스파라거스와 같은 찐 채소와 퀴노아를 함께 제공한다. • 퀴노아는 백내장과 AMD를 예방하는 데 도움이 되는 비타민 E의 좋은 공급원이다.
Day 3	아침	• Berry smoothie • 베리 스무디	• 혼합 베리 1컵, 아몬드 우유 1컵, 그릭 요구르트 1/2컵, 꿀 1큰술을 혼합한다. • 딸기와 요구르트는 항산화 물질이 풍부해서 백내장 예방에 도움이 된다.
	점심	• Kale salad with chicken and avocado • 닭고기와 아보카도를 곁들인 케일 샐러드	• 다진 케일 2컵(50g)을 섞는다. 익힌 닭가슴살과 아보카도 1/2개. 올리브 오일과 레몬 주스로 드레싱한다. • 케일은 루테인과 제아잔틴이 풍부해서 AMD를 예방할 수 있다.

	저녁	• Roasted turkey with sweet potato and brussels sprout • 고구마와 방울양배추를 곁들인 구운 칠면조	• 오븐을 190℃로 예열한다. 올리브 오일을 곁들인 칠면조 가슴살을 소금과 후추로 간한다. 완전히 익을 때까지 30~40분 동안 굽는다. 구운 고구마와 방울양배추와 함께 제공한다. • 고구마에는 비타민 A가 풍부해서 야맹증을 예방할 수 있다.
Day 4	아침	• Greek yogurt parfait • 그릭 요구르트 파르페	• 플레인 그릭 요구르트 1컵과 혼합 베리 1/4컵, 그래놀라 1/4컵을 유리잔에 보기 좋게 담는다. • 그릭 요구르트는 황반 변성을 예방하는 데 도움이 되는 비타민 D의 좋은 공급원이다.
	점심	• Tuna salad with spinach • 시금치를 곁들인 참치 샐러드	• 참치 통조림, 그릭 요구르트 2큰술, 디종 머스터드 1/2작은술, 다진 셀러리 1큰술, 시금치를 넣어 샐러드를 만든다. • 참치는 오메가-3지방산의 좋은 공급원이며 시금치는 루테인과 제아잔틴이 풍부해서 AMD를 예방할 수 있다.
	저녁	• Baked chicken thighs with sweet potato wedge • 웨지 고구마를 곁들인 구운 닭다리살	• 오븐을 200℃로 예열한다. 소금, 후추, 파프리카로 간을 한 닭다리살 4개를 베이킹 시트에 놓고 완전히 익을 때까지 30~35분 동안 굽는다. 구운 고구마 웨지와 함께 제공한다. • 닭다리에는 아연이 풍부하고 고구마에는 백내장 예방에 도움이 되는 베타카로틴이 풍부하다.
Day 5	아침	• Chia seed pudding • 치아시드 푸딩	• 치아시드 1/4컵, 아몬드 우유 1컵, 꿀 1테이블스푼, 바닐라 추출물 1/2티스푼을 병에 담는다. 최소 2시간 또는 밤새 냉장 보관한다. 슬라이스 딸기와 다진 아몬드를 얹어 먹는다. • 치아시드는 AMD를 예방하는 데 도움이 되는 오메가-3지방산의 좋은 공급원이다.
	점심	• Chicken caesar salad • 치킨 시저 샐러드	• 익힌 닭가슴살, 잘게 썬 로메인 상추 2컵, 잘게 썬 파마산 치즈 1/4컵, 시저 드레싱 2큰술 • 닭고기는 아연의 좋은 공급원이며 로메인 상추에는 루테인과 제아잔틴이 풍부하여 AMD를 예방할 수 있다.
	저녁	• Quinoa-stuffed bell pepper • 퀴노아를 채운 피망	• 오븐을 200℃로 예열한다. 청양고추 2개는 꼭지를 떼고 씨를 제거한다. 익힌 퀴노아 1/2컵, 검은콩 1/4컵, 옥수수 1/4컵, 잘게 썬 토마토 1/4컵을 섞는다. 혼합물을 후추에 채우고 베이킹 접시에 담는다. 고추가 부드러워질 때까지 30~35분 동안 굽는다. • 퀴노아와 검은콩은 모두 AMD를 예방할 수 있는 좋은 아연 공급원이다.
Day 6	아침	• Overnight oats with blueberries • 블루베리를 곁들인 귀리	• 삶은 귀리 1/2컵, 아몬드 우유 1/2컵, 꿀 1테이블스푼, 계피 1/4티스푼을 병에 담는다. 밤새 냉장 보관한다. 신선한 블루베리를 얹어 제공한다. • 블루베리에는 안토시아닌이 풍부하여 야간 시력 향상에 도움이 된다.
	점심	• Spinach and avocado salad with grilled shrimp • 구운 새우를 곁들인 시금치와 아보카도 샐러드	• 시금치 2컵, 얇게 썬 아보카도 1/2개를 섞는다. 구운 새우, 올리브 오일과 레몬 주스로 드레싱한다. • 시금치는 건강한 시력 유지에 필수적인 항산화제, 비타민 A와 C, 아연이 풍부하다.
	저녁	• Beef stir-fry with broccoli and brown rice • 브로콜리와 현미를 곁들인 쇠고기 볶음	• 웍이나 큰 프라이팬에 오일 1테이블스푼을 넣고 가열한다. 얇게 썬 쇠고기를 넣어 갈색이 될 때까지 조리한다. 조각낸 브로콜리 2컵을 넣고 부드러워질 때까지 볶는다. 현미밥과 함께 제공한다. • 쇠고기는 아연의 좋은 공급원이며, 브로콜리는 눈 건강에 중요한 비타민 A와 C가 풍부하다.

Day 7	아침	• Omelet with tomatoes and feta cheese • 토마토와 페타 치즈를 곁들인 오믈렛	• 달걀 2개에 약간의 소금과 후추를 넣어 휘젓는다. 잘게 썬 토마토 1/4컵과 으깬 페타 치즈 1/4컵을 넣는다. 가열된 프라이팬에 혼합물을 붓고 달걀이 익을 때까지 조리한다. • 토마토에는 리코펜이 풍부하여 AMD를 예방할 수 있다.
	점심	• Lentil salad with carrots and radishe • 당근과 무를 곁들인 렌즈콩 샐러드	• 익힌 렌즈콩 1컵, 당근 1개, 얇게 썬 무 4개, 올리브 오일 2큰술을 섞는다. • 렌즈콩은 아연이 풍부하고 당근과 무는 모두 비타민 A의 좋은 공급원이다.
	저녁	• Grilled salmon with roasted asparagus • 구운 아스파라거스를 곁들인 구운 연어	• 그릴을 중불로 예열한다. 올리브 오일을 곁들인 연어 필렛과 소금, 후추, 레몬 주스로 간을 한다. 완전히 익을 때까지 각 면을 5~7분 동안 굽는다. 구운 아스파라거스와 함께 제공한다. • 연어에는 오메가-3지방산이 풍부해서 AMD를 예방할 수 있다.

Part 1 눈 건강에 좋은 조리법과 요리

눈에 좋은 5가지 요리법과 레시피를 소개한다.

1. Grilled Salmon with Roasted Vegetable - 구운 채소를 곁들인 구운 연어

연어에는 오메가-3지방산이 풍부하여 안구건조증을 예방하고 노화관련 황반 변성(AMD)을 예방할 수 있다. 혼합 채소에는 건강한 눈을 유지하는 데 필수적인 비타민 A, C 및 E가 풍부하다.

Ingredients

• 200 gram. salmon fillet

• salt and pepper

• 1/4 Lemon

• 1 cup mixed vegetables(carrots, bell peppers, and broccoli etc.)

• olive oil

Instructions

1. 그릴을 180℃의 고열로 예열한다.
2. 연어 살코기를 소금, 후추, 레몬즙으로 간한다.
3. 연어의 각 면을 4~5분 동안 또는 완전히 익을 때까지 굽는다.
4. 연어가 익는 동안 혼합 채소에 올리브 오일, 소금, 후추를 뿌린다.
5. 혼합 채소를 오븐에서 200℃로 15~20분 동안 또는 부드러워질 때까지 굽는다.
6. 곁들인 구운 채소와 함께 구운 연어를 함께 먹는다.

2. Omelette with Spinach and Tomatoes - 시금치와 토마토를 곁들인 오믈렛

시금치와 토마토는 루테인과 제아잔틴이 풍부해서 AMD를 예방할 수 있다.

Ingredients

- 2 eggs
- salt and pepper
- 1/2 cup fresh spinach
- 1/4 cup tomatoes, half sliced
- olive oil

Instructions

1. 달걀을 깨서 믹싱볼에 담는다. 잘 저어 섞어준다. 소금과 후추로 간한다.
2. 달걀에 신선한 시금치와 다진 토마토를 넣는다.
3. 들러붙지 않는 프라이팬을 중불로 가열한 뒤 올리브 오일을 뿌린다.
4. 달걀 혼합물을 프라이팬에 붓고 오믈렛이 익을 때까지 요리한다.
5. 오믈렛을 반으로 접어 접시에 담는다.

3. South American Cuisine : Quinoa Salad with Avocado and Tomatoes
남미 요리인 아보카도와 토마토를 곁들인 퀴노아 샐러드

남미 요리에는 루테인과 제아잔틴이 풍부한 토마토, 고추, 스쿼시와 같은 다양한 채소가 들어간다.

아보카도와 토마토를 곁들인 이 퀴노아 샐러드는 루테인과 제아잔틴이 풍부한, 맛있고 영양가 있는 요리이다. 아보카도와 토마토는 모두 노화 관련 황반 변성(AMD)을 예방하는 데 도움이 되는 것으로 밝혀진 카로티노이드의 훌륭한 공급원이다. 퀴노아는 단백질, 섬유질 및 기타 필수 영양소의 훌륭한 공급원이므로 모든 식단에 추가할 수 있다. 검은콩과 옥수수 또한 단백질과 섬유질의 좋은 공급원이며 고수는 요리에 풍미와 항산화제를 더해준다. 전반적으로 이 샐러드는 루테인과 제아잔틴뿐만 아니라 건강에 중요한 다른 영양소의 섭취를 늘리는 좋은 방법이다.

Ingredients

- 1/2 cup cooked quinoa
- 1/4 avocado, diced
- 1/2 cup cherry tomatoes, halved
- 1/4 cup diced red onion
- 1/4 cup cooked corn kernel

- 1/4 cup canned black beans, rinsed and drained
- 1/4 cup chopped fresh cilantro
- 1 tbsp lime juice
- 1 tbsp olive oil
- salt and pepper to taste

Instructions

1. 퀴노아를 삶아서 식혀 놓는다.
2. 큰 그릇에 퀴노아, 아보카도, 토마토, 적양파, 옥수수, 검은콩, 실란트로를 넣고 섞는다.
3. 작은 그릇에 라임 주스, 올리브 오일, 소금, 후추를 함께 섞는다.
4. 샐러드 위에 드레싱을 붓고 버무려 놓는다.

4. Grilled Salmon with Roasted Asparagus and Sweet Potato
구운 아스파라거스와 고구마를 곁들인 구운 연어

연어는 눈 건강에 필수적인 오메가-3지방산의 훌륭한 공급원이다. 이 지방산은 노화와 관련된 황반변성 및 안구건조증으로부터 눈을 보호하는 데 도움이 된다. 아스파라거스는 건강한 시력을 유지하는 데 중요한 비타민 A의 좋은 공급원이다. 고구마는 체내에서 비타민 A로 전환되어 좋은 시력을 유지하는 데 중요한 베타카로틴과 안토시아닌, 폴리페놀, 식이섬유가 풍부하다.

Ingredients

- 200 gram salmon fillets
- 1/2 bunch of asparagus
- 1ea sweet potatoes
- 10 gram butter
- 2 tbsp of olive oil
- salt and pepper

Instructions

1. 오븐을 200℃로 예열한다.
2. 고구마를 통으로 베이킹 시트에 놓고 35분 동안 또는 부드러워질 때까지 굽는다.
3. 아스파라거스의 끝을 다듬고 올리브유 1큰술, 소금, 후추로 버무린다. 다른 베이킹 시트에 놓고 오븐에서 10~12분 동안 또는 부드러워지고 약간 갈색이 될 때까지 굽는다.
4. 그릴 또는 그릴 팬을 중불로 예열한다. 연어 필렛에 소금과 후추로 간을 하고 각 면을 3~4분 동안 또는 완전히 익을 때까지 굽는다.
5. 구운 고구마 · 아스파라거스와 함께 연어 필렛을 제공한다.

5. Spinach-Kale-Blueberry Juice
시금치-케일-블루베리 주스

이 주스에는 건강한 시력 유지에 필수적인 항산화제와 영양소가 들어 있다. 케일은 유해한 청색광으로부터 눈을 보호하고 백내장과 황반 변성의 위험을 줄이는 중요한 항산화제인 루테인과 제아잔틴의 좋은 공급원이기 때문에 눈 건강을 위한 슈퍼 푸드이다.

시금치, 케일, 블루베리는 모두 건강한 시력을 유지하는 데 필수적인 항산화제가 풍부하다. 특히 루테인과 제아잔틴은 유해한 청색광과 자유 라디칼로 인한 손상으로부터 눈을 보호하는 데 도움이 되는 카로티노이드이다. 이러한 항산화제는 시력 상실로 이어질 수 있는 가장 흔한 눈 질환 중 두 가지인 연령 관련 황반 변성 및 백내장을 예방하는 데 도움이 될 수 있다. 또한 시금치, 케일, 블루베리에서 발견되는 비타민 A · C와 같은 비타민과 미네랄은 적절한 눈 기능을 촉진하고 염증을 줄임으로써 눈 건강을 지킬 수 있다. 전반적으로 이 시금치-케일-블루베리 주스는 눈을 건강하고 튼튼하게 유지하는 데 필요한 영양소를 제공하는 좋은 방법이다.

Ingredients

- 1 cup spinach leaves
- 1 cup kale leaves
- 1/2 cup blueberries
- 1/2 cup water

Instructions

1. 흐르는 물에 시금치와 케일 잎을 씻는다.
2. 잎에서 거친 줄기를 제거한다.
3. 시금치, 케일, 블루베리, 물을 믹서기나 과즙기에 넣는다.
4. 재료가 완전히 부드러워질 때까지 갈아주거나 즙을 낸다.
5. 주스를 유리잔에 부어 바로 마시는 게 좋다.

04 눈 건강에 유익한 활동
Activities that are Beneficial to Eye Health

Part 1 눈에 좋은 활동

눈 건강을 유지하는 것은 전반적인 활력(vitality)과 삶의 질을 위해 중요하다. 다음은 눈 건강을 증진하는 데 도움이 되는 몇 가지 활동이다.

1. 정기적인 눈 검사(Regular eye exams) : 정기적인 눈 검사는 눈 건강을 유지하는 데 중요한 부분이다. 눈 검사는 눈 질환 및 상태를 확인하여 치료 가능한 조기에 발견하는 데 도움이 될 수 있다.

2. 건강한 식단 섭취(Eating a healthy diet) : 과일, 채소 및 오메가-3지방산이 풍부한 식단은 눈 건강을 증진하는 데 도움이 될 수 있다. 잎이 많은 채소, 생선, 견과류와 같은 식품에는 눈을 보호하는 데 도움이 되는 루테인(lutein), 제아잔틴(zeaxanthin) 및 오메가-3(omega-3)와 같은 영양소가 포함되어 있다.

3. 자외선으로부터 눈 보호(Protecting your eyes from UV rays) : 자외선에 노출되면 백내장, 황반 변성 및 기타 안구 질환의 위험이 높아질 수 있다. 자외선 차단 기능이 있는 선글라스와 모자를 착용하면 유해한 자외선으로부터 눈을 보호할 수 있다.

4. 금연(Quitting smoking) : 흡연은 백내장 및 황반 변성을 포함한 여러 눈 질환의 위험을 증가시킬 수 있다. 금연은 이러한 상태의 위험을 줄이는 데 도움이 될 수 있다.

5. 스크린 타임에서 휴식하기(Taking breaks from screen time) : 장시간 스크린을 응시하면 눈의 피로를 유발할 수 있다. 20-20-20 규칙[매 20분마다 20초 동안 20피트(약 6미터 또는 600cm) 떨어진 곳을 바라보는 것)]을 실천하면 눈의 피로를 줄이는 데 도움이 될 수 있다.

6. 눈을 촉촉하게 유지(Keeping eyes moist) : 건조한 눈은 불편함과 자극을 유발할 수 있다. 안약이나 인공 눈물을 사용하면 눈을 촉촉하게 유지하고 건조함을 줄일 수 있다.

7. 건강한 혈당 수치 유지(Maintaining healthy blood sugar level) : 고혈당 수치는 당뇨병성 망막병증 및 기타 눈 질환의 위험을 증가시킬 수 있다. 건강한 식단과 규칙적인 운동을 통해 건강한 혈당 수치를 유지하면 이러한 위험을 줄이는 데 도움이 될 수 있다.

전반적으로 눈 건강을 유지하려면 정기적인 눈 검사, 건강한 식습관, 자외선 차단, 스크린 타임 휴식 등 건강한 습관의 조합이 필요하다. 이러한 활동을 일상에 통합하면 눈 건강을 증진하고 안과 질환 예방 및 눈 건강의 위험을 줄이는 데 도움이 될 수 있다.

Foods that Support Liver and Liver Health

Key Point

- 간은 혈액에서 독소를 걸러내고, 소화를 돕는 담즙을 생성하고, 영양분과 비타민을 저장하고, 혈당 수치를 조절하는 등 많은 중요한 역할을 하는 인체의 필수 기관이다.
- 복부 우측 상단, 갈비뼈 아래에 위치하며 인체에서 가장 큰 내장 기관이다.

Chapter 14

간과 간 건강에
도움을 주는 음식

• 간에 대하여 • 삶과 간 건강의 관계
• 간 질병의 역사
• 간 건강에 좋은 영양과 음식

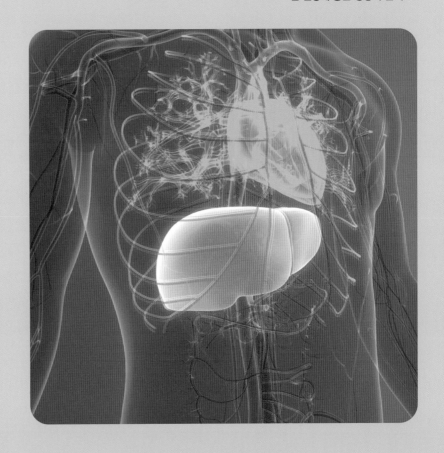

01 간 The Liver

간은 혈액에서 독소를 걸러내고, 소화를 돕는 담즙을 생성하고, 영양분과 비타민을 저장하고, 혈당 수치를 조절하는 등 많은 중요한 역할을 하는 인체의 필수 기관이다. 복부 우측 상단, 갈비뼈 아래에 위치하며 인체에서 가장 큰 내장 기관이다.

Part 1 삶과 간 건강의 관계

건강한 생활 습관을 유지하는 것은 간 건강에 상당한 영향을 미칠 수 있다. 다음은 건강한 생활과 간 건강 사이의 관계에 대한 설명이다.

1. 건강한 체중 유지(Maintain a healthy weight) : 과체중 또는 비만은 비알코올성 지방간 질환 (NAFLD : Non-Alcoholic Fatty Liver Disease) 발병 위험을 증가시키며, 이는 간경화 및 간암과 같은 더 심각한 형태의 간 질환으로 진행될 수 있다. 건강한 체중을 유지하려면 규칙적인 신체 활동에 참여하고 과일, 채소, 통곡물, 양질의 단백질 공급원이 풍부한 균형 잡힌 식사를 하는 것이 중요하다.

2. 알코올 섭취 제한(Limit alcohol consumption) : 과도한 알코올 섭취는 알코올성 지방간 질환, 알코올성 간염 및 간경변증을 포함한 간 질환의 주요 원인이다. 간 건강을 증진시키기 위해 남성은 하루 2잔 이하, 여성은 하루 1잔 이하로 알코올 섭취를 제한하는 것이 좋다.

3. 독소에 대한 노출 피하기(Avoid exposure to toxin) : 화학 물질 및 오염 물질과 같은 특정 독소에 대한 노출은 간을 손상시키고 간 질환의 위험을 증가시킬 수 있다. 독소에 대한 노출을 최소화하

려면 흡연을 피하고, 화학 물질을 다룰 때 보호 장비를 착용하고, 환경 오염 물질에 대한 노출을 제한하는 것이 중요하다.

4. 간염 예방접종(Vaccinate against hepatitis) : B형 및 C형 간염 바이러스는 간 질환 및 간암을 유발할 수 있다. A형간염, B형 간염 예방 접종과 C형 간염의 조기 발견 및 치료는 간 손상을 예방하고 간 건강을 개선하는 데 도움이 될 수 있다.

5. 만성질환 관리(Manage chronic condition) : 당뇨병, 고혈압, 고콜레스테롤과 같은 만성질환은 간 질환의 위험을 증가시킬 수 있다. 정기적인 의료, 약물 및 생활 방식 변화를 통해 이러한 상태를 관리하면 간 건강을 개선하는 데 도움이 될 수 있다.

6. 처방에 따른 약 복용(Take medication as prescribed) : 특정 약은 특히 고용량이나 장기간 복용할 때 간 손상을 일으킬 수 있다. 의사가 처방한 약과 용법을 지켜 복용하고 필요하지 않거나 처방되지 않은 약은 복용하지 않는 것이 중요하다.

요약하면, 균형 잡힌 식단, 규칙적인 신체 활동, 알코올 섭취 제한, 독소 노출 피하기, 간염 예방 접종, 만성질환 관리, 처방에 따른 약물 복용을 포함하는 건강한 생활 방식을 유지하면 간 건강을 증진하고 간 질환의 위험을 낮출 수 있다.

간과 간 건강에 도움을 주는 음식

Part 2 간의 구조와 구성 물질

간은 횡격막 바로 아래 복부의 오른쪽 위 사분면에 위치한 중요한 기관이다. 간은 인체에서 중요한 역할을 많이 하며 생존에 필수적이다. 다음은 간의 구조, 기능 및 구성 요소이다.

1. 구조(Structure)

간은 인체에서 가장 큰 내장 기관으로 성인의 경우 1.2~1.5kg의 무게가 나간다. 적갈색을 띠고 쐐기 모양이며 우엽이 두껍고 좌엽이 가늘다. 간은 간세포의 주요 유형인 간세포로 구성된 기능 단위인 더 작은 소엽으로 나뉜다.

2. 기능(Function)

간은 신체에서 다음과 같은 많은 필수 기능을 수행한다.

1) 대사(Metabolism) : 간은 탄수화물, 단백질 및 지방을 대사하여 신체에 유용한 형태로 변환한다.

2) 해독(Detoxification) : 간은 약물, 알코올 및 환경 오염 물질을 포함하여 혈액에서 독소와 유해 물질을 걸러낸다.

3) 저장(Storage) : 간은 비타민 · 미네랄과 같은 필수 영양소를 저장하고 필요에 따라 방출한다.

4) 담즙 생성(Bile production) : 간은 지방의 소화와 흡수를 돕는 담즙을 생성한다.

5) 혈액 응고(Blood clotting) : 간은 혈액 응고에 필요한 많은 응고 인자를 생성한다.

3. 구성요소(Components)

간은 필수 기능을 수행하기 위해 함께 작동하는 여러 구성 요소로 이루어지며 이는 다음과 같다.

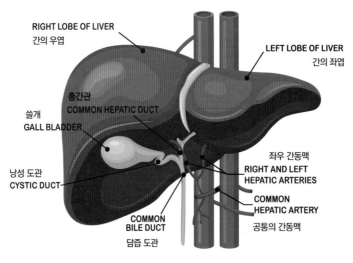

1) 간세포(Hepatocyte) : 간의 주요 기능 세포로, 장기 대사 기능의 대부분을 담당한다.

2) 동양혈관(정맥동, Sinusoid) : 간에서 발견되는 불규칙한 모양의 작은 혈관이다. 이들은 간 소엽을 통과하는 혈관으로 간세포와 혈류 사이에서 영양분과 폐기물의 교환을 돕는다.

3) 쿠퍼 세포(Kupffer cell) : 간에서 발견되는 특수 면역 세포로 혈액에서 유해 물질을 제거하는 데 도움이 된다.

4) 담관(Bile duct) : 간에서 담낭과 소장으로 담즙을 운반하는 작은 관이다.

5) 문맥(Portal vein) : 소화 기관에서 간으로 혈액을 운반하는 정맥이다.

6) 간동맥(Hepatic artery) : 산소화된 혈액을 간으로 운반하는 동맥이다.

요약하면 간은 많은 기능과 구성요소를 가진 복잡한 기관으로 적절한 신체 기능과 전반적인 건강을 유지하는 데 필수적이다.

Part 3 간 질병과 증상

간 질환은 간 구조 또는 기능에 영향을 미쳐 필수적인 신체 기능을 수행하는 능력을 손상시키는 모든 상태를 말한다. 간 질환은 급성 또는 만성일 수 있으며 바이러스 감염, 알코올 남용 및 유전 질환을 비롯한 다양한 원인이 있을 수 있다. 다음은 간 질환과 그 증상에 대한 내용이다.

1. 간 질환의 유형(Types of Liver Disease)

간 질환에는 다음과 같은 여러 유형이 있다.

1) 바이러스성 간염(Viral hepatitis) : 간염 바이러스 A, B, C, D, E 및 G에 의해 발생한다.

2) 비알코올성 지방간 질환(NAFLD: Non-Alcoholic Fatty Liver Disease) : 일반적으로 비만, 고콜레스테롤 또는 당뇨병으로 인해 간에 과도한 지방이 축적되는 상태이다.

3) 알코올성 간 질환(Alcoholic liver disease) : 과도한 알코올 섭취로 인해 간 손상 및 흉터로 이어지는 상태이다.

4) 간경변증(Liver cirrhosis) : 간 조직이 반흔 조직으로 대체되어 간부전으로 이어지는 만성 진행성 상태이다.

5) 간암(Liver cancer) : 간에서 발생하는 암의 한 유형이다.

2. 간 질환의 증상(Symptoms of Liver Disease)

간 질환의 증상은 상태의 유형과 중증도에 따라 다를 수 있다. 일반적인 증상 중 일부는 다음과 같다.

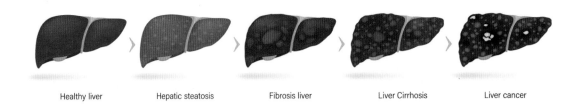

Liver disease

Healthy liver　　Hepatic steatosis　　Fibrosis liver　　Liver Cirrhosis　　Liver cancer

1) 황달(Jaundice) : 간이 정상적으로 처리하는 노폐물인 빌리루빈(bilirubin)의 축적으로 인한 피부와 눈의 황변

2) 피로(Fatigue) : 일반적인 피로감과 에너지 부족

3) 복통(Abdominal pain) : 간이 위치한 복부의 오른쪽 위 사분면의 통증 또는 불편함

4) 붓기(Swelling) : 체액 축적으로 인해 다리, 발목 또는 복부가 부어오름

5) 메스꺼움 및 구토(Nausea and vomiting) : 메스껍고 구토 발생

6) 식욕 감퇴(Loss of appetite) : 적은 양의 음식을 먹은 후에도 식욕이 감퇴되고 포만감이 느껴짐

7) 어두운 색의 소변(Dark urine) : 평소보다 어두운 색의 소변

8) 창백한 대변(Pale stool) : 평소보다 밝은 색의 대변

9) 멍과 출혈(Bruising and bleeding) : 쉽게 멍드는 경향이 있으며 간에서 생성되는 응고 인자의 감소로 인해 출혈이 오래 지속됨

간은 침묵의 장기로 간 질환이 있는 많은 사람들은 초기 단계에서 아무런 증상도 느끼지 않을 수 있으며 일부 증상은 질병이 진행될 때까지 나타나지 않을 수 있다는 점에 유의하는 것이 중요하다. 따라서 간 질환을 조기에 발견하고 합병증을 예방하기 위해서는 정기적인 검진과 간기능 모니터링이 중요하다.

02 간 질병의 역사 History of Liver Disease

Part 1 간 질병의 역사

간 질환은 고대부터 인식되어 왔으며 인류 역사를 통틀어 중요한 건강 문제였다. 시간 경과에 따른 간 질환의 병력을 살펴보면 다음과 같다.

1. 고대(Ancient times) : 간 질환에 대한 최초의 기록은 고대 이집트로 거슬러 올라간다. 고대 이집트에서는 의사들이 간 질환으로 인해 피부와 눈이 노랗게 변하는 황달 사례를 관찰하고 기록하였다. 고대 그리스인과 로마인도 간 질환을 인식했으며 의사 갈렌(Galen)은 간의 해부학과 기능에 대해 광범위하게 저술하였다.

2. 중세(Middle Ages) : 중세시대에 간 질환은 종종 신의 징벌이나 주술에 기인했으며 치료는 종종 미신과 종교적 신념에 근거하였다. 그러나 일부 중세 의사들은 간경변증을 기술한 아랍 의사 라제스(Rhazes)를 포함하여 간 질환을 이해하는 데 상당한 공헌을 하였다.

3. 르네상스(Renaissance) : 르네상스는 인체 해부학과 생리학 연구에 대한 새로운 관심을 불러일으켜 간 질환에 대한 이해를 크게 발전시켰다. 이탈리아 의사 지오반니 바티스타 모르가니는 간경변증과 간암을 비롯한 간 질환에 대해 광범위하게 저술했으며 현대 병리학의 아버지로 여겨진다.

4. 산업혁명(Industrial Revolution) : 산업혁명은 인간의 생활 방식과 식습관에 상당한 변화를 가져와 간 질환의 증가로 이어졌다. 알코올 남용이 만연해 알코올성 간 질환이 증가했고, 비알코올성 지방간

질환(NAFLD: Non-alcoholic Fatty Liver Disease)은 식습관과 좌식생활 습관의 변화로 인해 증가했다.

5. 현대(Modern times) : 20세기에는 간 질환의 진단, 치료 및 예방에 상당한 진전이 있었다. 간염 바이러스의 발견과 효과적인 치료법의 개발로 바이러스성 간염 발병률이 크게 감소하였다. 간 이식의 발전은 또한 말기 간 질환을 치료할 수 있게 하여 많은 환자들에게 새로운 삶의 기회를 제공하였다.

요약하면, 간 질환은 고대 의사들이 황달 사례를 기록하고 간의 해부학적 구조와 기능을 관찰하면서 인류 역사 전반에 걸쳐 중요한 건강 문제였다. 시간이 지남에 따라 의학 지식과 기술의 발전은 간 질환의 진단, 치료 및 예방에 상당한 발전을 가져왔으며, 지속적인 연구와 혁신은 미래에 대한 희망을 제공할 것이다.

Part 2 식습관과 간 질병의 상관관계

식습관과 간 질환 사이에는 강한 상관관계가 있다. 잘못된 식이 선택과 건강에 해로운 식습관은 지방간 질환, 알코올성 간 질환 및 비알코올성 지방간염(NASH : NonAlcoholic SteatoHepatitis)을 포함한 간 질환의 발병을 유발할 수 있다.

간 건강에 영향을 미칠 수 있는 식습관의 몇 가지 예

1. 지방간 질환(Fatty liver disease) : 지방간 질환은 간에 지방이 축적될 때 발생한다. 포화지방, 설탕 및 가공식품이 많이 포함된 식단을 섭취하면 발생할 수 있다. 과체중 또는 비만인 사람도 지방간 질환이 발생할 위험이 높다.

2. 알코올성 간 질환(Alcoholic liver disease) : 과도한 양의 알코올을 섭취하면 간에 염증과 손상을 일으켜 알코올성 간 질환으로 이어질 수 있다. 일일 권장량(여성의 경우 하루 소주 한 잔, 남성의 경우 하루 소주 두 잔)보다 많은 양의 알코올을 섭취하는 사람에게 발생할 위험이 높다.

3. 비알코올성 지방간염(NASH : NonAlcoholic SteatoHepatitis) : NASH는 알코올 섭취로 인해 발생하지 않는 일종의 지방간 질환으로 비만, 인슐린 저항성, 설탕과 포화지방이 많은 식단과 관련이 있다.

간 건강 증진을 위해 필요한 식습관의 유지

1. 균형 잡힌 식단 섭취(Consuming a balanced diet) : 비타민 C가 풍부한 신선한 과일과 채소, 통곡물, 지방이 적은 단백질, 건강한 지방이 많이 포함된 균형 잡힌 식단은 간 건강을 지원하는 데 도움이 될 수 있다. 다양한 음식을 먹으면 간 기능에 필요한 모든 필수 비타민과 미네랄을 얻을 수 있다.

2. 포화지방 제한(Limiting saturated fat) : 붉은 육류 및 버터와 같은 식품에서 발견되는 포화지방을 너무 많이 섭취하면 지방간 질환의 위험이 높아질 수 있다. 포화지방 섭취는 하루 열량의 10% 미만으로 제한하는 것이 좋다.

3. 설탕과 가공식품 섭취 줄이기(Reducing sugar and processed food intake) : 설탕과 가공식품을 너무 많이 섭취하면 지방간 질환과 NASH가 발병할 수 있다. 단 음료, 스낵 및 가공식품 섭취를 제한하도록 한다.

4. 저지방 단백질 섭취(Eating lean protein) : 닭고기, 생선, 콩류와 같은 저지방 단백질을 섭취하면 간 기능을 지원하는 데 도움이 될 수 있다. 소고기, 돼지고기 등 지방이 많은 육류 섭취를 피한다.

5. 물 충분히 마시기(Drinking plenty of water) : 물을 충분히 마시면 간에서 독소를 제거하고 수분을 유지하는 데 도움이 된다.

6. 적당히 먹기(Eating in moderation) : 과도한 양의 음식을 섭취하면 비만해지기 쉽고 지방간 질환의 위험을 증가시킬 수 있다. 적당히 먹으면 건강한 체중을 유지하고 간 건강을 증진하는 데 도움이 된다.

건강한 식습관을 생활화하고 간에 해로운 음식과 음료의 섭취를 제한하면 간을 건강하게 유지하고 간 질환의 위험을 줄이는 데 도움이 될 수 있다.

03 간과 영양 Liver and Nutrition

Part 1 간 건강에 좋은 영양

건강한 식단은 간 건강을 유지하고 간 질환을 예방하는 데 필수적이다. 다음은 간 건강에 좋은 영양
이다.

• 철분이 많은 다양한 식품

1. 고섬유질 식품(High-fiber food) : 섬유질은 소화기 건강을 유지하고 간에 독소가 축적될 수 있는 변
   비를 예방하는 데 중요하다. 고섬유질 식품에는 과일, 채소, 통곡물, 견과류 및 씨앗류가 포함된다.

2. 저지방 단백질(Lean protein) : 저지방 단백질은 조직을 만들고 복구하는 데 중요하며 지방이나 가공육보다 간에서 더 쉽게 처리된다. 저지방 단백질의 좋은 공급원에는 닭고기, 칠면조 고기, 생선, 두부 및 콩류 등이 있다.

3. 건강한 지방(Healthy fat) : 견과류, 씨앗, 아보카도, 연어와 같은 지방이 많은 생선에서 발견되는 건강한 지방은 간 손상을 방지하고 전반적인 간 기능을 개선하는 데 도움이 될 수 있다.

4. 산화 방지제가 풍부한 음식(Antioxidant-rich food) : 산화 방지제는 자유 라디칼 및 기타 유해물질로 인한 손상으로부터 간을 보호하는 데 도움이 된다. 산화 방지제가 풍부한 식품에는 베리류, 다크 초콜릿, 피칸, 아티초크, 시금치가 포함된다.

5. 십자화과 채소(Cruciferous vegetable) : 브로콜리, 방울양배추, 케일, 콜리플라워와 같은 십자화과 채소에는 간 손상을 예방하고 간 기능을 개선하는 데 도움이 되는 화합물이 포함되어 있다.

6. 비타민과 미네랄이 풍부한 식품(Food rich in vitamin and mineral) : 비타민과 미네랄은 전반적인 건강에 중요하며 간 기능 개선에 도움이 될 수 있다. 비타민과 미네랄의 좋은 공급원에는 과일, 채소, 통곡물, 저지방 단백질, 저지방 유제품이 포함된다.

7. 허브차(Herbal tea) : 녹차, 민들레 뿌리차, 밀크씨슬차와 같은 특정 허브차는 간 건강을 지원하고 간 기능을 개선하는 데 도움이 될 수 있다.

8. 물(Water) : 수분 유지는 전반적인 건강에 중요하며 간에서 독소를 제거하는 데 도움이 될 수 있다. 하루에 적어도 8잔의 물 섭취를 추천한다.

요약하면, 고섬유질 식품, 저지방 단백질, 건강한 지방, 항산화제가 풍부한 식품, 십자화과 채소(양배추 등), 비타민과 미네랄이 풍부한 식품, 허브차, 충분한 물을 포함하는 건강한 식단은 간 기능을 개선하고 간 질환을 예방하는 데 도움이 될 수 있다. 알코올 소비를 제한하거나 피하고 간 건강을 지키기 위해 건강한 체중을 유지하는 것도 중요하다.

Part 2 간 건강에 좋은 1주일 식단

간 건강에 좋은 아침, 점심, 저녁 7일 식단 계획은 아래 표와 같으며, 각 식단이 간 건강에 좋은 이유는 다음과 같다.

※ Day 1 to Day 7

날짜	일일	메뉴명	간 건강에 좋은 이유
Day 1	아침	• Oatmeal with almond milk, topped with blueberrie and chopped walnut • 블루베리와 다진 호두를 얹은 아몬드 우유를 곁들인 오트밀	• 오트밀은 섬유질이 풍부하여 염증을 줄이고 간 건강 증진에 도움이 됨 • 블루베리는 항산화 물질이 풍부하여 간 손상을 방지 • 호두에는 간 건강에 도움이 되는 건강한 지방 포함
	점심	• Grilled chicken salad with a variety of vegetable • 다양한 채소를 곁들인 구운 치킨 샐러드	• 구운 닭고기는 기름기가 적은 단백질 공급원이며, 샐러드와 채소는 건강한 간 기능을 유지하는 데 중요한 비타민과 미네랄을 추가 제공
	저녁	• Baked salmon with roasted vegetable and quinoa • 구운 채소와 퀴노아를 곁들인 구운 연어	• 구운 연어는 염증을 줄이고 간 기능을 개선하는 데 도움이 되는 오메가-3지방산이 풍부 • 구운 채소는 항산화 물질의 좋은 공급원이며 퀴노아는 간 건강을 지원하는 섬유질과 단백질의 좋은 공급원
Day 2	아침	• Smoothie with spinach, banana, almond milk, and chia seed • 시금치, 바나나, 아몬드 우유, 치아시드 스무디	• 시금치는 항산화제와 비타민 C가 풍부하여 간 손상 방지에 도움이 됨 • 바나나는 섬유질과 칼륨의 좋은 공급원으로 혈압을 조절하고 간 기능 개선에 도움이 됨 • 치아시드는 염증을 줄이고 간 건강을 증진하는 데 도움이 되는 오메가-3 지방산과 섬유질이 풍부
	점심	• Lentil soup with mixed vegetable and whole-grain bread • 혼합 채소와 통곡물빵을 곁들인 렌즈콩 수프	• 렌즈콩은 단백질과 섬유질의 좋은 공급원이며 수프와 혼합 채소는 건강한 간 기능을 유지하는 데 중요한 비타민과 미네랄을 추가 제공 • 통곡물빵은 섬유질의 좋은 공급원
	저녁	• Grilled turkey breast with sweet potato mash and green bean • 고구마 매시와 녹두를 곁들인 구운 칠면조 가슴살	• 구운 칠면조 가슴살은 기름기 없는 단백질 공급원 • 고구마 매시는 베타카로틴이 풍부하여 간 손상을 방지하고 녹두는 항산화제의 좋은 공급원
Day 3	아침	• Greek yogurt with mixed berries and honey • 혼합 베리와 꿀을 곁들인 그릭 요구르트	• 그릭 요구르트는 간 염증을 줄이는 데 도움이 되는 프로바이오틱스의 좋은 공급원 • 혼합 베리는 산화 방지제가 풍부하여 간 손상 방지에 도움이 됨 • 꿀에는 항산화제가 포함되어 있어 염증을 줄이는 데 도움이 됨
	점심	• Tuna salad with a variety of vegetable • 다양한 채소를 곁들인 참치 샐러드	• 참치는 염증을 줄이고 간 기능을 개선하는 데 도움이 되는 오메가-3지방산이 풍부 • 샐러드와 채소는 건강한 간 기능을 유지하는 데 중요한 비타민과 미네랄을 추가 제공
	저녁	• Grilled chicken with brown rice and roasted Brussels sprouts • 현미와 구운 방울양배추를 곁들인 구운 닭고기	• 구운 닭고기는 기름기가 적은 단백질 공급원인 반면 현미는 섬유질과 간 건강을 지원하는 비타민 B의 좋은 공급원 • 구운 방울양배추는 항산화제의 좋은 공급원

Day 4	아침	• Scrambled egg with spinach and whole-grain toast • 시금치와 통곡물 토스트를 곁들인 스크램블드에그	• 달걀은 단백질의 좋은 공급원이며 간 기능을 지원하는 아미노산을 함유 • 시금치는 항산화제와 비타민 C가 풍부하여 간 손상 방지에 도움이 됨 • 통곡물 토스트는 좋은 섬유질 공급원
	점심	• Vegetable stir-fry with tofu and brown rice • 두부와 현미를 곁들인 채소 볶음	• 볶음에는 건강한 간 기능 유지에 중요한 항산화 물질과 비타민이 풍부한 다양한 채소가 들어 있음 • 두부는 단백질의 좋은 공급원이며 간 염증을 줄이는 데 도움이 됨 • 현미는 간 건강을 지원하는 섬유질과 비타민 B의 좋은 공급원
	저녁	• Baked chicken with sweet potato and steamed broccoli • 고구마와 찐 브로콜리를 곁들인 구운 닭고기	• 구운 닭고기는 기름기가 적은 단백질 공급원이고 고구마는 베타카로틴과 간 건강을 지원하는 기타 항산화 물질이 풍부
Day 5	아침	• Avocado toast with a boiled egg and tomato • 삶은 달걀과 토마토를 곁들인 아보카도 토스트	• 아보카도는 건강한 지방과 섬유질이 풍부하여 간 염증 줄이는 데 도움이 됨 • 삶은 달걀은 단백질의 좋은 공급원이며 간 기능을 지원하는 아미노산 함유 • 토마토는 산화 방지제와 비타민 C가 풍부하여 간 손상을 방지
	점심	• Quinoa salad with mixed green, cucumber, and roasted beet • 혼합 채소, 오이, 구운 비트를 곁들인 퀴노아 샐러드	• 퀴노아는 간 건강을 지원하는 단백질과 섬유질의 좋은 공급원이며, 샐러드와 채소는 비타민과 미네랄을 추가 제공
	저녁	• Grilled salmon with roasted asparagus and brown rice • 구운 아스파라거스와 현미를 곁들인 연어 구이	• 구운 연어에는 염증을 줄이고 간 기능을 개선하는 데 도움이 되는 오메가-3지방산이 풍부 • 구운 아스파라거스는 항산화제의 좋은 공급원이며, 현미는 간 건강을 지원하는 섬유질과 비타민 B의 좋은 공급원
Day 6	아침	• Chia seed pudding with mixed berries and almond butter • 혼합 베리와 아몬드 버터를 곁들인 치아시드 푸딩	• 치아시드는 염증을 줄이고 간 건강을 증진하는 데 도움이 되는 오메가-3 지방산과 섬유질이 풍부 • 혼합 베리는 항산화제가 풍부하고 아몬드 버터는 간 기능을 지원하는 건강한 지방이 풍부
	점심	• Baked sweet potato with black bean and vegetable chili • 검은콩과 채소 칠리를 곁들인 구운 고구마	• 구운 고구마는 베타카로틴과 간 건강을 지원하는 항산화 물질이 풍부하고 검은콩과 채소 칠리는 단백질과 섬유질의 좋은 공급원
	저녁	• Grilled chicken with mixed vegetables and brown rice • 혼합 채소와 현미를 곁들인 구운 닭고기	• 구운 닭고기는 기름기가 적은 단백질 공급원이며 혼합 채소는 비타민과 미네랄을 추가 제공 • 현미는 간 건강을 지원하는 섬유질과 비타민 B의 좋은 공급원
Day 7	아침	• Green smoothie with kale, apple, banana, and almond milk • 케일, 사과, 바나나, 아몬드 우유를 곁들인 그린 스무디	• 케일은 산화 방지제와 비타민 C가 풍부하여 간 손상 방지에 도움이 됨 • 사과는 섬유질과 항산화제가 풍부하고 바나나는 혈압을 조절하고 간 기능을 개선하는 데 도움이 되는 칼륨의 좋은 공급원 • 아몬드 우유는 간 건강을 지원하는 좋은 칼슘 공급
	점심	• Broiled shrimp with roasted Brussel sprout and brown rice • 구운 방울양배추와 현미를 곁들인 새우 구이	• 구운 새우는 기름기가 적은 단백질 공급원이고 구운 방울양배추와 현미는 섬유질과 항산화 물질의 좋은 공급원
	저녁	• Baked cod with mixed vegetable and quinoa • 혼합 채소와 퀴노아를 곁들인 구운 대구	• 구운 대구에는 염증을 줄이고 간 기능을 개선하는 데 도움이 되는 오메가-3 지방산이 풍부 • 혼합 채소는 비타민과 미네랄을 추가 제공하며 퀴노아는 간 건강을 지원하는 섬유질과 단백질의 좋은 공급원

전반적으로 이 7일 다이어트 계획은 염증을 줄이고 간 건강을 증진하는 데 도움이 될 수 있는 섬유질, 단백질 및 항산화제가 풍부한 다양한 음식을 제공한다. 또한 식단에는 건강한 지방과 간 기능을 돕는 기타 영양소가 많은 식품을 포함시켰다.

Part 3 간 건강에 좋은 조리법과 요리

간 건강에 좋은 5가지 요리와 조리법 및 각 요리가 간 건강에 좋은 이유는 다음과 같다.

1. Italian Lunch : Green Risotto with Broccoli and Salmon
이탈리아식 점심 : 브로콜리와 연어를 곁들인 녹색 리조또

브로콜리에는 산화 스트레스와 염증으로부터 간을 보호하는 데 도움이 되는 설포라판·인돌과 같은 항산화제가 풍부하다. 연어는 간 염증을 줄이고 간 기능을 개선하는 데 도움이 되는 오메가-3지방산의 좋은 공급원이다.

아르보리오(Arborio) 쌀은 염증을 줄이고 인슐린 감수성을 개선하여 간 건강을 지원할 수 있는 마그네슘 및 B 비타민류 같은 영양소와 섬유질이 풍부한 통곡물이다.

저염 육수는 과도한 나트륨을 추가하지 않고도 수분과 영양분을 제공하나 과도하게 섭취할 경우 간을 손상시킬 수 있기에 우리 몸의 염도수치인 0.9%에 맞추어 간한다.

올리브 오일은 염증을 줄이고 간 기능을 개선하는 데 도움이 되는 건강한 지방이다. 또한 산화 스트레스와 간 세포 손상으로부터 보호할 수 있는 항산화제가 포함되어 있다.

Ingredients

- 1/2 cup of arborio rice
- 1/4 cup of dry white wine
- 1/2 small onion, chopped
- 1 clove of garlic, minced
- 1 cup of low-sodium chicken or vegetable broth
- 1/2 cup of broccoli floret
- 2 oz of salmon fillet, skin removed and cut into small piece
- 1/4 cup of grated Parmesan cheese
- 1 tbsp of olive oil
- salt and pepper to taste

Instructions

1. 작은 냄비에 올리브 오일을 넣고 중불로 가열한다. 양파와 마늘을 넣고 양파가 반투명해질 때까지 약 3~5분간 조리한다.
2. 냄비에 아르보리오 쌀을 넣고 양파와 마늘이 섞이도록 저어준다. 1~2분 동안 또는 쌀이 살짝 익을 때까지 조리한다.
3. 밥 위에 와인을 붓고 흡수될 때까지 저어준다.
4. 냄비에 육수를 한 국자씩 넣고 계속 저으면서 한 국자가 흡수될 때까지 기다렸다가 다음 국자를 추가한다.
5. 밥이 거의 익으면 브로콜리 송이와 연어 조각을 냄비에 넣고 살살 저어준다.
6. 쌀과 브로콜리가 부드러워지고 연어가 완전히 익을 때까지 필요에 따라 국물을 더 추가하면서 리조또를 계속 조리한다.
7. 가스 불을 끄고 냄비에 파마산 치즈를 넣어 저은 뒤 소금과 후추로 간을 한다.
8. 뜨거운 리조또를 제공하고 원하는 경우 파마산 치즈를 추가할 수 있다.

2. Quinoa and Mixed Vegetable Stir Fry
퀴노아와 혼합 채소 볶음

고구마와 방울양배추(브뤼셀 스프라우트)는 비타민 A와 C, 칼륨, 섬유질이 풍부하다. 이러한 영양소는 염증을 줄이고 간 세포의 손상을 막아 간 기능을 지원하는 데 도움이 될 수 있다.

퀴노아는 단백질, 섬유질, 마그네슘 및 비타민 B와 같은 영양소가 풍부한 통곡물로 염증을 줄이고 인슐린 민감성을 개선하여 간 건강을 지원할 수 있다.

무화과는 산화 스트레스와 염증으로부터 간을 보호하는 데 도움이 되는 폴리페놀 및 플라보노이드와 같은 항산화제의 좋은 공급원이다.

페타 치즈는 장 건강을 지원하고 간 기능을 개선할 수 있는 프로바이오틱스뿐만 아니라 단백질과 칼슘을 제공한다.

석류는 산화 스트레스와 염증으로부터 간을 보호할 수 있는 푸니칼라진과 같은 항산화제의 풍부한 공급원이다.

Ingredients

- 1/4 cup of quinoa
- 1 small sweet potato, peeled and cubed
- 4~5 Brussel sprouts, trimmed and halved
- 2~3 fig, quartered
- 1/4 cup of crumbled feta cheese
- 1/4 cup of pomegranate arils
- 1 tbsp of olive oil
- salt and pepper to taste

Instructions

1. 오븐을 200℃로 예열한다.
2. 작은 냄비에 퀴노아 1에 물 2를 넣고 요리한다.
3. 고구마와 방울양배추를 올리브 오일, 소금, 후추와 함께 버무린다. 베이킹 시트에 펴서 담는다.
4. 채소를 오븐에서 20~25분 동안 또는 부드러워지고 약간 갈색이 될 때까지 굽는다.
5. 그릇에 익힌 퀴노아, 구운 채소, 무화과, 페타 치즈를 섞는다. 부드럽게 섞어준다.
6. 샐러드를 서빙 접시에 옮기고 석류알을 얹는다.
7. 샐러드를 제공한다.

3. Chinese Cooking: Brown Rice Congee with Ginger and Scallion
중국요리 : 생강과 파를 곁들인 현미죽

현미는 비타민 B와 E, 마그네슘, 셀레늄 등 섬유질과 영양소가 풍부한 통곡물이다. 이러한 영양소는 신체의 염증을 줄이고 간 건강을 지원하는 데 도움이 될 수 있다.

생강은 염증을 줄이고 간 세포를 손상으로부터 보호하는 데 도움이 되는 항염 및 항산화 특성을 가지고 있다.

파에는 간 기능을 개선하고 염증을 줄이는 데 도움이 되는 황화합물이 포함되어 있다.

죽은 간 염증이나 소화 문제가 있는 사람들에게 특히 도움이 될 수 있는 부드럽고 쉽게 소화되는 요리이다. 죽을 만들 때 천천히 조리하는 이유는 쌀을 분해하고 영양분을 방출하여 몸에 더 쉽게 흡수되게 하기 위해서다.

Ingredients

- 1/4 cup of brown rice
- 2 cups of water
- 1/2 inch piece of fresh ginger, peeled and minced
- 1~2 scallion, sliced thinly (optional)
- salt to taste

Instructions

1. 현미는 찬물에 헹구어 물기를 뺀다.
2. 냄비에 쌀과 물을 넣고 센 불에서 끓인다. 끓으면 불을 약하게 줄이고 가끔 저어주면서 약 45분 동안 밥을 끓인다.
3. 시간이 지나면서 쌀이 분해되면 죽 같은 농도가 된다.
4. 다진 생강을 냄비에 넣고 생강에서 향이 나고 죽이 걸쭉하고 크림처럼 될 때까지 10~15분간 더 끓인다.
5. 죽에 소금으로 맛을 낸다.
6. 콘지를 그릇에 담고 얇게 썬 파를 얹는다(optional).

4. Tuna tartare with Avocado and Chickpeas
아보카도와 병아리콩을 곁들인 참치 샐러드

참치는 염증을 줄이고 간 기능을 개선하는 데 도움이 되는 오메가-3지방산이 풍부하다. 아보카도에는 간 건강을 개선할 수 있는 건강한 지방이 포함되어 있다. 병아리콩은 염증을 줄이고 간 기능을 개선하는 데 도움이 되는 섬유질과 단백질의 좋은 공급원이다. 이 샐러드는 또한 첨가당과 포화지방이 적기 때문에 간 건강에 좋은 선택이다.

Ingredients

- 200 gram raw tuna, diced
- 1/2 avocado, diced
- 1/4 cup canned chickpeas, drained and rinsed
- 1/4 small red onion, diced
- 1 tbsp fresh lemon juice or lime juice
- 1 tbsp olive oil
- salt and pepper to taste
- Optional: fresh herb(such as enable vegetable or cilantro)

Instructions

1. 그릇에 참치, 적양파를 넣는다.
2. 또 다른 그릇에 아보카도, 병아리콩, 적양파를 넣는다.
3. 별도의 그릇에 레몬 주스, 올리브 오일, 소금, 후추를 함께 넣고 섞는다.
4. 참치 혼합물과 아보카도 혼합물에 드레싱을 따로 부어 잘 섞이도록 버무린다.
5. 스테인리스 링에 아보카도, 참치 혼합물을 차례로 쌓듯이 담는다. 차갑게 서빙하고 원하는 경우 신선한 허브로 장식한다.

5. Grilled Chicken with Roasted Brussel Sprout and Vegetable Puree
구운 방울양배추를 곁들인 구운 닭고기와 채소 퓌레

닭가슴살은 간 건강을 유지하는 데 중요한 단백질의 좋은 공급원이며, 포화지방이 적다. 그러나 모든 식품과 마찬가지로 과하게 먹으면 건강에 좋지 않으므로, 적절한 양을 섭취하는 것이 중요하다.

방울양배추는 섬유질이 풍부하여 소화를 조절하고 변비를 예방할 수 있다. 또한 비타민 C와 K는 물론 설포라판과 같은 항산화제를 함유하고 있어 독소와 염증으로 인한 손상으로부터 간을 보호할 수 있다.

올리브 오일은 염증을 줄이고 간 기능을 개선하는 데 도움이 되는 단일 불포화지방산을 함유한 건강한 지방이다. 또한 산화 스트레스와 간 세포 손상으로부터 보호할 수 있는 항산화제가 포함되어 있다.

채소 퓌레가 간 건강에 좋은 이유는 다음과 같다.

고구마와 당근에는 비타민 A와 C, 칼륨, 섬유질이 풍부하다. 이러한 영양소는 염증을 줄이고 간 세포를 손상으로부터 보호하여 간 기능을 지원하는 데 도움이 될 수 있다.

양파와 마늘에는 간에서 유해물질을 해독하는 데 도움이 되는 황화합물과 소염 특성이 있는 것으로 밝혀진 플라보노이드인 케르세틴이 포함되어 있다.

저염 육수는 과도한 나트륨을 추가하지 않고도 수분과 영양분을 제공하나 과도하게 섭취할 경우 간을 손상시킬 수 있으므로 간할 때는 주의를 기울인다.

올리브 오일은 염증을 줄이고 간 기능을 개선하는 데 도움이 되는 건강한 지방이다. 또한 산화 스트레스와 간 세포 손상으로부터 보호할 수 있는 항산화제가 포함되어 있다.

Ingredients 1

- 1 small chicken breast
- 1 cup of Brussels sprout, halved

- 1 tbsp of olive oil
- salt and pepper to taste

Ingredients 2 : vegetable puree

- 1 small sweet potato, peeled and cubed
- 1 small carrot, peeled and chopped
- 1/4 small onion, chopped
- 1/2 clove of garlic, minced

- 1/2 tbsp of olive oil
- 1/2 cup of low—sodium vegetable or chicken broth
- salt and pepper to taste

Instructions 1

1. 오븐을 200℃로 예열한다.
2. 닭가슴살을 헹군 뒤 종이 타월로 두드려 말린다. 양면에 소금과 후추로 간을 한다.
3. 작은 그릇에 올리브 오일 1테이블스푼과 소금 한 꼬집, 후추를 섞는다. 방울양배추를 오일 혼합물과 함께 버무린다.
4. 베이킹 시트에 닭가슴살과 방울양배추를 놓는다. 방울양배추의 잘린 면이 아래로 향하게 하여 캐러멜화가 잘 되도록 한다.
5. 닭고기와 방울양배추를 20~25분 동안 굽거나 닭고기가 완전히 익고 방울양배추가 부드러워지고 약간 갈색이 될 때까지 굽는다.
6. 오븐에서 베이킹 시트를 꺼내 음식을 프레젠테이션한다.

Instructions 2

1. 작은 냄비에 올리브 오일을 넣고 중불로 가열한다. 양파와 마늘을 넣고 양파가 반투명해질 때까지 약 3~5분간 조리한다.
2. 냄비에 고구마와 당근을 넣고 양파와 마늘이 섞이도록 저어준다.
3. 채소 위에 국물을 붓고 끓인다.
4. 불을 약하게 줄인 뒤 채소가 부드러워지고 포크로 쉽게 찔릴 때까지 15~20분 정도 끓인다.
5. 가스 스토브에서 냄비를 테이블로 옮기고 몇 분 동안 식힌다.
6. 이머전 블렌더 또는 일반 블렌더를 사용하여 채소가 부드럽고 크리미해질 때까지 갈아서 퓌레로 만든다. 일반 블렌더를 사용하는 경우 블렌딩하기 전에 혼합물을 완전히 식힌다.
7. 퓌레에 소금과 후추로 간을 한 후 접시 바닥에 놓고, 주 재료인 닭고기와 방울양배추를 올려 제공한다.

04 간 건강에 유익한 활동
Activities Beneficial to Liver Health

Part 1 간에 좋은 활동

건강한 간을 유지하는 것은 전반적인 건강과 복지에 필수적이다. 다음은 간 건강에 도움이 될 수 있는 몇 가지 활동이다.

1. 건강한 식단 따르기(Follow a healthy diet) : 신선한 과일과 채소, 통곡물, 지방이 적은 단백질, 건강한 지방이 많이 포함된 균형 잡힌 식단은 간 건강을 지원하는 데 도움이 된다. 간 질환의 위험을 증가시킬 수 있는 가공식품, 고당식품 및 포화지방 섭취를 피하도록 한다.

2. 수분 유지(Stay hydration) : 물을 많이 마시면 간에서 독소를 제거하고 수분을 유지하는 데 도움이 된다. 하루에 적어도 8~10잔의 물(1.8L)을 마시는 게 좋다.

3. 규칙적인 운동(Exercise regularly) : 운동은 간의 지방 축적을 줄이고 체중 감소를 촉진하여 간 기능을 개선하는 데 도움이 될 수 있다. 대부분의 요일에 빠르게 걷기 또는 자전거 타기와 같은 중간 강도의 운동을 최소 30분 이상 하는 것을 목표로 운동을 한다.

4. 알코올 소비 제한(Limit alcohol consumption) : 알코올은 간에 유독하며 시간이 지남에 따라 간 손상을 일으킬 수 있다. 알코올 섭취를 피하거나 여성의 경우 하루 소주 한 잔, 남성의 경우 하루 소주 두 잔 이하로 조절하는 것이 필요하다.

5. 독소 노출 회피(Avoid exposure to toxin) : 간을 손상시킬 수 있는 살충제, 세정제 및 기타 독성물질과 같은 유해한 화학물질에 대한 노출을 피하도록 한다.

6. 예방접종(Vaccination) : A형 B형 간염백신은 간 질환으로 이어질 수 있는 바이러스성 간염을 예방하는 데 도움이 될 수 있으므로 예방접종을 꾸준히 한다.

7. 건강한 체중 유지(Maintain a healthy weight) : 비만과 과도한 체지방은 시간이 지남에 따라 간 손상을 일으킬 수 있는 지방간 질환의 발병으로 이어질 수 있다. 건강한 식단과 규칙적인 운동을 통해 건강한 체중을 유지하면 이를 예방할 수 있다.

8. 스트레스 관리(Manage stress) : 스트레스는 신체에 염증을 일으켜 간 기능에 영향을 줄 수 있다. 명상, 요가 또는 심호흡과 같은 스트레스 감소 활동을 연습하면 스트레스 수준을 줄이는 데 도움이 된다.

9. 정기 검진받기(Get regular check-up) : 의료 서비스 제공자와의 정기 검진은 간 문제를 조기에 발견하고 더 심각한 간 질환의 발병을 예방하는 데 도움이 된다.

10. 식단에 간 친화적인 식품 포함(Include liver-friendly food in your diet) : 마늘, 자몽, 비트, 잎이 많은 채소 및 브로콜리 · 콜리플라워와 같은 십자화과 채소를 포함한 특정 식품은 간 건강에 유익한 것으로 알려져 있으므로 이러한 식품을 꾸준히 섭취한다.

11. 금연(Avoid smoking) : 흡연은 간에 해롭고 간암의 위험을 증가시킬 수 있다. 금연은 간 기능을 개선하고 간 질환의 위험을 줄이는 데 도움이 될 수 있다.

12. 보충제 고려(Consider supplement) : 밀크씨슬, 강황, 오메가-3지방산과 같은 특정 보충제는 간 건강에 유익한 효과가 있는 것으로 나타났다. 그러나 보충제를 복용하기 전에 의료진과 상의해야 한다. 과다 복용 시 약물 상호작용으로 해를 끼칠 수 있기 때문이다.

13. 근본적인 건강상태 치료(Treat underlying health condition) : 당뇨병, 고혈압 및 고콜레스테롤과 같은 특정 건강상태는 간 질환의 위험을 증가시킬 수 있다. 이러한 상태를 치료하면 간 손상을 예방하고 간 기능을 개선하는 데 도움이 될 수 있다.

14. 위생관리 실천(Practice good hygiene) : 손을 자주 씻고 개인 위생용품을 공유하지 않는 것과 같이 좋은 위생을 실천하면 간을 손상시킬 수 있는 바이러스성 간염 및 기타 감염의 전파를 예방할 수 있다.

15. 건강정보 유지(Stay informed) : 간 건강과 관련된 최신 연구 및 정보에 항상 귀를 열어 놓는다. 개인이 가진 우려사항에 대해 의료진과 상담하고 건강한 간을 유지하기 위해 자신의 건강을 잘 관리해야 한다.

Healthy Foods before and after Exercise

Key Point

- 운동 후 피로 회복을 위해 신체는 에너지 수준을 회복하고 손상된 근육 조직을 복구하며 노폐물을 제거해야 한다.
- 회복을 통해 신체는 운동의 스트레스에 적응하고 시간이 지남에 따라 지구력과 힘을 키울 수 있다.
- 휴식과 수면은 신체가 스스로를 회복하고 보충하는 데 필요한 시간과 자원을 제공하므로 회복에 매우 중요하다.
- 해독식품과 주스는 종종 염증을 줄이고 면역체계를 지원하며 노폐물 제거를 도와 운동 후 신체가 피로를 회복하는 데 도움이 된다.

Chapter 15

운동 전후
건강에 도움을 주는 음식

· 운동의 이해
· 운동과 영양, 해독
· 운동 후 피로회복에 좋은 식단

01 운동 후 회복을 위한 음식
Food for Recovery after Exercise

Part 1 운동과 피로 회복의 관계

피로는 신체 활동이나 운동에 대한 신체의 자연스러운 반응이다. 운동하는 동안 신체는 심박수 증가, 호흡 증가, 에너지 요구량 증가 등 다양한 변화를 겪는다. 이러한 변화는 젖산과 같은 노폐물의 축적으로 이어져 근육 피로와 통증을 유발할 수 있다.

운동 후 피로 회복을 위해 신체는 에너지 수준을 회복하고 손상된 근육 조직을 복구하며 노폐물을 제거해야 한다. 회복을 통해 신체는 운동의 스트레스에 적응하고 시간이 지남에 따라 지구력과 힘을 키울 수 있다.

휴식과 수면은 신체가 스스로를 회복하고 보충하는 데 필요한 시간과 자원을 제공하므로 회복에 매우 중요하다. 단백질, 탄수화물 및 건강한 지방을 포함한 적절한 영양은 근육 조직을 복구하고 재건하는 데 필요한 구성요소를 신체에 제공하므로 회복에 매우 중요하다.

다른 방법으로는 근육 긴장을 완화하고 혈류를 촉진하는 데 도움이 되는 스트레칭, 마사지, 폼롤러 운동 등이 있다. 가벼운 운동이나 충격이 적은 활동 등도 혈액 순환을 촉진하고 통증을 줄이는 데 도움이 될 수 있다.

전반적으로 회복은 신체가 휴식을 취하고, 향후 운동을 준비할 수 있도록 하므로 모든 운동 프로그램의 필수적인 부분이다. 적절한 회복이 이루어지지 않으면 신체가 피로해지거나 부상을 입거나 피트니스 목표를 달성하지 못할 수도 있다.

치유의 맛 | Culinary Medicine

Part 2

운동 후 회복이 안 되면 나타나는 증상

운동 후 회복할 시간을 충분히 주지 않으면 신체적, 정신적 건강에 영향을 미칠 수 있는 다양한 증상이 나타날 수 있다. 운동 후 회복되지 않았을 때 발생할 수 있는 몇 가지 일반적인 증상은 다음과 같다.

1. 피로(Fatigue) : 운동 후 부적절한 회복의 가장 흔한 증상 중 하나이다. 신체적으로나 정신적으로 지치고 일상 활동을 하는 데 어려움을 겪을 수 있다.

2. 근육통(Muscle soreness) : 운동 후 근육이 회복할 시간을 충분히 주지 않으면 근육통, 경직 및 통증을 경험할 수 있다. 이것은 지연성 근육통(DOMS : Delayed Onset Muscle Soreness)으로 알려져 있으며 며칠 동안 지속될 수 있다.

3. 성능 저하(Decreased performance) : 적절한 회복 없이 운동을 계속하면 달리기 시간이 느려지거나 웨이트 리프팅(weight lifting)이 줄거나 운동 중 가동 범위가 감소하는 등의 성능 저하가 나타날 수 있다.

4. 부상 위험 증가(Increased risk of injury) : 적절한 회복 시간이 없으면 신체가 부상을 입기 쉽다. 이것은 근육과 관절이 회복하고 강화할 시간이 충분하지 않아 긴장, 염좌 및 기타 부상에 더 취약해질 수 있기 때문이다.

5. 기분 변화(Mood change) : 부적절한 회복은 또한 정신 건강에 영향을 미쳐 짜증, 불안 및 우울증을 유발할 수 있다.

6. 면역 기능 저하(Decreased immune function) : 장기간의 격렬한 운동은 면역체계를 억제하므로 몸이 회복할 시간을 충분히 주지 않으면 질병과 감염에 더 취약해질 수 있다.

부적절한 회복의 증상은 운동의 유형과 강도는 물론 연령, 체력 수준 및 전반적인 건강과 같은 기타 요인에 따라 달라질 수 있다는 점에 유의하는 것이 중요하다. 지속적인 증상이 나타나거나 운동 후 회복에 대한 우려가 있는 경우 의료 전문가와 상담하는 것이 가장 좋다.

Part 3 운동 전 식사 여부

운동 전 식사 여부는 운동의 종류와 기간, 개인의 신진대사, 개인의 취향 등 다양한 요인에 따라 달라진다. 공복에 운동하는 것을 선호하는 사람이 있는 반면, 운동하기 전에 무언가를 먹는 것을 선호하는 사람도 있다. 일반적으로 운동이 격렬하고 오래 지속되는 경우 사전에 무언가를 섭취하여 신체가 활동을 지속할 수 있는 충분한 에너지를 공급하는 것이 좋다.

음식의 종류와 식사 시간도 고려해야 할 중요한 요소이다. 탄수화물이 많고 지방과 섬유질이 적은 음식은 빠르게 소화되어 몸에 에너지를 공급하기 때문에 좋은 선택이다.

1. 운동 전 식사로 좋은 식품

1) 바나나 : 바나나는 탄수화물, 칼륨 및 비타민의 좋은 공급원이며 소화하기 쉽다. 바나나는 에너지를 급속하게 충전하고 혈당 수치를 유지하는 데 도움이 된다.

2) 오트밀 : 오트밀은 지속적인 에너지를 제공하는 복합 탄수화물과 섬유질의 좋은 공급원이다. 또한 지방이 적고 혈당 수치를 안정적으로 유지하는 데 도움이 된다.

3) 그릭 요구르트 : 그릭 요구르트는 근육 회복에 필수적인 단백질의 좋은 공급원이다. 또한 탄수화물이 포함되어 있어 에너지 공급에도 좋다.

4) 통곡물 토스트 : 통곡물 토스트는 지속적인 에너지를 제공하는 복합 탄수화물과 섬유질의 좋은 공급원이다. 또한 지방이 적고 혈당 수치를 안정적으로 유지하는 데 도움이 된다.

5) 스무디 : 과일, 채소 및 단백질 파우더로 만든 스무디는 훌륭한 운동 전 식사가 될 수 있다. 소화되기 쉽고 탄수화물과 단백질의 균형이 잘 이루어져 있으며 개인의 기호에 맞게 맞춤화할 수 있다.

제때에 식사하는 것도 중요하다. 운동과 너무 가까운 시간에 식사를 하면 위에 부담이 되고 소화 문제가 발생할 수 있다. 너무 미리 식사를 하면 배고픔과 에너지 부족을 유발할 수 있다. 개인의 소화 시간에 따라 운동 1~3시간 전에 탄수화물과 단백질이 포함된 식사를 하는 것이 좋다.

요약하면 운동 전 식사 여부는 개인과 운동 유형에 따라 다르다. 운동 전에 식사해야 한다면 탄수화물이 많고 지방과 섬유질이 적은 음식을 선택하고 운동 1~3시간 전에 식사하는 것이 가장 좋다.

Part 4 운동 후 피로 회복에 좋은 식품

해독식품과 주스는 종종 염증을 줄이고 면역체계를 지원하며 노폐물 제거를 도와 운동 후 신체가 피로를 회복하는 데 도움이 된다.

• **다음은 좋은 해독식품의 몇 가지 예이다.**

1. 녹색 잎채소(Green leafy vegetable) : 케일, 시금치, 근대와 같은 녹색 잎 채소는 염증을 줄이고 면역체계를 지원하는 데 도움이 되는 항산화제와 식물성 영양소가 풍부하다. 또한 에너지 생산에 필수적인 비타민과 미네랄이 풍부하다.

2. 감귤류(Citrus fruit) : 오렌지, 레몬, 자몽과 같은 감귤류에는 면역 기능과 콜라겐 합성에 중요한 비타민 C가 풍부하다. 또한 염증을 줄이는 데 도움이 되는 플라보노이드가 포함되어 있다.

3. 생강(Ginger) : 생강은 천연 항염증제로 운동 후 근육통과 염증을 줄이는 데 도움이 된다. 또한 몸을 따뜻하게 하여 순환을 촉진하고 해독을 촉진하는 데 도움이 된다.

4. 강황(Turmeric) : 강황에는 강력한 항염작용을 하는 커큐민이라는 화합물이 포함되어 있다. 이것은 신체의 통증과 염증을 줄이고 면역 기능을 지원하는 데 도움이 될 수 있다.

5. 비트(Beet) : 비트에는 염증을 줄이고 간 기능을 지원하는 데 도움이 되는 항산화제와 파이토뉴트리언트가 풍부하다. 또한 혈류를 증가시키고 피로를 줄이는 데 도움이 되는 질산염을 함유하고 있다.

6. 블루베리(Blueberries) : 블루베리는 항산화제가 풍부하여 염증을 줄이고 면역 기능을 지원하는 데 도움이 될 수 있다. 또한 인지 기능을 개선하고 산화 스트레스를 줄이는 데 도움이 되는 안토시아닌을 함유하고 있다.

• **해독 주스의 종류는 다음과 같다.**

1. 녹즙(Green juice) : 케일, 시금치, 오이, 셀러리, 레몬으로 만든 녹즙은 해독을 지원하고 염증을 줄이는 데 도움이 되는 다양한 영양소와 항산화제를 제공할 수 있다.

2. 감귤 주스(Citrus juice) : 오렌지, 자몽, 레몬으로 만든 감귤 주스는 면역 기능을 지원하고 염증을 줄이기 위해 충분한 양의 비타민 C와 플라보노이드를 제공할 수 있다.

3. 강황 생강 주스(Turmeric ginger juice) : 강황, 생강, 레몬, 꿀로 만든 주스는 항염증 및 면역 지원 효과를 제공할 수 있다.

4. 비트 주스(Beet juice) : 비트, 당근, 생강, 레몬으로 만든 비트 주스는 항산화제, 파이토뉴트리언트 (식물성 영양소: phytonutrient) 및 질산염(nitrate)을 잘 혼합하여 간 기능을 지원하고 피로를 줄일 수 있다.

체내에서 질산염은 혈압을 조절하고 혈류를 촉진하는 역할을 하는 분자인 산화질소로 전환될 수 있다. 따라서 질산염이 때때로 운동 능력과 심혈관 건강을 개선하기 위한 식이 보충제로 사용되는 것이다. 질산염 보충제 사용을 고려하고 있다면 먼저 의료 전문가와 상의하여 자신에게 적합한지 확인하는 것이 가장 좋다.

해독식품과 주스가 운동 회복을 지원하는 데 도움이 될 수 있지만 회복의 유일한 수단으로 의존해서는 안 된다는 점에 유의하는 것이 중요하다. 적절한 휴식, 수분 공급 및 영양 섭취도 회복을 지원하고 피로를 줄이는 데 중요하다.

Part 5 운동 후 피로 회복에 좋은 요리

운동 후 피로 회복에 좋은 아침, 점심, 저녁 식단 계획과 각 식단이 피로회복에 좋은 이유는 다음과 같다.

• 운동 전후 피로 회복에 좋은 식품

일일	메뉴명	피로 회복에 좋은 이유
아침	• Greek yogurt with fruit and granola • 과일과 그래놀라를 곁들인 그릭 요구르트	• 그릭 요구르트는 단백질 함량이 높아 근육 회복에 도움 • 딸기, 얇게 썬 바나나 또는 깍둑썰기한 사과와 같은 신선한 과일을 그래놀라 또는 다진 견과류와 함께 섭취하면 회복에 도움이 되는 추가 비타민, 미네랄 및 건강한 지방을 제공
	• Breakfast burrito • 브렉퍼스트 부리또	• 후추, 양파, 시금치와 같은 채소와 달걀을 스크램블하고 살사와 아보카도를 곁들인 통곡물 토르티야에 싸서 풍성하고 영양이 있는 아침 식사를 할 수 있음 • 달걀은 단백질과 B₁₂와 같은 비타민이 풍부하여 신경계 지원에 도움이 됨
	• Smoothie bowl • 스무디 볼	• 시금치나 케일과 함께 바나나 · 베리 같은 냉동과일을 베이스로 만든 스무디 볼에 그래놀라, 다진 견과류, 꿀이나 견과류 버터를 약간 얹으면 탄수화물을 잘 혼합할 수 있음 • 단백질 및 회복에 도움이 되는 건강한 지방. 아몬드나 땅콩버터와 같은 견과류 버터는 단백질을 보충하고 건강한 지방을 제공할 수 있음
점심	• Chickpea salad • 병아리콩 샐러드	• 병아리콩은 회복에 도움이 되는 단백질과 탄수화물의 좋은 공급원 • 익힌 병아리콩을 잘게 썬 오이, 방울토마토, 적양파와 같은 채소와 약간의 레몬 주스, 올리브 오일, 파슬리와 민트 등의 허브와 섞으면 상쾌하고 영양가 있는 샐러드를 만들 수 있음 • 레몬 주스는 비타민 C가 풍부하고 파슬리 및 민트와 같은 허브는 항산화제를 추가 제공
	• Tuna wrap • 참치 랩	• 참치는 단백질과 회복에 도움이 되는 오메가–3지방산의 좋은 공급원 • 통조림 참치를 상추, 오이, 당근과 같은 채소와 후무스 또는 차지키 소스와 함께 포장하면 맛있고 포만감 있는 점심을 만들 수 있음 • 당근은 비타민 A와 칼륨이 풍부하여 면역체계를 지원하고 근육 경련을 예방
	• Bean soup • 콩수프	• 콩은 회복에 도움이 되는 단백질과 탄수화물의 좋은 공급원 • 셀러리, 당근, 양파와 같은 일부 채소와 커민 및 칠리 파우더와 같은 허브 및 향신료와 함께 콩수프는 편안하고 영양가 있는 점심으로 적합함 • 커민은 산화 방지제가 풍부하고 칠리 파우더는 신진 대사의 촉진에 도움이 됨
저녁	• Grilled steak with roasted vegetable • 구운 채소를 곁들인 구운 스테이크	• 스테이크는 근육 회복에 도움이 되는 단백질과 철분의 좋은 공급원 • 스테이크를 구워 아스파라거스, 피망, 고구마와 같은 구운 채소와 함께 제공하면 만족스럽고 영양가 있는 저녁 식사가 될 수 있음 • 아스파라거스는 섬유질과 엽산이 풍부하고 고구마는 비타민 A와 칼륨이 풍부
	• Brown Rice with Roasted Vegetables, Chicken or Tofu and Teriyaki Sauce • 구운 채소와 닭고기 또는 두부, 데리야끼 소스를 곁들인 현미밥	• 브로콜리, 당근, 콜리플라워와 같은 구운 채소와 구운 닭고기 또는 두부, 데리야끼 소스를 뿌린 현미밥은 단백질, 탄수화물 및 건강에 유익한 지방의 좋은 조합을 제공 • 간장, 꿀, 생강으로 만든 데리야끼 소스는 추가적인 풍미와 항산화제를 제공
	• Grilled shrimp skewer with quinoa • 퀴노아를 곁들인 구운 새우 꼬치	• 새우는 회복을 도울 수 있는 아연 및 마그네슘과 같은 미네랄과 단백질의 좋은 공급원 • 새우를 꼬치에 꿰어 구운 후 익힌 퀴노아와 애호박, 버섯, 양파 등의 구운 채소를 곁들여 먹으면 맛있고 영양 높은 저녁 식사가 될 수 있음 • 주키니는 섬유질과 비타민 C가 풍부하고 버섯은 항산화제가 풍부

치유의 맛 | Culinary Medicine

Part 6 · 운동 후 피로 회복에 좋은 디톡스 주스(Detox Juice)

운동 후 회복에 도움이 되는 10가지 디톡스 주스(detox juice)는 다음과 같다.
기호에 따라 메이플시럽, 꿀, 스테비아를 첨가한다.

1. 녹즙 - Green Juice

케일, 시금치, 오이, 셀러리, 생강으로 만든 녹즙은 피로 회복에 도움이 되는 비타민, 미네랄, 항산화제가 풍부하다. 케일과 시금치는 철분이 풍부하고 생강은 염증을 줄이는 데 도움이 된다.

Recipe

- In a juicer
- combine 2 cups of kale
- 1 cup of spinach
- 1 cucumber
- 2 celery stalks
- 1 inch of ginger

2. 파인애플 - 오이 주스(Pineapple-Cucumber Juice)

파인애플과 오이는 수분과 전해질이 풍부하여 운동 후 몸에 수분을 공급하는 데 도움이 된다. 파인애플은 또한 비타민 C와 브로멜라인(bromelain)이 풍부하여 염증을 줄이는 데 도움이 된다.

Recipe

- In a juicer
- combine 2 cups of chopped pineapple
- 1 cucumber
- 1 lime

3. 비트 - 당근 주스 - Beet-Carrot Juice

비트에는 질산염이 풍부하여 혈류를 개선하고 근육에 산소를 공급하는 데 도움이 되며, 당근에는 베타카로틴이 풍부하여 면역체계를 지원하는 데 도움이 된다.

Recycle

- In a juicer
- combine 2 beets
- 4 carrots and 1 apple

4. 수박-민트 주스
Watermelon-mint Juice

수박은 수분과 전해질이 풍부하고 민트는 소화를 돕고 염증을 줄이는 데 도움이 된다.

Recycle

- In a juicer
- combine 4 cups of chopped watermelon
- 1/4 cup of fresh mint leaves

5. 감귤-생강 주스 - Citrus-Ginger Juice

오렌지 · 자몽과 같은 감귤류 과일은 비타민 C가 풍부하고 생강은 염증을 줄이고 소화를 개선하는 데 도움이 될 수 있다.

Recycle

- In a juicer
- combine 2 oranges
- 1 grapefruit, and 1 inch of ginger

6. 당근-생강-강황 주스
Carrot-Ginger-Turmeric Juice

당근은 베타카로틴이 풍부하고 생강과 강황은
모두 항산화제와 항염증 화합물이 풍부하다.

Recipe

- In a juicer
- combine 4 carrots
- 1 inch of ginger
- 1 inch of turmeric

7. 시금치-사과 주스
Spinach-Apple Juice

시금치는 철분과 비타민A · C가 풍부하고
사과는 섬유질과 항산화 물질이 풍부하다.

Recipe

- In a juicer
- combine 2 cups of spinach and 2 apples

8. 블루베리-석류 주스
Blueberry-Pomegranate Juice

블루베리에는 비타민 K, C와 망간, 비타민 E와
안토시아닌이 풍부하고, 석류에는 폴리페놀,
산화 방지성분인 푸니칼라긴스가 들어 있다.

Recipe

- In a juicer
- combine 2 cups of blueberries
  and 1/2 cup of pomegranate seeds

운동 직후 건강에 도움을 주는 음식

9. 자몽-민트 주스 - Grapefruit-Mint Juice

자몽은 비타민 C와 항산화제가 풍부하며 민트는 소화
를 진정시키고 염증을 줄이는 데 도움이 될 수 있다.

Recipe

- In a juicer
- combine 2 grapefruits and
  1/4 cup of fresh mint leaves

10. 생강-강황 레모네이드
Ginger-Turmeric Lemonade

생강과 강황은 모두 항염증 화합물이 풍부하고 레몬은
비타민 C가 풍부하다.

Recipe

- In a blender
- combine 2cm of ginger
- 2cm of turmeric
- 1/4 cup of fresh lemon juice
- 1 tbsp of honey
- Blend until smooth
- add hot water to taste
- serve chilled

이러한 모든 주스는 운동 후 피로 회복에 필요한 영양분과 수분을 공급하는 동시에 사용된 다양한
과일, 채소 및 허브로부터 건강상의 이점을 추가로 얻을 수 있다.

운동 전후 건강에 도움을 주는 음식

Macrobiotic to Maintain the Health of the Body and Mind and Find Vitality

Key Point

- 매크로바이오틱은 완전히 순수한 조리식품의 식단을 구성해서 섭취하는 것으로 현미와 뿌리 채소를 이용한 자연식 요리이다.
- 매크로바이오틱은 제2차 세계대전 이후, 식문화연구가 조지 오사와가 Macrobiotic 다이어트를 고안해 낸 것으로 알려지고 있다.
- 현미나 잡곡을 주식으로 하는 이 식단은 음식마다 각기 다른 음(陰)과 양(陽)을 적절하게 조화시켜 우리 몸이 무리하지 않고 최상의 음식을 섭취하여 장수할 수 있도록 하는 '장수식'이다.

Chapter 16

몸과 마음의 건강을 유지하고,
활력을 찾는 매크로바이오틱

01 매크로바이오틱 Macrobiotic

Part 1 매크로바이오틱(Macrobiotic)이란?

매크로바이오틱(Macrobiotic)은 가공되지 않은 자연의 음식을 식단으로 구성해서 섭취하는 것으로 현미와 뿌리 채소로 만든 자연식 요리이다.

매크로바이오틱은 제2차 세계대전 이후, 식문화연구가 조지 오사와(George Ohsawa)가 매크로바이오틱 다이어트를 고안해 낸 것으로 알려지고 있다. 조지 오사와(George Ohsawa)는 『New Nutritional Program』이라는 책에서 현미와 채소를 먹으면 모든 병이 치료된다고 주장했다. 조지 오사와는 식사의 질과 양을 적절하게 조절하면 혈압, 당뇨병, 심장병, 암 등의 질병을 예방하거나 치료할 수 있다고 주장한다.

현미나 잡곡을 주식으로 하는 이 식단은 음식마다 각기 다른 음(陰)과 양(陽)을 적절하게 조화해 우리 몸이 무리하지 않고 최상의 음식을 섭취하여 장수할 수 있도록 하는 '장수식'이다. 매크로바이오틱은 식사를 통해 몸과 마음의 건강을 유지하고, 활력과 행복을 찾는 것을 목표로 하며, 건강한 인체와 자연을 이루기 위해 식재료의 성질을 고려하여 조리하는 체계적인 요리방법이다.

매크로바이오틱의 식습관은 소화되기 쉽도록 음식물을 50번 이상 꼭꼭 씹어먹기를 강조하고, 또한 배가 고플 때 먹고, 과식하지 않는다. 일본에서는 배가 80% 정도 찰 때까지만 먹으라고 하기에 이런 생각이 반영되었다. 또한 잠자리에 들기 3시간 전까지 저녁 식사를 마쳐야 하고, 오늘 자신이 먹은 것을 돌아볼 것을 강조한다.

1. 매크로바이오틱(Macrobiotic)의 정의

매크로바이오틱(Macrobiotic)은 최소한의 가공 또는 정제를 거쳐 환경 및 계절과 조화를 이루는 자연 그대로의 식품을 섭취하는 것을 강조하는 라이프스타일 및 식생활 철학이다. 일본에서 시작되어 1960년대와 1970년대에 미국에서 대중화되었다.

매크로바이오틱 식단은 주로 식물성이며 통곡물, 채소, 콩류 및 해초 섭취에 중점을 둔다. 또한 장 건강과 소화를 지원하는 것으로 여겨지는 된장, 템페(tempeh : 발효 콩을 튀겨서 만든 인도네시아 요리), 소금에 절인 양배추와 같은 발효 식품의 섭취를 강조한다. 식단은 가공식품, 정제된 설탕, 유제품, 육류, 가금류 및 달걀의 섭취를 피하거나 제한한다.

매크로바이오틱(Macrobiotic)은 또한 음ㆍ양과 같은 동양 철학의 원리와 에너지 균형 개념을 도입하였다. 음식과 라이프스타일 선택이 전반적인 건강과 웰빙에 어떤 영향을 미칠 수 있는지에 대한 인식뿐만 아니라 마음챙김과 자연 환경과의 연결을 시도하였다.

식이 지침 외에도 매크로바이오틱(Macrobiotic)은 규칙적인 신체 활동, 스트레스 관리 및 적절한 수면과 같은 다른 생활 습관도 강조한다. 또한 천연 및 무독성 가정제품 및 개인 관리제품의 사용을 장려하고 긍정적인 관계 및 사회적 연결을 배양하도록 권장한다.

매크로바이오틱은 자연, 전체 음식, 마음챙김 생활, 환경과의 연결을 강조하는 건강과 웰빙에 대한 전체적인 접근방식이다. 엄격하거나 딱딱한 다이어트가 아니라 개인의 필요와 취향에 맞출 수 있는 유연한 철학이다.

Part 2 매크로바이오틱(Macrobiotic)의 역사

1. 매크로바이오틱(Macrobiotic)의 뿌리

매크로바이오틱(Macrobiotic)은 전통적인 아시아 문화, 특히 일본과 중국에 뿌리를 둔 라이프스타일 및 식생활 철학이다. 매크로바이오틱의 기본 원리는 수천 년 전으로 거슬러 올라가며, 원래 자연환경과 조화롭게 살고 건강과 웰빙을 유지하기 위한 방법으로 개발되었다.

매크로바이오틱의 기원은 우주에서 상반되는 에너지 사이의 균형을 나타내는 중국의 음양 개념으로 거슬러 올라간다. 이 개념은 나중에 일본에서 채택·확장되어 일본에서는 각각 "음양 조화(yin and yang harmony)" 또는 "장수의 길(the way of longevity)"로 번역되는 '음' 또는 '양'의 원리로 알려지고 있다.

2. "매크로바이오틱의 계보와 발전 : 일본에서 세계로"

1) 매크로바이오틱의 기원과 이시즈카 사겐(Ishizuka Sagen, 1850~1909)

이시즈카 사겐은『화학식생활론(Chemical Way of Eating)』을 개발한 일본의 의사로, 그의 이론은 후대의 매크로바이오틱 철학의 기초가 된다. 그는 식품의 화학적 구성에 따라 이상적인 식사 방식을 연구·제안하였다. 이시즈카의 생애와 그의 이론은 매크로바이오틱의 원리 이해에 가장 중요하다.

2) 마나부 시오카와(Manabu Shiokawa, 1891~1954) : 화학식생활론 계승

마나부 시오카와는 이시즈카의 제자로서 그의 연구를 계승·확장한 주요 인물이다. 그의 작업과 연구는 이시즈카의 핵심 원칙을 세세하게 이해하고 해석하는 데 중요한 역할을 하였다.

3) 조지 오사와(영문명: George Ohsawa, 본명 : 사쿠라자와 유키카즈Sakurazawa Yukikazu, 1893~1966) : 미국에 매크로바이오틱 전파

조지 오사와는 이 철학을 '매크로바이오틱'이라는 용어로 개명하여 이를 세계에 널리 알리기 시작했다. '매크로바이오틱'은 '큰 생명'이라는 뜻이다. 그는 주로 음식의 음양 균형이 중요함을 강조하였고, 이를 위해 여러 권의 책을 저술했다. 그의 가장 유명한 저서 중 하나는『Zen Macrobiotics』(1960)이며, 이 책을 통해 그는 미국과 전 세계에 이 이론을 알리게 되었다.

4) 미치오 쿠시(Michio Kushi, 1926~2014)와 아벨린 쿠시(Aveline Kushi, 1923~2001) : 매크로바이오틱으로 미국 진출

미치오 쿠시와 그의 아내 아벨린 쿠시(일본명 : 에비코 쿠시)는 매크로바이오틱을 미국으로 가져온 주요 인물이다. 미치오 쿠시는 여러 권의 책을 출간했으며 그의 대표작은『The Book of Macrobiotics』

(1987)이다. 아벨린 쿠시 또한 여러 권의 매크로바이오틱 요리책을 저술하였고, 그 주요 저술 중 하나는 『Aveline Kushi's Complete Guide to Macrobiotic Cooking』(1985)이다. 그녀는 또한 매크로바이오틱 슈퍼마켓을 미국에서 처음 열었다. 미치오 쿠시는 아벨린 쿠시(Aveline Kushi)와 함께 매사추세츠주에 쿠시연구소(Kushi Institute)를 설립하였다. 쿠시는 오사와의 기본 원칙을 서구 세계에 적응시키고 대중화하는 데 기여하였다.

5) 무라마츠 마스미(Muramatsu Masumi) : 현대의 매크로바이오틱

무라마츠 마스미는 현대 매크로바이오틱의 주요 인물로, 이론을 일상생활에 더욱 쉽게 적용할 수 있는 방법을 제시하였다. 그녀는 『Macrobiotic Kitchen : Macrobiotic Cooking』(1992)을 출간하였다. 이 책에는 매크로바이오틱에 관련된 다양한 요리법과 식재료, 그리고 매크로바이오틱 이론에 대한 설명이 담겨 있다. 이 책은 매크로바이오틱 요리책으로 매우 인기 있고 전 세계에서 판매되고 있다. 그녀는 마돈나를 위해 일한 7년간의 경험을 바탕으로 "쁘띠 매크로(Petit Macro)"라는 이름으로 모든 이들의 입맛에 맞는 매크로바이오틱을 만들었다. 그녀는 세계인의 입맛에 맞는 매크로를 지향한다. 쁘띠 매크로에서 완전히 금지되는 것은 아무것도 없다. 고기를 좋아한다면 이따금 스테이크나 닭고기를 먹어도 된다. 다만, 고기 무게의 3배에 해당하는 채소와 함께 먹으면 된다. 그러나 기본은 일정기간 동안 잎채소와 뿌리채소 먹는 습관을 유지하는 것이다.

이렇게 보면, 이시즈카 사겐의 철학적 기초 위에 오사와가 매크로바이오틱 이론의 기반을 다지고, 그의 제자들이 그 이론을 발전시키고 대중화하는 데 기여한 것으로 볼 수 있다. 이 인물들이 만든 매크로바이오틱 이론과 식습관은 오늘날까지 전 세계 사람들에게 영향을 미치고 있다.

3. 20세기 초 매크로바이오틱 운동

현대의 매크로바이오틱 운동은 20세기 초 일본의 교육자이자 철학자인 조지 오사와(George Ohsawa)가 일본과 중국의 전통적 원리에 기초한 건강과 웰니스 시스템을 개발하면서 시작되었다. 오사와(Ohsawa)는 통곡물과 채소를 강조함으로써 단순하고 자연적인 식단이 최적의 건강과 웰빙을 달성하는 열쇠라고 믿었다.

1960년대와 1970년대에 매크로바이오틱은 미국에서 인기를 끌었는데, 부분적으로는 매크로바이오틱의 원리를 서양에 가져온 일본의 철학자이자 교사인 미치오 쿠시(Michio Kushi) 덕분이다.

4. 2000년대

수년에 걸쳐 매크로바이오틱 운동은 변화하는 문화 및 환경에 맞게 진화하고 적응해 왔다. 오늘날 매크로바이오틱은 유연하고 적응 가능한 철학으로 개인의 필요와 선호도를 충족하는 동시에 자연 그대로의 음식과 마음챙김 생활이라는 핵심 원칙을 고수하고 있다.

최근 몇 년 동안 심장 질환 및 암과 같은 만성질환의 위험을 줄이는 잠재력을 포함하여 매크로바이오틱 식단의 잠재적인 건강상의 이점에 대한 관심이 높아지고 있다. 그러나 모든 식습관이나 생활방식에의 철학과 마찬가지로 식단이나 생활방식에 중대한 변화를 주기 전에 의료 전문가와 상담하는 것이 중요함을 잊지 말아야 한다.

Part 3 매크로바이오틱(Macrobiotic)의 철학

매크로바이오틱의 철학적 측면은 자연과의 조화로운 삶과 음과 양의 원리에 기반을 두고 있다. 매크로바이오틱의 철학적 측면에 대해 설명하면 다음과 같다.

1. 음과 양: 매크로바이오틱(Macrobiotic)은 '음(陰)'과 '양(陽)'의 원리를 기반으로 하며, 음과 양은 우주에서 상반되지만 보완적인 에너지를 나타낸다. 매크로바이오틱(Macrobiotic)에서 목표는 우리 몸과 주변 세계 모두에서 음과 양 사이의 균형을 유지하는 것이다.

음(陰)의 성격을 띤 식재료
- 열매류 : 딸기, 오디, 배 등
- 유기산이 많은 과일 : 자몽, 레몬, 라임 등
- 인공 감미료, 인공 색소, 인공 조미료 등

양(陽)의 성격을 띤 식재료

- 곡류 : 쌀, 보리, 조, 밀, 수수 등
- 콩류 : 콩, 녹두, 메밀 등
- 동물성 식품 : 고기, 생선, 새우 등
- 유지류 : 버터, 치즈, 크림 등
- 견과류 : 호두, 아몬드, 땅콩 등
- 채소 : 대부분의 뿌리채소, 양파, 대파 등
- 해조류 : 미역, 다시마, 김 등

권장하지 않는 식재료

- 일반적으로 사용되는 설탕, 향미증진제, MSG(모노소듐글루타메이트), 우유가공품들, 유제품 등의 식재료
- 매크로바이오틱에서는 이러한 식재료를 너무 많이 섭취하면 건강에 해로울 수 있다고 함

2. 건강에 대한 총체적 관점: 매크로바이오틱(Macrobiotic)은 건강에 대한 총체적 관점을 가지고 있다. 즉, 건강은 단순히 질병이 없는 상태가 아니라 신체적 · 정신적 · 정서적으로 균형을 이룬 상태이다. 이 균형은 자연적인 전체 식품과 명상, 운동 및 마음챙김과 같은 생활 습관을 통해 달성된다.

3. 약으로서의 음식: 매크로바이오틱(Macrobiotic)은 약의 한 형태로서 음식의 중요성을 강조한다. 매크로바이오틱 식단은 통곡물, 채소, 콩, 해초와 같은 자연식품을 기반으로 하며, 동물성 제품, 가공식품 및 정제된 설탕의 사용량이 적다. 이러한 식습관은 건강을 증진하고 질병을 예방하는 것으로 여겨진다.

4. 마음챙김 생활: 매크로바이오틱은 마음챙김 생활의 중요성을 강조한다. 마음챙김 생활이란 순간에 온전히 존재하고 우리의 생각, 감정 및 행동에 대한 인식을 배양하는 것을 의미한다. 마음챙김 생활에는 스트레스를 줄이고 전반적인 웰빙을 증진하는 데 도움이 되는 명상, 요가, 태극권과 같은 활동이 포함된다.

5. 자연과의 연결: 매크로바이오틱(Macrobiotic)은 자연과의 연결의 중요성과 자연이 우리의 건강과 웰빙에 미치는 역할을 강조한다. 여기에는 환경에 대한 존중과 계절에 따라 지역에서 재배된 식품 소비에 중점을 두는 것이 포함된다.

6. 개인의 책임: 매크로바이오틱(Macrobiotic)은 자신의 건강과 복지에 대한 개인의 책임을 강조한다. 이는 식습관, 생활 방식 및 환경에 대한 의식적인 선택을 통해 자신의 건강에 자기 주도적인 적극적인 역할을 수행하는 것을 의미한다.

전반적으로 매크로바이오틱의 철학적 측면은 균형, 자연식품, 마음챙김, 개인의 책임을 강조하면서 건강과 웰빙에 대한 전체론적 접근을 장려한다. 자연과 조화롭게 생활하고 자신의 건강에 적극적인 역할을 함으로써 최적의 웰빙과 장수를 달성할 수 있을 것이다.

Part 4 매크로바이오틱(Macrobiotic)의 특징

1. 매크로바이오틱(Macrobiotic)의 기본 식재료

매크로바이오틱 요리의 기본 재료는 최소한으로 가공되고 주로 식물을 기반으로 한 전체 자연식품이다. 매크로바이오틱의 기본 성분에 대한 내용은 다음과 같다.

1) 통곡물(Whole grain) : 통곡물은 매크로바이오틱 요리의 기초이며 대부분의 칼로리와 영양소를 담당한다. 매크로바이오틱 요리에 사용되는 통곡물의 예로는 현미, 퀴노아, 기장, 보리, 귀리가 있다.

2) 채소(Vegetable) : 잎이 많은 채소, 뿌리채소, 십자화과 채소(cruciferous vegetable : 양배추 종류), 바다 해초 등 다양한 채소가 매크로바이오틱 요리에 사용된다. 채소는 일반적으로 찌거나 삶거나 볶으며 종종 곡물과 함께 제공된다.

3) 콩류(Beans) : 렌즈콩, 병아리콩, 팥과 같은 콩류는 장수식 요리에서 중요한 단백질 공급원이다. 콩류는 종종 반찬으로 제공되거나 수프와 스튜에 들어간다.

4) 해초(Sea : Vegetable) : 해조류(seaweed)라고도 알려진 해초류(Ascidian)는 미네랄 함량이 높기 때문에 매크로바이오틱 요리의 중요한 식재료이다. 매크로바이오틱에 사용되는 해초의 일반적인 유형에는 김, 미역 및 톳 등이 있다.

5) 발효 식품 : 된장, 템페(tempeh : 발효 콩을 튀겨서 만든 인도네시아 요리), 절인 채소(pickled vegetable)와 같은 발효 식품은 유익한 프로바이오틱 함량으로 인해 매크로바이오틱 요리에 자주 사용된다.

6) 견과와 씨앗 : 견과와 씨앗은 매크로바이오틱 요리에서 단백질과 건강한 지방의 좋은 공급원이다. 예를 들면 아몬드, 참깨, 해바라기 씨 등이 있다.

7) 과일 : 과일은 일반적으로 당도가 높기 때문에 매크로바이오틱 요리에서 적당히 사용된다. 그러나 사과, 배, 딸기와 같은 제철 과일은 요리에 넣거나 간식으로 먹을 수 있다.

8) 음료 : 매크로바이오틱 요리에서 일반적으로 소비되는 음료에는 물, 녹차 및 커피가 포함된다.

전반적으로 매크로바이오틱 요리의 기본 재료는 최소한으로 가공되며 주로 식물 기반의 전체 자연식품이다. 이러한 식품에 초점을 맞춤으로써 매크로바이오틱 실천가들은 최적의 건강과 웰빙을 달성할 수 있다고 믿는다.

2. 매크로바이오틱(Macrobiotic) 식재료의 성질

매크로바이오틱의 속성은 이러한 삶의 방식에 근간이 되는 원칙과 믿음을 의미한다. 다음은 매크로바이오틱의 특성에 대한 설명이다.

1) 음양 균형 : 음과 양의 개념은 매크로바이오틱 철학의 중심이다. 음과 양은 만물에 존재하는 보완적인 에너지이다. 매크로바이오틱은 식단과 라이프스타일 선택을 통해 신체의 이러한 에너지 균형을 추구한다. 예를 들어, 과일 및 생채소와 같은 '음' 음식은 익힌 곡물 및 콩과 같은 '양' 음식과 균형을 이룬다. 음(陰)의 성질을 가진 음식은 불을 사용할 필요가 적은 음식으로 샐러드가 대표적이다. 반대로 스튜처럼 불을 사용해 푹 고거나 삶는 음식은 양(陽)의 성질을 가졌다. 이 밖에 음의 성질을 가진 음식은 조리시간이 짧거나 압력을 별로 가하지 않으며, 기름·물 등을 많이 사용하지 않는다. 양의 성질을 가진 것은 이와 정반대이다.

2) 전체 자연식품 : 매크로바이오틱은 최소한으로 가공된 전체 자연식품의 소비를 강조한다. 이러한 식품은 고도로 가공된 식품보다 영양가가 높고 건강에 유익한 것으로 여겨진다. 매크로바이오틱 식단은 단순히 건강을 생각해서 시도하려는 사람에게는 접근하기 까다롭게 느껴질 수도 있다. 설탕을 일체 사용하지 않으며 단맛을 내려면 쌀을 고아 만든 고메아마(米飴)나 감주(아마자케, 甘酒), 사탕무를 쓴다. 국물 요리를 할 때도 말린 가다랑어포나 멸치 등 동물성 조미료를 쓰지 않고 다시마나 버섯처럼 식물성으로 대신한다. 이외에도 달걀이나 고기, 커피 등을 금지한다.

3) 현지 계절식품 : 매크로바이오틱은 현지 계절식품의 소비를 장려한다. 이것은 신체의 자연스러운 리듬을 지원하고 장거리로 배송되었거나 제철이 아닌 음식을 섭취하는 것보다 건강에 더 유익한 것으로 여겨진다.

4) 식물성 식단 : 매크로바이오틱은 통곡물, 채소, 콩, 해조류를 기본으로 하는 식물성 식단이다. 이 식단은 동물성 제품이 많은 식단보다 건강에 더 좋은 것으로 여겨진다.

5) 마음챙김 식사 : 매크로바이오틱은 마음챙김 식사의 중요성 또는 먹는 동안 존재하고 자각하는 것의 중요성을 강조한다. 여기에는 시간을 들여 음식을 철저히 씹고, 천천히 먹고, 식사 중 산만함을 피하는 것이 포함된다.

6) 식품 배합 : 매크로바이오틱은 적절한 식품 배합의 중요성을 강조한다. 여기에는 서로 호환되는 음식을 먹고 소화하기 어려울 수 있는 조합을 피하는 것이 포함된다.

7) 요리 기술 : 매크로바이오틱은 찌기, 끓이기, 볶기와 같은 음식의 자연적인 풍미와 영양분을 보존하는 요리 기술을 강조한다.

8) 전체론적 접근 : 매크로바이오틱은 건강에 대한 전체론적 접근방식을 취하며 마음, 신체 및 정신의 상호 연결성을 강조한다. 개인의 전반적인 건강과 복지를 지원하는 균형 잡히고 조화로운 생활방식을 이끌도록 권장하고 있다.

전반적으로, 매크로바이오틱의 특성은 건강과 웰빙에 대한 총체적 접근방식을 반영하며, 전체 자연식품, 주의 깊은 식사, 음과 양 에너지 균형의 중요성을 강조한다. 이러한 원칙을 따르면 매크로바이오틱 실무자는 삶의 모든 측면에서 최적의 건강과 조화를 이룰 수 있다고 믿고 있다.

3. 매크로바이오틱(Macrobiotic)의 조리방법

매크로바이오틱의 조리방법은 다음과 같다.

1) 찜(Steaming) : 찜은 음식의 자연적인 풍미와 영양분을 보존하는 데 도움이 되기 때문에 매크로바이오틱에서 널리 사용되는 조리방법이다. 음식을 찌려면 김이 나는 냄비나 찜기 위에 구멍이 뚫려 있는 기물을 올려서 김이 위로 올라오게 한다. 냄비나 찜기에 뚜껑을 덮고 원하는 만큼 익을 때까지 찐다.

2) 삶기(Boiling) : 삶기는 매크로바이오틱의 또 다른 일반적인 요리방법이다. 음식을 끓이려면 물이 끓는 냄비에 넣고 부드러워질 때까지 요리한다.

3) 압력 요리(Pressure cooking) : 압력 요리는 매크로바이오틱에서 곡물과 콩을 요리하는 방법이다. 조리 시간을 줄이기 위해 압력을 가해 음식을 조리하는 것이다. 압력솥은 종종 매크로바이오틱 식사를 준비하는 데 사용된다.

4) 소테(Sauteing) : 소테는 소량의 기름이나 기타 액체로 음식을 고열로 조리하는 것이다. 이 방법은 매크로바이오틱에서 채소를 요리하는 데 종종 사용된다.

5) 볶음(Stir-Frying) : 볶음은 소량의 기름에 고열로 음식을 빠르게 조리하는 것이다. 이 방법은 매크로바이오틱에서 채소 볶음을 준비하는 데 자주 사용된다.

6) 베이킹(Baking) : 베이킹은 매크로바이오틱에서 덜 일반적인 요리방법이지만 빵 및 디저트와 같은 구운 제품을 준비하는 데 사용할 수 있다. 베이킹은 오븐에서 이루어지며 일반적으로 통곡물 가루와 천연 감미료를 사용한다.

7) 발효(Fermenting) : 발효는 매크로바이오틱에서 자주 사용되는 식품을 보존하는 전통적인 방법이다. 된장과 소금에 절인 양배추와 같은 발효 식품은 소화와 전반적인 건강에 유익한 것으로 여겨진다.

전반적으로 매크로바이오틱의 조리방법은 음식의 자연적인 맛과 영양분을 보존하는 조리 기술의 사용을 강조한다. 찌기와 삶기가 가장 일반적인 요리 방법이지만 소테, 볶음, 베이킹도 사용된다. 또한 발효는 매크로바이오틱에서 자주 사용되는 식품을 보존하는 전통적인 방법이다. 이러한 요리 방법을 사용하고 전체 자연식품의 사용을 강조함으로써 매크로바이오틱 실무자는 최적의 건강과 웰빙을 달성할 수 있다고 믿는다.

4. 매크로바이오틱(Macrobiotic)의 식사량

식단에서 매크로바이오틱의 양은 개인의 필요, 목표 및 라이프스타일에 따라 결정된다. 다음은 식단에 포함된 매크로바이오틱의 양이다.

1) 통곡물(Whole grain) : 통곡물은 매크로바이오틱 식단의 기초이며 일일 칼로리 섭취량의 50~60%를 차지해야 한다. 통곡물에는 현미, 보리, 퀴노아, 기장, 귀리가 포함된다. 이 곡물은 복합 탄수화물, 섬유질 및 B 비타민류의 좋은 공급원이다.

2) 채소(Vegetable) : 채소는 매크로바이오틱 식단의 필수 부분이며 일일 칼로리 섭취량의 25~30%로

구성해야 한다. 채소는 날것으로 먹거나, 찌거나, 삶거나, 볶을 수 있다. 짙은 녹색 잎이 많은 채소, 뿌리채소, 십자화과 채소(양배추)가 특히 유익하다.

3) 콩과 콩류(Bean and Legumes) : 콩과 콩류는 매크로바이오틱 식단에서 훌륭한 단백질 공급원이 며 일일 칼로리 섭취량의 5~10%를 차지해야 한다. 콩과 콩류는 요리하거나, 싹을 틔우거나, 발효시켜 먹을 수 있다.

4) 해조류(Sea vegetables) : 김, 미역, 다시마와 같은 해조류는 미네랄이 풍부한 장수식으로 정기적 으로 섭취해야 한다.

5) 생선 및 해산물(Fish and seafood) : 생선과 해산물은 매크로바이오틱 식단에서 적당히 섭취해야 한다. 자연산으로 신선한 생선이 양식 생선보다 선호된다.

6) 과일(Fruit) : 과일은 매크로바이오틱 식단에서 적당히 섭취하면 된다. 수입과일보다 현지산 제철 과일을 선호한다.

7) 견과류와 씨앗(Nut and seed) : 견과류와 씨앗은 매크로바이오틱 식단에서 적당히 섭취하면 된다. 견과류와 씨앗은 단백질, 건강한 지방 및 미네랄의 좋은 공급원이다.

전반적으로 매크로바이오틱 식단은 전체 자연식품을 강조하고 다량 영양소(탄수화물, 단백질 및 지 방)와 미량 영양소(비타민 및 미네랄)의 균형 잡힌 섭취를 권장한다. 식단에서 매크로바이오틱의 양은 개인의 필요와 목표에 따라 다르다. 특정 요구에 맞는 최적의 매크로바이오틱 양을 결정하려면 자격을 갖춘 의료 전문가 또는 매크로바이오틱 전문가와 상담하는 것이 중요하다.

5. 매크로바이오틱(Macrobiotic) 식사의 순서

매크로바이오틱의 식사 순서는 균형, 조화 및 자연 질서의 원칙에 기반한 식사 계획 및 준비에 대하 여 체계적이고 상세한 접근방식을 가지고 있다. 다음은 매크로바이오틱의 식사 순서에 대한 설명이다.

1) 아침 식사(Breakfast) : 하루의 첫 번째 식사는 현미, 보리 또는 오트밀과 같은 통곡물과 함께 된장국, 피클, 두부 또는 템페(tempeh)와 같은 소량의 단백질로 구성하여 가볍고 단순해야 한다.

2) 점심 식사(Lunch) : 정오 식사는 통곡물, 채소 및 소량의 단백질로 구성된 하루 중 가장 비중이 큰 식사여야 한다. 식사에는 된장국, 피클, 소량의 해초도 포함되어야 한다.

3) 저녁(Dinner) : 저녁 식사는 점심보다 가벼워야 하며 통곡물, 채소 및 소량의 단백질로 구성될 수 있다. 식사에는 된장국, 피클, 소량의 해초도 포함되어야 한다.

4) 간식(Snack) : 간식은 가볍고 단순해야 하며 신선한 과일, 볶은 견과류 또는 떡이 포함될 수 있다.

5) 계절 식사(Seasonal eating) : 매크로바이오틱 식단은 제철에 지역에서 재배된 음식을 먹는 것을 강조한다. 이는 지역 농업을 지원할 뿐만 아니라 연중 특정 시기에 필요한 영양소를 신체가 받아들일 수 있게 한다.

6) 균형 잡힌 섭취(Balanced Intake) : 매크로바이오틱 식단은 다량 영양소(탄수화물, 단백질 및 지방)와 미량 영양소(비타민 및 미네랄)의 균형 잡힌 섭취를 강조한다. 통곡물이 식단의 대부분을 차지해야 하며, 채소, 콩, 콩류, 해초, 생선, 해산물, 과일, 견과 및 씨앗 순서로 우선순위를 둔다.

7) 마음챙김 식사(Mindful eating) : 매크로바이오틱 식단은 마음챙김 식사의 중요성을 강조한다. 마음챙김 식사는 시간을 들여 한입씩 철저히 씹고 음식의 맛과 질감을 음미하는 것을 포함한다. 이 것은 소화 기능을 개선할 뿐만 아니라 식사의 전반적인 즐거움을 향상시킨다.

매크로바이오틱의 식사 순서는 식사 계획 및 준비에 대한 유연하고 적응 가능한 접근방식으로 각 개인의 필요와 선호도를 충족하도록 맞춤화할 수 있다. 특정 요구에 맞는 최적의 식사 순서를 결정하려면 자격을 갖춘 의료 전문가 또는 매크로바이오틱 전문가와 상담할 것을 추천한다.

6. 매크로바이오틱(Macrobiotic) 요리의 종류

매크로바이오틱의 요리 유형은 균형, 조화 및 자연 질서의 원칙을 기반으로 하며 전체 자연식품의 사용을 강조한다. 다음은 매크로바이오틱의 요리 유형이다.

1) 통곡물 : 통곡물은 매크로바이오틱 식단의 기초이며 많은 요리의 기초를 형성한다. 가장 일반적으로 사용되는 곡물로는 현미, 보리, 기장, 퀴노아, 귀리가 있다. 이 곡물은 일반적으로 물이나 국물에 요리되며 반찬으로 제공되거나 수프, 스튜 및 캐서롤의 기본으로 사용될 수 있다.

2) 채소 : 채소는 매크로바이오틱 식단의 필수적인 부분이며 전체 식단에서 풍부하게 섭취하고 있다. 케일, 콜라드 그린, 겨자잎과 같은 짙은 녹색 잎이 많은 채소는 특히 영양 성분이 중요하다. 일반적으로 사용되는 다른 채소로는 양배추, 브로콜리, 콜리플라워, 당근, 양파 및 무가 있다. 채소는 찌거나, 끓이거나, 데치거나 볶는 방식으로 조리할 수 있다.

3) 콩과 콩류 : 렌틸콩, 병아리콩, 팥과 같은 콩과 콩류는 장수식단에서 단백질과 섬유질의 좋은 공급원이다. 일반적으로 요리되어 반찬으로 제공되거나 수프, 스튜 및 캐서롤 요리에 첨가되어 사용된다.

4) 해초 : 김, 미역, 톳과 같은 해조류는 매크로바이오틱 식단에서 미네랄과 미량 원소의 풍부한 공급원이다. 일반적으로 소량으로 사용되며 수프, 스튜 및 샐러드에 추가된다.

5) 생선 및 해산물 : 생선과 해산물은 매크로바이오틱 식단에서 적당히 섭취되며 단백질과 오메가-3지방산으로 인해 가치가 있다. 가장 일반적으로 사용되는 생선 유형에는 연어, 송어 및 고등어가 있다.

6) 과일 : 과일은 매크로바이오틱 식단에서 일반적으로 적당히 자연 상태로 섭취된다. 일반적으로 사용되는 과일에는 사과, 배, 오렌지 및 딸기가 있다.

7) 견과류와 씨앗 : 견과류와 씨앗은 장수식단에서 건강한 지방과 단백질의 좋은 공급원이다. 일반적으로 소량으로 섭취되며 샐러드에 추가하거나 통곡물 요리의 토핑으로 사용할 수 있다.

8) 발효 식품 : 된장, 타마리, 피클과 같은 발효 식품은 일반적으로 매크로바이오틱 식단에 사용되며 프로바이오틱 특성으로 인해 가치가 있다.

매크로바이오틱의 요리 유형은 특정 지역이나 문화적 전통에 국한되지 않고 전 세계의 다양한 요리 요소를 통합할 수 있다. 매크로바이오틱 식단의 핵심 원리는 균형, 조화, 자연 질서이며, 사용되는 특정 재료와 요리는 개인의 취향과 식단 요구에 따라 달라질 수 있다.

7. 매크로바이오틱(Macrobiotic)의 개인에 맞는 식습관

매크로바이오틱의 개별 식습관은 개인의 선호도, 건강상태 및 문화적 전통에 따라 크게 다를 수 있다. 그러나 매크로바이오틱 식습관에서 일반적으로 따르는 몇 가지 일반적인 지침과 관행이 있다. 다음은 매크로바이오틱의 개별 식습관이다.

1) 전체 식품 섭취(Eating whole food) : 매크로바이오틱 식습관은 최소한으로 가공된 전체 자연식품의 소비를 강조한다. 여기에는 통곡물, 채소, 콩, 견과류, 씨앗, 과일 및 해초가 포함된다. 이러한 식품은 일반적으로 처음부터 준비되며 고도로 가공되거나 정제되지 않는다.

2) 지역 및 제철 음식 먹기(Eating local and seasonal foods) : 매크로바이오틱 식습관에서는 지역 및 제철 음식을 먹는 데 중점을 둔다. 이것은 지역 경제를 지원할 뿐만 아니라 음식이 신선하고 영양면에서 최고임을 보장하는 데 도움이 된다.

3) 균형 잡힌 식단 섭취(Eating a balanced diet) : 매크로바이오틱 식습관은 다양한 자연식품을 섭취하여 다량 영양소(탄수화물, 단백질 및 지방)와 미량 영양소(비타민 및 미네랄)의 균형을 제공하는 것을 목표로 한다. 식단은 음식의 선택과 준비를 통해 신체 음양 에너지 균형의 중요성을 강조한다.

4) 건강한 요리 방법 사용(Using healthy cooking method) : 매크로바이오틱 식습관은 음식의 영양 성분을 보존하기 위해 찌고, 끓이고, 볶는 것과 같은 건강한 요리 방법의 사용을 강조한다. 튀기거나 굽는 방법은 해로운 화합물을 생성할 수 있으므로 피하는 것이 좋다.

5) 동물성 제품 줄이기 또는 제거(Reducing or eliminating animal product) : 장수 식습관에서 고기, 유제품, 달걀과 같은 동물성 제품은 일반적으로 소량 섭취하거나 모두 피하는 것이 좋다. 콩, 렌즈콩, 두부와 같은 식물성 단백질은 종종 대체물로 사용된다.

6) 가공 및 정제 식품 피하기(Avoiding processed and refined food) : 흰 빵, 단 음료, 포장 스낵과 같은 가공 및 정제 식품은 일반적으로 장수 식습관에서 피하는 것이 좋다. 이러한 식품에는 종종 첨가당, 건강에 해로운 지방 및 인공 성분이 많이 함유되어 있다.

7) 발효 식품(Incorporating fermented food) : 된장, 템페, 절인 채소와 같은 발효 식품은 일반적으로 장수 식습관에서 추천된다. 이러한 식품에는 소화 건강과 면역 기능을 지원하는 프로바이오틱스가 포함되어 있다.

전반적으로 매크로바이오틱의 개별 식습관은 전체, 자연식품, 균형 잡힌 영양 및 건강한 요리 방법의 소비를 강조한다. 매크로바이오틱 식습관에 대한 만병통치약은 없지만 이러한 원칙은 최적의 건강과 웰빙을 증진하기 위해 개인의 필요와 선호도에 맞게 조정될 수 있다.

8. 매크로바이오틱(Macrobiotic)의 건강한 식습관

매크로바이오틱은 건강한 식습관을 유지하기 위한 방법으로, 다음과 같은 내용을 강조한다.

- 곡물, 채소, 해조류, 대두류 등의 식재료를 중심으로 식사를 구성한다.
- 식재료의 성질을 고려하여 적절한 비율로 조합한다.
- 간단한 조리 방법을 사용하여 영양소를 보존하여 섭취한다.
- 적절한 양의 식사를 유지하며, 식사의 순서를 중요시하고 지킨다.

• 음식의 맛과 영양소뿐만 아니라, 식사하는 환경과 생활 습관도 중요하므로 음식을 섭취할 때 마음 챙김에 집중하며 식사한다.

매크로바이오틱 요리는 단순한 요리법뿐만 아니라, 체계적인 식생활 철학을 제공한다. 개인의 건강 상태와 체질에 맞게 식생활을 조절하여, 건강하고 행복하게 살아갈 수 있도록 도와준다.

Part 5 매크로바이오틱(Macrobiotic) 요리

1. Miso Soup - 된장국

된장국은 매크로바이오틱 요리의 필수품이며 건강하고 영양이 풍부한 요리로 간주된다. 된장을 만드는 데 사용되는 발효과정은 장 건강과 소화를 지원하는 유익한 박테리아를 생성한다. 된장국에는 두부의 단백질 함량이 높고 항산화 성분이 풍부한 버섯이 들어 있다. 해초, 생강 또는 소바 국수를 추가하면 요리의 영양가를 더욱 높일 수 있다. 전반적으로 된장국은 매크로바이오틱 식단에서 맛있고 건강에 좋은 요리이다.

Ingredients

- 1 tbsp miso paste
- 1 cup dashi stock or water
- 1/4 cup cubed tofu
- 1/4 cup chopped scallions
- 1/4 cup sliced shiitake mushroom
- Optional: Wakame seaweed, grated ginger, or cooked soba noodle

Instructions

1. 작은 냄비에 육수나 물을 넣고 끓을 때까지 중불로 가열한다.
2. 깍둑썰기한 두부와 얇게 썬 표고버섯을 냄비에 넣고 부드러워질 때까지 1~2분 동안 조리한다.
3. 냄비에 된장을 넣고 녹을 때까지 저어준다.
4. 불을 약불로 줄이고 2~3분간 더 끓인다.
5. 다진 파와 원하는 다른 선택 재료를 추가한다.
6. 뜨겁게 서빙한다.

치유의 맛 | Culinary Medicine

2. Macro Steam Rice - 매크로 검은콩 현미밥과 매크로바이오틱 채소

Macro Bowl은 맛있고 영양가 있고 인기 있는 매크로바이오틱 요리이다. 현미와 검은콩의 조합은 완전한 단백질을 공급하고 케일, 당근, 적양배추는 다양한 비타민과 미네랄을 공급한다. 이 요리는 또한 섬유질이 풍부하고 아보카도와 참기름의 건강한 지방을 함유하고 있다. 해초, 절인 생강 또는 참깨를 추가하면 해초의 요오드 또는 참깨의 항산화제와 같은 추가적인 영양을 공급받을 수 있다. 전반적으로 Macro Bowl은 좋아하는 재료로 맞춤화할 수 있는 간편하고 만족스러운 식사이다.

Ingredients

- 1/2 cup cooked brown rice
- 1/2 cup cooked black bean
- 1/2 cup chopped kale
- 1/2 cup grated carrots
- 1/4 cup chopped red cabbage
- 20 gram octopus, sliced
- 1/4 avocado, sliced
- 1 tbsp sesame oil
- 1 tbsp tamari or soy sauce
- 1 tbsp rice vinegar
- 1 tsp grated ginger
- Optional: roasted seaweed, pickled ginger, or sesame seed

Instructions

1. 팬에 참기름을 두르고 중불로 가열한다.
2. 다진 케일을 넣고 1~2분간 볶는다.
3. 압력솥에 검은콩이 들어간 현미밥, 간 당근, 다진 적양배추, 문어 슬라이스를 넣는다.
4. 타마리 또는 간장, 쌀식초, 간 생강을 넣고 잘 섞이도록 저어 준다.
5. 채소가 부드러워지고 혼합물이 완전히 가열될 때까지 2~3분 동안 조리한다.
6. 매크로 볼 혼합물을 서빙 볼로 옮긴다.
7. 얇게 썬 아보카도와 원하는 토핑을 추가할 수 있다.
8. 뜨겁게 서빙한다.

3. Soba Noodle Stir-Fry - 소바국수볶음

메밀국수볶음은 만들기 쉽고 풍미가 가득한, 맛있고 만족스러운 장수 요리이다. 메밀국수는 단백질과 섬유소가 풍부한 메밀로 만들고 표고버섯, 피망, 양파, 당근은 다양한 비타민과 미네랄을 제공한다. 이 요리는 레시피에 사용된 생강과 참기름 덕분에 항산화제와 항염증 화합물도 풍부하다. 볶은 참깨와 얇게 썬 김을 추가하면 요리에 영양과 질감을 더할 수 있다. 전반적으로 소바국수볶음은 모든 매크로바이오틱 식단에서 맛있고 건강에 좋은 요리이다.

치유의 맛 | Culinary Medicine

Ingredients

- 1 bundle of soba noodle
- 1/2 cup sliced shiitake mushroom
- 1/2 cup sliced bell pepper
- 1/4 cup sliced onion
- 1/4 cup sliced carrot
- 1/4 cup chopped scallion

- 1 tbsp sesame oil
- 1 tbsp tamari or soy sauce
- 1 tsp grated ginger
- Optional: roasted sesame seed, sliced nori seaweed

Instructions

1. 메밀국수를 끓는 물에 넣어 삶아둔다.
2. 팬에 참기름을 두르고 중불로 가열한다.
3. 팬에 표고버섯 슬라이스, 피망 슬라이스, 양파 슬라이스, 당근 슬라이스를 넣고 부드러워질 때까지 2~3분간 볶는다.
4. 익힌 메밀국수를 팬에 넣고 저어가며 섞는다.
5. 타마리 또는 간장과 간 생강을 팬에 넣고 국수와 채소가 소스에 코팅될 때까지 계속 저어준다.

6. 다진 파를 팬에 넣고 저으면서 섞는다.

7. 메밀국수볶음을 서빙 접시에 옮긴다.

8. 원하는 옵션 토핑을 추가할 수 있다.

9. 뜨겁게 서빙한다.

4. Adzuki Bean Soup - 팥수프

Adzuki콩(팥)수프는 단백질, 섬유질 및 다양한 비타민과 미네랄이 풍부한 영양가 있고 만족스러운 장수 요리이다. Adzuki콩(팥)은 철, 마그네슘, 칼륨 및 엽산의 좋은 공급원이며 종종 건강을 위해 장수 요리에 사용된다.

양파, 당근, 셀러리, 마늘을 추가하면 수프에 영양과 풍미가 더해지며 월계수 잎과 말린 백리향은 깊은 풍미를 더해준다. 수프는 칼로리와 지방이 적기 때문에 체중 관리를 원하는 사람들에게 훌륭한 선택 요리가 될 수 있다.

전반적으로 팥수프는 풍성하고 맛있는 요리이다.

Ingredients

- 1/2 cup dried adzuki bean
- 2 cups water or vegetable broth
- 1/2 cup chopped onion
- 1/2 cup chopped carrot
- 1/2 cup chopped celery
- 1 clove garlic, minced
- 1 tbsp olive oil
- 1 bay leaf
- 1 tsp dried thyme
- salt and pepper to taste Cooking Method

Instructions

1. 팥을 씻어 밤새 또는 최소 8시간 동안 물에 담가 둔다.

2. 팥의 물기를 빼고 헹군다.

3. 냄비에 올리브 오일을 두르고 중불로 가열한다.

4. 다진 양파, 다진 당근, 다진 셀러리, 다진 마늘을 냄비에 넣고 부드러워질 때까지 2~3분 동안 볶는다.

5. 냄비에 팥을 넣고 채소와 섞이도록 저어준다.

6. 냄비에 물이나 채소 육수를 넣고 끓인다.

7. 월계수 잎과 말린 백리향을 냄비에 넣는다.

8. 불을 약하게 줄인 뒤 냄비 뚜껑을 덮고 팥이 부드러워질 때까지 1~2시간 끓인다.

9. 냄비에서 월계수 잎을 제거한다.

10. 핸드 블렌더를 사용하거나 수프를 블렌더로 옮겨 부드러워질 때까지 블렌딩한다.

11. 소금과 후추로 간하고 간이 맞는지 맛을 본다.

12. 뜨겁게 서빙한다.

5. Seaweed Salad - 해초 샐러드

해초 샐러드는 매크로바이오틱 요리에서 흔히 볼 수 있는 상쾌하고 영양가 있는 요리이다. 해초는 갑상선 기능을 지원하는 미네랄인 요오드의 훌륭한 공급원이며 칼슘, 철, 마그네슘을 포함한 다양한 비타민과 미네랄을 함유하고 있다. 이 요리는 칼로리가 낮고 섬유질이 많아 체중 관리를 원하는 사람들에게 훌륭한 선택이 될 수 있다. 우미부도 해초(Umi-budou Seaweed or Caulerpa lentillifera)는 모양이 포도송이와 같아서 바다포도 혹은 녹색 캐비아라고도 부른다. 오이와 당근을 추가하면 샐러드에 추가 영양분과 질감을 제공할 수 있으며 참깨는 건강한 지방과 아삭함을 더할 수 있다. 전반적으로 해초 샐러드는 매크로바이오틱 식단에서 맛있고 건강한 요리이다.

• 카울레르파 렌틸리페라(Caulerpa lentillifera)

바다포도 또는 녹색 캐비아로 알려진 Caulerpa lentillifera는 동남아시아 요리에서 인기 있는 식용 해초이다. 인도 태평양 지역이 원산지이며 얕은 바다와 산호초에서 흔히 볼 수 있다. 바다포도는 영양소가 풍부하고 건강한 식재료이다.

풍부한 비타민과 미네랄 : 바다포도는 비타민 C, E, K뿐만 아니라 칼슘, 마그네슘, 철과 같은 미네랄의 좋은 공급원이다. 이러한 영양소는 건강한 뼈, 피부 및 면역 기능을 유지하는 데 중요하다.

풍부한 항산화제 : Caulerpa lentillifera는 항산화제가 풍부하여 자유 라디칼로 인한 세포 손상으로부터 신체를 보호할 수 있다.

혈당 조절에 도움이 될 수 있음 : 바다 포도의 높은 섬유질 함량은 혈당 수치를 조절하고 인슐린 감수성을 개선하는 데 도움이 될 수 있다.

체중 감소를 촉진할 수 있음 : 저칼로리와 높은 섬유질 함량으로 인해 바다포도는 포만감을 오래 유지하므로 체중 감소에 도움이 될 수 있다.

항염증 효과 : 연구에 따르면 Caulerpa lentillifera는 항염증 효과가 있어 심장병 및 암과 같은 만성 질환의 위험을 줄이는 데 도움이 될 수 있다.

Ingredients

- 1/4 cup mixed seaweed(such as wakame, hijiki, or arame)
- 1/4 cup Umi—budou seaweed or sea grapes seaweed
- 1 tbsp rice vinegar
- 1 tbsp tamari or soy sauce
- 1/2 tsp sesame oil
- 1/4 tsp grated ginger
- Optional : sliced cucumber, shredded carrot, sesame seeds

Instructions

1. 미역과 해초는 부드러워질 때까지 찬물에 5~10분 정도 담갔다가 뜨거운 물에 살짝 데친다.
2. 미역과 해초를 찬물에 담가 식힌 후에 물기를 제거하고 여분의 물을 짜낸다.
3. 그릇에 쌀식초, 타마리 또는 간장, 참기름, 간 생강을 섞는다.
4. 그릇에 해초를 넣고 버무려 드레싱과 합친다.
5. 원하는 선택 재료를 추가할 수 있다.
6. 차갑게 서빙한다.

Plant Natural Compounds Beneficial to Our Body, Phytochemical

Key Point

- 파이토케미컬은 식물에서 발견되는 생물학적 활성 화합물로
  다양한 건강상의 이점이 있는 것으로 밝혀지고 있다.
- 파이토케미컬은 종종 "식물 화학물질"이라 불리며 필수 영양소는 아니지만
  질병을 막아주고 전반적인 건강을 증진하는 데 도움이 될 수 있다.

Chapter 17

우리 몸에 유익한 식물 천연화합물 파이토케미컬

- 파이토케미컬이란?
- 파이토케미컬이 건강에 좋은 이유
- 각 식품과 그 성분이 건강에 미치는 영향
- 파이토케미컬 성분과 식품
- 파이토케미컬 음식

01 파이토 케미컬 Phytochemical

Part 1 파이토케미컬(Phytochemical)이란?

1. 파이토케미컬의 정의

파이토케미컬은 식물에서 발견되는 생물학적 활성 화합물로 다양한 건강상의 이점이 있는 것으로 밝혀지고 있다. 파이토케미컬은 종종 '식물 화학물질'이라 불리며 필수 영양소는 아니지만 질병으로부터 보호하고 전반적인 건강을 증진하는 데 도움이 될 수 있다.

'phytochemical'이라는 단어는 '피토(phyto)'와 '케미컬(chemical)'이라는 두 단어에서 파생되었다. 'Phyto'는 '식물'을 의미하는 그리스어 'phyton'에서 유래한 접두사이다. 따라서 'phyto'는 식물을 의미한다. '화학'은 독특한 분자 구성을 갖고 화학공정에 의해 생산되거나 화학공정에서 사용되는 모든 물질을 의미한다. 따라서 '파이토케미컬'은 식물이 생산하는 화합물이다. 이러한 화합물은 다양한 생물학적 활동을 할 수 있으며 이를 섭취하는 사람과 동물에게 건강상의 이점을 제공할 수 있다. 파이토케미컬의 예로는 플라보노이드(flavonoid), 카로티노이드(carotenoid) 및 레스베라트롤(resveratrol)이 있다.

2. 파이토케미컬이 건강에 좋은 이유

파이토케미컬은 암, 심장병, 당뇨병과 같은 만성질환의 위험을 줄이는 등 다양한 건강상의 이점이 있는 것으로 나타났다. 파이토케미컬은 항산화제 역할을 하고, 면역력을 높이고, 염증을 줄이고, 혈액 순환을 개선하고, 몸을 해독하고, 심지어 항암효과도 있을 수 있다.

3. 각 식품과 그 성분이 건강에 미치는 영향

다양한 식품에는 다양한 유형의 파이토케미컬이 포함되어 있으며 각각의 파이토케미컬은 건강에 특정한 영향을 미칠 수 있다. 예를 들어 다음과 같은 효과가 있다.

- 과일, 채소 및 차에서 발견되는 플라보노이드는 항산화제 역할을 할 수 있으며 항염효과가 있다.
- 다채로운 과일과 채소에서 발견되는 카로티노이드는 암과 눈 질환을 예방할 수 있다.
- 포도와 적포도주에서 발견되는 레스베라트롤은 심장 건강을 향상시킬 수 있다.
- 양파에서 발견되는 황화합물은 혈압을 낮추고 심장질환의 위험을 줄일 수 있다.
- 대두에서 발견되는 이소플라본은 유방암과 골다공증의 위험을 줄일 수 있다.

4. 파이토케미컬이 우리 몸에서 항산화제로 작용하는 방식

파이토케미컬은 세포를 손상시키고 만성질환의 발병에 기여할 수 있는 불안정한 분자인 자유 라디칼을 중화함으로써 체내에서 항산화제 역할을 할 수 있다. 항산화제는 이러한 손상으로부터 세포를 보호하여 암, 심장병 및 알츠하이머와 같은 질병의 위험을 줄일 수 있다.

5. 파이토케미컬이 우리 몸의 면역을 강화하고 조절

파이토케미컬은 또한 감염과 질병 퇴치를 담당하는 면역체계를 강화하고 조절하는 데 도움이 될 수 있다. 일부 식물성 화학물질은 면역세포의 활동을 강화할 수 있는 반면, 다른 식물 화학물질은 자가 면역질환으로 이어질 수 있는 과잉반응을 방지하기 위해 면역체계를 조절하는 데 도움이 될 수 있다.

6. 우리 몸에서 파이토케미컬의 항염작용

염증은 감염과 싸우고 부상을 치료하는 데 도움이 되는 신체의 자연스러운 과정이다. 그러나 만성 염증은 관절염, 심장병 및 암과 같은 만성질환을 초래할 수 있다. 파이토케미컬은 염증 효소를 억제하고 염증 분자 생성을 줄임으로써 신체의 염증을 줄이는 데 도움이 될 수 있다.

7. 파이토케미컬이 우리 몸의 혈관을 확장하고 혈액을 순환시키는 작용

파이토케미컬은 또한 혈관을 확장하고 혈전 위험을 줄임으로써 혈액 순환을 개선하는 데 도움이 될 수 있다. 이것은 심장병과 뇌졸중의 위험을 줄이는 데 도움이 될 수 있다. 일부 식물성 화학물질은 혈관 벽의 근육을 이완시켜 혈압을 낮추는 데 도움이 될 수도 있다.

8. 파이토케미컬이 우리 몸을 해독

파이토케미컬은 독소를 분해하고 체내에서 제거하는 효소의 활동을 강화하여 신체 해독을 도울 수 있다. 이것은 환경 독소 및 오염물질의 유해한 영향으로부터 보호하는 데 도움이 될 수 있다.

9. 우리 몸에서 이루어지는 파이토케미컬의 항암작용

파이토케미컬은 암세포의 성장과 확산을 억제하고, 암세포의 사멸(프로그램화된 세포사멸)을 촉진하고, 종양에 영양을 공급하는 혈관의 형성을 감소시켜 항암효과를 나타낼 수 있다. 일부 파이토케미컬은 암으로 이어질 수 있는 DNA 손상 및 돌연변이를 예방하는 데 도움이 될 수도 있다.

Part 2 파이토케미컬(Phytochemical) 성분과 식품

우리 몸에 유익한 파이토케미컬 성분은 수천 가지가 넘는다. 여기서는 대표적인 것만 소개한다.

1. 알리신(Allicin) : **마늘**에서 발견되는 **알리신**은 항균 및 항바이러스 특성이 있는 것으로 나타났으며 콜레스테롤과 혈압 수치를 낮추는 데 도움이 될 수 있다.

2. 커큐민(Curcumin) : **강황**에서 발견되는 커큐민은 항염증 및 항산화 특성이 있으며 **심장병, 알츠하이머** 및 특정 유형의 암 위험을 줄이는 데 도움이 될 수 있다.

3. 베타카로틴(Beta-carotene) : **당근, 고구마, 잎채소**에서 발견되는 베타카로틴은 **강력한 항산화제**로 체내에서 비타민 A로 전환되어 건강한 피부, 눈, 면역 기능을 유지하는 데 도움을 줄 수 있다.

4. 카테킨(Catechin) : **녹차**에서 발견되는 카테킨은 항산화 특성을 가지고 있으며 **특정 유형의 암, 심혈관 질환의 위험을 낮추고** 뇌 기능을 개선하는 데 도움이 될 수 있다.

5. 클로로겐산(Chlorogenic acid) : **커피**에서 발견되는 클로로겐산은 항산화 특성이 있으며 **혈압을 낮추고 제2형 당뇨병의 위험을 줄이는 데** 도움이 될 수 있다.

6. 안토시아닌(Anthocyanin) : **블루베리, 블랙베리, 라즈베리**에서 발견되는 안토시아닌은 **항산화 및 항염작용**을 하며 인지 기능을 향상시키는 데 도움이 될 수 있다.

7. 에피갈로카테킨 갈레이트(EGCG : EpiGalloCatechin Gallate) : **녹차**에서 발견되는 EGCG는 항산화 특성을 가지고 있으며 **뇌 기능을 개선**하고 신진대사를 촉진하며 특정 유형의 암 위험을 줄이는 데 도움이 될 수 있다.

8. 플라보노이드(Flavonoid) : **다양한 과일과 채소**에서 발견되는 플라보노이드는 항산화 및 항염증 특성을 가지고 있으며 **심장 질환, 뇌졸중 및 일부 유형의 암 위험을 줄이는 데 도움**이 될 수 있다.

9. 제니스테인(Genistein) : **콩**에서 발견되는 제니스테인은 유방암과 전립선암의 위험을 줄이고 **뼈 건강**을 개선하는 데 도움이 될 수 있는 식물성 에스트로겐이다.

10. 리코펜(Lycopene) : **토마토**에서 발견되는 리코펜은 특정 유형의 암 위험을 줄이고 **심장 건강**을 개선하며 자외선 손상으로부터 보호하는 데 도움이 되는 강력한 항산화제이다.

11. 오메가-3지방산(Omega-3 fatty acid) : **생선, 견과류 및 씨앗**에서 발견되는 오메가-3지방산은 염증을 줄이고 **심장 건강**을 개선하며 뇌 기능을 향상시키는 데 도움이 될 수 있다.

12. 페놀산(Phenolic acid) : **과일과 채소**에서 발견되는 페놀산은 항산화 특성을 가지고 있으며 특정 유형의 암 위험을 줄이고 **심장 건강**을 개선하는 데 도움이 될 수 있다.

13. 프로안토시아니딘(Proanthocyanidin) : **포도와 적포도주**에서 발견되는 프로안토시아니딘은 항산화 특성을 가지고 있으며 **심장 건강**을 개선하고 **염증을 줄이며** 인지 기능을 향상시키는 데 도움이 될 수 있다.

14. 퀘르세틴(Quercetin) : **사과, 양파 및 감귤류**에서 발견되는 퀘르세틴은 항산화 및 **항염증 특성**을 가지고 있으며 특정 유형의 암 위험을 줄이고 심장 건강을 개선하는 데 도움이 될 수 있다.

15. 레스베라트롤(Resveratrol) : **포도, 땅콩 및 적포도주**에서 발견되는 레스베라트롤은 항산화 특성을 가지고 있으며 염증을 줄이고 심장 건강을 개선하며 특정 유형의 **암을 예방**하는 데 도움이 될 수 있다.

16. 사포닌(Saponin) : **콩류와 통곡물**에서 발견되는 사포닌은 **항염 작용**을 하며 특정 유형의 암 위험을 줄이고 심장 건강을 개선하는 데 도움이 될 수 있다.

17. 설포라판(Sulforaphane) : **브로콜리 및 기타 십자화과 채소**에서 발견되는 설포라판은 특정 유형의 **암 위험을 줄이고 간 기능을 개선**하는 데 도움이 될 수 있다.

18. 글루코시놀레이트(Glucosinolate) : **브로콜리, 콜리플라워, 케일**과 같은 십자화과 채소에서 발견되는 글루코시놀레이트는 **특정 유형의 암 위험을 줄이고 간 기능을 개선**하는 데 도움이 될 수 있다.

19. 테르페노이드(Terpenoid)

테르펜(terpene)으로도 알려진 테르페노이드는 식물에서 발견되는 크고 다양한 자연 발생 화합물 그룹이다.

테르펜은 이소프렌(Isoprene) 단위로 구성되어 있으며 많은 허브, 향신료 및 에센셜 오일에서 발견되는 독특한 향과 풍미를 담당한다. 감각적 특성 외에도 테르페노이드는 건강상의 이점도 있다.

● **테르페노이드가 건강에 유익한 이유**

1) **리모넨(Limonene)** : **감귤류** 및 기타 식물에서 발견되는 리모넨은 **항산화 및 항염증** 특성을 가지고 있으며 소화기 건강을 개선하고 특정 유형의 암 위험을 줄이는 데 도움이 될 수 있다.

2) **피넨(Pinene)** : **솔잎** 및 기타 식물에서 발견되는 피넨은 항염증 특성을 가지고 있으며 **호흡기 건강**을 개선하고 통증과 염증을 줄이는 데 도움이 될 수 있다.

3) 미르센(Myrcene) : 홉, 망고 및 기타 식물에서 발견되는 미르센은 항산화 및 **항염증 특성**을 가지고 있으며 수면을 개선하고 통증과 불안을 줄이는 데 도움이 될 수 있다.

4) 카리오필렌(Caryophyllene) : 검은 후추, 정향 및 기타 식물에서 발견되는 카리오필렌은 **항염증 및 진통** 특성이 있으며 통증과 염증을 줄이는 데 도움이 될 수 있다.

5) 제라니올(Geraniol) : 장미, 레몬그라스 및 기타 식물에서 발견되는 제라니올은 **항산화 특성**을 가지고 있으며 염증을 줄이고 소화 건강을 개선하는 데 도움이 될 수 있다.

6) 멘톨(Menthol) : 민트 식물에서 발견되는 멘톨은 진통 특성이 있으며 통증을 줄이고 **호흡기 건강**을 개선하는 데 도움이 될 수 있다.

7) 캄포(Camphor) : 녹나무 및 **기타 식물**에서 발견되는 캄포는 월계수과에 속하는 동아시아 나무로 **항염증** 및 진통 특성이 있으며 통증을 줄이고 호흡기 건강을 개선하는 데 도움이 될 수 있다.

8) 유칼립톨(Eucalyptol) : 유칼립투스 잎과 다른 식물에서 발견되는 유칼립톨은 **항염증 및 진통 특성**을 가지고 있으며 호흡기 건강을 개선하고 통증과 염증을 줄이는 데 도움이 될 수 있다.

9) 테르피넨(Terpinene) : **티트리 오일** 및 기타 식물에서 발견되는 테르피넨은 **항균성**으로 피부 건강을 개선하고 감염 위험을 줄이는 데 도움이 될 수 있다.

10) **투욘(Thujone)** : 쑥 및 기타 식물에서 발견되는 투욘은 항균성으로 **소화기 건강**을 개선하고 감염 위험을 줄이는 데 도움이 될 수 있다.

이것은 식물에서 발견되는 많은 테르페노이드와 건강상의 이점에 대한 몇 가지 예일 뿐이다. 일부 테르페노이드는 고용량에서 독성이 있을 수 있으므로, 기저 건강 상태가 있는 경우 의료 전문가의 지도 하에 적당히 섭취하는 것이 중요하다.

● 허브 스파이스의 지배적인 테르펜에 따른 12가지 그룹

1) 미르센(Myrcene)이 주를 이루는 향신료 : 바질, 월계수 잎, 홉, 망고, 백리향

긴장을 완화·**진정시키는 효과**가 있는 것으로 알려져 있으며 종종 진정 효과를 내는 데 사용된다. 이러한 향신료를 즐기는 사람들은 일반적으로 느긋하고 태평하며 독서나 영화 감상과 같은 부드러운 활동을 선호한다.

2) 리모넨(Limonene)이 주를 이루는 향신료 : 레몬 밤, 레몬 백리향, 레몬그라스, 오렌지, 페퍼민트,

로즈마리

기분을 좋게 하고 활력을 주는 효과가 있는 것으로 알려져 있다. 이러한 향신료를 즐기는 사람들은 일반적으로 외향적이고 모험적이며 하이킹이나 춤과 같은 다이내믹한 활동을 선호한다.

3) **피넨(Pinene)이 주를 이루는 향신료 : 딜, 회향, 파슬리, 소나무, 로즈마리, 세이지**

자극 및 **상쾌한 효과**로 유명하며 정화 특성으로 자주 사용된다. 이러한 향신료를 즐기는 사람들은 일반적으로 집중력과 추진력이 있으며, 정신적 민첩성과 세부 사항에 대한 관심이 필요한 작업을 선호한다.

4) **리날로올(Linalool)이 주를 이루는 향신료 : 바질, 라벤더, 마요라나, 민트, 로즈마리, 타임**

진정 효과로 사용된다. 이러한 향신료를 즐기는 사람들은 일반적으로 건강과 자기 관리를 촉진하는 활동을 선호하며 양육하고 배려하는 기질이 있다.

5) **카리오필렌(Caryophyllene)이 우세한 향신료 : 후추, 정향, 홉, 오레가노, 로즈마리, 타임**

몸을 따뜻하게 하고 활력을 주는 효과가 있는 것으로 알려져 있으며 편안함을 주는 특성 때문에 자주 사용된다. 이러한 향신료를 즐기는 사람들은 일반적으로 모임과 공유 경험을 선호하며 사교적이고 외향적이다.

6) **테르피놀렌(Terpinolene)이 주를 이루는 향신료 : 사과, 커민, 라일락, 육두구, 티트리 오일, 강황**

기분 전환 및 상쾌한 효과를 주는 것으로 유명하며 종종 활력을 주는 데 사용된다. 이러한 향신료를 즐기는 사람들은 일반적으로 창의적이고 상상력이 풍부하며 자신을 표현할 수 있는 활동을 선호한다.

7) **후물렌(Humulene) 홉의 방향유에 들어 있는 세스퀴더펜 방향 화합물이 지배적인 향신료 : 바질, 정향, 생강, 홉, 오레가노, 세이지**

접지(Grounding : 신체적, 정신적 건강이 향상될 수 있게 땅을 맨발로 걷는 등 땅과 접촉하는 활동) 및 **센터링 효과**(Centering Effect : 마음을 집중하고 집중력을 높이는 데 도움이 됨)로 알려져 있으며, 마음을 집중하고 안정감을 느끼기 위한 활동용으로 쓰인다. 이러한 향신료를 즐기는 사람들은 일반적으로 실용적이고 현실적이며 안정과 보안을 촉진하는 활동을 선호한다. 접지(Grounding)는 향신료의 향기와 특성을 더 부드럽고 균형있게 만드는 과정이다.

8) **오시멘(Ocimene)이 주를 이루는 향신료 : 바질, 민트, 파슬리, 후추, 타라곤, 백리향**

상쾌하고 활력을 주는 효과로 유명하며 이러한 향신료를 즐기는 사람들은 일반적으로 호기심이 많고 탐색적이며 새로운 것을 시도하고 새로운 경험하는 것을 선호한다.

9) 제라니올(Geraniol)이 주를 이루는 향신료 : 고수풀, 라벤더, 레몬 밤, 육두구, 장미, 백리향

진정 및 이완 효과로 유명하다. 이러한 향신료를 즐기는 사람들은 일반적으로 공감력이 좋고 동정심이 많으며 연결과 이해를 촉진하는 활동을 선호한다.

10) 펠란드렌(Phellandrene)이 주를 이루는 향신료 : 아니스, 계피, 유칼립투스, 생강, 파슬리, 후추

자극과 상쾌한 효과로 유명하며 종종 활력을 주는 특성으로 사용된다. 이러한 향신료를 즐기는 사람들은 일반적으로 역동적이고 활동적이며 움직이고 노력할 수 있는 활동을 선호한다.

11) 사비넨(Sabinene)이 주를 이루는 향신료 : 당근 씨, 육두구, 후추, 타라곤, 백리향, 강황

자극 및 활력 효과로 유명하며 종종 상쾌한 특성으로 사용된다. 이러한 향신료를 즐기는 사람들은 일반적으로 활기차고 외향적이며 계속 참여하고 즐겁게 해주는 활동을 선호한다.

12) 테르피네올(Terpineol)이 주를 이루는 향신료 : 카더멈, 정향, 유칼립투스, 주니퍼, 라벤더, 육두구

진정 효과로 잘 알려져 있으며 종종 편안한 특성을 위해 사용된다. 이러한 향신료를 즐기는 사람들은 일반적으로 사려 깊고 내성적이며, 반성하고 긴장을 풀 수 있는 활동을 선호한다.

위의 설명은 일반적인 내용이며 개인마다 고유한 생리 및 심리에 따라 다양한 향신료에 대해 다른 반응을 보일 수 있다.

셰프는 위의 향신료 특성을 반영하여 요리에 사용하고, 고객에게 셰프 컨시어지로서 스토리텔링을 할 수 있다.

20. 테아플라빈(Theaflavin) : 홍차에서 발견되는 테아플라빈은 항산화 특성을 가지고 있으며 심장 건강을 개선하고 특정 유형의 암 위험을 줄이는 데 도움이 될 수 있다.

21. 탄닌(Tannin) : **차와 와인**에서 발견되는 탄닌은 항산화 특성을 가지고 있으며 염증을 줄이고 **심장 건강**을 개선하는 데 도움이 될 수 있다.

22. 엘라그산(Ellagic acid) : **딸기, 견과류, 석류**에서 발견되는 엘라그산은 **항산화 특성**을 가지고 있으며 특정 유형의 암 위험을 줄이고 심장 건강을 개선하는 데 도움이 될 수 있다.

23. 진저롤(Gingerol) : **생강**에서 발견되는 진저롤은 **항염 작용**을 하며 메스꺼움을 줄이고 소화기 건강을 개선하는 데 도움이 될 수 있다.

24. 글루타티온(Glutathione) : **아보카도, 아스파라거스, 시금치**에서 발견되는 글루타티온은 **산화 스트레스를 줄이고** 면역 기능을 향상시키는 데 도움이 되는 항산화제이다.

25. 이소플라본(Isoflavone) : **콩**에서 발견되는 이소플라본은 특정 유형의 암 위험을 줄이고 **뼈 건강**을 개선하는 데 도움이 되는 식물성 에스트로겐이다.

26. 진저론(Zingerone) : **생강**에서 발견되는 진저론은 염증을 줄이고 **소화기 건강을 개선**하는 데 도움이 될 수 있다.

27. 루테인(Lutein) : **시금치 및 기타** 잎이 많은 채소에서 발견되는 루테인은 **눈 건강을 개선**하고 노화 **관련 황반 변성의 위험을 줄이는 데 도움**이 될 수 있다.

28. 올레우로페인(Oleuropein) : **올리브 오일**과 올리브에서 발견되는 올레우로페인은 **항염증 및 항산화** 특성을 가지고 있으며 심장 건강을 개선하고 특정 유형의 암 위험을 줄이는 데 도움이 될 수 있다.

29. 피토스테롤(Phytosterol) : **견과류와 씨앗**에서 발견되는 피토스테롤은 **콜레스테롤 수치를 낮추고** 심장 건강을 개선하는 데 도움이 될 수 있다.

30. 피페린(Piperine) : **후추**에서 발견되는 피페린은 영양소 흡수를 개선하고 **염증을 줄이는 데 도움**이 될 수 있다.

31. 폴리페놀(Polyphenol) : **과일**, 채소 및 견과류에서 발견되는 폴리페놀은 **항산화 및 항염증** 특성을 가지고 있으며 특정 유형의 암 위험을 줄이고 심장 건강을 개선하는 데 도움이 될 수 있다.

32. 퀴논(Quinone) : **브로콜리 및 기타 십자화과 채소**에서 발견되는 퀴논은 **염증을 줄이고** 심장 건강을 개선하는 데 도움이 될 수 있다.

33. 황화물(Sulfide) : 양파에서 발견되는 황화물은 **항산화 특성**을 가지고 있으며 특정 유형의 암 위험을 줄이고 심장 건강을 개선하는 데 도움이 될 수 있다.

34 카로티노이드(Carotenoid) : **과일과 채소**에서 발견되는 카로티노이드는 항산화 특성을 가지고 있으며 **특정 유형의 암 위험을 줄이고 눈 건강**을 개선하는 데 도움이 될 수 있다.

35. 우르솔산(Ursolic acid) : **사과 껍질, 바질, 로즈마리**에서 발견되는 우르솔산은 **항산화 특성**이 있으며 염증을 줄이고 근육량과 기능을 개선하는 데 도움이 될 수 있다.

36. 크산토필(Xanthophyll) : **잎이 많은 채소와 노란색/오렌지색 과일 및 채소**에서 발견되는 크산토필은 눈 건강을 개선하고 **노화 관련 황반 변성의 위험을 줄이는 데 도움**이 될 수 있다.

37. 제아잔틴(Zeaxanthin) : **시금치, 옥수수, 케일, 파슬리**에서 발견되는 제아잔틴은 **눈 건강**을 개선하고 노화 관련 황반 변성의 위험을 줄이는 데 도움이 될 수 있다.

38. 캠페롤(Kaempferol) : **케일, 브로콜리** 및 기타 잎이 많은 채소에서 발견되는 캠페롤은 **항산화 및 항염증** 특성을 가지고 있으며 특정 유형의 암 위험을 줄이고 심장 건강을 개선하는 데 도움이 될 수 있다.

이것은 우리의 건강에 도움이 될 수 있는 많은 식물성 화학성분의 몇 가지 예일 뿐이다. 따라서 다양한 과일, 채소, 통곡물, 견과류 및 씨앗류를 골고루 섭취하는 것이 중요하다.

Part 3 파이토케미컬(Phytochemical) 식단

다양하고 다채로운 과일, 채소 및 콩류같이 식물성 화학물질이 풍부한 식품을 식단에 올림으로써 최적의 건강을 유지하고 만성질환의 위험을 줄일 수 있다. 우리 몸에 유익한 파이토케미컬 식단을 예시로 소개한다.

1. Roasted Brussels Sprouts and Garlic with Allicin
알리신이 풍부한 마늘을 곁들인 구운 방울양배추(브뤼셀 스프라우트)

Ingredients

- 1 cup Brussels sprouts, halved
- 2 garlic cloves, minced
- 1 tbsp olive oil
- salt and pepper, to taste

Instructions

1. 오븐을 200℃로 예열한다.
2. 그릇에 방울양배추, 마늘, 올리브 오일, 소금, 후추가 잘 버무려질 때까지 섞는다.
3. 스테인리스 굽는 판에 혼합물을 담는다.
4. 오븐에서 20~25분 동안 또는 방울양배추가 부드러워지고 약간 갈색이 될 때까지 굽는다.
5. 뜨겁게 서빙한다.

Why

브뤼셀 스프라우트(방울양배추)에는 항암 특성이 있는 것으로 밝혀진 글루코시놀레이트(glucosinolate)가 함유되어 있다. 방울양배추에는 또한 면역 기능과 소화기 건강을 지원하는 데 도움이 되는 비타민 C, 비타민 K 및 섬유질의 좋은 공급원이다.

마늘에는 항균 및 항염증 특성이 있는 것으로 밝혀진 화합물인 알리신이 포함되어 있다. 또한 혈압을 낮추고 심장 질환의 위험을 줄이는 데 도움이 될 수 있다.

방울양배추 및 마늘과 같은 식물성 화학물질이 풍부한 식품을 식단에 포함함으로써 최적의 건강을 유지하고 만성질환의 위험을 줄일 수 있다.

2. Mango and Black Bean Salad, Cilantro with Lycopene
리코펜이 풍부한 고수를 곁들인 망고와 검은콩 샐러드

Ingredients

- 1 cup fresh mango, diced
- 1/2 cup canned black beans, drained and rinsed
- 1/4 red onion, thinly sliced
- 1/4 red bell pepper, diced
- 1/4 cup fresh cilantro, chopped
- 1 tbsp lime juice
- 1 tbsp olive oil
- salt and pepper, to taste

Instructions

1. 그릇에 망고, 검은콩, 적양파, 붉은 피망, 고수를 함께 섞는다.
2. 별도의 그릇에 라임 주스, 올리브 오일, 소금, 후추를 함께 넣어 드레싱을 만든다.
3. 샐러드 위에 드레싱을 뿌리고 잘 코팅될 때까지 버무린다.
4. 차갑게 서빙한다.

Why

이 요리에는 망고, 검은콩, 적양파, 고수 등 식물성 화학물질이 풍부한 여러 재료가 들어 있다.

1. 망고는 카로티노이드가 풍부해서 신체에서 항산화제 역할을 하는 식물성 화학물질이다. 이 화합물은 손상으로부터 세포를 보호하고 암 및 심장병과 같은 만성질환의 위험을 줄이는 데 도움이 될 수 있다.

2. 검은콩은 항산화 및 항염 작용을 하는 또 다른 유형의 식물성 화학물질인 안토시아닌의 좋은 공급원이다. 또한 혈당 조절을 개선하고 심장 건강을 지원하는 데 도움이 될 수 있다.

3. 붉은 양파에는 특정 암의 위험을 줄이고 심장 건강을 개선하는 데 도움이 되는 식물성 화학물질의 일종인 플라보노이드가 포함되어 있다.

4. 실란트로에는 항암 특성이 있는 것으로 밝혀진 카로티노이드인 리코펜이 함유되어 있다. 또한 심장 질환의 위험을 줄이고 건강한 피부를 지원하는 데 도움이 될 수 있다.

3. Broccoli and Carrot Stir-Fry, Ginger with Sulforaphane
설포라판이 풍부한 생강을 곁들인 브로콜리와 당근 볶음

Ingredients

- 1 cup broccoli florets
- 1/2 cup carrot, sliced
- 1 garlic clove, minced
- 1 tsp ginger, grated
- 1 tbsp soy sauce
- 1 tbsp olive oil
- salt and pepper, to taste

Instructions

1. 팬을 화덕에 올리고 팬에 올리브 오일을 넣은 후 중불로 가열한다.

2. 마늘과 생강을 넣고 향이 날 때까지 1~2분간 가열한다.

3. 브로콜리와 당근을 넣고 채소가 부드러우면서도 약간 바삭해질 때까지 3~4분간 볶는다.

4. 간장을 넣고 저어 채소에 기본 짠맛과 감칠맛이 배게 코팅한다.

5. 소금과 후추로 간을 한다.

6. 뜨겁게 서빙한다.

Why

이 요리에는 식물성 화학물질이 풍부한 브로콜리, 당근, 마늘, 생강이 들어 있다.

1. 브로콜리에는 항암 특성이 있는 것으로 밝혀진 화합물인 설포라판이 함유되어 있다. 또한 심장 건강을 지원하고 면역체계를 강화하는 데 도움이 될 수 있다.

2. 당근에는 체내에서 비타민 A로 전환되는 카로티노이드인 베타카로틴이 풍부하다. 이 영양소는 건강한 시력, 면역 기능 및 피부 건강에 중요하다.

3. 마늘에는 항균 및 항염증 특성이 있는 것으로 밝혀진 화합물인 알리신이 포함되어 있다. 또한 혈압을 낮추고 심장 질환의 위험을 줄이는 데 도움이 될 수 있다.

4. 생강에는 항산화 및 항염 작용을 하는 화합물인 진저롤이 함유되어 있다. 또한 메스꺼움과 구토를 줄이고 건강한 소화를 지원하는 데 도움이 될 수 있다.

• 눈에 좋은 파이토케미컬이 풍부한 요리 1

4. Spinach and Berry Salad, Walnuts with Lutein
루테인이 풍부한 호두를 곁들인 시금치, 베리 샐러드

Ingredients

- 2 cups fresh baby spinach
- 1/2 cup mixed berries
  (such as blueberries, raspberries, and strawberries)
- 1/4 cup walnuts, chopped
- 1 tbsp balsamic vinegar
- 1 tbsp olive oil
- salt and pepper, to taste

Instructions

1. 큰 그릇에 시금치, 딸기, 호두를 섞는다.
2. 작은 그릇에 발사믹 식초, 올리브 오일, 소금, 후추를 함께 넣어 드레싱을 만든다.
3. 샐러드 위에 드레싱을 뿌리고 잘 코팅될 때까지 버무린다.
4. 차갑게 서빙한다.

Why

이 요리는 눈에 좋은 파이토케미컬이 풍부하다.

1. 시금치는 눈 건강에 중요한 두 가지 카로티노이드인 루테인과 제아잔틴이 풍부하다.

2. 딸기에는 항산화 및 항염 작용을 하는 안토시아닌이 풍부하다.

3. 호두는 노화 관련 황반 변성의 위험을 줄이는 데 도움이 되는 오메가-3지방산의 좋은 공급원이다.

• 눈에 좋은 파이토케미컬이 풍부한 요리 2

5. Carrot and Sweet Potato Soup with Beta-Carotene
베타카로틴이 함유된 당근과 고구마 수프

Ingredients

- 1 large carrot, chopped
- 1 small sweet potato, peeled and chopped
- 1/4 onion, chopped
- 1 garlic clove, minced
- 1 tbsp olive oil
- 1 cup vegetable broth
- salt and pepper, to taste

Instructions

1. 냄비에 올리브 오일을 조금 부어주고, 중불로 가열한다.

2. 양파와 마늘을 넣고 향이 날 때까지 1~2분간 조리한다.

3. 당근과 고구마를 넣고 저어 기름에 코팅한다.

4. 채소 육수를 붓고 끓인다.

5. 불을 줄이고 채소가 부드러워질 때까지 15~20분 동안 끓인다.

6. 핸드 블렌더를 사용하거나 수프를 블렌더로 옮기고 부드러워질 때까지 블렌딩한다.

7. 소금과 후추로 간을 한다.

Why

1. 당근과 고구마는 둘 다 건강한 시력에 중요한 베타카로틴이 풍부하다.

2. 양파와 마늘에는 눈 건강에 도움이 되는 황화합물이 포함되어 있다.

Reference

- KSCP대한심뇌혈관질환예방학회(2019). 심뇌혈관질환 예방지침서. 도서출판대한의학.
- 고려대학교의료원&헬스조선 공동기획(2009). 평생 고장없이 심장을 뛰게 하는 심혈관 질환 클리닉. 헬스조선.
- 구와지마 이와오(2015). 혈관을 튼튼하게 만드는 23가지 습관. 태웅출판사.
- 김광현 (2017). 근육건강과 근력강화를 위한 식습관. 비전과소명.
- 김상원(2020). 영양치료. 상상나무.
- 김성종 (2018). 뼈건강을 위한 식습관. 한들출판사.
- 김소영 (2019). 뇌 노화를 예방하는 식품요법. 푸른책들.
- 김수정 (2017). 몸과 마음을 감싸주는 식품요법. 청림출판사.
- 김영호 (2018). 내 눈 건강을 지키는 눈운동과 식습관. 길벗출판사.
- 김지영 (2021). 현대인의 몸 안내서. 인물과사상.
- 김평자(2010). 심혈관 뇌혈관 질환과 암을 다스리는 항산화 식사법. 아카데미북.
- 나카가와 히데코(2021). 지중해 샐러드. 이퍼블릭.
- 니시무라 마유미 저. 이희건 옮김(2011). 마크로비오틱 키친. 백년후.
- 다이나 R. 에반스(1999). 누구나 알기 쉬운 음식치료법. 세창출판사.
- 더글라스 그라함(2022). 산 음식, 죽은 음식. 사이몬북스.
- 라르스 리트(2019). 미세기관지질과 폐 건강. 북스힐.
- 루이스 이그나로(2011). 심혈관질환, 이젠 NO. 푸른솔.
- 리사 모스코브(2013). 브레인 푸드 : 당신의 뇌를 위한 식사법. 살림출판사.
- 문춘옥(2019). 문춘옥의 푸드 테라피. 삼영출판사.
- 미샤 린디(2019). 섬유근 차단증후군(FMS) 치료법. 북스힐.
- 미국 국립과학원(2005). 인체의 구조와 기능. 교보문고.
- 박귀남(2017). 당뇨병 환자가 꼭 알아야 할 영양학. 비전과소명.
- 박상희(2016). 영양학. 하나미디어.
- 박석찬(2019). 간 건강을 지키는 식품요법. 청림출판사.
- 박성혁(2019). 내 몸이 알려주는 장 건강 신호. 다산북스.
- 박은경(2019). 흑흑, 폭풍우가 오네요. 건강을 지키는 식사요법. 아울북.
- 벤자민 카민스키(2013), 인체의 이해 : 질병, 발생, 예방. 미디어숲.

- 상형철(2020). 병원 없는 세상, 음식 치료로 만든다. 물병자리.
- 수전 캠벨 바톨레티(2021). 검은 감자 : 아일랜드 대기근 이야기. 돌베개.
- 신성숙(2018). 면역력을 높이는 식습관. 해와참.
- 신영복(2018). 심혈관질환 예방과 식습관 개선. 고려의료출판사.
- 신재용(2019). 먹으면 치료가 되는 음식672. 북플러스.
- 심혈관연구원(2018). 100세 시대 두근두근 심장혈관이야기. 군자출판사(주).
- 윤선영(2018). 소화기 건강을 위한 식품요법. 해와참.
- 윤혜경(2019). 피부 힐링 레시피. 해와참.
- 이경은(2017). 대사증후군 극복 식품요법. 비전과소명.
- 이권세 외(2019). 좋은 지방 식사법, 솔트앤씨드.
- 이상희(2018). 당뇨병이 다가오면. 월간의사.
- 이시영(2021). 면역이 암을 이긴다. 한국경제신문.
- 이용준, 최철희, 황선진(2021). 한국식품공학. 박영사.
- 이영주(2018). 집에서도 따라 할 수 있는 자연테라피 음식. 김영사.
- 이영주(2019). 선식, 후식으로 먹는 힐링 식사. 김영사.
- 이인자(2018). 식물성 유산균 요리법. 황금나침반.
- 이진원(2013). 혈관을 튼튼하게 만드는 23가지 습관. 대웅출판사.
- 이재수(2019). 푸짐한 영양 식사로 면역력을 높이자. 해와참.
- 이종필(2019). 푸드플레이팅+. 백산출판사.
- 이종필(2021). 맛의 기술. 백산출판사.
- 이준호(2017). 만성 폐쇄성 폐질환(COPD)과 식습관 개선. 현암사.
- 이창신(2019). 지금 바로 해야 할 암 예방.
- 이효선(2019). 인공호르몬 무섭다! 인체 호르몬 건강을 위한 1만 가지 식품요법. 민음사.
- 에릭 피네(2016). 인체의 구조와 기능. 피에플북스
- 장지혜(2018). 세상에서 가장 건강한 한 그릇. 바른북스.
- 정수민(2017). 굿푸드 레시피. 랜덤하우스코리아.
- 정은지(2017). 콩으로 이루어진 식단으로 인슐린 저항성 극복하기. 해와참.
- 조경복(2015). 조경복 박사의 당뇨, 고혈압, 혈관병 자연치유법. TMJ통합의학센터.
- 조유진(2016). 식품요법의 이론과 실제. 길벗출판사.
- 존 맥두걸(2022). 어느 채식의사의 고백. 사이몬북스.
- 차움 푸드테라피센터(2014). 아무거나 먹지 마라. 경향BP.

- 최동훈 외(2018). 100세 시대 두근두근 심장혈관이야기. 군자출판사(주).
- 최일화(2018). 식물성 식품의 섭취와 건강. 백산출판사.
- 최준호, 김진영(2015). 인체의 기능학. 영문출판사.
- 최지혜(2019). 대장 건강을 지키는 식습관. 청림출판사.
- 케이트 스퀘어(2015). 환자의 식탁. 생명의말씀사.
- 하병근(2020). 비타민 C 항암의 비밀. 페가수스.
- 한가람(2017). 한가람이 전하는 몸으로 치유하는 약초 식품 요리. 나무수길.
- 한기숙(2017). 미인의 요리책. 살림.
- 한형선(2020). 한형선박사의 푸드닥터. 헬스레터.
- 홍순명(2005). 심장혈관질환의 맞춤영양 식사요법. UUP.
- 쓰가와 유스케(2020). 과학으로 증명한 최고의 식사. 이아소.
- Alejandro Junger(2018). Clean 7 : Supercharge the Body's Natural Ability to Heal Itself - The One-Week Breakthrough Detox Program. Harperone.
- Anthony William(2018). Medical Medium Thyroid Healing : The Truth behind Hashimoto's, Graves', Insomnia, Hypothyroidism, Thyroid Nodules & Epstein-Barr. Hay House Inc.
- Aviva Romm, MD(2017). The Adrenal Thyroid Revolution : A Proven 4-Week Program to Rescue Your Metabolism, Hormones, Mind & Mood. Harperone.
- Crowley, Sharon L.(2003). Arranging Things : A Rhetoric of Object Placement. University of Alabama Press.
- Chris Kresser(2017). Unconventional Medicine : Join the Revolution to Reinvent Healthcare, Reverse Chronic Disease, and Create a Practice You Love. Lioncrest Publishing.
- John La Puma, M.D.(2008). ChefMD's Big Book of Culinary Medicine : A Food Lover's Road Map to Losing Weight, Preventing Disease, and Getting Really Healthy. New York : Crown Publishing Group.
- David Ludwig(2016). Always Hungry? : Conquer Cravings, Retrain Your Fat Cells, and Lose Weight Permanently. Grand Central Life & Style.
- David Perlmutter(2018). Brain Wash: Detox Your Mind for Clearer Thinking, Deeper Relationships, and Lasting Happiness. Little, Brown Spark.
- Izabella Wentz, Pharm, D.(2017). Hashimoto's Protocol : A 90-Day Plan for Reversing Thyroid Symptoms and Getting Your Life Back. Harperone.
- Joel Fuhrman(2018). Eat to Live: The Amazing Nutrient-Rich Program for Fast and Sustained Weight

Loss, Revised Edition. Little, Brown Spark.

- John La Puma M.D.(2008). ChefMD's Big Book of Culinary Medicine. Crown Archetype.
- John Douillard(2018). Eat Wheat: A Scientific and Clinically-Proven Approach to Safely Bringing Wheat and Dairy Back into Your Diet. Morgan James Publishing.
- Julie Daniluk(2019). Hot Detox: A 21-Day Anti-Inflammatory Program to Heal Your Gut and Cleanse Your Body. Hay House Inc.
- Kellyann Petrucci, MS, N.D.(2017). The 10-Day Belly Slimdown: Lose Your Belly, Heal Your Gut, Enjoy a Lighter, Younger You. Harmony.
- Mark Hyman(2018). Food: What the Heck Should I Eat? Little, Brown and Company.
- Michael Pollan(2018). How to Change Your Mind : What the New Science of Psychedelics Teaches Us About Consciousness, Dying, Addiction, Depression, and Transcendence. Penguin Press.
- Neal D. Barnard(2018). The Cheese Trap: How Breaking a Surprising Addiction Will Help You Lose Weight, Gain Energy, and Get Healthy. Grand Central Life & Style.
- Paul Jaminet(2017). The Perfect Health Diet: Regain Health and Lose Weight by Eating the Way You Were Meant to Eat. Scribner.
- Steven R. Gundry(2017). The Plant Paradox: The Hidden Dangers in "Healthy" Foods That Cause Disease and Weight Gain. Harper Wave.
- T. Colin Campbell, PhD., & Thomas M. Campbell II, MD(2017). The China Study: Revised and Expanded Edition: The Most Comprehensive Study of Nutrition Ever Conducted and the Startling Implications for Diet, Weight Loss, and Long-Term Health. BenBella Books.
- Valter Longo(2018). The Longevity Diet : Discover the New Science Behind Stem Cell Activation and Regeneration to Slow Aging, Fight Disease, and Optimize Weight. Avery.
- William Davis(2019). Undoctored : Why Health Care Has Failed You and How You Can Become Smarter Than Your Doctor. Rodale Books.

참고문헌

저자소개

이종필(Jason Lee)

- 대한민국 조리기능장
- 경희대학교 조리외식경영학 박사
- NCS 푸드플레이팅 학습모듈 저자
- 『맛의 기술』 외 다수 저술
- 부천대학교 호텔외식조리학과 교수

치유의 맛(Culinary Medicine)

2023년 8월 25일 초판 1쇄 인쇄
2023년 8월 30일 초판 1쇄 발행

지은이 이종필
펴낸이 진욱상
펴낸곳 (주)백산출판사
교 정 성인숙
본문디자인 오정은
표지디자인 오정은

저자와의
합의하에
인지첩부
생략

등 록 2017년 5월 29일 제406-2017-000058호
주 소 경기도 파주시 회동길 370(백산빌딩 3층)
전 화 02-914-1621(代)
팩 스 031-955-9911
이메일 edit@ibaeksan.kr
홈페이지 www.ibaeksan.kr

ISBN 979-11-6567-689-6 03590
값 36,000원

- 파본은 구입하신 서점에서 교환해 드립니다.
- 저작권법에 의해 보호를 받는 저작물이므로 무단전재와 복제를 금합니다.
  이를 위반시 5년 이하의 징역 또는 5천만원 이하의 벌금에 처하거나 이를 병과할 수 있습니다.